信息与通信工程专业核心教材

信号与系统

（第 5 版）

苏启常　徐亚宁　刘晓梅　周　芳　编著

电子工业出版社.

Publishing House of Electronics Industry

北京 · BEIJING

内 容 简 介

本教材以"新工科理念"为指导,以"易学易教、注重工程能力和创新能力"为出发点,详细介绍了信号分析与系统分析的基本概念、基本理论和基本方法,同步介绍了 MATLAB 在信号与系统分析中的典型应用。全书共 7 章,包括绪论、连续时间信号与系统的时域分析、连续时间信号与系统的频域分析、连续时间信号与系统的复频域分析、离散时间信号与系统的时域分析、离散时间信号与系统的 z 域分析、系统的状态变量分析及附录。各章配备了学习指导、MATLAB 应用、丰富的习题和上机练习。

为促进学生的全面发展,充分发挥教书育人的作用,本教材每章中以二维码链接形式增加了思政小课堂,挖掘与本课程、本学科紧密相关的思想政治元素作为案例内容供广大师生学习参考。

本书体系完整、内容精炼、例题典型、习题难易兼顾且针对性强,理论与 MATLAB 应用并举,特色鲜明。本书可作为高等院校电子信息类各专业"信号与系统"课程教材。

图书在版编目(CIP)数据

信号与系统/苏启常等编著 . —5 版 . —北京:电子工业出版社,2022.8
ISBN 978-7-121-44035-9

Ⅰ . ①信… Ⅱ . ①苏… Ⅲ . ①信号系统-高等学校-教材 Ⅳ . ①TN911.6

中国版本图书馆 CIP 数据核字(2022)第 133449 号

责任编辑:韩同平

印　　刷:三河市君旺印务有限公司
装　　订:三河市君旺印务有限公司
出版发行:电子工业出版社
　　　　　北京市海淀区万寿路 173 信箱　邮编:100036
开　　本:787×1092　1/16　印张:16.5　字数:475.2 千字
版　　次:2003 年 8 月第 1 版
　　　　　2022 年 8 月第 5 版
印　　次:2022 年 11 月第 2 次印刷
定　　价:59.90 元

凡所购买电子工业出版社图书有缺损问题,请向购买书店调换。若书店售缺,请与本社发行部联系,联系及邮购电话:(010)88254888,88258888。

质量投诉请发邮件至 zlts@ phei. com. cn,盗版侵权举报请发邮件至 dbqq@ phei. com. cn。

本书咨询联系方式:010-88254525,hantp@ phei. com. cn。

第 5 版前言

本教材自 2003 年第 1 版出版以来,在历经近 20 年的使用当中先后进行了 3 次修订,第 2 版至第 4 版分别于 2007 年、2011 年和 2016 年出版,并 2 次获得广西壮族自治区高校优秀教材一等奖,教学使用效果良好。

2017 年提出的"新工科理念"和 2020 年教育部印发的《高等学校课程思政建设指导纲要》,均对新时代工科人才培养提出了更高的新要求。为此我们对第 4 版教材进行了仔细的检查和审读,在保留前 4 版内容架构、特色和优点的基础上,结合校内外广大师生的反馈意见和作者多年的教学体会,紧跟新时代对新工科人才培养的需求,对内容做了修订,形成本书的第 5 版。主要修订内容如下。

1. 增加了 7 个思政小课堂内容。每章中以二维码链接形式增加了思政小课堂,挖掘与本课程、本学科紧密相关的思政元素,力求将这些思政元素与学科专业内容有机融合,把历史观、文化观、价值观、家国情怀、大师精神等融入到专业课程内容学习中,实现显性与隐性教育的有机结合,促进学生的全面发展,充分发挥教书育人的作用。

2. 对第 2 章和第 5 章时域分析的内容做了重大修改和调整:

(1)将卷积积分、卷积和的内容均单列为一节,并放在时域分析的内容之前;

(2)将系统时域分析的内容,即零输入响应、冲激响应/单位样值响应、零状态响应均整合为一节,既避免了内容上的部分重复,结构上也更加紧凑;

(3)重新编写了这两章的例题,题目更加典型、解答更加详尽。

3. 模拟角频率改用符号 Ω 表示,代替前面各版中的 ω,以便更好地与后续课程进行衔接。

4. 对第 1 章中部分记号以及全书中存在的错漏做了更正。

第 5 版具有以下特点:

(1)内容更加精炼,结构更加紧凑,表述通俗易懂。第 2 章和第 5 章的内容经过改写后,逻辑性更好、整体性更加突出。

(2)例题选取和习题编排更有针对性。调整了第 2 和第 5 章的全部例题,全书例题突出"典型、易懂、适学性";习题覆盖面广,难易兼顾,大部分习题书后附有答案,方便对照学习。

(3)便于复习。每章后的"本章学习指导",既有本章主要内容的概括,又有典型例题及详解,非常方便学生复习;另外,附录 F 精心编写了 3 套涵盖全书内容的自测题,帮助读者检查本课程学习效果。

(4)MATLAB 应用的内容全面而实用。MATLAB 除了入门知识,更根据每章的内容针对性地选取了典型的应用,并附了主要程序代码。本部分内容可以作为信号与系统上机实验的指导书或参考资料。

本书参考教学时数为 40~72 学时(不含 MATLAB 部分),不同专业可以根据需要对内容进行组合和取舍。例如:40 学时可以讲授第 1 章至第 4 章和第 7 章的信号流图内容;48 学时可以讲授第 1 章至第 6 章的内容;56 学时以上可以讲授本书所有内容。

"颓笔如山未足珍,读书万卷始通神"。希望本书第 5 版能对读者有更大帮助,也恳请广大读者提出宝贵意见和建议。

编著者

(suqch@ 163. com, xuyaning@ guet. edu. cn)

目　　录

第1章 绪 论

【内容提要】 本章介绍信号与系统的基本概念。内容包括:信号与系统的概念;信号的描述和分类;系统的描述和分类;系统的特性;信号与系统的分析方法概述等。

【思政小课堂】 见二维码1。

二维码1

1.1 信号与系统

在人类认识和改造自然界的过程中都离不开获取自然界的信息。所谓信息,是指存在于客观世界的一种事物形象。千万年来,人类用自己的感觉器官从客观世界获取各种信息,如语言、文字、图像、声音、自然景物等。可以说,我们是生活在信息的海洋之中,因此获取信息的活动是人类最基本的活动之一。

信息和消息密切相关,所谓消息,是指用来表达信息的某种客观对象,如电报中的电文、电话中的声音,电视中的图像等都是消息。通常我们把欲传输的语言、图像、文字、数码等统称为信息。

很久以来,人类曾寻求各种方法来传递信息(消息)。从利用手势、声音、光这类非语言传播发展到语言传播,是人类信息传播史上的第一次革命;文字的出现,印刷术、纸张的发明和推广使用,是人类信息传播史上的第二次革命;第三次信息传播革命是与电磁波传播媒介联系在一起的,如电报、电话、无线电广播、电视乃至通信卫星等一系列现代电磁波传播媒介的发现,这是人类信息传播史上具有划时代意义的革命。可见,消息的传送一般不是直接的,而必须借助于一定形式的信号才便于传输和处理。所以,信号是消息的表现形式,如电信号、光信号和声音信号等。本课程着重研究电信号的分析、传输和处理。由于信号是带有信息的某种物理量,这些物理量的变化包含着信息,因此更具体地将信号定义为带有信息的随时间变化的物理量。

为了实现某些特定的功能(如能量转换或信息处理),人们把若干个部件有机地组合成一个整体,这样的一个整体就是一个系统。所以,我们将系统定义为由若干相互作用和相互依赖的事物组合而成的具有特定功能的整体。如通信系统、控制系统、电力系统、机械系统等。系统的概念不仅适用于自然科学领域,还适用于社会科学领域。图1-1就是一个典型的通信系统示意图。

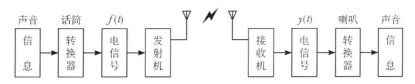

图1-1 典型的通信系统

信号、电路与系统之间有着十分密切的联系。信号作为运载信息的工具,而电路或系统则作为传送信号或对信号进行加工处理的组合。所以,离开了信号,电路与系统将失去意义。再看电路与系统之间的区别。研究系统主要看它具有怎样的功能和特性,能否满足所给定的信号形式的传输和处理的要求;而电路问题主要研究电路结构和元件参数。系统问题注重全局,而电路问题则关心局部。所以,电路与系统之间的主要差异是处理问题的角度不同。近年来,由于大规模集成技术的发展,使电路与系统的区分很难明确。所以,在本书中,电路与系统二者通用。

1.2 信号的描述与分类

描述信号的基本方法是建立信号的数学模型,即写出信号的数学表达式。一般地,描述信号的数学表达式都以时间为变量,即数学表达式都是时间的函数,绘出函数的图像称为信号的波形。本书中信号的描述采用两种方法:函数表达式和波形。所以,在下面的叙述中,信号与函数两词不加区分。

按照信号的不同性质和数学特征,可以有多种不同的分类方法。下面的五种分类方法,是目前常用的方法。

1. 确定信号与随机信号

若信号被表示为一个确定的时间函数,对于指定的某一时刻,可确定一个相应的函数值,这种信号称为确定信号或规则信号。例如我们所熟知的正弦信号。

但是,实际传输的信号往往具有未可预知的不确定性,如果信号不是自变量(时间)的确定函数,即对某时刻 t,信号值并不确定,而只知道取某一数值的概率,此类具有统计规律的信号称为无规则信号或随机信号。无线信道中的干扰和噪声就是这类随机信号。

本书仅讨论确定信号。但应该指出,随机信号及其通过系统的研究,是以确定信号通过系统的理论为基础的。

2. 连续时间信号与离散时间信号

按照时间函数取值的连续性与离散性可将信号划分为连续时间信号与离散时间信号(简称连续信号与离散信号)。

如果在所考虑的时间区间内,除有限个间断点外,对于任意时间值都有确定的函数值与之对应,这样的信号称为连续信号,通常用 $f(t)$ 表示。例如

$$f_1(t) = 10\cos\pi t; \qquad f_2(t) = \begin{cases} 1, & t>0 \\ 0, & t<0 \end{cases}$$

或可用波形表示连续信号 $f_1(t)$ 和 $f_2(t)$,如图 1-2 所示。

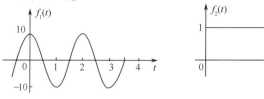

图 1-2 连续时间信号

实际上,连续信号就是函数的定义域是连续的。至于值域,可以是连续的,也可以不是。如果函数的定义域和值域都是连续的,则该信号称为模拟信号。但在实际应用中,模拟信号和连续信号两词往往不做区分。

如果只在某些不连续的时间瞬时才有确定的函数值对应,而在其他时间没有定义,这样的信号称为离散信号,通常用 $f(n)$ 表示。有定义的离散时间间隔可以是均匀的,也可以不均匀。一般都采用均匀间隔,将自变量用整数序号 n 表示,即仅当 n 为整数时 $f(n)$ 才有定义。例如

$$f_1(n) = \begin{cases} 0, & n \leq 0 \\ 1, & n = 1 \\ -1, & n = 2 \\ 0, & n > 2 \end{cases} ; \qquad f_2(n) = \begin{cases} 0, & n < 0 \\ 1, & n \geq 0 \end{cases}$$

或者可用波形表示离散信号 $f_1(n)$ 和 $f_2(n)$,如图 1-3 所示。

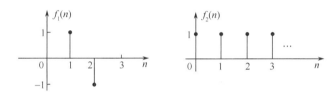

图 1-3　离散时间信号

同样,离散信号就是函数的定义域是离散的,只取规定的整数。若函数的值域也是离散的,则该信号称为数字信号。在理论分析中离散信号和数字信号往往也不予区分。

3. 周期信号与非周期信号

所谓周期信号就是依一定时间间隔周而复始,而且是无始无终的信号,以连续时间信号为例,它们的数学表达式满足

$$f(t) = f(t + nT), \qquad n = 0, \pm 1, \pm 2, \cdots$$

式中,T 为信号的周期。只要给出此信号在任一周期内的变化过程,便可确知它在任一时刻的数值。

非周期信号在时间上不具有周而复始的特性。若令周期信号的周期 T 趋于无限大,则成为非周期信号。

4. 能量信号与功率信号

为了知道信号能量或功率的特性,常常研究信号 $f(t)$(电流或电压)在 1Ω 电阻上所消耗的能量或功率。信号 $f(t)$ 在 1Ω 电阻上的瞬时功率为 $|f(t)|^2$。在时间间隔 $-T < t < T$ 内(这里 T 不是周期)消耗的能量为

$$W = \int_{-T}^{T} |f(t)|^2 \mathrm{d}t \qquad\qquad (1\text{-}1)$$

当 $T \to \infty$ 时,信号 $f(t)$ 的总能量为

$$W = \lim_{T \to \infty} \int_{-T}^{T} |f(t)|^2 \mathrm{d}t \qquad\qquad (1\text{-}2)$$

信号的平均功率为
$$P=\lim_{T\to\infty}\frac{1}{2T}\int_{-T}^{T}|f(t)|^2\mathrm{d}t \tag{1-3}$$

由于被积函数是 $f(t)$ 的绝对值的平方,所以信号能量 W 和功率 P 都是非负实数,即使 $f(t)$ 是复函数也一样。

应用式(1-2)、式(1-3)计算信号在 1Ω 电阻上的总能量及平均功率时,可能有三种情况:一种是总能量为有限值而平均功率为零,即 $0<W<\infty$ 和 $P\to0$;另一种是总能量为无限大而平均功率为有限值,即 $W\to\infty$ 和 $0<P<\infty$;第三种是总能量和平均功率均为无限大,即 $W\to\infty$ 和 $P\to\infty$。通常把总能量有限的信号称为能量信号,平均功率有限的信号称为功率信号。一般而言,周期信号都是功率信号,而非周期信号有的是能量信号,有的是功率信号,有的既不是能量信号也不是功率信号。任何信号不可能既是能量信号又是功率信号。

5. 一维信号与多维信号

从数学表达式来看,信号可以表示为一个或多个变量的函数。语音信号可表示为声压随时间变化的函数,这是一维信号,而一张黑白图像每个点(像素)具有不同的光强度,任一点又是二维平面坐标中的两个变量的函数,这是二维信号。实际上还可能出现更多维数变量的信号,例如电磁波在三维空间中传播,若同时考虑时间变量就构成四维信号。在以后的讨论中,一般情况下只研究一维信号,且自变量为时间。

1.3 系统的描述与分类

从 1.1 节中我们知道,系统与信号密切相关,用图 1-4 说明二者之间的关系。

从外部引入系统的量称为输入信号或激励信号;在输入信号作用下,系统的响应称为输出信号。系统分析,就是要找出输入信号和输出信号之间的关系。为此,首先要对系统进行描述,即要建立系统的数学模型,然后用数学方法进行求解,对所得结果进行物理解释,并赋予物理含义。

图 1-4　信号与系统的关系

本书中对系统采用两种描述方法:数学模型和模拟框图。由于连续时间系统和离散时间系统的两种描述方式有所不同,在此不对系统的这两种描述方法进行详细叙述,而放在 1.3.1 节和 1.3.2 节中详细介绍,并作为本节的重点内容。

关于系统的分类,也有许多划分方法。通常将系统分为:连续时间系统与离散时间系统,即时系统与动态系统,集总参数系统与分布参数系统,线性系统与非线性系统,时变系统与时不变系统等。本书主要讨论线性时不变(Linear Time-Invariant,LTI)系统,包括连续时间 LTI 系统和离散时间 LTI 系统。

1.3.1 连续时间 LTI 系统及其描述

若系统的输入和输出都是连续信号,则称该系统为连续时间系统,简称为连续系统,如图 1-5 所示,图中 $f(t)$ 是输入(激励),$y(t)$ 是输出(响应)。

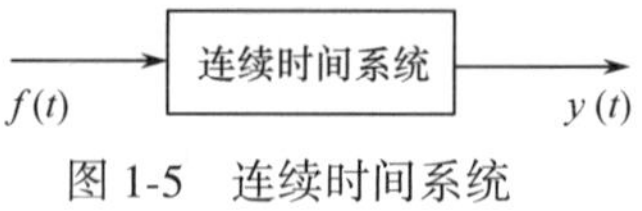

描述连续系统的方法有数学模型和模拟框图两种。下面举例说明这两种方法。

图 1-5　连续时间系统

【例 1-1】 图 1-6 所示 RC 电路,求电容 C 两端的电压 $y(t)$ 与输入电压源的关系。

解:根据 KVL 及元件的伏安关系写出方程

$$RC\frac{\mathrm{d}y(t)}{\mathrm{d}t}+y(t)=f(t)$$

整理为

$$\frac{\mathrm{d}y(t)}{\mathrm{d}t}+\frac{1}{RC}y(t)=\frac{1}{RC}f(t)$$

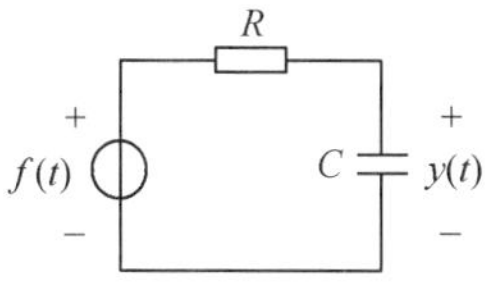

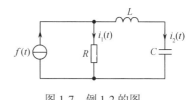

图 1-6 例 1-1 的图

这是一个一阶线性微分方程。

【例 1-2】 图 1-7 所示电路,$f(t)$ 为激励电流源,试写出响应电流 $i_1(t)$ 和 $i_2(t)$ 与激励的关系。

解:由 KCL 可得

$$i_1(t)+i_2(t)=f(t) \qquad ①$$

由 KVL 及元件伏安关系得

$$Ri_1(t)=L\frac{\mathrm{d}i_2(t)}{\mathrm{d}t}+\frac{1}{C}\int_{-\infty}^{t}i_2(\tau)\mathrm{d}\tau \qquad ②$$

图 1-7 例 1-2 的图

将式②微分,再将式①代入并整理得

$$\frac{\mathrm{d}^2i_1(t)}{\mathrm{d}t^2}+\frac{R}{L}\frac{\mathrm{d}i_1(t)}{\mathrm{d}t}+\frac{1}{LC}i_1(t)=\frac{\mathrm{d}^2f(t)}{\mathrm{d}t^2}+\frac{1}{LC}f(t)$$

和

$$\frac{\mathrm{d}^2i_2(t)}{\mathrm{d}t}+\frac{R}{L}\frac{\mathrm{d}i_2(t)}{\mathrm{d}t}+\frac{1}{LC}i_2(t)=\frac{R}{L}\frac{\mathrm{d}f(t)}{\mathrm{d}t}$$

可见,这是二阶线性微分方程。

一般而言,一个 n 阶 LTI 连续系统,可以用 n 阶线性常系数微分方程描述,即

$$y^{(n)}(t)+a_{n-1}y^{(n-1)}(t)+\cdots+a_1y^{(1)}(t)+a_0y(t)$$
$$=b_mf^{(m)}(t)+b_{m-1}f^{(m-1)}(t)+\cdots+b_1f^{(1)}(t)+b_0f(t) \qquad (1\text{-}4)$$

其中,$y(t)$ 是所求的响应变量,$f(t)$ 是已知的激励变量,$a_0\sim a_{n-1}$,$b_0\sim b_m$ 为常数。微分方程即为描述连续系统的数学模型。

除了利用微分方程描述连续系统之外,还可借助模拟框图(block diagram)描述,即用一些基本运算单元,如标量乘法器(倍乘器)、加法器、乘法器、微分器、积分器、延时器等,构成描述系统的模拟框图。表 1-1 给出了这些常用基本运算单元的符号及其各自的输入输出关系。

【例 1-3】 某连续系统的模拟框图如图 1-8 所示,写出该系统的微分方程。

表 1-1 常用的基本运算单元

运算单元	框　　　图	输入输出关系
标量 乘法器	$f(t)\xrightarrow{a}y(t)$ $f(t)\xrightarrow{a}y(t)$	$y(t)=af(t)$
微分器	$f(t)\rightarrow\boxed{\dfrac{\mathrm{d}}{\mathrm{d}t}}\rightarrow y(t)$	$y(t)=\dfrac{\mathrm{d}}{\mathrm{d}t}f(t)=f'(t)$
积分器	$f(t)\rightarrow\boxed{\int}\rightarrow y(t)$	$y(t)=\displaystyle\int_{-\infty}^{t}f(\tau)\mathrm{d}\tau$
延时器	$f(t)\rightarrow\boxed{\tau}\rightarrow y(t)$	$y(t)=f(t-\tau)$
加法器	$f_1(t)\rightarrow\Sigma\rightarrow y(t)$ $f_2(t)$	$y(t)=f_1(t)+f_2(t)$
乘法器	$f_1(t)\rightarrow\otimes\rightarrow y(t)$ $f_2(t)$	$y(t)=f_1(t)f_2(t)$

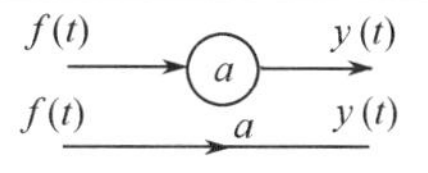

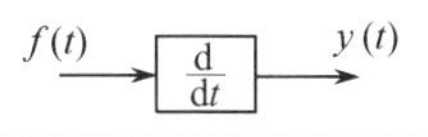

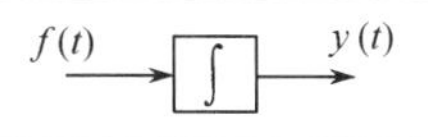

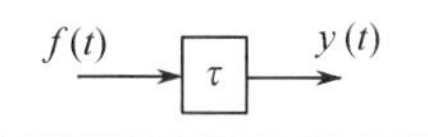

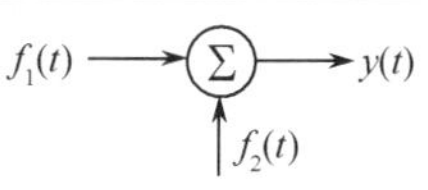

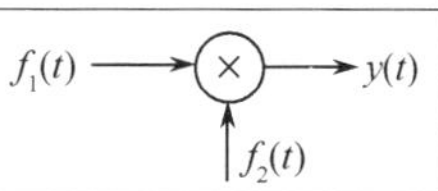

解: 系统的模拟框图中有两个积分器,所以描述该系统的是二阶微分方程。由积分器的输入输出关系可知,若输出设为 $y(t)$,则两个积分器的输入分别为 $y'(t)$ 和 $y''(t)$,如图 1-8 中所示。从加法器的输出可得

$$y''(t) = -a_1 y'(t) - a_0 y(t) + f(t)$$

整理得

$$y''(t) + a_1 y'(t) + a_0 y(t) = f(t)$$

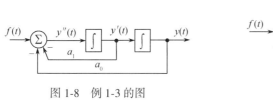

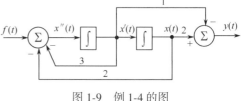

图 1-8　例 1-3 的图　　　　　　　　　　　图 1-9　例 1-4 的图

【例 1-4】 描述某连续系统的模拟框图如图 1-9 所示,写出该系统的微分方程。

解: 图 1-9 中含有两个积分器,仍然是二阶系统。因为响应 $y(t)$ 不是积分器的输出,故设中间变量 $x(t)$,如图 1-9 所示。从加法器的输出可得

$$x''(t) = -3x'(t) - 2x(t) + f(t)$$

即

$$x''(t) + 3x'(t) + 2x(t) = f(t) \qquad ①$$

和

$$y(t) = -x'(t) + 2x(t) \qquad ②$$

为求出响应 $y(t)$ 与激励 $f(t)$ 之间关系的微分方程,要消去中间变量 $x(t)$。由式②得

$$2y(t) = -2x'(t) + 4x(t)$$

$$3y'(t) = -3x''(t) + 6x'(t)$$

$$y''(t) = -x'''(t) + 2x''(t)$$

将以上三式相加得

$$y''(t) + 3y'(t) + 2y(t)$$
$$= -[x''(t) + 3x'(t) + 2x(t)]' + 2[x''(t) + 3x'(t) + 2x(t)]$$

考虑式①有

$$y''(t) + 3y'(t) + 2y(t) = -f'(t) + 2f(t)$$

1.3.2　离散时间 LTI 系统及其描述

若系统的输入和输出都是离散信号,则称该系统为离散时间系统,简称离散系统,如图 1-10 所示,图中 $f(n)$ 是输入(激励),$y(n)$ 是输出(响应)。

描述离散系统的方法也有两种:数学模型和模拟框图。下面就来讨论这两种描述方法。

$$f(n) \longrightarrow \boxed{\text{离散时间系统}} \longrightarrow y(n)$$

图 1-10　离散时间系统

【例 1-5】 某人从当月起每月初到银行存款 $f(n)$(元),月息 $r = 1\%$。设第 n 月初的总存款数为 $y(n)$(元),试写出描述总存款数与月存款数关系的方程式。

解: 第 n 月初的总存款数应由三项组成,即上一个月(即第 $n-1$ 个月)初的总存款数 $y(n-1)$、第 n 月初存入的存款数 $f(n)$ 和上一个月初总存款数产生的利息 $ry(n-1)$。所以有

$$y(n) = (1+r)y(n-1) + f(n)$$

即

$$y(n) - (1.01)y(n-1) = f(n)$$

这是一个一阶常系数的差分方程。

事实上,一个 N 阶 LTI 离散系统可以用 N 阶线性常系数差分方程来描述。差分方程有前向差分方程和后向差分方程两种。N 阶前向差分方程的一般形式为

$$y(n+N)+a_{N-1}y(n+N-1)+\cdots+a_0y(n)$$
$$=b_Mf(n+M)+b_{M-1}f(n+M-1)+\cdots+b_0f(n) \tag{1-5}$$

N 阶后向差分方程的一般形式为

$$y(n)+a_1y(n-1)+\cdots+a_Ny(n-N)$$
$$=b_0f(n)+b_1f(n-1)+\cdots+b_Mf(n-M) \tag{1-6}$$

式中,$a_0 \sim a_N, b_0 \sim b_M$ 都是常数。

后向差分方程和前向差分方程并无本质差异,用哪种方程描述离散系统都可以,但考虑到通常研究的 LTI 离散系统的输入、输出信号多为因果信号($f(n)=0$,$y(n)=0,n<0$),故在系统分析中一般采用后向差分方程。差分方程即为描述离散系统的数学模型。

除了利用差分方程描述离散系统之外,还可以借助模拟框图描述。与描述连续系统相类似,也是用一些基本运算单元构成描述系统的模拟框图。表 1-2 给出了描述离散系统的基本运算单元及其输入、输出关系。

表 1-2　描述离散系统常用的基本运算单元

运算单元	框　图	输入输出关系
标量乘法器	$f(n) \xrightarrow{} (a) \xrightarrow{} y(n)$　$f(n) \xrightarrow{a} y(n)$	$y(n)=af(n)$
延迟单元	$f(n) \xrightarrow{} \boxed{D} \xrightarrow{} y(n)$	$y(n)=f(n-1)$
加法器	$f_1(n) \xrightarrow{} \Sigma \xrightarrow{} y(n)$　$f_2(n) \uparrow$	$y(n)=f_1(n)+f_2(n)$

【例 1-6】 某离散系统的模拟框图如图 1-11 所示,写出该系统的差分方程。

解:系统模拟框图中有两个延迟单元,所以该系统是二阶系统。由各运算单元的输入输出关系可知,图中两个延迟单元的输出分别为 $\frac{1}{6}y(n-1)$ 和 $\frac{1}{6}y(n-2)$。从加法器的输出可得

$$\frac{1}{6}y(n)=-5\times\frac{1}{6}y(n-1)-4\times\frac{1}{6}y(n-2)+f(n)$$

整理得
$$y(n)+5y(n-1)+4y(n-2)=6f(n)$$

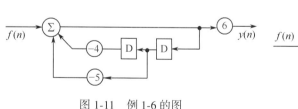

图 1-11　例 1-6 的图

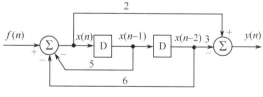

图 1-12　例 1-7 的图

【例 1-7】 某离散系统如图 1-12 所示,写出该系统的差分方程。

解:图 1-12 中含有两个延迟单元,所以该系统为二阶系统。设第一个加法器的输出为 $x(n)$,根据各单元的输入输出关系有

$$x(n)=-5x(n-1)-6x(n-2)+f(n)$$

即 $\qquad x(n)+5x(n-1)+6x(n-2)=f(n)$ ①

和 $\qquad\qquad y(n)=2x(n)-3x(n-2)$ ②

为消去中间变量 $x(n)$ 及 $x(n-1),x(n-2)$,由式②可得

$$5y(n-1)=10x(n-1)-15x(n-3)$$ ③

$$6y(n-2)=12x(n-2)-18x(n-4)$$ ④

将②,③,④三式相加得

$$y(n)+5y(n-1)+6y(n-2)$$
$$=2[x(n)+5x(n-1)+6x(n-2)]-3[x(n-2)+5x(n-3)+6x(n-4)]$$

考虑到式①及其延迟,可得

$$y(n)+5y(n-1)+6y(n-2)=2f(n)-3f(n-2)$$

1.4 系统的基本特性

在系统分析中,以下几个基本特性是重点关注的:线性、时不变性、因果性和稳定性。为方便全书的讨论,将这几个特性的定义统一在本节进行介绍。这些定义,既适用于连续系统,也适用于离散系统。

对于图 1-13 所示的系统,如果是连续的,激励和响应分别用 $f(t)$ 和 $y(t)$ 表示;如果系统是离散的,则激励和响应分别用 $f(n)$ 和 $y(n)$ 表示。为方便起见,不妨统一用 $f(\cdot)$ 表示激励,用 $y(\cdot)$ 表示响应。将系统输入和输出的关系记为

$$T[f(\cdot)]=y(\cdot) \qquad (1-7)$$

该式表示,系统输入为 $f(\cdot)$ 时,产生的输出为 $y(\cdot)$。

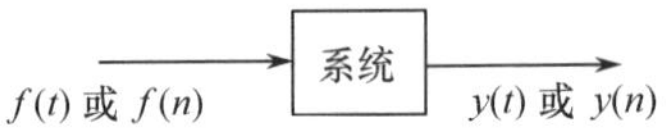

图 1-13 系统示意图

1. 线性

线性性质包含两个方面:齐次性和可加性。

设 a 为任意常数,若系统满足:$f(\cdot)$ 增大 a 倍时,其响应 $y(\cdot)$ 也增大 a 倍,即

$$T[af(\cdot)]=ay(\cdot) \qquad (1-8)$$

则称该系统是齐次的或均匀的,具有齐次性。

若系统对于激励 $f_1(\cdot)+f_2(\cdot)$ 的响应为两个激励单独作用产生的响应之和,即

设 $\qquad\qquad T[f_1(\cdot)]=y_1(\cdot), \quad T[f_2(\cdot)]=y_2(\cdot)$

若 $\qquad\qquad T[f_1(\cdot)+f_2(\cdot)]=y_1(\cdot)+y_2(\cdot) \qquad (1-9)$

则称该系统是可加的,具有可加性。

若系统既是齐次的,又是可加的,则称该系统是线性的,即

设 $\qquad\qquad T[f_1(\cdot)]=y_1(\cdot), \quad T[f_2(\cdot)]=y_2(\cdot)$

对于线性系统,有

$$T[a_1f_1(\cdot)+a_2f_2(\cdot)]=a_1y_1(\cdot)+a_2y_2(\cdot) \qquad (1-10)$$

【例 1-8】 某连续系统的输入、输出关系为

$$y(t)=\frac{1}{12}f(t)-\frac{5}{6}$$

判断该系统是否为线性系统。

解:设 $T[f_1(t)] = y_1(t)$,$T[f_2(t)] = y_2(t)$,则有

$$y_1(t) = \frac{1}{12}f_1(t) - \frac{5}{6}$$　　　　　①

$$y_2(t) = \frac{1}{12}f_2(t) - \frac{5}{6}$$　　　　　②

将式①与式②相加,得　　$y_1(t) + y_2(t) = \frac{1}{12}[f_1(t) + f_2(t)] - \frac{10}{6}$　　　　　③

而激励为 $f_1(t) + f_2(t)$ 时,系统的响应为

$$y(t) = \frac{1}{12}[f_1(t) + f_2(t)] - \frac{5}{6}$$　　　　　④

显然 $y(t) \neq y_1(t) + y_2(t)$,即系统不满足可加性,故系统不是线性系统。

【**例 1-9**】　某离散系统的输入、输出关系为 $y(n) = nf(n)$,试判断该系统是否为线性系统。

解:设 $T[f_1(n)] = y_1(n)$,$T[f_2(n)] = y_2(n)$,则有

$$y_1(n) = nf_1(n)$$　　　　　①
$$y_2(n) = nf_2(n)$$　　　　　②

将式①与式②相加,得　　$y_1(n) + y_2(n) = n[f_1(n) + f_2(n)]$　　　　　③

而当激励为 $f_1(n) + f_2(n)$ 时,系统的响应为

$$y(n) = n[f_1(n) + f_2(n)]$$　　　　　④

显然 $y(n) = y_1(n) + y_2(n)$,故系统满足可加性。

又因为　　　　　　　　$T[af(n)] = n \cdot af(n) = ay(n)$

所以系统满足齐次性。从而系统是线性的。

本例也可以用式(1-10)同时判断可加性和齐次性是否满足。

2. 时不变性

如果系统的参数都是常数,不随时间改变,则系统的零状态响应与激励施加的时刻无关。以连续系统为例,如果激励为 $f(t)$ 时产生的零状态响应为 $y_f(t)$,若激励延迟一定的时间 t_0 接入,即激励为 $f(t - t_0)$ 时,其响应也延迟 t_0,为 $y_f(t - t_0)$。即

设　　　　　　　　　　　$T[f(t)] = y(t)$

若　　　　　　　　　　　$T[f(t - t_0)] = y(t - t_0)$

则称该系统为时不变(或非时变)系统,反之,称为时变系统。对离散系统,时不变的定义与连续系统完全一致。

本书只讨论线性时不变系统,简称 LTI 系统。

【**例 1-10**】　一连续系统的输入输出关系为 $y(t) = f^2(t)$,讨论其时不变性。

解:设 $T[f(t)] = y(t)$,根据输入输出关系,知

$$y(t) = f^2(t)$$

又设激励为 $f(t - t_0)$ 时,响应为 $y_1(t)$,即 $T[f(t - t_0)] = y_1(t)$,则 $y_1(t) = f^2(t - t_0)$。

因为 $y(t - t_0) = f^2(t - t_0)$,故 $y_1(t) = y(t - t_0)$,所以系统是时不变的。

对于 LTI 系统,根据其线性和时不变性,结合求导的定义,可以证明其具有以下微分特性:

若　　　　　　　　$T[f(t)] = y(t)$,则 $T\left[\dfrac{\mathrm{d}f(t)}{\mathrm{d}t}\right] = \dfrac{\mathrm{d}y(t)}{\mathrm{d}t}$　　　　　(1-11)

3. 因果性

如果系统在任意时刻的输出只取决于该时刻以及该时刻之前的输入值,则称该系统为因果系统,反之,称为非因果系统。我们以连续系统为例,说明系统因果性的含义:对于某系统,如果 $t<t_0$ 时 $f(t)=0$,则系统的因果性意味着 $t<t_0$ 时 $y(t)=0$。换言之,输出 $y(t)$ 只在 $t \geqslant t_0$ 时才不为零。

本书主要讨论因果系统。

【例 1-11】 某连续系统的输入输出关系为 $y(t)=f\left(\dfrac{1}{2}t\right)$,试问该系统是否为因果的?

解:设 $T[f(t)]=y(t)$,则 $y(t)=f\left(\dfrac{1}{2}t\right)$。对任意时刻 t_1,输出 $y(t_1)=f\left(\dfrac{1}{2}t_1\right)$,即 t_1 这个时刻的输出由 $\dfrac{1}{2}t_1$ 这个时刻的输入值来确定。如果系统是因果的,根据定义,不等式:$t_1 \geqslant \dfrac{1}{2}t_1$ 恒成立。显然,当 $t_1<0$ 时,不等式不成立。因此,该系统是非因果的。

4. 稳定性

如果一个系统满足:输入信号有界时,输出信号也有界,则称该系统为 BIBO(Bounded-Input Bounded-Output)稳定系统,简称稳定系统。即

$$|f(\cdot)|<\infty \Rightarrow |y(\cdot)|<\infty$$,输入有界是输出有界的充分条件。

有关系统稳定性的详细讨论,将在后续章节中进行。

【例 1-12】 某离散系统的输入输出关系为 $y(n)=f(n+1)+f(n-1)$,讨论其稳定性。

解:设输入为有界信号,即 $|f(n)|<\infty$,此时

$$|y(n)|=|f(n+1)+f(n-1)| \leqslant |f(n+1)|+|f(n-1)|<\infty$$

即输出信号 $y(n)$ 也是有界的。故系统是稳定的。

1.5 信号与系统分析方法概述

系统分析的主要任务是通过求解给定系统在已知激励下的响应,分析系统具有的特性和功能。所以响应既与激励信号有关,又与系统有关。系统分析的过程离不开信号的分析。信号的分析包括信号的定义、性质、运算与变换、信号的分解等。系统分析方法有两大类:时域法和变换域法。时域法比较直观,直接分析时间变量的函数来研究系统的时域特性,将在第 2,5 章中详细讨论。变换域法是将信号与系统的时间变量函数变换成相应变换域中的某个变量函数,如第 3 章中讨论的频域分析是将时域函数变换到以频率为变量的函数,利用傅里叶变换来研究系统的特性。第 4 章中讨论的复频域分析是将时域函数变换到以复变量为变量的函数,利用拉普拉斯变换来研究系统的特性。第 6 章中讨论的 z 域分析是将时域函数变换到 z 域中分析,利用 z 变换来研究离散系统的特性。而对系统的数学模型,在时域中使用微分(或差分)方程,在变换域中便转换成代数方程。

需要指出的是,本章中对系统的描述使用了微分(或差分)方程,这种描述方法也叫输入-输出法或外部法,适用于单输入单输出系统。还有另外一种描述系统的方法叫状态变量法或内

部法。本书主要研究输入-输出法,最后一章对状态变量法进行简单介绍。下面是本书的总的内容体系和编排顺序。

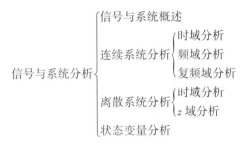

1.6　MATLAB 基本知识

1.6.1　MATLAB 简介

MATLAB 是 Matrix Laboratory 的缩写,含义为矩阵实验室,最初是为了方便矩阵的存取和运算而开发的接口程序。经过几十年的扩充和完善,MATLAB 已经发展成为集科学计算、可视化与编程于一体的高性能的科学工程计算语言和编程开发环境,是目前世界上最流行、应用最广泛的工程计算和仿真软件之一,几乎成为各类科学研究和工程应用中的标准工具。

MATLAB 是一个交互式系统,输入一条命令(语句),立即就可以得到该命令的运行结果。其基本数据元素是无需定义维数的矩阵(或数组),非常适合向量化编程。与其他编程语言相比,MATLAB 的语法更简单,更加贴近人的思维。用 MATLAB 编程,就犹如在草稿纸上列出数学公式进行演算那样简便、高效。因此,MATLAB 被称作是“草稿纸式”的科学工程计算语言。MATLAB 的这些特性使之可以方便地解决大量的工程计算问题,尤其当问题中包含矩阵和矢量运算时,用 MATLAB 编程比用传统的非交互式标量语言编程,如 C、Fortran 等在编程上耗费的时间和精力要少得多。此外,MATLAB 还具有作图功能强大、附带工具箱丰富、可扩展性强等特点。

目前,MATLAB 在数值计算、信号处理、图像处理、自动控制、算法设计和通信仿真等众多领域都获得了广泛的应用。在美国的许多高校,MATLAB 甚至成为了数学、科学和工程类学科的标准教学工具,是理工科学生必须掌握的编程语言之一。在工业上,MATLAB 也常被用作产品开发、算法分析和预研仿真的工具。

MATLAB 除了其基本的组件外,还附带了大量的专用工具箱(Toolbox),这些工具箱实际上是由 MATLAB 函数组成的函数库,用于解决各种特定类别的问题,如神经网络、小波分析等。本书以 MATLAB 7.10(又称 R2010a。从 2006 年开始,MATLAB 每年春、秋季各推出一个版本,分别称为 a、b 版本,比如 2006a、2006b。不过仍然保留以前的命名方式,习惯上也称为7. x 版本)为基础,主要涉及其中的信号处理工具箱(Signal Processing Toolbox)和控制系统工具箱(Control System Toolbox)。

(注:与 7. x 版本相比,MATLAB 6.5 及以前的版本在部分基本功能上有所区别,而且对中文的支持较差。建议读者选用 7. x 以上的版本)。

1.6.2　MATLAB 快速入门

MATLAB 是一个集成的开发环境,和当今大多数应用软件一样,采用图形用户界面(GUI)的方式,集成了一系列开发工具,非常便于用户操作。

1. MATLAB 的工作界面

MATLAB 启动后的工作界面称为 MATLAB 的桌面(MATLAB Desktop),主要由菜单、工具栏、命令窗、历史命令窗、工作空间窗和当前目录浏览窗等组成。MATLAB 第一次启动时,默认的工作界面如图 1-14 所示。

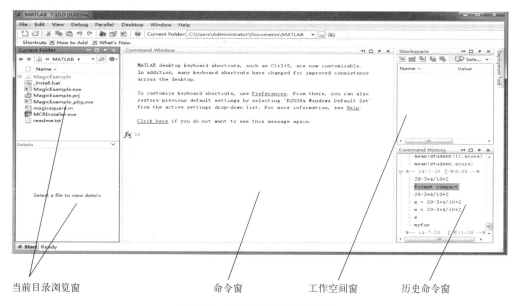

当前目录浏览窗　　　　　　　　命令窗　　　　工作空间窗　　　历史命令窗

图 1-14　MATLAB 的工作界面

命令窗(Command Window):MATLAB 的主窗口,默认位于 MATLAB 桌面的中间,用于输入命令、运行命令和程序,以及显示运行结果。

历史命令窗(Command History):位于 MATLAB 桌面的右下侧。用户在命令窗口中运行的所有命令均自动保存在历史命令窗中,需要时可以将这些命令重新调出进行编辑、执行,为用户多次使用同一条命令提供方便。

当前目录浏览窗(Current Folder,较早的版本称为 Current Directory):位于 MATLAB 桌面的左侧,分为上下两个窗口,上面的窗口显示当前的工作目录及目录中所包含的文件夹、文件等,下面的窗口显示所选文件夹或文件的详细信息。当前目录可根据需要进行更改。

工作空间窗(Workspace):默认位于 MATLAB 桌面的右上侧。在命令窗口中运行命令或脚本程序生成的变量均保存在工作空间中,需要时可以双击变量名或者在命令窗口输入变量名进行查看。

2. 命令窗及其基本操作

在命令窗的提示符">>"后可以输入一条命令、表达式、变量名或文件名,回车后 MATLAB 即执行运算并可以根据需要选择是否显示运行结果。下面举例说明命令窗的操作。

【例 1-13】 在命令窗中计算 $20-3\times4\div10+2.5^2$。

方法一：在命令窗中输入 $20-3*4/10+2.5.\hat{\,}2$，并回车。结果如下：

```
>> 20-3*4/10+2.5.^2
ans =
    25.0500
```

说明：回车后 MATLAB 计算 $20-3\times4\div10+2.5^2$，并将结果赋给变量 ans。在 MATLAB 中，当运算结果未赋给指定的变量时，MATLAB 自动将其赋给默认变量 ans。

方法二：输入 $x=20-3*4/10+2.5.\hat{\,}2$，并回车。结果如下：

```
>>x=20-3*4/10+2.5.^2
x =
    25.0500
```

说明：MATLAB 计算 $20-3\times4\div10+2.5^2$，将结果赋给变量 x。如果不想在命令窗中显示运行结果，只需要在表达式末尾加上分号";"，想知道结果可以在工作空间中查看或者在命令窗中输入变量名并回车：

```
>>x=20-3*4/10+2.5.^2;
>>x
x =
    25.0500
```

【例 1-14】 计算 $\sin(\pi/6)$。

操作：输入 $y=\sin(pi/6)$，并回车。结果如下：

```
>>y=sin(pi/6)
y =
    0.5000
```

说明：回车后 MATLAB 调用自带的内部函数 sin，计算后将结果赋给变量 y。MATLAB 中常数 π 用 pi 表示。

MATLAB 的基本变量是矩阵形式的，即便是标量，MATLAB 也将之视为 1×1 的矩阵。在 MATLAB 的命令窗中输入一个矩阵，例如，输入一个 3×3 的矩阵，可以按照以下两种方式输入：

```
>>x=[1 2 3;4 5 6;7 8 9];
```

或

```
>>x=[1 2 3
     4 5 6
     7 8 9];
```

以上两种输入方式的效果是一样的。矩阵的所有元素放在一对中括号［ ］内，矩阵每一行的各个元素之间用空格或者逗号","隔开，而不同的行以分号";"或回车来分隔。

除了变量和数学计算式外，在命令窗口中键入 M 文件名（M 文件是用 MATLAB 语言编写的程序，将在后面介绍）后回车，MATLAB 将运行该程序。

MATLAB 提供了方便实用的功能键用于编辑、修改命令窗口中当前或以前输入的命令行。Windows 系统下这些功能键如表 1-3 所示。

表 1-3　命令窗口常用的功能键

功　能　键	功　　能	功　能　键	功　　能
↑	重新调入上一命令行	End	光标移到行尾
↓	重新调入下一命令行	Ctrl+Home	光标移到命令窗顶部
←	光标左移一个字符	Ctrl+End	光标移到命令窗底部
→	光标右移一个字符	Esc	清除命令行
Ctrl+ ←	光标左移一个字	Delete	删除光标处字符
Ctrl+ →	光标右移一个字	Backspace	删除光标处左边字符
Home	光标移到行首		

【例 1-15】　假设命令窗中已经执行过例 1-14 的计算,现计算 $\cos(\pi/6)$。

操作如下:按下键盘上的"↑"键,表达式 $y=\sin(pi/6)$ 出现在命令窗中,将光标移到相应位置,把 sin 修改为 cos 并回车即可。如果之前输入的命令很多,可以用"命令首字母+↑"快速调出特定命令进行编辑、运行。比如在本例中,先按下 y,再按下 ↑,就可以快速调出命令 $y=\sin(pi/6)$。

3. MATLAB 的帮助系统

MATLAB 提供了强大而完善的帮助系统,包括联机帮助、演示帮助和命令行帮助。MATLAB 的功能非常强大、复杂,各种命令、函数成千上万,即使精通 MATLAB 的编程人员,也不可能都记住各种命令、函数的详细用法。因此,要掌握 MATLAB,必须充分利用其帮助系统。

（1）联机帮助

在 MATLAB 桌面菜单栏中依次单击"Help"→"Product Help",打开如图 1-15 所示的帮助窗口,窗口左边列出了详细的分类帮助信息,可根据需要进行查看。或者在窗口左上端的搜索栏里输入关键字进行搜索,以获得有关的帮助信息。

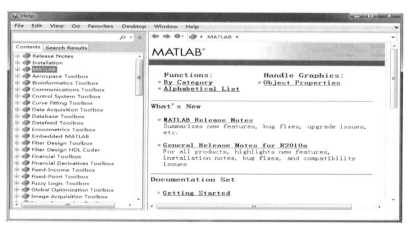

图 1-15　MATLAB 的帮助窗口

（2）演示帮助

在 MATLAB 桌面菜单栏依次单击"Help"→"Demos",或者依次单击 MATLAB 桌面左下角的"Start"→"Demos",均可打开如图 1-16 所示的演示帮助窗口。

演示帮助主要通过视频、动画、编程等比较直观的方式展示 MATLAB 入门、数学运算、可视化以及编程等方面的例子,初学者非常容易理解与掌握。

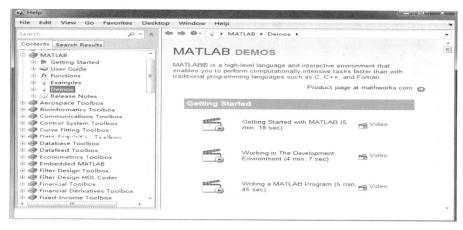

图 1-16　MATLAB 的演示帮助窗口

（3）命令行帮助

命令行帮助是通过在命令窗中输入"help"命令获得的，非常适合在编程过程中查看某个命令、函数的用法时使用。命令行帮助的格式是：

```
help
```

或

```
help 目录名/命令名/函数名/主题名/符号
```

第一种格式在命令窗直接输入 help，不带任何参数，此时，命令窗将显示 MATLAB 的分类目录和对目录内容的简要说明，如下面所示：

```
>>help
HELP topics
matlab\general          -General purpose commands.
matlab\ops              -Operators and special characters.
matlab\lang             -Programming language constructs.
matlab\elmat            -Elementary matrices and matrix manipulation.
……
```

第二种格式可以显示具体目录所包含的命令和函数，或者具体的命令、函数、符号或某个主题的详细帮助信息。例如，在命令窗中键入

```
help sin
```

将会显示关于正弦函数（sin）的详细的帮助信息，如下面所示。

```
>> help sin
SIN Sine of argument in radians.
SIN(X) is the sine of the elements of X.
    See also asin, sind.
    Overloaded methods:
      codistributed/sin
    Reference page in Help browser
      doc sin
```

4. MATLAB 的搜索路径与设置

MATLAB 运行程序(即 M 文件)时,将按照事先设定的顺序,在搜索路径中寻找该程序并执行。如果所运行的 M 文件不在搜索路径中,则该文件对 MATLAB 是"不可见的",文件就无法运行,此时命令窗口会显示以下出错信息(通常为红色字体):

```
??? Undefined function or variable '×××'.
```

其中,×××为命令窗口中输入的文件名或变量名。此信息表明所输入的文件名或变量名为"未定义的"。

因此,用户编写程序时,一定要将保存程序文件的目录添加到 MATLAB 的搜索路径中(或将当前目录修改为程序文件所在的目录),否则程序将无法运行。利用 MATLAB 桌面"File"菜单中的"Set Path"项可以将需要的目录或文件夹添加到 MATLAB 的搜索路径中,添加后目录中的 M 文件对 MATLAB 就是"可见的",在命令窗中就可以运行了。比如,用户将程序保存在目录 D:\myfile\matlab 下,运行程序前,需要将该目录添加到搜索路径中。具体操作如下:

在 MATLAB 桌面上依次单击"File"→"Set path",打开如图 1-17 所示的路径设置窗口。

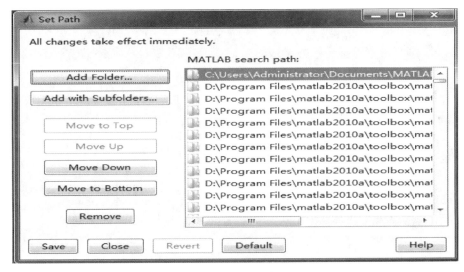

图 1-17   搜索路径设置窗口

单击按钮"Add Folder..."，在弹出的窗口中找到要添加的文件夹"matlab",选定它并单击"确定"按钮即可。或者单击按钮"Add with Subfolders...",在弹出的窗口中找到文件夹"myfile",选定它并单击"确定"按钮,则将 D:\myfile 下所有的子文件夹(包括 matlab)都添加到搜索路径中。

添加完毕,单击路径设置窗口的"Save"按钮,对所做修改进行保存,下次启动 MATLAB 时,本次所做修改仍然有效。

5. M 脚本文件和 M 函数文件

MATLAB 有两种运行方式,即命令行运行方式和 M 文件运行方式。对一些简单的功能如简单的计算或绘图,因为输入的语句不多,用户可以采用命令行方式。即在命令窗口中逐行输入命令并回车。但是如果要实现比较复杂的功能,往往需要很多条语句,且需要经常修改其中的参数或者多次调用,这就需要采用 M 文件方式。简单地说,这种方式就是用 MATLAB 语言编写程序,编好后运行该程序。这种程序的扩展名为 . m,通常称为 M 文件。

M 文件可以用 MATLAB 自带的 M 文件编辑器(M-editor)或其他的文本编辑器进行录入、编辑。M 文件有两种类型,分别称为 M 脚本(M-script)文件和 M 函数(M-function)文件。

（1）M 脚本文件

M 脚本文件没有输入、输出参数,只是一系列 MATLAB 语句的罗列、组合。运行 M 脚本文件时,MATLAB 依次执行文件中的每一行语句。这种方式与操作系统中批处理文件的运行方式相似。脚本文件编写完成后,在命令窗口中输入文件名,就可以运行该文件了。运行时,脚本可以访问工作空间的数据,生成的变量在运行结束后仍驻留在工作空间中。

【例 1-16】 编写 M 文件,求 1+2+3+…+50。

用 M 脚本文件实现,过程如下:

首先,编写脚本文件。单击主桌面工具栏上的"New M-File"按钮,打开 M 文件编辑器,输入以下三行代码(百分号"%"后面是程序的注释):

```
n=50;
N=1:n;           % 产生一个一维数组,其元素为 1 到 50
result=sum(N);   % 调用 MATLAB 自带的函数 sum,将数组中的所有元素进行相加
```

将该程序保存为 cumaddm. m(注意:文件名必须以英文字母开头,其他部分可以使用字母、数字、下划线等,但不能使用空格、中文和标点符号;区分大小写),得到的即为一个 M 脚本文件。

其次,运行该程序。在命令窗口中键入文件名 cumaddm(注意不带扩展名 . m)并回车。程序运行后,求和结果赋给变量 result,并驻留在工作空间中。在工作空间窗中双击变量 result 或在命令窗中键入 result 并回车,即可查看结果。运行程序及查看变量的操作如下:

```
>>cumaddm;
>> result
result =
     1275
```

（2）M 函数文件

M 函数文件与 M 脚本文件的区别主要在于:(1)格式的不同。M 函数文件第一行必须为函数声明行,以关键字"function"(默认为蓝色字体)开头,而 M 脚本文件无此声明行。(2)M 函数文件中可以定义一个或多个函数,脚本文件中只能定义匿名函数(anonymous function),不能定义其他类型的函数。M 函数文件声明行的一般格式如下:

```
function  [y1,y2,y3,……]=myfun(x1,x2,x3,……)
```

即声明行由关键字 function、输出变量 y1,y2,y3,…、函数名 myfun 和输入变量 x1,x2,x3,…四部分组成。其中关键字和函数名不能省略,而输入变量和输出变量既可以有多个,也可以一个都没有。没有输入和输出变量时,方括号"[ ]"、等号"＝"和圆括号"( )"均可以省略;只有一个输出变量时,方括号"[ ]"也可省略。另外,函数名(命名规则与脚本文件相同)myfun 最好与文件名相同,以利于函数的调用。

【例 1-17】 用 M 函数文件实现例 1-16。

编程思路:先编写一个函数文件,实现 1 到任意正整数 n 的连加,然后调用该函数,求 $1+2+3+\cdots+50$。

打开 M 文件编辑器,输入以下四行代码:

```
function y = cumaddf(n)          % 函数声明行,注意 function 和 y 之间要有空格
% y = cumaddf(n);                求 1 到 n 的累加和(该行注释一般用来说明函数功能和调用格式)
N = 1:n;                          % 产生一个一维数组,其元素为 1 到 n
result = sum(N);                  % 用 MATLAB 自带的函数 sum 将数组中的所有元素相加
```

将文件保存为 cumaddf.m(文件名与函数名相同!),得到的即为一个 M 函数文件。在命令窗按如下方式调用该函数,即可求出 $1+2+3+\cdots+50$。

```
>>result = cumaddf(50)
result =
        1275
```

由上可见,在调用函数 cumaddf 时,改变输入参数 n 的值,即可求出不同的连加。比如,求 $1+2+\cdots+100$,只需在调用函数 cumaddf 时改变输入变量 n 即可:

```
>> result = cumaddf(100)
result =
        5050
```

本章学习指导

一、主要内容

1. 信号表示

连续时间信号用 $f(t)$,$y(t)$ 等表示,离散时间信号用 $f(n)$,$y(n)$ 等表示;不管是连续时间信号还是离散时间信号,均有数学表达式和波形两种主要描述方式。

2. LTI 系统描述

LTI 系统的描述主要有两种方式:数学模型和模拟框图。对于连续系统,数学模型是线性常系数微分方程,模拟框图主要由加法器、倍乘器和积分器组成;对于离散系统,数学模型为线性常系数差分方程,模拟框图主要由加法器、倍乘器和延迟单元组成。

3. 系统基本特性

包括线性、时不变性、因果性和稳定性。

二、例题分析

【例 1-18】 已知系统的输入输出关系如下

$$y(t) = \int_{-\infty}^{5t} f(\tau) \mathrm{d}\tau$$

判断其线性、时不变性、因果性和稳定性。

分析：根据这几个特性的定义进行判定。

（1）线性

设 $T[f_1(t)] = y_1(t)$，则根据输入输出关系，得 $y_1(t) = \int_{-\infty}^{5t} f_1(\tau) \mathrm{d}\tau$；

设 $T[f_2(t)] = y_2(t)$，类似可得 $y_2(t) = \int_{-\infty}^{5t} f_2(\tau) \mathrm{d}\tau$

令 $f(t) = af_1(t) + bf_2(t)$，且 $T[f(t)] = y(t)$，则

$$y(t) = \int_{-\infty}^{5t} f(\tau) \mathrm{d}\tau = \int_{-\infty}^{5t} [af_1(\tau) + bf_2(\tau)] \mathrm{d}\tau$$
$$= a\int_{-\infty}^{5t} f_1(\tau) \mathrm{d}\tau + b\int_{-\infty}^{5t} f_2(\tau) \mathrm{d}\tau = ay_1(t) + by_2(t)$$

根据线性的定义，该系统是线性的。

（2）时不变性

分析：通过考察输入分别为 $f(t)$ 和 $f(t-t_0)$ 时，系统输出之间的关系来判定。

设 $T[f(t)] = y(t)$，即激励为 $f(t)$ 时，响应为 $y(t)$。根据输入输出关系，得 $y(t) = \int_{-\infty}^{5t} f(\tau) \mathrm{d}\tau$；

设 $T[f(t-t_0)] = y_1(t)$，类似可得 $y_1(t) = \int_{-\infty}^{5t} f(\tau - t_0) \mathrm{d}\tau$。

若系统是时不变的，应有 $y_1(t) = y(t-t_0)$。

由上面可知 $\qquad y_1(t) = \int_{-\infty}^{5t} f(\tau - t_0) \mathrm{d}\tau \xrightarrow{\tau - t_0 = x} \int_{-\infty}^{5t-t_0} f(x) \mathrm{d}x$

而 $\qquad\qquad\qquad\qquad y(t - t_0) = \int_{-\infty}^{5(t-t_0)} f(\tau) \mathrm{d}\tau$

显然，$y_1(t) \neq y(t-t_0)$。所以该系统是时变的。

（3）因果性

考虑 $t = t_1$ 这个时刻的输出 $y(t_1)$，根据输入输出关系可得 $y(t_1) = \int_{-\infty}^{5t_1} f(\tau) \mathrm{d}\tau$。从该式可知，响应 $y(t_1)$ 是由激励在 $t = 5t_1$ 之前的值的积分来决定的。比较 $t = t_1$ 和 $t = 5t_1$ 这两个时刻，因为 $t_1 \geqslant 5t_1$ 不是恒成立的，所以该系统是非因果的。

（4）稳定性

分析：若输入有界时，能推出输出也有界的结论，则系统是稳定的，否则是不稳定的。

设 $T[f(t)] = y(t)$，且 $f(t)$ 有界，即 $|f(t)| < M_x$，其中 M_x 为有限正数。

那么，$|y(t)| = \left| \int_{-\infty}^{5t} f(\tau) \mathrm{d}\tau \right|$。虽然 $f(t)$ 是有限值，但由于积分区间为无穷大，根据积分的几何意义，$|y(t)|$ 有可能为无限大。也就是说无法确定 $y(t)$ 是否有界。因此系统是不稳定的。

习题

1.1　什么是因果信号? 什么是因果系统?

1.2 什么是时域分析？什么是变换域分析？

1.3 什么是系统的数学模型？线性时不变连续系统的数学模型是什么？

1.4 关于信号的确定性与随机性有以下几种说法，试判断正误。

（1）有确定函数表达式的信号为确定信号；而随机信号没有确定函数表达式。

（2）已经知道的信号为确定信号；未知信号为随机信号。

（3）能够确定未来任意时刻 t 的信号取值的信号为确定信号；而对于未来任意时刻 t，其取值不能确定的信号为随机信号。

（4）确定信号可由确定的函数表达式来表示；随机信号由概率分布函数来描述。

1.5 填空题

（1）时间连续，信号取值也连续的信号为_____信号。

（2）时间连续，信号取值离散的信号为_____信号。

（3）时间离散，信号取值连续的信号为_____信号。

（4）时间离散，信号取值也离散的信号为_____信号。

1.6 试判断下列信号的确定性（随机性）、连续性（离散性）、周期性（非周期性）。

（1）$f(n)=\cos n\pi$ （2）$f(n)=\cos n$ （3）$f(t)=\cos 2t$ （4）$f(n)=\cos\dfrac{n}{12}\pi$ （5）$f(t)=t^2+1$

（6）掷硬币实验，设硬币"出现正面"则发出信号"0"，"出现反面"则发出信号"1"。

（7）设天气预报分为晴、阴、雨、雪四种情况，分别用四种电信号来表示，并已知其出现的概率分别为 0.6,0.3,0.2,0.1,则对接收者来说此信号为以上哪种信号？

1.7 关于系统有如下几种说法，试判断正误并举例说明。

（1）由常系数微分方程描述的系统为时不变系统，由变系数微分方程描述的系统为时变系统；

（2）线性系统一定是时不变系统，反之亦然；

（3）线性时不变系统一定是因果系统；

（4）激励与响应成正比的系统为线性系统；

（5）只有同时满足零输入线性和零状态线性的系统才是线性系统；

（6）线性时不变系统的输入增大一倍，则响应也增大一倍。

1.8 系统的数学模型如下，试判断其线性性、时变性和因果性。其中 $X(0^-)$ 为系统的初始状态。

（1）$y(t)=X(0^-)+2t^2f(t)$ （2）$y(t)=e^{2f(t)}$

（3）$y(t)=f'(t)$ （4）$y(t)=f(t-2)+f(1-t)$

（5）$y(t)=f(t)\cos 2t$ （6）$y(t)=[f(t)+f(t-2)]U(t)$

（7）$y(t)=\cos[f(t)]U(t)$ （8）$y(t)=f(2t)$

（9）$y(t)=[f(t)]^2$ （10）$y(t)=\displaystyle\int_{-\infty}^{5t}f(\tau)\mathrm{d}\tau$

上机练习

1.1 在命令窗口中计算：$\left(3^2\times4-\dfrac{1}{2}+0.8\right)\div4$。要求：

（1）计算结果显示在命令窗口中；

（2）计算结果不显示在命令窗口中；

（3）在不全部重新输入的情况下，将算式修改为：$\left(3^2\times4-\dfrac{1}{2}+0.65\right)\div4$，并计算。

1.2 用 help 命令查看函数 plot 的用法并据此回答下列问题：

（1）plot 函数中两个输入变量 X 和 Y 分别代表什么？它们是标量、向量还是矩阵？

（2）用 plot 绘图时，能否指定线型和颜色？如何指定？

（3）用 plot 能否将多条曲线同时画在一个坐标系内？命令格式是什么？

1.3　用 help 命令查看以下几个函数的功能和用法：cos，axis，xlabel ，ylabel，title，text，legend。

1.4　写一个 M 脚本文件，完成以下工作：在同一个坐标系中画出 $\sin\dfrac{\pi}{2}t$ 和 $\cos 2t$ 在 $[0,\pi]$ 区间的波形。

要求：

（1）横坐标显示范围为 $-0.2 \sim 3.5$，纵坐标显示范围为 $-1.1 \sim 1.1$；横坐标标注为 t，纵坐标标注为 y；

（2）两条曲线用不同线型画出，并进行标注。（提示：用上机练习 3 的函数）

1.5　写一个 M 函数文件，实现以下功能：对数组元素进行从大到小排序后输出并求出数组的最大元素及其在原数组中的位置。（提示：利用函数 sort 和 max）

1.6　将上机练习 4 和上机练习 5 的两个 M 文件保存在"d：\myfile"中，将该目录添加到 MATLAB 的搜索路径当中，然后在命令窗口中运行这两个文件。

第 2 章　连续时间信号与系统的时域分析

【内容提要】　本章首先介绍连续信号的时域特性,包括常用信号的定义、性质、基本运算和变换。然后介绍连续系统的时域分析方法,包括零输入响应和零状态响应的求解方法。

【思政小课堂】　见二维码 2。

二维码 2

2.1　常用信号及信号的基本运算

2.1.1　常用信号

1. 实指数信号

实指数信号的表达式为

$$f(t) = Ke^{at} \tag{2-1}$$

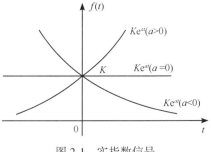

图 2-1　实指数信号

式中,a 和 K 为实数。当 $K>0$ 时,若 $a>0$,信号将随时间而增长;若 $a<0$,信号则随时间衰减;在 $a=0$ 的特殊情况下,信号不随时间而变化,成为直流信号。常数 K 表示指数信号在 $t=0$ 点的初始值。$K>0$ 时实指数信号的波形如图 2-1 所示。

指数 a 的绝对值大小反映了信号增长或衰减的速率,$|a|$ 越大,增长或衰减的速率越快。通常,把 $|a|$ 的倒数称为实指数信号的时间常数,记做 τ,即 $\tau=1/|a|$,τ 越大,实指数信号增长或衰减的速率越慢。

2. 正弦信号

正弦信号和余弦信号二者仅在相位上相差 $\pi/2$,通常统称为正弦信号,一般写做

$$f(t) = K\sin(\Omega t + \theta) \tag{2-2}$$

式中,K 为振幅,Ω 为角频率,θ 为初相位,其波形如图 2-2 所示。

正弦信号是周期信号,其周期 T 与角频率 Ω 和频率 f 满足

$$T = 2\pi/\Omega = 1/f$$

在信号与系统分析中,有时会遇到衰减的正弦信号,波形如图 2-3 所示。此正弦振荡的幅度按指数规律衰减,其表达式为

$$f(t) = \begin{cases} 0, & t<0 \\ Ke^{-\sigma t}\sin(\Omega t), & t \geqslant 0 \end{cases} \tag{2-3}$$

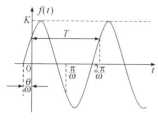

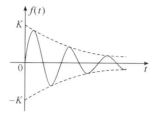

图 2-2　正弦信号　　　　　　　　图 2-3　指数衰减的正弦信号

正弦信号和余弦信号常借助复指数信号来表示。由欧拉公式可知

$$e^{j\Omega t} = \cos(\Omega t) + j\sin(\Omega t)$$

$$e^{-j\Omega t} = \cos(\Omega t) - j\sin(\Omega t)$$

则有

$$\sin(\Omega t) = \frac{1}{2j}(e^{j\Omega t} - e^{-j\Omega t}) \tag{2-4}$$

$$\cos(\Omega t) = \frac{1}{2}(e^{j\Omega t} + e^{-j\Omega t}) \tag{2-5}$$

这是以后经常要用到的两对关系式。

与指数信号的性质类似,正弦信号对时间的微分与积分仍为同频率的正弦信号。

3. 复指数信号

如果指数信号的指数因子为一复数,则称之为复指数信号,其表达式为

$$f(t) = Ke^{st} \tag{2-6}$$

其中

$$s = \sigma + j\Omega$$

式中,σ 为复数 s 的实部,Ω 为其虚部。借助欧拉公式将式(2-6)展开,可得

$$Ke^{st} = Ke^{(\sigma + j\Omega)t} = Ke^{\sigma t}\cos(\Omega t) + jKe^{\sigma t}\sin(\Omega t) \tag{2-7}$$

此结果表明,一个复指数信号可分解为实部、虚部两部分。其中,实部包含余弦信号,虚部则包含正弦信号。指数因子实部 σ 表征了正弦与余弦函数振幅随时间变化的情况。若 $\sigma > 0$,实部、虚部信号是增幅振荡;若 $\sigma < 0$,实部及虚部信号是衰减振荡。指数因子的虚部 Ω 则表示正弦与余弦信号的角频率。3 种特殊情况是:当 $\sigma = 0$,即 s 为虚数时,实部、虚部信号是等幅振荡;而当 $\Omega = 0$,即 s 为实数时,复指数信号成为一般的指数信号;若 $\sigma = 0$ 且 $\Omega = 0$,即 $s = 0$,则复指数信号的实部和虚部都与时间无关,成为直流信号。

尽管实际上不能产生复指数信号,但是它概括了多种情况,可以利用复指数信号来描述各种基本信号,如直流信号、指数信号、正弦或余弦信号,以及增长或衰减的正弦与余弦信号。利用复指数信号可使许多运算和分析得以简化。在信号分析理论中,复指数信号是一种非常重要的基本信号。

4. Sa(t)信号(抽样信号)

Sa(t)函数即 Sa(t)信号,是指由 $\sin t$ 与 t 之比构成的函数,即

$$\text{Sa}(t) = \frac{\sin t}{t} \tag{2-8}$$

Sa(t)函数的波形如图 2-4 所示。我们注意到,它是一个偶函数,在 t 的正、负两个方向上振幅都逐渐衰减;当 $t = \pm\pi, \pm2\pi, \cdots, \pm n\pi$ 时,函数值等于零。

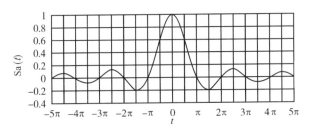

图 2-4　Sa(t)函数

Sa(t)函数还具有以下性质:

$$\int_0^\infty \mathrm{Sa}(t)\,\mathrm{d}t = \frac{\pi}{2} \tag{2-9}$$

$$\int_{-\infty}^\infty \mathrm{Sa}(t)\,\mathrm{d}t = \pi \tag{2-10}$$

2.1.2　信号的基本运算

1. 相加和相乘

信号相加是指若干信号之和,表示为

$$f(t) = f_1(t) + f_2(t) + \cdots + f_n(t) \tag{2-11}$$

其相加规则是:同一瞬时各信号的函数值相加构成和信号在这一时刻的瞬时值。

信号相乘是指若干信号之积,表示为

$$f(t) = f_1(t) \cdot f_2(t) \cdot \cdots \cdot f_n(t) \tag{2-12}$$

其相乘规则是:同一瞬时各信号的函数值相乘构成积信号在这一时刻的瞬时值。

【例 2-1】　已知两个信号为

$$f_1(t) = \begin{cases} 0, & t<0 \\ \sin t, & t \geqslant 0 \end{cases}; \qquad f_2(t) = -\sin t$$

求 $f_1(t) + f_2(t)$ 和 $f_1(t) \cdot f_2(t)$ 的表达式。

解:　$f_1(t) + f_2(t) = \begin{cases} -\sin t, & t<0 \\ 0, & t \geqslant 0 \end{cases}$;　　$f_1(t) \cdot f_2(t) = \begin{cases} 0, & t<0 \\ -\sin^2 t, & t \geqslant 0 \end{cases}$

当然,也可以通过波形来进行信号的相加和相乘。

2. 微分和积分

信号 $f(t)$ 的微分是指信号对时间的导数,表示为

$$y(t) = \frac{\mathrm{d}f(t)}{\mathrm{d}t} = f'(t) \tag{2-13}$$

信号 $f(t)$ 的积分是指信号在区间 $(-\infty, t)$ 上的积分,表示为

$$f^{(-1)}(t) = \int_{-\infty}^t f(\tau)\,\mathrm{d}\tau \tag{2-14}$$

3. 时移、反折和展缩

（1）时移

信号的时移是指 $f(t)$ 变为 $f(t-t_0)$ 的运算。若 $t_0>0$,将 $f(t)$ 的波形沿着横轴正方向平移 t_0

个时间单位即可得到$f(t-t_0)$的波形;若$t_0<0$,将$f(t)$的波形沿着横轴负方向平移$|t_0|$个时间单位即可得到$f(t-t_0)$的波形。

（2）反折

信号的反折是指$f(t)$变为$f(-t)$的运算。将$f(t)$的波形以纵轴为对称轴翻转180°即可得到$f(-t)$的波形。

（3）展缩（尺度变换）

信号的展缩是指$f(t)$变为$f(at)$的运算。若$0<a<1$,该运算表示信号$f(t)$的波形以原点为基准点,沿着坐标横轴将波形向正负两个方向展宽至原来宽度的$1/a$倍;若$a>1$,则是将$f(t)$的波形压缩为原来宽度的$1/a$。当$a<0$时,除了展缩,还包含反折运算。

上述三种运算,利用信号的波形,比较容易实现。三种运算的综合形式为:$f(at-t_0)$。此时,运算包含了时移、展缩以及可能的反折。

【例2-2】 已知信号$f(t)$的波形如图2-5（a）所示,求$f(-2t+2)$和$f\left(\dfrac{1}{2}t-1\right)$的波形。

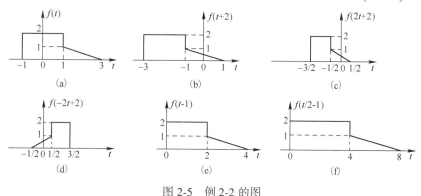

图2-5　例2-2的图

解:（1）求$f(-2t+2)$的波形。按如下顺序来确定:时移→压缩→反折。

首先将$f(t)$的波形沿着横轴向左移2个单位,得到$f(t+2)$的波形,如图2-5（b）所示。

然后,将$f(t+2)$的波形沿着横轴压缩为原来宽度的$1/2$,得到$f(2t+2)$的波形,如图2-5（c）所示。

最后,将$f(2t+2)$的波形反折,即可得到$f(-2t+2)$的波形,如图2-5（d）所示。

（2）求$f\left(\dfrac{1}{2}t-1\right)$的波形,按如下顺序确定:时移→展宽。

先将$f(t)$的波形沿着横轴向右移1个单位,得到$f(t-1)$的波形,如图2-5（e）所示;

然后,将$f(t-1)$的波形沿着横轴展宽为原来的2倍,即可得到$f\left(\dfrac{1}{2}t-1\right)$的波形,如图2-5（f）所示。

一般地,由$f(t)$画出$f(at-t_0)$的波形,可以有6种不同的顺序,通常采用"时移"→"展缩"→"反折"这种顺序进行。

2.2　单位阶跃信号和单位冲激信号

单位阶跃信号和单位冲激信号是信号与系统理论中两个重要的基本信号。由于二者的特性与前面介绍的普通信号不尽相同,所以称为奇异信号。研究奇异信号要用广义函数理论,这里将直观地引出单位阶跃信号和单位冲激信号,不去研究广义函数的内容。

2.2.1 单位阶跃信号

单位阶跃信号(简称阶跃信号)用符号 $U(t)$ 表示。其定义为

$$U(t)=\begin{cases}0, & t<0 \\ 1, & t>0\end{cases} \qquad (2\text{-}15)$$

其波形如图 2-6 所示。

在分析电路时,单位阶跃信号实际上就表示从 $t=0^+$ 开始作用的大小为一个单位的电压或电流。

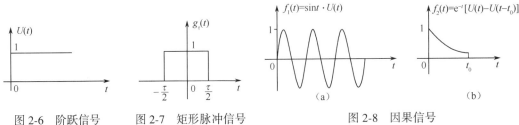

图 2-6 阶跃信号   图 2-7 矩形脉冲信号   图 2-8 因果信号

利用阶跃信号 $U(t)$,可以很容易地表示脉冲信号的存在时间,如图 2-7 中所示的矩形脉冲信号 $g_\tau(t)$,可以用阶跃信号表示为

$$g_\tau(t)=U\left(t+\frac{\tau}{2}\right)-U\left(t-\frac{\tau}{2}\right) \qquad (2\text{-}16)$$

由于阶跃信号鲜明地表现出信号的"单边"特性,通常将 $t>0$ 之后才有非零函数值的信号称为因果信号。例如

$$f_1(t)=\sin t \cdot U(t), \qquad f_2(t)=\mathrm{e}^{-t}\left[U(t)-U(t-t_0)\right]$$

其波形如图 2-8 所示。可见,阶跃信号也经常用来表示信号的时间取值范围。

【例 2-3】 已知 $f(t)=\begin{cases}-0.5t, & t<-2 \\ 2, & -2<t<1 \\ 1, & 1<t<2 \\ 3-t, & 2<t<3 \\ 0, & t>3\end{cases}$,利用阶

跃信号表示信号 $f(t)$ 。

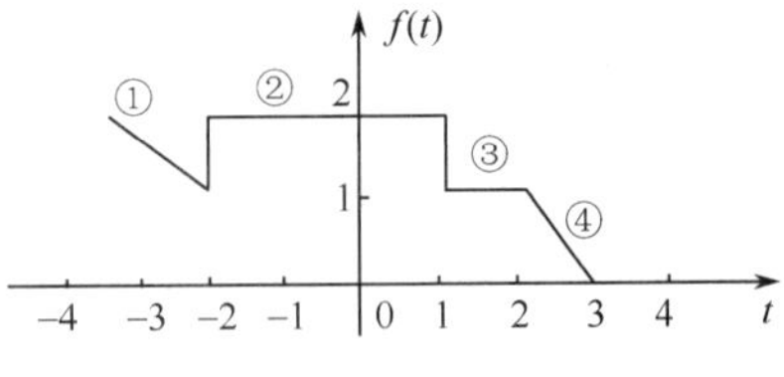

图 2-9 例 2-3 中 $f(t)$ 的波形

解:为直观起见,画出 $f(t)$ 的波形如图 2-9 所示。

为了利用阶跃信号表示信号 $f(t)$,将每一段波形的范围通过阶跃信号表示出来之后,再将各段相加就得到信号 $f(t)$ 。

第①段为 $-0.5tU(-t-2)$

第②段为 $2\left[U(t+2)-U(t-1)\right]$

第③段为 $U(t-1)-U(t-2)$

第④段为 $(3-t)\left[U(t-2)-U(t-3)\right]$

所以 $f(t)=-0.5tU(-t-2)+2\left[U(t+2)-U(t-1)\right]+$

$$U(t-1)-U(t-2)+(3-t)\left[U(t-2)-U(t-3)\right]$$

整理得
$$f(t)=-0.5tU(-t-2)+2U(t+2)-U(t-1)+$$
$$(2-t)U(t-2)-(3-t)U(t-3)$$

读者不妨用信号的加法和乘法运算检验上式信号 $f(t)$ 的阶跃信号表达式是否与其波形一致。

2.2.2 单位冲激信号

单位冲激信号(简称冲激信号)$\delta(t)$ 定义为

$$\delta(t)=\begin{cases}0, & t\neq 0\\ \infty, & t=0\end{cases}\qquad 且 \qquad \int_{-\infty}^{\infty}\delta(t)\,\mathrm{d}t=1 \qquad (2\text{-}17)$$

其波形如图 2-10(a)所示,它是狄拉克(Dirac)最初提出并定义的,所以又称狄拉克 δ 函数(Dirac Delta Function)。式(2-17)表示集中在 $t=0$、面积为 1 的冲激,这是工程上的定义,由于它不是普通函数,因此从严格的数学意义来说,它是一个颇为复杂的概念。在应用中,并不强调其数学上的严谨性,而只强调运算方便。

为了对 $\delta(t)$ 有一个直观的认识,可将 $\delta(t)$ 看成某些普通函数的极限来定义。

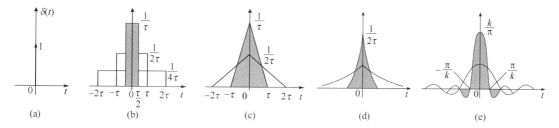

图 2-10 用矩形脉冲、三角脉冲、双边指数脉冲和抽样信号取极限定义冲激信号

观察图 2-10(b),它是面积为 1,脉宽为 τ,幅值为 $1/\tau$ 的矩形脉冲。当 $\tau\to 0$ 时,其脉冲的幅值 $1/\tau\to\infty$。这种极限状态下的函数即为冲激信号 $\delta(t)$。也就是

$$\delta(t)=\lim_{\tau\to 0}\frac{1}{\tau}\left[U\left(t+\frac{\tau}{2}\right)-U\left(t-\frac{\tau}{2}\right)\right] \qquad (2\text{-}18)$$

除了采用矩形脉冲取极限定义冲激信号外,也可以用三角形脉冲、双边指数脉冲或抽样函数取极限定义冲激信号,如图 2-10(c)~(e)所示。

对于三角脉冲,有

$$\delta(t)=\lim_{\tau\to 0}\left\{\frac{1}{\tau}\left(1-\frac{|t|}{\tau}\right)\left[U(t+\tau)-U(t-\tau)\right]\right\} \qquad (2\text{-}19)$$

对于双边指数脉冲,有

$$\delta(t)=\lim_{\tau\to 0}\left(\frac{1}{2\tau}\mathrm{e}^{-\frac{|t|}{\tau}}\right) \qquad (2\text{-}20)$$

对于抽样信号,有

$$\delta(t)=\lim_{k\to\infty}\left[\frac{k}{\pi}\mathrm{Sa}(kt)\right] \qquad (2\text{-}21)$$

总之,在取极限时,在整个横坐标轴上曲线面积恒为定值的函数,都可用做冲激信号的定义,如

$$\delta(t)=\lim_{k\to\infty}\sqrt{\frac{k}{\pi}}\mathrm{e}^{-kt^2} \qquad (2\text{-}22)$$

2.2.3　冲激信号与阶跃信号的关系

由于 $t \neq 0$ 时，$\delta(t) = 0$，且 $\int_{-\infty}^{\infty} \delta(t)\,\mathrm{d}t = 1$，故

$$\int_{-\infty}^{t} \delta(\tau)\,\mathrm{d}\tau = \begin{cases} 0, & t < 0 \\ 1, & t > 0 \end{cases} \tag{2-23}$$

即

$$\int_{-\infty}^{t} \delta(\tau)\,\mathrm{d}\tau = U(t) \tag{2-24}$$

$$\frac{\mathrm{d}U(t)}{\mathrm{d}t} = \delta(t) \tag{2-25}$$

式(2-24)和式(2-25)表明，单位阶跃信号是单位冲激信号的积分，而单位冲激信号是单位阶跃信号的导数。很明显，$\delta(t)$ 和 $U(t)$ 均不是普通函数，因为一个普通函数从 $-\infty$ 到 t 的积分，应该是积分上限 t 的连续函数，而 $U(t)$ 在 $t = 0$ 这一点明显地不连续。同样，一个普通函数在间断点上不存在导数。但在以后的分析中，从物理或工程的角度来看，为了便于描述某些物理量及简化计算，引入 $\delta(t)$ 这个独特的信号后，就能够表达具有间断点的连续信号的导数了。

同样，由于

$$\int_{-\infty}^{t} \delta(\tau - t_0)\,\mathrm{d}\tau = \begin{cases} 0, & t < t_0 \\ 1, & t > t_0 \end{cases}$$

所以

$$\int_{-\infty}^{t} \delta(\tau - t_0)\,\mathrm{d}\tau = U(t - t_0) \tag{2-26}$$

$$\frac{\mathrm{d}U(t - t_0)}{\mathrm{d}t} = \delta(t - t_0) \tag{2-27}$$

式中，$\delta(t - t_0)$ 是集中在 t_0 的面积为 1 的冲激。

2.2.4　冲激信号的性质

1.　相乘筛选与积分筛选

如果信号 $f(t)$ 是一个普通函数且在 $t = t_0$ 处连续，则有

$$f(t) \cdot \delta(t - t_0) = f(t_0)\delta(t - t_0) \tag{2-28}$$

上式表明，连续信号 $f(t)$ 与冲激信号相乘，只有 $t = t_0$ 时的样本值 $f(t_0)$ 才对冲激信号有影响，也即筛选出信号在 $t = t_0$ 处的函数值。所以，这个性质称为相乘筛选特性，如图 2-11 所示。

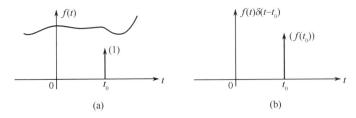

图 2-11　冲激信号的筛选特性

同样条件下，对 $f(t)\delta(t - t_0)$ 进行积分，可得：

$$\int_{-\infty}^{\infty} f(t)\delta(t-t_0)\,dt = f(t_0) \qquad (2\text{-}29)$$

式(2-29)称为积分筛选特性,利用式(2-28)很容易证明,这里从略。

【例2-4】 利用冲激信号的性质计算:

(1) $\displaystyle\int_{-\infty}^{\infty}\delta\left(t-\frac{1}{4}\right)\cdot\sin(\pi t)\,dt$ (2) $\displaystyle\int_{0^-}^{3^+}e^{-2t}\cdot\sum_{k=-\infty}^{\infty}\delta(t-2k)\,dt$

(3) $\displaystyle\int_{0^+}^{3^+}e^{-2t}\cdot\sum_{k=-\infty}^{\infty}\delta(t-2k)\,dt$ (4) $\displaystyle\int_{-\infty}^{t}(\tau^2-1)\delta(\tau+2)\,d\tau$

解: 根据筛选特性,有

(1) $\displaystyle\int_{-\infty}^{\infty}\delta\left(t-\frac{1}{4}\right)\cdot\sin(\pi t)\,dt = \sin\left(\pi\times\frac{1}{4}\right) = \frac{\sqrt{2}}{2}$

(2) $\displaystyle\int_{0^-}^{3^+}e^{-2t}\sum_{k=-\infty}^{\infty}\delta(t-2k)\,dt = \int_{0^-}^{3^+}\left[e^{-2t}\delta(t)+e^{-2t}\delta(t-2)\right]dt = 1+e^{-4}$

(3) $\displaystyle\int_{0^+}^{3^+}e^{-2t}\sum_{k=-\infty}^{\infty}\delta(t-2k)\,dt = \int_{0^+}^{3^+}e^{-2t}\delta(t-2)\,dt = e^{-4}$

(4) $\displaystyle\int_{-\infty}^{t}(\tau^2-1)\delta(\tau+2)\,d\tau = \int_{-\infty}^{t}\left[(-2)^2-1\right]\delta(\tau+2)\,d\tau = 3U(t+2)$

2. 尺度变换特性

$$\delta(at) = \frac{1}{|a|}\delta(t), \quad a\neq 0 \qquad (2\text{-}30)$$

由尺度变换特性可得出以下推论:

$$\delta(-t) = \delta(t) \qquad (2\text{-}31)$$

上式说明,$\delta(t)$ 是一个偶函数。

$$\delta(at+b) = \frac{1}{|a|}\delta\left(t+\frac{b}{a}\right) \qquad (2\text{-}32)$$

【例2-5】 求下列积分。

(1) $\displaystyle\int_{-\infty}^{\infty}2\delta(t)\frac{\sin(2t)}{t}\,dt$ (2) $\displaystyle\int_{-\infty}^{\infty}(t^2+2t+3)\delta(1-2t)\,dt$

解: (1) 原式 $= \displaystyle\int_{-\infty}^{+\infty}4\delta(t)\frac{\sin(2t)}{2t}\,dt = 4\int_{-\infty}^{+\infty}1\cdot\delta(t)\,dt = 4$

(2) 由于 $\qquad\qquad\qquad \delta(1-2t) = \dfrac{1}{2}\delta\left(t-\dfrac{1}{2}\right)$

所以 $\qquad$ 原式 $= \dfrac{1}{2}\displaystyle\int_{-\infty}^{+\infty}(t^2+2t+3)\delta\left(t-\dfrac{1}{2}\right)dt = \dfrac{1}{2}(t^2+2t+3)\bigg|_{t=\frac{1}{2}} = \dfrac{17}{8}$

3. $\delta(t)$ 的各阶导数及其性质

$\delta(t)$ 的各阶导数是不能用常规方法来求的,在此不进行深入讨论,只用近似波形来说明 $\delta(t)$ 的一阶导数 $\delta'(t)$ 的形成,如图 2-12 所示。$\delta'(t)$ 也叫冲激偶。

下面利用式(2-29)研究 $\delta(t)$ 导数的取样性。

因为 $\int_{-\infty}^{\infty}f(t)\delta(t-\tau)\mathrm{d}t=f(\tau)$

两边对 τ 微分 n 次,得

$$(-1)^n\int_{-\infty}^{\infty}f(t)\delta^{(n)}(t-\tau)\mathrm{d}t=f^{(n)}(\tau)$$

两边乘以 $(-1)^n$,则有

$$\int_{-\infty}^{\infty}f(t)\delta^{(n)}(t-\tau)\mathrm{d}t=(-1)^nf^{(n)}(\tau)$$

令 $\tau=0$,有

$$\int_{-\infty}^{\infty}f(t)\delta^{(n)}(t)\mathrm{d}t=(-1)^nf^{(n)}(0) \qquad (2\text{-}33)$$

令 $n=1$,则 $\int_{-\infty}^{\infty}f(t)\delta'(t)\mathrm{d}t=-f'(0) \qquad (2\text{-}34)$

通常称 $\delta(t)$ 的一阶导数 $\delta'(t)$ 为二次冲激(或叫冲激偶),则其二阶导数 $\delta''(t)$ 称为三次冲激。对于冲激偶,除了式(2-34)表示的取样性之外,还有以下特性:

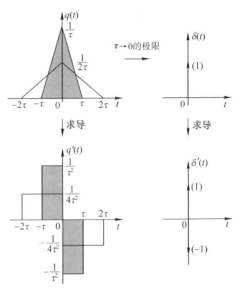

图 2-12 冲激偶的形成

(1) 奇函数性:由图 2-12 可以看出,$\delta'(t)$ 是奇函数,所以有

$$\int_{-\infty}^{\infty}\delta'(t)\mathrm{d}t=0 \qquad (2\text{-}35)$$

(2) 与普通信号相乘:

$$f(t)\delta'(t)=f(0)\delta'(t)-f'(0)\delta(t) \qquad (2\text{-}36)$$

【例 2-6】 求以下两个信号的一阶导数。

$$f_1(t)=\cos\left(t+\frac{\pi}{4}\right)\delta(t),\quad f_2(t)=(-3t+3)\left[U(t)-U(t-1)\right]$$

解:
$$f_1'(t)=\left[\cos\left(t+\frac{\pi}{4}\right)\delta(t)\right]'=\left[\cos\left(\frac{\pi}{4}\right)\delta(t)\right]'=\frac{\sqrt{2}}{2}\delta'(t)$$

$$\begin{aligned}
f_2'(t)&=\frac{\mathrm{d}}{\mathrm{d}t}\{(-3t+3)\left[U(t)-U(t-1)\right]\}\\
&=(-3t+3)'\left[U(t)-U(t-1)\right]+(-3t+3)\left[U(t)-U(t-1)\right]'\\
&=-3\left[U(t)-U(t-1)\right]+(-3t+3)\left[\delta(t)-\delta(t-1)\right]\\
&=-3\left[U(t)-U(t-1)\right]+3\delta(t)
\end{aligned}$$

正如前面所讲的,δ 函数不是一般函数,而是广义函数,因此对 δ 函数进行常规的加减、微分、积分等运算是不合理的。但在 20 世纪 50 年代,它们严密的数学基础已由 L. schwartz 所提出的广义函数建立起来。尽管这种理论可以使 δ 函数和各种运算建立在合乎逻辑的基础上,但从工程观点来看,直观地理解 δ 函数的意义还是十分重要的。实际上某些理想化的物理量已经隐藏着 δ 函数的概念。例如以电学中经常提到的点电荷而言,其几何尺寸为零,那么其电荷密度就是冲激函数;另外对于作用在一个点的力,该点的压强也为冲激函数。推广来说,如果某物理量的分布是离散的,只存在于各个点上,那么这些点上的分布密度为无限大,而其积分为有限值。换句话说,离散量在各个点的分布密度都是冲激函数。

2.3 卷 积 积 分

2.3.1 卷积积分的定义

设 $f_1(t)$ 和 $f_2(t)$ 为定义在 $(-\infty, \infty)$ 上的两个函数,定义

$$f(t) = \int_{-\infty}^{\infty} f_1(\tau) f_2(t-\tau) \mathrm{d}\tau \tag{2-37}$$

为 $f_1(t)$ 与 $f_2(t)$ 的卷积积分(convolution integral),简称卷积,记为

$$f(t) = f_1(t) * f_2(t) \tag{2-38}$$

该积分变量为 τ,t 为参变量,积分结果为 t 的函数。卷积积分是两个信号之间一种非常重要的运算,在信号处理、图像处理等领域中均有重要的应用。本章中可以用它来求解 LTI 连续系统的零状态响应。

【例 2-7】 已知 $f_1(t) = \mathrm{e}^{-t} U(t)$,$f_2(t) = U(t)$,求 $f(t) = f_1(t) * f_2(t)$。

解:根据卷积定义

$$f(t) = f_1(t) * f_2(t) = \int_{-\infty}^{\infty} f_1(\tau) f_2(t-\tau) \mathrm{d}\tau = \int_{-\infty}^{\infty} \mathrm{e}^{-\tau} U(\tau) U(t-\tau) \mathrm{d}\tau$$

$$= \int_{-\infty}^{0} \mathrm{e}^{-\tau} U(\tau) U(t-\tau) \mathrm{d}\tau + \int_{0}^{\infty} \mathrm{e}^{-\tau} U(\tau) U(t-\tau) \mathrm{d}\tau$$

上式最后两项积分中,第一项积分由于积分变量 τ 在区间 $(-\infty, 0)$ 上变化,恒有 $\tau < 0$,故 $U(\tau) = 0$,被积函数为零,从而该项积分为零;第二项积分中,积分变量 τ 在区间 $(0, \infty)$ 上变化,恒有 $\tau > 0$,故 $U(\tau) = 1$,因此可得

$$f(t) = \int_{0}^{\infty} \mathrm{e}^{-\tau} U(t-\tau) \mathrm{d}\tau$$

若 $t < 0$,由于 $\tau > 0$,故 $t - \tau < 0$,则 $U(t-\tau) = 0$,从而 $f(t) = 0$;若 $t > 0$,可将积分写为

$$\int_{0}^{\infty} \mathrm{e}^{-\tau} U(t-\tau) \mathrm{d}\tau = \int_{0}^{t} \mathrm{e}^{-\tau} U(t-\tau) \mathrm{d}\tau + \int_{t}^{\infty} \mathrm{e}^{-\tau} U(t-\tau) \mathrm{d}\tau = \int_{0}^{t} \mathrm{e}^{-\tau} \mathrm{d}\tau + 0$$

$$= -\mathrm{e}^{-\tau} \big|_{0}^{t} = 1 - \mathrm{e}^{-t}$$

综上可得

$$f(t) = \begin{cases} 0 & t < 0 \\ 1 - \mathrm{e}^{-t} & t > 0 \end{cases} = (1 - \mathrm{e}^{-t}) U(t)$$

2.3.2 卷积积分的图解法

卷积积分除了可以用定义直接计算,还可以用图解法和变换域的方法来计算。其中,图解法是一种非常重要的方法,它借助作图,非常直观地描述了卷积积分的计算过程。根据定义,用图解法计算卷积积分 $f_1(t) * f_2(t)$ 的过程如下:

(1) 换元:将 $f_1(t)$ 和 $f_2(t)$ 换元,得到 $f_1(\tau)$ 和 $f_2(\tau)$。

(2) 反折:将 $f_2(\tau)$ 反折,得到 $f_2(-\tau)$。

(3) 时移:若 $t < 0$,将 $f_2(-\tau)$ 的波形沿横轴左移 $|t|$ 个单位,得到 $f_2(t-\tau)$;若 $t > 0$,将 $f_2(-\tau)$ 的波形沿横轴右移 t 个单位,得到 $f_2(t-\tau)$;在这个环节中需要根据 t 的取值范围来确定 $f_1(\tau)$、$f_2(t-\tau)$ 两个波形重叠的区间。

（4）相乘、积分：将$f_1(\tau)$与$f_2(t-\tau)$相乘，在上述重叠区间上对相乘后所得的函数进行积分，即可得到卷积结果。

在步骤（3）和（4）中，t的不同取值，会使得$f_1(\tau)$与$f_2(t-\tau)$波形的重叠区间发生变化。因此需根据t的取值区间将波形重叠情况分为若干种情形，对每一种情形，确定两波形的重叠区间，将$f_1(\tau)$与$f_2(t-\tau)$相乘后在该区间上进行积分。

【例2-8】 已知$f_1(t)$和$f_2(t)$的波形如图2-13所示，用图解法求$f(t)=f_1(t)*f_2(t)$。

解： 将$f_1(t)$换元后的波形，$f_2(t)$换元、反折并时移所得的$f_2(t-\tau)$的波形画在同一个坐标系中，如图2-14（a）所示。

当t从$-\infty$向$+\infty$变化时，$f_2(-\tau)$将自左向右移动，对应不同的t值范围，$f_1(\tau)$与$f_2(t-\tau)$的波形重叠

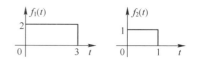

图2-13　例2-8中$f_1(t)$和$f_2(t)$的波形

的情形分别如图2-14（a）~2-14（e）所示。每种情形下，将$f_1(\tau)$与$f_2(t-\tau)$相乘并在重叠区间上积分的结果如下。

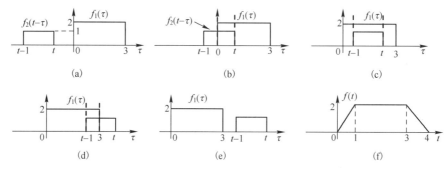

图2-14　例2-8图解法计算过程示意及卷积结果波形

（1）如图2-14(a)所示，若$t<0$，两波形无重叠，$f_1(\tau)\cdot f_2(t-\tau)=0$，所以$f(t)=0$。

（2）如图2-14(b)所示，若$t\geqslant0$且$t-1<0$，即$0\leqslant t<1$，两波形重叠区间为$(0,t)$，该区间也是此时的积分区间。$f(t)=\int_0^t 1\times2\mathrm{d}\tau=2t$。

（3）如图2-14(c)所示，若$t-1\geqslant0$且$t<3$，即$1\leqslant t<3$，两波形重叠区间为$(t-1,t)$，该区间也是此时的积分区间。$f(t)=\int_{t-1}^t 1\times2\mathrm{d}\tau=2$。

（4）如图2-14(d)所示，若$t\geqslant3$且$t-1<3$，即$3\leqslant t<4$，两波形重叠区间为$(t-1,3)$，该区间也是此时的积分区间。$f(t)=\int_{t-1}^3 1\times2\mathrm{d}\tau=8-2t$。

（5）如图2-14(e)所示，若$t-1\geqslant3$，即$t\geqslant4$，两波形无重叠，$f_1(\tau)\cdot f_2(t-\tau)=0$，故$f(t)=0$。

综上求得$f(t)=\begin{cases}0 & t<0,t\geqslant4\\2t & 0\leqslant t<1\\2 & 1\leqslant t<3\\8-2t & 3\leqslant t<4\end{cases}$，波形如图2-14(f)所示。

通过上例的分析，图解法中最关键的是根据t的取值范围来确定$f_1(\tau)$与$f_2(t-\tau)$这两个信号波形的重叠区间，而这个区间的边界即为积分的上下限，下限是两信号左边界的最大者，上限为两信号右边界的最小者。

图解法比较适合求具有"边界"的两个信号之间的卷积。比如信号 $f(t)=U(t)$，就是一个具有"起始边界"的信号；又比如信号 $f(t)=U(t)-U(t-1)$，是一个既有"起始边界"、又有"终了边界"的信号。在实际应用中，更常见的是，用图解法求某一个特定的卷积值。比如，已知 $f(t)=f_1(t)*f_2(t)$，求 $f(3)$。根据卷积的定义，可得 $f(3)=\int_{-\infty}^{\infty}f_1(\tau)f_2(3-\tau)\mathrm{d}\tau$。这样，在一个坐标系中分别画出 $f_1(\tau)$ 和 $f_2(3-\tau)$ 的波形，由波形位置容易观察出两个信号波形的重叠区间，将 $f_1(\tau)$ 与 $f_2(3-\tau)$ 相乘，并在这个重叠区间上进行积分，该定积分的值就是 $f(3)$，这种情况下往往可以利用定积分的几何意义将积分转化为几何图形的面积来计算。

【例 2-9】 求例 2-8 中的 $f(2)$。

解：此时不必求出全部的 $f(t)$ 值。因为 $f(2)=\int_{-\infty}^{\infty}f_1(\tau)f_2(2-\tau)\mathrm{d}\tau$，画出 $f_1(\tau)$ 和 $f_2(2-\tau)$ 的波形，如图 2-15 所示。由图容易得出，两波形重叠区间为 $(1,2)$，所以

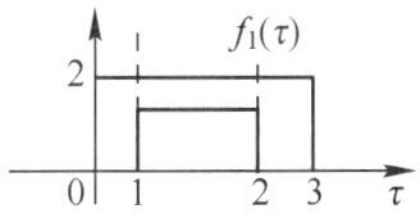

图 2-15　例 2-9 的图

$$f(2)=\int_1^2 f_1(\tau)f_2(2-\tau)\mathrm{d}\tau=\int_1^2 2\times 1\mathrm{d}\tau=2$$

2.3.3　卷积积分的性质

卷积积分是一种数学运算，它有一些重要的运算规则和性质，灵活运用这些规则和性质可以简化计算。

1. 卷积积分的代数律

（1）交换律
两信号的卷积积分满足交换律，即
$$f_1(t)*f_2(t)=f_2(t)*f_1(t) \tag{2-39}$$

证明：因为 $f_1(t)*f_2(t)=\int_{-\infty}^{\infty}f_1(\tau)f_2(t-\tau)\mathrm{d}\tau$，令 $\lambda=t-\tau$，则 $\mathrm{d}\lambda=-\mathrm{d}\tau$，故有

$$f_1(t)*f_2(t)=-\int_{\infty}^{-\infty}f_1(t-\lambda)f_2(\lambda)\mathrm{d}\lambda=\int_{-\infty}^{\infty}f_2(\lambda)f_1(t-\lambda)\mathrm{d}\lambda=f_2(t)*f_1(t)$$

交换律说明两个信号卷积时，交换两个信号的位置，卷积结果不变。
（2）结合律
$$[f_1(t)*f_2(t)]*f_3(t)=f_1(t)*[f_2(t)*f_3(t)]=f_2(t)*[f_1(t)*f_3(t)] \tag{2-40}$$
证明：记 $y_1(t)=f_1(t)*f_2(t)$，$y_2(t)=f_2(t)*f_3(t)$，则

$$[f_1(t)*f_2(t)]*f_3(t)=\int_{-\infty}^{\infty}y_1(\tau)f_3(t-\tau)\mathrm{d}\tau=\int_{-\infty}^{\infty}\left[\int_{-\infty}^{\infty}f_1(\lambda)f_2(\tau-\lambda)\mathrm{d}\lambda\right]f_3(t-\tau)\mathrm{d}\tau$$

$$=\int_{-\infty}^{\infty}f_1(\lambda)\left[\int_{-\infty}^{\infty}f_2(\tau-\lambda)f_3(t-\tau)\mathrm{d}\tau\right]\mathrm{d}\lambda$$

$$\xrightarrow{\text{令}\tau-\lambda=x}\int_{-\infty}^{\infty}f_1(\lambda)\left[\int_{-\infty}^{\infty}f_2(x)f_3(t-\lambda-x)\mathrm{d}x\right]\mathrm{d}\lambda$$

$$=\int_{-\infty}^{\infty}f_1(\lambda)y_2(t-\lambda)\mathrm{d}\lambda$$

$$=f_1(t)*y_2(t)=f_1(t)*[f_2(t)*f_3(t)]$$

结合交换律,同理可证式(2-40)的第二个等号成立。

结合律说明,三个或三个以上的信号卷积时,若卷积存在,则卷积结果与卷积顺序无关。

（3）分配律

$$f_1(t) * [f_2(t) + f_3(t)] = f_1(t) * f_2(t) + f_1(t) * f_3(t) \tag{2-41}$$

利用卷积的定义和定积分的基本性质可证,此处省略,留给读者自行证明。

2. 卷积的微分与积分

（1）微分特性

两信号卷积后的导数等于其中一个信号的导数与另外一个信号之卷积,即

$$\frac{\mathrm{d}}{\mathrm{d}t}[f_1(t) * f_2(t)] = f_1(t) * \frac{\mathrm{d}f_2(t)}{\mathrm{d}t} = \frac{\mathrm{d}f_1(t)}{\mathrm{d}t} * f_2(t) \tag{2-42}$$

证明：$\dfrac{\mathrm{d}}{\mathrm{d}t}[f_1(t) * f_2(t)] = \dfrac{\mathrm{d}}{\mathrm{d}t}\displaystyle\int_{-\infty}^{\infty} f_1(\tau) f_2(t-\tau)\mathrm{d}\tau = \int_{-\infty}^{\infty} f_1(\tau)\dfrac{\mathrm{d}f_2(t-\tau)}{\mathrm{d}t}\mathrm{d}\tau = f_1(t) * \dfrac{\mathrm{d}f_2(t)}{\mathrm{d}t}$

结合交换律类似地可以证明：$\quad \dfrac{\mathrm{d}}{\mathrm{d}t}[f_1(t) * f_2(t)] = \dfrac{\mathrm{d}f_1(t)}{\mathrm{d}t} * f_2(t)$

（2）积分特性

两信号卷积后的积分等于其中一个信号的积分与另一个信号的卷积,即

$$\int_{-\infty}^{t}[f_1(\tau) * f_2(\tau)]\mathrm{d}\tau = f_1(t) * \int_{-\infty}^{t} f_2(\tau)\mathrm{d}\tau = f_2(t) * \int_{-\infty}^{t} f_1(\tau)\mathrm{d}\tau \tag{2-43}$$

证明：$\displaystyle\int_{-\infty}^{t}[f_1(\tau) * f_2(\tau)]\mathrm{d}\tau = \int_{-\infty}^{t}\left[\int_{-\infty}^{\infty} f_1(\lambda) f_2(\tau-\lambda)\mathrm{d}\lambda\right]\mathrm{d}\tau$

$$= \int_{-\infty}^{\infty} f_1(\lambda)\left[\int_{-\infty}^{t} f_2(\tau-\lambda)\mathrm{d}\tau\right]\mathrm{d}\lambda$$

$$\xrightarrow{\diamondsuit \tau-\lambda=x} \int_{-\infty}^{\infty} f_1(\lambda)\left[\int_{-\infty}^{t-\lambda} f_2(x)\mathrm{d}x\right]\mathrm{d}\lambda = f_1(t) * \int_{-\infty}^{t} f_2(\tau)\mathrm{d}\tau$$

借助交换律,类似地可以证明式(2-43)的第二个等号成立。

记 $f^{(-1)}(t) = \displaystyle\int_{-\infty}^{t} f(\tau)\mathrm{d}\tau$,那么积分特性可以表示为

$$\int_{-\infty}^{t}[f_1(\tau) * f_2(\tau)]\mathrm{d}\tau = f_1(t) * f_2^{(-1)}(t) = f_2(t) * f_2^{(-1)}(t) \tag{2-44}$$

设 $f(t) = f_1(t) * f_2(t)$,利用卷积的微积分特性,可得

$$f(t) = f_1^{(i)}(t) * f_2^{(-i)}(t) \tag{2-45}$$

式中,i 为正整数时表示求导的次数,取负整数时表示重积分的次数,$i=0$ 表示不求导。式(2-45)表明,计算两个信号的卷积时,可以对其中一个信号求 i 阶导数,对另外一个信号求 i 重积分,将求导和求积分得到的信号做卷积,结果与原卷积相同。不过,要注意的是,若 $f_1(t)$ 或 $f_2(t)$ 含有直流分量,运用式(2-45)计算卷积时会出错。比如,$f_1(t) = 1 + U(t)$,$f_2(t) = U(t) - U(t-1)$,计算 $f(t) = f_1(t) * f_2(t)$。利用卷积积分的定义结合图解法,可以求得正确的结果是 $f(t) = 1 + tU(t) - (t-1)U(t-1)$。但如果利用式(2-45)来计算 $f(t) = f_1(t) * f_2(t)$,会有 $f(t) = f_1'(t) * f_2^{(-1)}(t) = tU(t) - (t-1)U(t-1)$。这个结果是错的,原因就在于 $f_1(t)$ 包含了大小为 1 的直流分量。

3. 含有奇异信号的卷积

（1）任意信号与 $\delta(t)$ 的卷积

利用单位冲激信号的筛选特性，容易得到任意信号 $f(t)$ 与 $\delta(t)$ 的卷积结果。

$$f(t) * \delta(t) = f(t) \tag{2-46}$$

证明：
$$f(t) * \delta(t) = \int_{-\infty}^{\infty} f(t-\tau)\delta(\tau)\mathrm{d}\tau = f(t-\tau)\big|_{\tau=0} - f(t)$$

一般地，$f(t) * \delta(t-t_0) = f(t-t_0)$

（2）任意信号与 $U(t)$ 的卷积

任意信号 $f(t)$ 与单位阶跃信号 $U(t)$ 的卷积为

$$f(t) * U(t) = \int_{-\infty}^{t} f(\tau)\mathrm{d}\tau \tag{2-47}$$

证明：
$$f(t) * U(t) = \int_{-\infty}^{t} f(\tau)U(t-\tau)\mathrm{d}\tau + \int_{t}^{\infty} f(\tau)U(t-\tau)\mathrm{d}\tau = \int_{-\infty}^{t} f(\tau)\mathrm{d}\tau$$

一般地有
$$f(t) * U(t-t_0) = \int_{-\infty}^{t-t_0} f(\tau)\mathrm{d}\tau = \int_{-\infty}^{t} f(\tau-t_0)\mathrm{d}\tau$$

（3）任意信号与 $\delta'(t)$ 的卷积

$$f(t) * \delta'(t) = f'(t) \tag{2-48}$$

证明：根卷积的微分特性可知 $f(t) * \delta'(t) = f'(t) * \delta(t) = f'(t)$

一般地，有
$$f(t) * \delta^{(n)}(t) = f^{(n)}(t)$$

4. 卷积的时移特性

设 $f(t) = f_1(t) * f_2(t)$，则 $\quad f_1(t-t_1) * f_2(t-t_2) = f(t-t_1-t_2)$ $\tag{2-49}$

证明：
$$f_1(t-t_1) * f_2(t-t_2) = f_1(t) * \delta(t-t_1) * f_2(t) * \delta(t-t_2)$$
$$= f(t) * \delta(t-t_1-t_2) = f(t-t_1-t_2)$$

5. 卷积积分的区间

若信号 $f(t)$ 满足：$t \in (t_1, t_2)$ 时，$f(t)$ 的值不全为零；$t \notin (t_1, t_2)$ 时，$f(t)$ 恒为零。则称 (t_1, t_2) 为 $f(t)$ 的非零区间。

设 $f(t) = f_1(t) * f_2(t)$，若 $f_1(t)$ 的非零区间为 (t_1, t_2)，$f_2(t)$ 的非零区间为 (t_3, t_4)，那么 $f(t)$ 的非零区间为 (t_1+t_3, t_2+t_4)。其中，$t_i, i=1,2,3,4$ 为包括 $\pm\infty$ 在内的任意实数。

证明：因为仅当 $t_1 < \tau < t_2$ 时，$f_1(\tau) \neq 0$，所以 $f(t) = f_1(t) * f_2(t) = \int_{t_1}^{t_2} f_1(\tau)f_2(t-\tau)\mathrm{d}\tau$；又因为仅当 $t_3 < \tau < t_4$ 时，$f_2(\tau) \neq 0$，所以 $f_2(t-\tau) \neq 0$ 的非零区间是 $t-t_4 < \tau < t-t_3$。故当且仅当 $t-t_3 > t_1$，且 $t-t_4 < t_2$，即 $t_1+t_3 < t < t_2+t_4$ 时，$f_1(\tau)f_2(t-\tau) \neq 0$，从而

$$f(t) = f_1(t) * f_2(t) = \int_{t_1}^{t_2} f_1(\tau)f_2(t-\tau)\mathrm{d}\tau \neq 0$$

即 $f(t)$ 的非零区间是 (t_1+t_3, t_2+t_4)。

【例 2-10】 用微积分特性求例 2-8 中的卷积。

解：$f(t) = f_1'(t) * f_2^{(-1)}(t)$，因为 $f_1(t) = 2[U(t)-U(t-3)]$，所以 $f_1'(t) = 2\delta(t)-2\delta(t-3)$

而 $f_2(t) = U(t)-U(t-1)$，所以 $f_2^{(-1)}(t) = \int_{-\infty}^{t} [U(\tau) - U(\tau-1)]\mathrm{d}\tau$

易知 $\int_{-\infty}^{t} U(\tau)\mathrm{d}\tau = tU(t)$，所以 $f_2^{(-1)}(t) = tU(t) - (t-1)U(t-1)$ 画出 $f_2^{(-1)}(t)$

的波形，如图 2-16 所示。

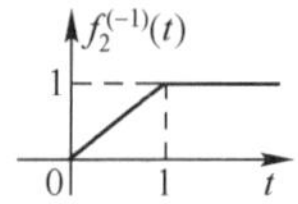

所以，$f(t) = 2[\delta(t) - \delta(t-3)] * f_2^{(-1)}(t) = 2f_2^{(-1)}(t) - 2f_2^{(-1)}(t-3)$

$\qquad = 2tU(t) - 2(t-1)U(t-1) - 2(t-3)U(t-3) + 2(t-4)U(t-4)$

$f(t)$ 的波形如图 2-14（f）所示。

图 2-16 例 2-10 的图

【例 2-11】 已知周期冲激串 $\delta_T(t) = \cdots + \delta(t+T) + \delta(t) + \cdots + \delta(t-kT) = \displaystyle\sum_{k=-\infty}^{\infty} \delta(t-kT)$，

$f(t) = \begin{cases} 1, & |t| < \tau/2 \\ 0, & |t| > \tau/2 \end{cases}$ $(\tau < T)$，两信号波形如图 2-17（a）和（b）所示，求 $y(t) = f(t) * \delta_T(t)$ 并画

其波形。

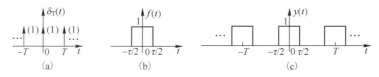

图 2-17 例 2-11 的波形

解: 根据卷积的分配律以及信号与冲激函数卷积的性质，有

$$y(t) = f(t) * \delta_T(t) = f(t) * \sum_{k=-\infty}^{\infty} \delta(t-kT) = \sum_{k=-\infty}^{\infty} f(t-kT)$$

因为 $\tau < T$，$y(t)$ 的波形如图 2-17（c）所示，由图可知，$y(t)$ 为周期信号。

本例给我们提供了将非周期信号延拓为周期信号的一种方法，即将区间有限的非周期信号与周期冲激串 $\delta_T(t)$ 进行卷积，卷积结果为一周期信号。

2.4 连续时间系统的时域分析

由前面已知，LTI 连续系统的数学模型是线性常系数微分方程，当已知系统初始状态和激励时，可以通过求微分方程的齐次解和特解得到系统的全响应。这种方法通常称为经典法，在高等数学和电路分析基础理论中已经熟悉，此处不再介绍。本章的时域分析法，则是将系统的全响应 $y(t)$ 分解为零输入响应和零状态响应，结合其数学模型分别求出这两个响应，两者之和即为系统的全响应。其中，零输入响应指的是系统在外加激励为零，由系统的初始状态（储能）产生的响应，用 $y_x(t)$ 来表示；而零状态响应是指，在初始状态为零的条件下，由系统外加激励 $f(t)$ 产生的响应，用 $y_f(t)$ 来表示。由于整个求解过程全部在时域中完成，故称之为时域分析法。下面先讨论系统的零输入响应。

2.4.1 零输入响应

系统的零输入响应仅取决于系统的初始条件和系统本身的固有特性，与外加激励无关。对于 LTI 连续系统，其数学模型的一般形式为

$$y^{(n)}(t) + a_{n-1}y^{(n-1)}(t) + \cdots + a_0 y(t) = b_m f^{(m)}(t) + b_{m-1}f^{(m-1)}(t) + \cdots + b_0 f(t) \qquad (2\text{-}50)$$

n 个初始条件为：$y(0^-), y'(0^-), \cdots, y^{(n-1)}(0^-)$

根据零输入响应的定义，外加激励 $f(t)=0$，此时式（2-50）变成如下的齐次微分方程

$$y^{(n)}(t)+a_{n-1}y^{(n-1)}(t)+\cdots+a_0y(t)=0 \qquad (2\text{-}51)$$

因此，LTI 连续系统的零输入响应 $y_x(t)$ 应该与式（2-51）的解，即微分方程（2-50）的齐次解具有相同的函数形式。下面我们仅讨论 LTI 因果系统的零输入响应。

若 LTI 系统的微分方程如式（2-50）所示，那么其零输入响应 $y_x(t)$ 与齐次解的函数形式相同，取决于以下的一元 n 次方程：

$$\lambda^n+a_{n-1}\lambda^{n-1}+\cdots+a_0=0 \qquad (2\text{-}52)$$

我们将之称为微分方程（2-50）的特征方程，其根称为特征根，共有 n 个。设这 n 个特征根为 $\lambda_1,\lambda_2,\cdots\lambda_n$，则 $y_x(t)$ 的形式分为以下两种情形。

（1）特征根各不相同，即都是单根，此时 $y_x(t)$ 的函数形式为

$$y_x(t)=\sum_{i=1}^{n}C_i\mathrm{e}^{\lambda_it},\quad t\geqslant 0 \qquad (2\text{-}53)$$

（2）特征根中含有重根，不妨设 λ_1 是 r 重根，其余为单根，则此时 $y_x(t)$ 的函数形式为

$$y_x(t)=(C_1+C_2t+\cdots+C_rt^{r-1})\mathrm{e}^{\lambda_1t}+\sum_{i=r+1}^{n}C_i\mathrm{e}^{\lambda_it},\quad t\geqslant 0 \qquad (2\text{-}54)$$

确定函数形式后，将初始条件 $y(0^-),y'(0^-),\cdots,y^{(n-1)}(0^-)$ 代入式（2-53）或式（2-54）中，求出系数 $C_1,C_2,\cdots,C_n$，即可确定零输入响应 $y_x(t)$。因为系统是因果的，需注明解的范围是 $t\geqslant 0$。

【例 2-12】 已知某因果系统的微分方程为

$$y''(t)+5y'(t)+6y(t)=f(t)$$

初始状态 $y(0^-)=1,y'(0^-)=2$，求系统的零输入响应 $y_x(t)$。

解：特征方程为 $\lambda^2+5\lambda+6=0$，特征根 $\lambda_1=-2,\lambda_2=-3$ 为单根，所以系统零输入响应为

$$y_x(t)=C_1\mathrm{e}^{-2t}+C_2\mathrm{e}^{-3t},t\geqslant 0$$

代入初始条件，得 $\begin{cases}C_1+C_2=1\\-2C_1-3C_2=2\end{cases}$，解得 $\begin{cases}C_1=5\\C_2=-4\end{cases}$

因此，该系统的零输入响应为 $\quad y_x(t)=5\mathrm{e}^{-2t}-4\mathrm{e}^{-3t},t\geqslant 0$

2.4.2 单位冲激响应和单位阶跃响应

上一节我们讨论了系统的零输入响应。接下来，我们将讨论系统的零状态响应。在零状态响应的分析中，有两个非常基本且重要的响应，分别称为单位冲激响应和单位阶跃响应。

1. 单位冲激响应

单位冲激响应的定义为：在单位冲激信号 $\delta(t)$ 作用下，系统所产生的零状态响应，简称冲激响应，用 $h(t)$ 表示。由定义可知，$h(t)$ 有两个要素，一是激励为单位冲激信号 $\delta(t)$，二是初始状态为零，属于零状态响应。

不同系统的冲激响应是不同的，用 $h(t)$ 可以表征系统的特征，系统在时域中的特征可以通过 $h(t)$ 描述。这意味着不同的 $h(t)$，系统的特征不同，因此它在系统分析中是一个重要的概念和参数，在系统分析中占有很重要的地位。

2. 单位阶跃响应

与单位冲激响应的定义类似，系统在单位阶跃信号 $U(t)$ 作用下产生的零状态响应称为单

位阶跃响应,简称阶跃响应,用 $g(t)$ 表示。图 2-18 说明了 $h(t)$ 和
$g(t)$ 产生的条件。

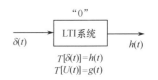

图 2-18　冲激响应和阶跃响应

因为 $\delta(t) = \mathrm{d}U(t)/\mathrm{d}t$,利用系统的线性和时不变性质,
可以得到阶跃响应与冲激响应的关系:

$$h(t) = \mathrm{d}g(t)/\mathrm{d}t \tag{2-55}$$

$$g(t) = \int_{-\infty}^{t} h(\tau)\,\mathrm{d}\tau \tag{2-56}$$

3*. 用冲激平衡法求系统冲激响应

下面讨论如何求因果 LTI 系统的单位冲激响应 $h(t)$。

对于由式(2-50)所描述的因果系统,根据定义,$h(t)$ 应满足微分方程

$$h^{(n)}(t) + a_{n-1}h^{(n-1)}(t) + \cdots + a_0 h(t) = b_m \delta^{(m)}(t) + b_{m-1}\delta^{(m-1)}(t) + \cdots + b_0\delta(t) \tag{2-57}$$

初始状态 $h^{(i)}(0^-) = 0, i = 0, 1, \cdots, n-1$。

首先 $t < 0$ 时,$\delta(t) = 0$,即激励为零,由于系统是因果的,故 $t < 0$ 时 $h(t) = 0$,即 $h(t)$ 是因果
信号;又由于 $\delta(t)$ 及其各阶导数在 $t \geq 0^+$ 时都等于零,故式(2-57)等号右边各项在 $t \geq 0^+$ 时恒等
于零,这时,式(2-57)变成齐次方程,因此 $h(t)$ 应与齐次解的形式相同,且为因果信号。以特
征根是单根为例,当 $n > m$ 时,$h(t)$ 可以表示为

$$h(t) = \left(\sum_{i=1}^{n} C_i \mathrm{e}^{\lambda_i t} \right) U(t) \quad \text{(特征根为单根情形)} \tag{2-58}$$

将上式代入式(2-57),比较等号两边冲激函数及其导数的系数,即可确定系数 $C_1, C_2, \cdots, C_n$。
求解过程中,由于是通过使式(2-57)等号两边的奇异函数的系数相等来求得 $C_1, C_2, \cdots, C_n$ 的,
故通常将这个方法称为"冲激平衡法"。如果 $n \leq m$,此时为了使式(2-57)等号两边的奇异函
数系数平衡,$h(t)$ 的表达式中必须含有 $\delta(t)$ 及其导数项,此时 $h(t)$ 应表示为

$$h(t) = \left(\sum_{i=1}^{n} C_i \mathrm{e}^{\lambda_i t} \right) U(t) + \sum_{k=0}^{m-n} A_k \delta^{(k)}(t) \quad \text{(特征根为单根情形)} \tag{2-59}$$

仍然用冲激平衡法来确定系数 $C_i, i = 1, 2, \cdots, n$ 和 $A_k, k = 0, 1, \cdots, m-n$。

下面举例说明冲激响应的求解。

【例 2-13】　已知某因果系统的微分方程为

$$y''(t) + 3y'(t) + 2y(t) = 2f'(t) + 3f(t)$$

求系统的冲激响应 $h(t)$。

解:系统的特征方程为 $\lambda^2 + 3\lambda + 2 = 0$,特征根 $\lambda_1 = -1, \lambda_2 = -2$。因为 $n = 2 > m = 1$,所以冲激
响应为

$$h(t) = (C_1 \mathrm{e}^{-t} + C_2 \mathrm{e}^{-2t}) U(t)$$

$h(t)$ 满足的微分方程为　　　$h''(t) + 3h'(t) + 2h(t) = 2\delta'(t) + 3\delta(t)$　　　　①

对 $h(t)$ 分别求一、二阶导数,得到

$$h'(t) = (C_1 + C_2)\delta(t) + (-C_1 \mathrm{e}^{-t} - 2C_2 \mathrm{e}^{-2t}) U(t)$$

$$h''(t) = (C_1 + C_2)\delta'(t) + (-C_1 - 2C_2)\delta(t) + (C_1 \mathrm{e}^{-t} + 4C_2 \mathrm{e}^{-2t}) U(t)$$

将 $h(t), h'(t), h''(t)$ 代入式①,整理后得

$$(C_1 + C_2)\delta'(t) + (2C_1 + C_2)\delta(t) = 2\delta'(t) + 3\delta(t)$$

比较等号两边奇异函数的系数，有 $\begin{cases} C_1+C_2=2 \\ 2C_1+C_2=3 \end{cases}$，解得 $C_1=1$，$C_2=1$

所以
$$h(t)=(e^{-t}+e^{-2t})U(t)$$

【例 2-14】 已知某因果系统的微分方程为 $y'(t)+y(t)=2f'(t)$，求系统的冲激响应 $h(t)$。

解：易知特征方程为 $\lambda+1=0$，特征根为 $\lambda=-1$。

由于微分方程两边的阶数 $n=m=1$，所以冲激响应为

$$h(t)=C_1e^{-t}U(t)+C_2\delta(t)$$

代入 $h(t)$ 所满足的方程 $h'(t)+h(t)=2\delta'(t)$ 中，整理后得

$$C_2\delta'(t)+(C_1+C_2)\delta(t)=2\delta'(t)$$

由冲激平衡法，有 $\begin{cases} C_2=2 \\ C_1+C_2=0 \end{cases}$ 解得 $C_1=-2$，$C_2=2$

所以
$$h(t)=-2e^{-t}U(t)+2\delta(t)$$

2.4.3 零状态响应

以上讨论的单位冲激响应是特殊信号 $\delta(t)$ 作用下系统的零状态响应。实际分析中，需要研究任意信号作用下，系统的零状态响应。本节将通过信号分解的办法，利用系统的线性和时不变性，借助单位冲激响应 $h(t)$，确定任意信号作用下产生的零状态响应 $y_f(t)$。

任意信号 $f(t)$ 可以根据不同需要进行不同的分解。比如可以分解为直流分量和交流分量之和，也可以分解为奇函数分量和偶函数分量之和等。我们在此讨论如何将信号 $f(t)$ 分解为冲激信号及其时移的线性加权组合。下面以图 2-19 为例，说明如何进行分解。

设 $f(t)$ 是定义在 $(-\infty,\infty)$ 上的信号，将 $(-\infty,\infty)$ 划分为无穷多个窄区间，每个区间宽度均为 Δ，$f(t)$ 在每个窄区间的波形可以用矩形窄脉冲 $f_{-1}(t)$，$f_0(t)$，$\cdots$，$f_k(t)$ 近似代替，如图 2-19 所示。则 $f(t)$ 可以近似表示为无穷多个矩形窄脉冲的叠加，即

$$f(t)\approx\cdots+f_{-1}(t)+f_0(t)+f_1(t)+\cdots+f_k(t)+\cdots \quad (2\text{-}60)$$

式中，$f_0(t)=f(0)\left[U\left(t+\dfrac{\Delta}{2}\right)-U\left(t-\dfrac{\Delta}{2}\right)\right]$

$f_1(t)=f(\Delta)\left[U\left(t-\dfrac{\Delta}{2}\right)-U\left(t-\dfrac{3\Delta}{2}\right)\right]$

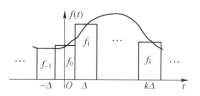

图 2-19　任意信号的脉冲分解示意图

$$\vdots$$

$f_k(t)=f(k\Delta)\left[U\left(t-k\Delta+\dfrac{\Delta}{2}\right)-U\left(t-k\Delta-\dfrac{\Delta}{2}\right)\right]$

用求和式表示为

$$f(t)\approx\sum_{k=-\infty}^{\infty}f_k(t)=\sum_{k=-\infty}^{\infty}f(k\Delta)\left[U\left(t-k\Delta+\dfrac{\Delta}{2}\right)-U\left(t-k\Delta-\dfrac{\Delta}{2}\right)\right] \quad (2\text{-}61)$$

当 $\Delta\to0$ 时，上式就可以精确表示 $f(t)$ 了。此时，$k\Delta\to\tau$，$\Delta\to d\tau$，且

$$\frac{U\left(t-k\Delta+\dfrac{\Delta}{2}\right)-U\left(t-k\Delta-\dfrac{\Delta}{2}\right)}{\Delta}\to\delta(t-\tau)$$

所以
$$f(t) = \lim_{\Delta \to 0} \sum_{k=-\infty}^{\infty} f(k\Delta) \frac{U(t-k\Delta+\Delta/2) - U(t-k\Delta-\Delta/2)}{\Delta} \Delta$$

$$= \int_{-\infty}^{\infty} f(\tau)\delta(t-\tau)\mathrm{d}\tau \tag{2-62}$$

式(2-62)表明任意信号 $f(t)$ 可以分解为一系列具有不同强度、出现在不同位置的冲激信号的叠加。这个分解通常称为信号的脉冲分解,其本质是将 $f(t)$ 分解为冲激信号及其时移的线性加权和。

将信号进行如此分解后,利用系统的线性和时不变性质,就可以确定 $f(t)$ 通过一个 LTI 系统产生的零状态响应了。

根据单位冲激响应的定义, $T[\delta(t)] = h(t)$,即 $\delta(t)$ 产生的零状态响应为 $h(t)$,利用系统的齐次性和时不变性质,有

$$T[f(k\Delta)\delta(t-k\Delta)\Delta] = f(k\Delta)h(t-k\Delta)\Delta$$

再根据系统的叠加性

$$T\left[\sum_{k=-\infty}^{\infty} f(k\Delta) \frac{U\left(t-k\Delta+\dfrac{\Delta}{2}\right) - U\left(t-k\Delta-\dfrac{\Delta}{2}\right)}{\Delta} \Delta\right] = \sum_{k=-\infty}^{\infty} f(k\Delta)h(t-k\Delta)\Delta$$

当 $\Delta \to 0$ 时, $k\Delta \to \tau, \Delta \to \mathrm{d}\tau$,故有

$$T[f(t)] = \int_{-\infty}^{\infty} f(\tau)h(t-\tau)\mathrm{d}\tau$$

即 $f(t)$ 产生的零状态响应为 $\quad y_f(t) = \int_{-\infty}^{\infty} f(\tau)h(t-\tau)\mathrm{d}\tau = f(t)*h(t)$

因此,LTI 连续时间系统的零状态响应为激励 $f(t)$ 与单位冲激响应 $h(t)$ 的卷积积分! 即

$$y_f(t) = f(t)*h(t) \tag{2-63}$$

【例 2-15】 如图 2-20 所示系统,由两个子系统级联组成,两个子系统的单位冲激响应分别为 $h_1(t)$ 和 $h_2(t)$,证明:系统总的单位冲激响应 $h(t) = h_1(t)*h_2(t)$ 。

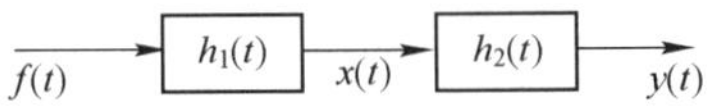

证明:令 $f(t) = \delta(t)$,根据定义,此时系统的输出 $y(t)$ 即为单位冲激响应 $h(t)$ 。由图可知 $h(t) = x(t)*h_2(t)$,而 $x(t) = \delta(t)*h_1(t)$ 从而 $h(t) = [\delta(t)*h_1(t)]*h_2(t) = h_1(t)*h_2(t)$,证毕。

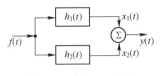

图 2-20　例 2-15 的图

【例 2-16】 图 2-21 系统由两个子系统组成,子系统的单位冲激响应分别为 $h_1(t)$ 和 $h_2(t)$ 。求系统总的单位冲激响应 $h(t)$ 。

解:考查图中加法器的输出可知,系统的输出可以表示为

$$y(t) = x_1(t) + x_2(t)$$

而 $x_1(t)$ 和 $x_2(t)$ 分别为子系统 $h_1(t)$ 、 $h_2(t)$ 的输出。根据系统输出输入的关系可得

图 2-21　例 2-16 的图

$$x_1(t) = f(t)*h_1(t), x_2(t) = f(t)*h_2(t)$$

所以
$$y(t) = x_1(t) + x_2(t) = f(t)*h_1(t) + f(t)*h_2(t)$$

$$= f(t)*[h_1(t) + h_2(t)] \tag{①}$$

对于总系统而言,输出 $y(t)$ 、输入 $f(t)$ 、总的冲激响应 $h(t)$ 三者的关系为

$$y(t) = f(t)*h(t)$$

与式①比较,即得 $h(t) = h_1(t) + h_2(t)$ 。

以上两个例子给出了系统连接的两种基本而重要的方式：级联（又叫串联）和并联。图 2-20 的连接方式称为级联，它是将若干系统前后串接起来，前一级系统的输出作为下一级系统的输入，中间环节没有分叉；图 2-21 的连接方式称为并联，并联的子系统输入相同，而输出信号相加。由上述两个例子可以得到两个重要的推论：

（1）若干系统级联，总系统的单位冲激响应等于各子系统的单位冲激响应的卷积积分。

（2）若干系统并联，总系统的单位冲激响应等于各子系统的单位冲激响应之和。

【例 2-17】 图 2-22 的复合系统由三个子系统组成，已知各子系统的单位冲激响应分别为 $h_1(t) = U(t)$，$h_2(t) = \delta(t)$，$h_3(t) = U(t) - U(t-1)$，当激励 $f(t) = U(t)$ 时，求系统的响应 $y(t)$。

解： 由上述推论可得，复合系统的冲激响应为

$$h(t) = h_1(t) * [h_2(t) + h_3(t)] = U(t) * [\delta(t) + U(t) - U(t-1)]$$

$$= U(t) + U(t) * U(t) - U(t) * U(t-1)$$

式中

$$U(t) * U(t) = \int_{-\infty}^{t} U(\tau) \mathrm{d}\tau = tU(t)$$

根据时移特性

$$U(t) * U(t-1) = (t-1)U(t-1)$$

所以

$$h(t) = U(t) + tU(t) - (t-1)U(t-1)$$

这里系统的响应显然是零状态响应，所以

$$y(t) = f(t) * h(t)$$

$$= U(t) * [U(t) + tU(t) - (t-1)U(t-1)]$$

$$= U(t) * U(t) + U(t) * tU(t) - U(t) * (t-1)U(t-1)$$

$$= tU(t) + U(t) * tU(t) - U(t) * (t-1)U(t-1)$$

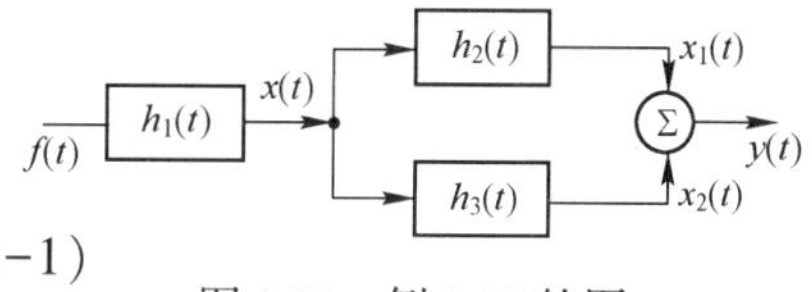

图 2-22　例 2-17 的图

式中

$$U(t) * tU(t) = \left(\int_0^t \tau \mathrm{d}\tau \right) U(t) = \frac{1}{2}t^2 U(t)$$

由时移特性

$$U(t) * (t-1)U(t-1) = \frac{1}{2}(t-1)^2 U(t-1)$$

所以

$$y(t) = tU(t) + \frac{1}{2}t^2 U(t) - \frac{1}{2}(t-1)^2 U(t-1)$$

2.5　MATLAB 应用举例

2.5.1　连续信号的 MATLAB 表示

MATLAB 提供了一系列用于表示基本信号的函数，包括 square（周期方波）、sawtooth（周期锯齿波）、rectpuls（非周期矩形脉冲）、tripuls（非周期三角脉冲）、exp（指数信号）、sinc（抽样函数）、sin（正弦信号）、cos（余弦信号）等。下面给出若干例子说明它们的用法。

1. 周期方波

周期方波信号在 MATLAB 中用 square 表示，其调用格式为

```
y=square(t,duty)
```

调用后产生一个幅度为±1,周期为 2π 的方波。duty 参数用于指定非负值波形在一个周期中所占的百分比,缺省值为 50。

下面的代码将产生一个周期为 2,峰峰值为±0.5 的方波,并可画出其在区间[-4,4]上的波形,如图 2-23 所示。

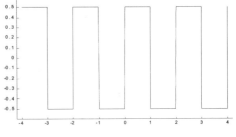

```
% Program ch2_1
T = 2;
A = 0.5;
t = -2 * T:0.01:2 * T;
y = A * square(pi * t);
plot(t,y);
box off;
axis([t(1)-0.2 t(end)+0.2 -A-0.1 A+
0.1]);
```

图 2-23　周期方波的波形

2. 抽样函数 Sa(t)

抽样函数 Sa(t)在 MATLAB 中可以用 sinc 函数表示,后者的定义为

$$\mathrm{sinc}(t) = \begin{cases} 1, & t = 0 \\ \dfrac{\sin(\pi t)}{\pi t}, & t \neq 0 \end{cases}$$

其调用格式为　　　$y = \mathrm{sinc}(t)$

下面的代码将产生抽样函数 Sa(t)并可画出其在区间[$-4\pi,4\pi$]上的波形,如图 2-24 所示。

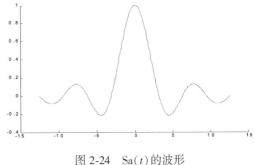

图 2-24　Sa(t)的波形

```
% Program ch2_2
t = linspace(-4 * pi,4 * pi,500);
y = sinc(t/pi);
plot(t,y);
box off;
```

其他信号的产生可以参考以上的各个函数,这些函数的具体用法可以通过 help 命令获得。产生这些信号的代码与上述两个信号相似。

2.5.2　信号基本运算的 MATLAB 实现

利用 MATLAB 可以方便地实现信号的尺度变换、翻转和平移等运算,并可方便地用图形表示。

【例2-18】　对图 2-25(a)所示的三角波 $f(t)$,试用 MATLAB 编程画出 $f(2t)$ 和 $f\left(1-\dfrac{1}{2}t\right)$ 的波形。

解:编程如下,所得波形如图 2-25(b)和(c)所示。

```
% Program ch2_3
% f(t)
t=-3:0.01:3;
y=tripuls(t,4,0.6);
subplot(211);
plot(t,y);
title('f(t)');
xlabel('(a)');
box off;
% f(2t)
y1=tripuls(2*t,4,0.6);
subplot(223);
plot(t,y1);
title('f(2t)');
xlabel('(b)');
box off;
% f(1-t/2)
t1=2-2*t;
y2=tripuls((1-0.5*t1),4,0.6);
subplot(224);
plot(t1,y2);
title('f(1-0.5t)');
xlabel('(c)');
box off;
```

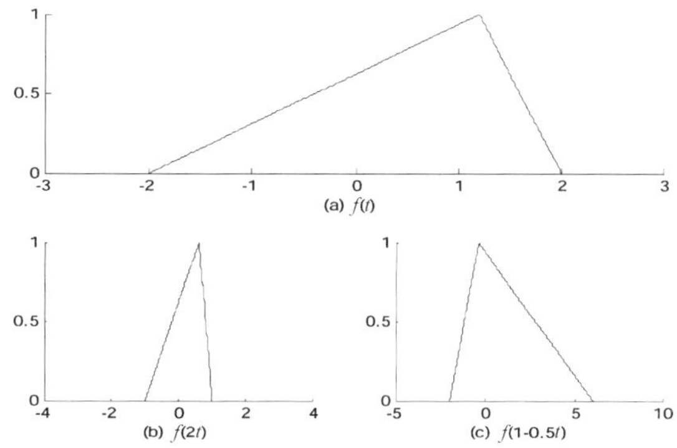

图 2-25　例 2-18 的图

2.5.3　利用 MATLAB 进行系统的时域分析

利用 MATLAB 提供的函数可以方便地求出系统的单位样值响应和零状态响应的数值解，所得结果可绘图直观表示。

1. 系统单位冲激响应和阶跃响应的求解

MATLAB 中求解连续系统冲激响应的函数是 impulse，求解阶跃响应的函数是 step。它们的一般调用格式为

```
h=impulse(sys,t)
g=step(sys,t)
```

其中，t 表示响应的时间抽样点向量，sys 是 LTI 系统的模型，由函数 tf，zpk 或 ss 产生。大多数情形下是已知系统的微分方程或系统函数，此时 sys 由 tf 产生，调用格式为

```
sys=tf(num,den)
```

其中，num 和 den 分别为微分方程右端和左端的系数向量。例如，一个二阶微分方程为

$$y''(t)+3y''(t)+2y(t)=2f''(t)+f(t)$$

则 num=[2 0 1]，den=[1 3 2]。如果已知系统函数，则 num 和 den 分别是其分子、分母多项式

· 43 ·

按降幂排列的系数向量。例如，$H(s)=\dfrac{s+1}{s^2+5s+6}$，则 num $=[\,0\ 1\ 1\,]$，den $=[\,1\ 5\ 6\,]$。

【例2-19】 已知一个因果 LTI 系统的微分方程为

$$y''(t)+3y'(t)+2y(t)=f(t)$$

用 MATLAB 求系统的冲激响应和阶跃响应，绘图并与理论值比较。

解：容易求得系统的单位冲激响应和阶跃响应的表达式（理论值）分别为

$$h(t)=(e^{-t}-e^{-2t})U(t),\quad g(t)=\left(\frac{1}{2}-e^{-t}+\frac{1}{2}e^{-2t}\right)U(t)$$

用 MATLAB 编程如下。程序运行结果如图 2-26 所示。由图可知，MATLAB 计算结果与理论值一致。

```
% Program 2_4
num=1;den=[1 3 2];
sys=tf(num,den);
t=0:0.01:6;
ht=impulse(sys,t);
gt=step(sys,t);
ha=exp(-t)-exp(2*t);
ga=0.5-exp(-t)+0.5*exp(-2*t);
subplot(211);
plot(t,ht,'-',t,ha,'-.');
box off;
xlabel('(a)');
title('Impulse response');
subplot(212);
plot(t,gt,'-',t,ga,'-.');
xlabel('(b)');
box off;
title('Step response');
```

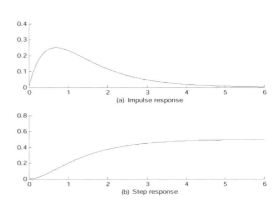

图 2-26　例 2-19 的图

2. 卷积积分的计算

利用 MATLAB 中计算卷积和的函数 conv，可以近似计算连续信号的卷积积分。conv 的调用格式为

```
y=conv(f,h)
```

其中，f 和 h 是两个进行卷积的序列，y 是卷积的结果。

【例2-20】 利用 conv 计算图 2-27(a)和(b)所示的两个不等宽的矩形脉冲信号的卷积并绘图表示结果。

解：求解过程编程如下。

```
% Program 2_5
dt=0.01;
```

```
t1 = 0:dt:2;
L = length(t1);
ft = ones(1,L);
subplot(2,2,1);
plot(t1,ft);
axis([0 3 0 1.5]);
hold on;
plot([2 2],[0 1]);
title('f(t)');
xlabel('(a)');
box off;
t2 = 0:dt:4;
M = length(t2);
ht = ones(1,length(t2));
subplot(2,2,2);
plot(t2,ht);
axis([0 5 0 1.5]);
hold on;
plot([4 4],[0 1]);
title('h(t)');
xlabel('(b)');
box off;
y = conv(ft,ht)*dt;
N = L+M-1;
t = (0:N-1)*dt;
subplot(2,1,2);
plot(t,y);
axis([t(1)-0.5 t(end)+0.5 0 max(y)+0.5]);
title('y(t)=f(t)*h(t)');
xlabel('(c)');
box off;
hold off;
```

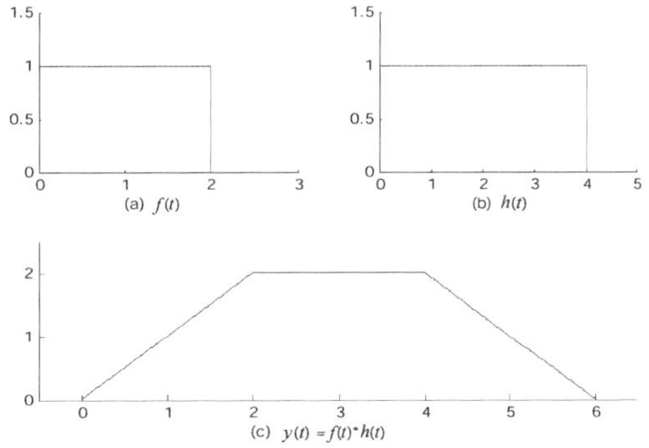

图 2-27　例 2-20 的图

运行后所得结果的波形如图 2-27(c)所示。由理论计算可知,$f(t)$ 与 $h(t)$ 卷积的波形是一个等腰梯形,用 MATLAB 求得的结果与此一致。

3. 利用 MATLAB 求解零状态响应

LTI 连续系统的零状态响应可以用卷积方法求得,也可以用 MATLAB 提供的函数 lsim 直接求得,其调用格式为

```
y = lsim(sys,f,t)
```

其中,t 表示系统响应的时间抽样点向量, f 是输入信号,sys 是系统模型。

【例 2-21】 求例 2-19 中的系统在 $f(t)=U(t)$ 作用下的零状态响应。

解: 此处的响应其实就是阶跃响应,用 lsim 直接求解,并与例 2-19 比较。求解的 MATLAB 程序如下,程序运行结果如图 2-28 所示。

```
% Program ch2_6
sys=tf(1,[1 3 2]);
t=0:0.01:6;
f=ones(1,length(t));
y=lsim(sys,f,t);
gt=step(sys,t);
plot(t,y,'-',t,gt,'-.');
xlabel('t');
ylabel('y(t)');
box off;
title('Zero state response');
```

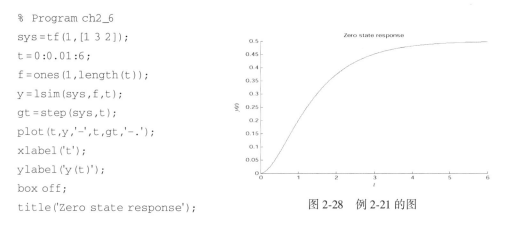

图 2-28　例 2-21 的图

本章学习指导

一、主要内容

1. 信号的三个基本运算

即平移(时移)、反折与尺度变换。这三个运算的一般形式为:$f(at+b)$。根据 $f(t)$ 的波形画出 $f(at+b)$ 波形的一般步骤如图 2-29 所示。

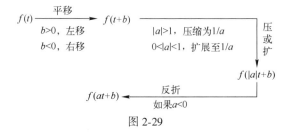

图 2-29

2. 单位冲激信号 $\delta(t)$ 和单位阶跃信号 $U(t)$

(1) 定义

单位冲激信号:
$$\int_{-\infty}^{\infty}\delta(t)\,\mathrm{d}t=1,\text{且}\,\delta(t)=0(t\neq 0)$$

单位阶跃信号:
$$U(t)=\begin{cases}1, & t>0\\ 0, & t<0\end{cases}$$

(2) 性质

① 筛选特性:
$$\int_{t_1}^{t_2}f(t)\delta(t-t_0)\,\mathrm{d}t=\begin{cases}f(t_0), & t_1<t_0<t_2\\ 0, & \text{otherwise}\end{cases}$$
$$f(t)\delta(t-t_0)=f(t_0)\delta(t-t_0)$$

② $\delta(t)$ 与 $U(t)$ 的关系：$\int_{-\infty}^{t} \delta(\tau - t_0) \mathrm{d}\tau = U(t - t_0)$，$\dfrac{\mathrm{d}U(t - t_0)}{\mathrm{d}t} = \delta(t - t_0)$

3. 单位冲激响应与阶跃响应

激励为 $\delta(t)$ 时连续系统的零状态响应称为单位冲激响应，用 $h(t)$ 表示。

激励为 $U(t)$ 时连续系统的零状态响应称为单位阶跃响应，用 $g(t)$ 表示。

两者关系：
$$g(t) = \int_{-\infty}^{t} h(\tau) \mathrm{d}\tau, h(t) = \frac{\mathrm{d}g(t)}{\mathrm{d}t}$$

4. 卷积积分（简称为卷积）

两信号 $f_1(t)$ 与 $f_2(t)$ 的卷积积分定义为：$f_1(t) * f_2(t) = \int_{-\infty}^{\infty} f_1(\tau) f_2(t - \tau) \mathrm{d}\tau$

其性质如下。

（1）卷积的代数律

交换律：$f_1(t) * f_2(t) = f_2(t) * f_1(t)$

结合律：$f_1(t) * [f_2(t) * f_3(t)] = [f_1(t) * f_2(t)] * f_3(t) = [f_1(t) * f_3(t)] * f_2(t)$

分配律：$f_1(t) * [f_2(t) + f_3(t)] = f_1(t) * f_2(t) + f_1(t) * f_3(t)$

两个推论：

冲激响应分别为 $h_1(t)$ 和 $h_2(t)$ 的两系统级联所得的系统，其总冲激响应为
$$h(t) = h_1(t) * h_2(t)$$

这两个系统并联所得的系统，其总冲激响应为
$$h(t) = h_1(t) + h_2(t)$$

（2）含有奇异信号的卷积
$$f(t) * \delta(t) = f(t), f(t) * \delta(t - t_0) = f(t - t_0)$$
$$f(t) * \delta'(t) = f'(t)$$
$$f(t) * U(t) = \int_{-\infty}^{t} f(\tau) \mathrm{d}\tau$$

（3）卷积的微分与积分

设 $f(t) = f_1(t) * f_2(t)$，那么
$$f^{(n)}(t) = f_1^{(i)}(t) * f_2^{(n-i)}(t)$$

其中，n、i 为正整数表示求导，为负整数表示多重积分。

特别地，$f(t) = f_1(t) * f_2(t) = f_1^{(i)}(t) * f_2^{(-i)}(t)$

（4）卷积范围的确定

设 $f(t) = f_1(t) * f_2(t)$，其中，$f_1(t)$ 的非零区间为 $t_1 < t < t_2$，$f_2(t)$ 的非零区间为 $t_3 < t < t_4$，那么 $f(t)$ 的非零区间为：$t_1 + t_3 < t < t_2 + t_4$。这一关系可以概括为"下限相加"、"上限相加"。

卷积的计算可以利用定义、图解法或变换法进行。

5. 系统的时域分析法

设因果系统的微分方程为
$$y^{(n)}(t) + a_{n-1} y^{(n-1)}(t) + \cdots + a_0 y(t) = b_m f^{(m)}(t) + b_{m-1} f^{(m-1)}(t) + \cdots + b_0 f(t)$$

用时域分析法求系统全响应的步骤为：

(1) 求零输入响应 $y_x(t)$：详见 2.4.1 节

(2) 求系统的单位冲激响应 $h(t)$：用冲激平衡法

(3) 求系统的零状态响应 $y_f(t)$：$y_f(t)=f(t)*h(t)$

(4) 将 $y_x(t)$ 与 $y_f(t)$ 相加即得全响应，即 $y(t)=y_x(t)+y_f(t)$

二、例题分析

【例 2-22】 已知 $f(t)$ 的波形如图 2-30 所示，画出 $f(-2t+2)$ 的波形。

图 2-30　例 2-22 的图

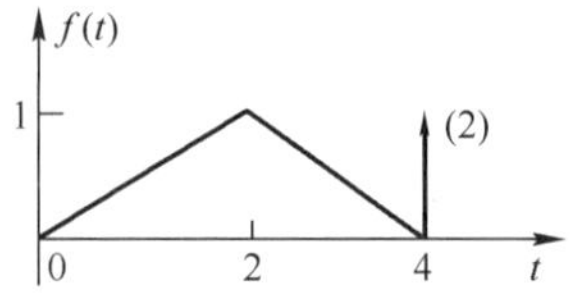

分析：由图知 $f(t)$ 可以表示为

$$f(t)=f_1(t)+2\delta(t-4)$$

其中 $f_1(t)$ 为波形中的三角脉冲。于是有

$$\begin{aligned}f(-2t+2)&=f_1(-2t+2)+2\delta(-2t+2-4)\\&=f_1(-2t+2)+2\delta(-2t-2)=f_1(-2t+2)+\delta(t+1)\end{aligned}$$

故将 $f_1(-2t+2)$ 的波形画出来后将 $\delta(t+1)$ 的波形添加上去就行了。

解：由图可知 $f(t)=f_1(t)+2\delta(t-4)$

其中 $f_1(t)$ 为图中的三角形脉冲。则

$$\begin{aligned}f(-2t+2)&=f_1(-2t+2)+2\delta(-2t+2-4)\\&=f_1(-2t+2)+2\delta(-2t-2)\\&=f_1(-2t+2)+\delta(t+1)\end{aligned}$$

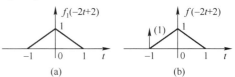

先画出 $f_1(-2t+2)$ 的波形。为此，$f_1(t)$ 的波形向左平移 2 个单位得 $f_1(t+2)$，然后将 $f_1(t+2)$ 的波形压缩 2 倍得 $f_1(2t+2)$，最后将 $f_1(2t+2)$ 的波形以纵轴为对称翻转 180°，就得到 $f_1(-2t+2)$ 的波形，如图 2-31(a) 所示。

图 2-31　例 2-22 的结果

在 $f_1(-2t+2)$ 的波形上添加 $\delta(t+1)$ 的波形，即得 $f(-2t+2)$ 的波形，如图 2-31(b) 所示。

【例 2-23】 已知系统组成如图 2-32 所示，其中 $h_1(t)=U(t)$，$h_2(t)=U(t)-U(t-1)$，试求系统的单位冲激响应。

分析：根据冲激响应的定义，或者根据系统输出等于输入与冲激响应的卷积这一关系，或者根据系统串并联时各个子系统冲激响应之间的关系，都可以求出总的冲激响应 $h(t)$。

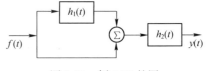

图 2-32　例 2-23 的图

解：方法一

令 $f(t)=\delta(t)$，根据冲激响应的定义，此时的输出即为 $h(t)$。设加法器输出为 $x(t)$，则

$$h(t)=x(t)*h_2(t)。$$

由图可得 $x(t)=\delta(t)*h_1(t)+\delta(t)$

则

$$\begin{aligned}h(t)=x(t)*h_2(t)&=[\delta(t)*h_1(t)+\delta(t)]*h_2(t)\\&=\delta(t)*h_1(t)*h_2(t)+\delta(t)*h_2(t)\\&=h_1(t)*h_2(t)+h_2(t)\end{aligned}$$

将 $h_1(t) = U(t), h_2(t) = U(t) - U(t-1)$ 代入，得

$$h(t) = U(t) * [U(t) - U(t-1)] + U(t) - U(t-1)$$
$$= tU(t) - (t-1)U(t-1) + U(t) - U(t-1)$$
$$= t[U(t) - U(t-1)] + U(t)$$

方法二：

由图可知，系统的输出为：

$$y(t) = x(t) * h_2(t)$$

而

$$x(t) = f(t) * h_1(t) + f(t)$$

则

$$y(t) = x(t) * h_2(t) = [f(t) * h_1(t) + f(t)] * h_2(t)$$
$$= f(t) * [h_1(t) + \delta(t)] * h_2(t) \qquad （分配律）$$
$$= f(t) * [h_1(t) * h_2(t) + h_2(t)]$$

因为对于任意 LTI 系统，均有 $y(t) = f(t) * h(t)$，与上式对照后可知

$$h(t) = h_1(t) * h_2(t) + h_2(t)$$

以下同方法一。

【例 2-24】 某因果系统的微分方程为：$y''(t) + 3y'(t) + 2y(t) = f(t), y(0^-) = 0, y'(0^-) = 1$，输入 $f(t) = U(t)$，求系统的全响应。

分析：分别求零输入响应和零状态响应，将两者相加即得全响应。

解：（1）求零输入响应 $y_x(t)$

根据微分方程，系统特征方程为 $\lambda^2 + 3\lambda + 2 = 0$，易知特征根为 $\lambda_1 = -1, \lambda_2 = -2$

所以

$$y_x(t) = C_1 e^{-t} + C_2 e^{-2t}, t \geq 0$$

将 $y(0^-) = 0, y'(0^-) = 1$ 代入得

$$\begin{cases} C_1 + C_2 = 0 \\ -C_1 - 2C_2 = 1 \end{cases} \Rightarrow \begin{cases} C_1 = 1 \\ C_2 = -1 \end{cases}$$

所以

$$y_x(t) = e^{-t} - e^{-2t}, t \geq 0$$
$$= (e^{-t} - e^{-2t}) U(t)$$

（2）求系统的单位冲激响应 $h(t)$：用冲激平衡法

根据特征根，可设 $h(t) = (A_1 e^{-t} + A_2 e^{-2t}) U(t)$，在微分方程中，令 $y(t) = h(t), f(t) = \delta(t)$，代入后得

$$(A_1 + A_2)\delta'(t) + (-A_1 - 2A_2)\delta(t) + (A_1 e^{-t} + 4A_2 e^{-2t})U(t) +$$
$$3[(A_1 + A_2)\delta(t) + (-A_1 e^{-t} - 2A_2 e^{-2t})U(t)] + 2[(A_1 e^{-t} + A_2 e^{-2t})U(t)] = \delta(t)$$

比较等号两边冲激函数的系数，可得

$$\begin{cases} A_1 + A_2 = 0 \\ -A_1 - 2A_2 + 3(A_1 + A_2) = 1 \end{cases} \Rightarrow \begin{cases} A_1 = 1 \\ A_2 = -1 \end{cases}$$

所以

$$h(t) = (e^{-t} - e^{-2t}) U(t)$$

（3）求系统的零状态响应 $y_f(t)$

$$y_f(t) = f(t) * h(t) = U(t) * (e^{-t} - e^{-2t})U(t) = U(t) * e^{-t}U(t) - U(t) * e^{-2t}U(t)$$

$$= \left(\int_0^t e^{-\tau} d\tau\right) U(t) - \left(\int_0^t e^{-2\tau} d\tau\right) U(t) = \left(\frac{1}{2} - e^{-t} + \frac{1}{2}e^{-2t}\right) U(t)$$

将 $y_x(t)$ 与 $y_f(t)$ 相加即得全响应，即

$$y(t) = y_x(t) + y_f(t) = (e^{-t} - e^{-2t})U(t) + \left(\frac{1}{2} - e^{-t} + \frac{1}{2}e^{-2t}\right)U(t)$$

$$= \left(\frac{1}{2} - \frac{1}{2}e^{-2t}\right)U(t)$$

基本练习题

2.1 已知信号 $f(t)$ 波形如习图 2-1 所示,分别按如下顺序求 $f(-2t+1)$ 波形并加以比较。

(1) 时移、反折、展缩　　(2) 展缩、时移、反折

(3) 反折、展缩、时移

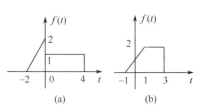

(a)　　　　　　(b)

习图 2-1

2.2 分别用分段信号和阶跃信号写出习图 2-2 所示各信号的表达式。

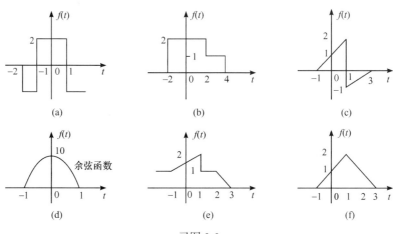

(a)　　　　　　(b)　　　　　　(c)

(d)　　　　　　(e)　　　　　　(f)

习图 2-2

2.3 计算下列各题并比较结果。

(1) $f(t) = (t^2 - 2t + 3)\delta(t)$

(2) $f(t) = \int_{-\infty}^{\infty} (t^2 - 2t + 3)\delta(t)\,dt$

(3) $f(t) = \int_{-\infty}^{t} (\tau^2 - 2\tau + 3)\delta(\tau)\,d\tau$

(4) $f(t) = \int_{-\infty}^{t} \delta(\tau)\,d\tau$

(5) $f(t) = \int_{-\infty}^{t} \delta(\tau - 2)\,d\tau$

(6) $f(t) = \int_{-\infty}^{t} e^{-\tau}\delta(\tau)\,d\tau$

(7) $f(t) = \int_{-1}^{1} (t^2 - 3t + 1)\delta(t - 2)\,dt$

(8) $f(t) = \int_{-1}^{4} (t^2 - 3t + 1)\delta(t - 2)\,dt$

(9) $f(t) = \int_{-\infty}^{\infty} t^2\delta'(t - 2)\,dt$

(10) $f(t) = \int_{-\infty}^{t} \tau^2\delta'(\tau - 2)\,d\tau$

(11) $f(t) = \lim_{\tau \to 0} \frac{2}{\tau}[U(t) - U(t - \tau)]$

(12) $f(t) = \frac{d}{dt}[U(t) - 2tU(t - 1)]$

2.4 求下列齐次方程的解。

(1) $y''(t) + 9y(t) = 0$,　$y(0) = 2$,　$y'(0) = 1$

(2) $y''(t) + 5y'(t) + 6y(t) = 0$,　$y(0) = 1$,　$y'(0) = -1$

(3) $y''(t) + 2y'(t) + 5y(t) = 0$,　$y(0) = 2$,　$y'(0) = -2$

(4) $y''(t) + 2y'(t) + y(t) = 0$,　$y(0) = 1$,　$y'(0) = 1$

2.5 系统框图如习图 2-3 所示,试列出系统的微分方程,求单位冲激响应。

2.6 系统框图如习图 2-4 所示。(1) 列出系统的微分方程;(2) 求单位冲激响应。

2.7　已知系统的单位阶跃响应 $g(t) = \delta(t) - e^{-2t}U(t)$，求单位冲激响应 $h(t)$。

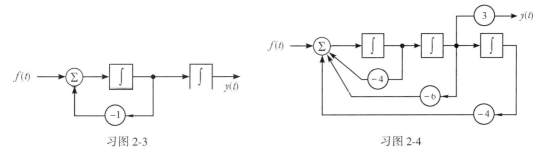

习图 2-3　　　　　　　　　　　　习图 2-4

2.8　根据卷积的定义，求下列信号的卷积积分 $f_1(t) * f_2(t)$。

（1）$f_1(t) = tU(t)$，$f_2(t) = e^{-2t}U(t)$

（2）$f_1(t) = tU(t)$，$f_2(t) = U(t)$

（3）$f_1(t) = tU(t)$，$f_2(t) = U(t) - U(t-2)$

（4）$f_1(t) = tU(t-1)$，$f_2(t) = U(t-3)$

（5）$f_1(t) = e^{-2t}U(t)$，$f_2(t) = e^{-3t}U(t)$

（6）$f_1(t) = \sin t U(t)$，$f_2(t) = \sin t U(t)$

2.9　用图解法，求下列信号的卷积积分：$f_1(t) * f_2(t)$

（1）$f_1(t) = (1-t)[U(t) - U(t-1)]$，$f_2(t) = U(t-1) - U(t-2)$

（2）$f_1(t) = U(t+1) - U(t-2)$，$f_2(t) = e^{-(t-2)}U(t-2)$

2.10　利用卷积积分的性质，求下列信号的卷积积分 $f_1(t) * f_2(t)$。

（1）$f_1(t) = U(t) - U(t-4)$，$f_2(t) = \sin \pi t U(t)$

（2）$f_1(t) = \delta(t-1)$，$f_2(t) = \cos(\pi t + 45°)$

（3）$f_1(t) = (1+t)[U(t) - U(t-1)]$，$f_2(t) = U(t-1) - U(t-2)$

（4）$f_1(t) = U(t+1) - U(t-2)$，$f_2(t) = e^{-(t-2)}U(t-2)$

2.11　已知 LTI 系统框图如习图 2-5 所示，三个子系统的冲激响应分别为 $h_1(t) = U(t) - U(t-1)$，$h_2(t) = U(t)$，$h_3(t) = \delta(t)$，求总系统冲激响应 $h(t)$。

2.12　已知系统框图如习图 2-6 所示。求当：

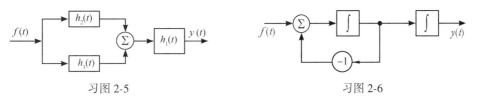

习图 2-5　　　　　　　　　　　　习图 2-6

（1）$f(t) = U(t)$ 时的零状态响应；

（2）$f(t) = U(t-1) - U(t-2)$ 时的零状态响应。

2.13　已知系统的微分方程和外加激励，求其零状态响应。

（1）$y''(t) + 5y'(t) + 6y(t) = 3f(t)$，$f(t) = e^{-t}U(t)$

（2）$y''(t) + 3y'(t) + 2y(t) = f'(t) + 4f(t)$，$f(t) = e^{-2t}U(t)$

（3）$y'(t) + 2y(t) = f'(t) + f(t)$，$f(t) = e^{-2t}U(t)$

（4）$y'''(t) + 4y''(t) + 8y'(t) = 3f'(t) + 8f(t)$，$f(t) = U(t)$

2.14　求下列系统的零输入响应、零状态响应和全响应。

（1）$y''(t) + 3y'(t) + 2y(t) = f(t)$，　$f(t) = -2e^{-t}U(t)$，　$y(0^-) = 1$，　$y'(0^-) = 2$

（2）$y'(t) + 2y(t) = f(t)$，　$f(t) = \sin 2t U(t)$，$y(0^-) = 1$

（3）$y''(t)+3y'(t)+2y(t)=f(t)$，$f(t)=e^{-t}U(t)$，$y(0^-)=y'(0^-)=1$

综合练习题

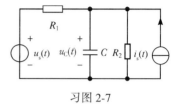

习图 2-7

2.15 如习图 2-7 所示电路中，已知当 $u_s(t)=U(t)\mathrm{V}$，$i_s(t)=$ 0A 时，$u_C(t)=(2e^{-2t}+0.5)\mathrm{V}$，$t\geqslant0$；当 $u_s(t)=0\mathrm{V}$，$i_s(t)=U(t)\mathrm{A}$ 时，$u_C(t)=(0.5e^{-2t}+2)\mathrm{V}$，$t\geqslant0$。

（1）求 R_1，R_2 和 C；

（2）求电路的全响应，并指出零输入响应、零状态响应。

2.16 一 LTI 系统，初始状态不详。当激励为 $f(t)$ 时其全响应为 $(2e^{-3t}+\sin2t)U(t)$；当激励为 $2f(t)$ 时其全响应为 $(e^{-3t}+2\sin2t)U(t)$。求：

（1）初始状态不变，当激励为 $f(t-1)$ 时的全响应，并指出零输入响应、零状态响应；

（2）初始状态是原来的两倍，激励为 $2f(t)$ 时的全响应。

2.17 已知 LTI 系统的冲激响应 $h(t)=e^{-2t}U(t)$，求：

（1）激励信号 $f(t)=e^{-t}[U(t)-U(t-2)]+\beta\delta(t-2)$ 时系统的零状态响应；若要系统在 $t>2$ 时响应为零，则 β 应为多少？

（2）激励信号 $f(t)=f_1(t)[U(t)-U(t-2)]+\beta\delta(t-2)$，其中 $f_1(t)$ 为任意时间信号，若系统在 $t>2$ 时响应为零，β 应为多少？验证（1）的结果。

2.18 电路如习图 2-8 所示，已知 $f(t)=6e^{-3t}U(t)\mathrm{V}$，$i_1(0^-)=i_2(0^-)=i_3(0^-)=1\mathrm{A}$，求全响应 $i_3(t)$，并指出零输入响应和零状态响应分量，强迫响应和自由响应分量，暂态响应和稳态响应分量。

2.19 已知某 LTI 系统的输入输出关系为

$$y(t)=\int_{-\infty}^{t}e^{-(t-\tau)}f(\tau-2)\mathrm{d}\tau$$

（1）求该系统的单位冲激响应；

（2）当输入信号如习图 2-9 所示时，求系统的响应。

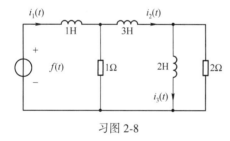

习图 2-8

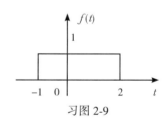

习图 2-9

上机练习

2.1 用一组 MATLAB 命令画出幅度为 3V、基频为 50Hz 的锯齿波，画出其中的 4 个周期。

2.2 已知信号 $f(t)$ 的波形如习图 2-10 所示，用 MATLAB 画出 $f(3-2t)$ 的波形。

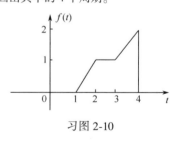

习图 2-10

2.3 用 MATLAB 计算 $\mathrm{sinc}(t)$ 与 $\mathrm{sinc}(t)$ 的卷积，画出波形，观察波形，你能得出什么结论？

2.4 已知某因果 LTI 系统的微分方程为

$$y''(t)+\sqrt{2}y'(t)+y(t)=f(t)$$

输入信号 $f(t)=U(t)-U(t-2)$，利用 MATLAB，求：

（1）系统的单位冲激响应和阶跃响应，绘出响应波形；

（2）用函数 lsim 计算系统的零状态响应，绘出响应波形；

（3）用卷积的方法计算系统的零状态响应，绘出响应波形并与（2）比较。

2.5 已知巴特沃思二阶带通滤波器的微分方程为

$$y''(t)+y'(t)+y(t)=f'(t)$$

输入信号 $f(t)=\mathrm{sinc}(t)$。

（1）用函数 lsim 计算系统的零状态响应；

（2）用 conv 计算系统零状态响应的近似解；

（3）绘出（1），（2）的响应波形并比较。

第3章 连续时间信号与系统的频域分析

【内容提要】 从本章开始,连续系统的分析方法将从时域分析转到变换域分析。本章讨论频率域分析法,即傅里叶分析法,包括周期与非周期信号的傅里叶分析,求取其频谱,傅里叶变换的性质,在频率域中求取系统响应的方法及描述系统频率特性的系统函数等。傅里叶分析方法不仅用于通信和控制领域中,在其他领域,如光学、力学中也有广泛应用。

二维码3

【思政小课堂】 见二维码3。

3.1 周期信号的傅里叶级数分析

3.1.1 三角函数形式的傅里叶级数

由数学分析课程中傅里叶级数的定义得到,周期信号 $f(t)$ 可由三角函数的线性组合来表示。若周期信号 $f(t)$ 的周期为 T,角频率为 $\Omega_0 = 2\pi/T$,则 $f(t)$ 可分解为

$$f(t) = a_0 + a_1\cos\Omega_0 t + a_2\cos 2\Omega_0 t + \cdots + b_1\sin\Omega_0 t + b_2\sin 2\Omega_0 t + \cdots$$

$$= a_0 + \sum_{n=1}^{\infty}(a_n\cos n\Omega_0 t + b_n\sin n\Omega_0 t) \tag{3-1}$$

式中,n 为正整数,各项三角函数的振幅 $a_0, a_1, a_2, \cdots, b_1, b_2, \cdots$ 称为傅里叶级数的系数。式(3-1)称为三角形式的傅里叶级数。各傅里叶级数系数的含义和计算公式如下:

直流分量
$$a_0 = \frac{1}{T}\int_{t_0}^{t_0+T} f(t)\,\mathrm{d}t \tag{3-2}$$

余弦分量
$$a_n = \frac{2}{T}\int_{t_0}^{t_0+T} f(t)\cos n\Omega_0 t\,\mathrm{d}t, \quad n = 1,2,\cdots \tag{3-3}$$

正弦分量
$$b_n = \frac{2}{T}\int_{t_0}^{t_0+T} f(t)\sin n\Omega_0 t\,\mathrm{d}t, \quad n = 1,2,\cdots \tag{3-4}$$

为方便起见,一般积分区间都取为 $0 \sim T$ 或 $-T/2 \sim T/2$。

三角函数集 $\{1, \cos\Omega_0 t, \cos 2\Omega_0 t, \cdots, \sin\Omega_0 t, \sin 2\Omega_0 t \cdots\}$ 在区间 (t_0, t_0+T) 中组成正交函数集,而且是完备的正交函数集。周期信号 $f(t)$ 可以由 n 个正交函数的线性组合来近似表达。这种正交函数集可以是三角函数集,也可以是复指数集等。关于完备正交函数集及其性质在此不做详细讨论,可以参考相关书籍。

必须指出,并非任意周期信号都可以分解为式(3-1)的傅里叶级数。能分解为式(3-1)的周期信号要满足所谓的狄里赫利(Dirichlet)条件,即

（1）在一个周期内,如果有间断点存在,则间断点的数目应是有限个。

（2）在一个周期内,极大值和极小值的数目应是有限个。

（3）在一个周期内，信号是绝对可积的，即 $\int_{t_0}^{t_0+T} |f(t)|\,\mathrm{d}t$ 等于有限值。通常遇到的周期信号都满足该条件，以后不再特别说明。

由式(3-1)可知，将周期信号 $f(t)$ 展开成傅里叶级数，就可以知道信号 $f(t)$ 中直流分量的大小，频率为 Ω_0 的信号分量的振幅和相位，以及频率为 $2\Omega_0$ 的信号分量的振幅和相位等。通常称频率为 Ω_0 的信号为基波分量，频率为 $2\Omega_0$ 的信号为二次谐波分量，依次类推为三次谐波、四次谐波等，这些分量就表明了信号 $f(t)$ 的频率特性。这种频率特性(频谱)在稍后介绍。

但式(3-1)中的各次谐波的振幅和相位直观上看还不很清楚，进一步将式(3-1)中的同频率信号相合并，可以写出另一种形式的三角函数形式傅里叶级数表达式为

$$f(t)=A_0 + \sum_{n=1}^{\infty} A_n\cos(n\Omega_0 t + \varphi_n) \tag{3-5}$$

式中
$$\left.\begin{array}{l} A_0 = a_0 \\[4pt] A_n = \sqrt{a_n^2 + b_n^2}, \quad n=1,2,\cdots, \qquad a_n = A_n\cos\varphi_n \\[4pt] \tan\varphi_n = -\dfrac{b_n}{a_n}, \qquad\qquad\qquad b_n = -A_n\sin\varphi_n \end{array}\right\} \tag{3-6}$$

这样，若将周期信号分解为式(3-5)的傅里叶级数，则该信号中所含的频率分量的情况便一清二楚了。

从式(3-3)式(3-4)可知，a_n 与 b_n 都是 $n\Omega_0$ 的函数，所以 A_n 和 φ_n 也都是 $n\Omega_0$ 的函数。若 n 取负值，可知 a_n 与 A_n 是 n 的偶函数，b_n 与 φ_n 是 n 的奇函数。如果将 A_n 对 $n\Omega_0$ 的关系绘成图形，$n\Omega_0$ 用 Ω 表示，即 $\Omega = n\Omega_0$，$n=0,1,2,\cdots$，以 Ω 为横轴，所对应的 A_n 为纵轴，就可以画成一种线图，直观地表明信号 $f(t)$ 的各频率分量的振幅。这种 A_n 与 $n\Omega_0(\Omega)$ 之间关系的图称为信号的幅度频谱(幅度谱)，每一条线表示某一频率分量的振幅，称为谱线，连接各谱线顶点的曲线称为包络，反映了各分量幅度变化的情况。类似地，还可以画出 φ_n 与 $n\Omega_0(\Omega)$ 之间的线图，称为信号的相位频谱(相位谱)，反映了各分量相位关系。周期信号的幅度谱和相位谱组成信号的频率谱(频谱)，如图 3-1 所示。相应地，若已知某个信号的频谱，也可以重构此信号。所以频谱提供了另一种描述信号的方法，即不同的信号，频谱不同。时域周期信号 $f(t)$ 可以用其相应的频谱来描述，

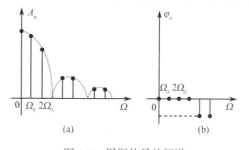

图 3-1　周期信号的频谱

述，这种信号的描述方法就叫信号的频域分析。时域描述和频域描述从不同角度给出了信号的特征，是分析系统的基础。

【例 3-1】　将图 3-2(a)所示的周期矩形脉冲信号展开成三角函数形式傅里叶级数，并画出其频谱。

解：周期矩形脉冲信号在一个周期 $\left(-\dfrac{T}{2}\sim\dfrac{T}{2}\right)$ 内可表示为

$$f(t)=\begin{cases} E, & |t|<\tau/2 \\ 0, & |t|>\tau/2 \end{cases}; \qquad \Omega_0 = 2\pi/T$$

由式(3-2)~式(3-4)求出各傅里叶系数为

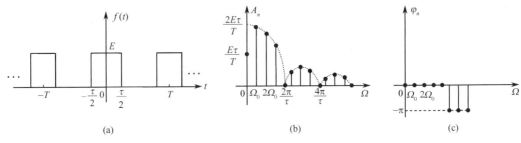

(a) (b) (c)

图 3-2 例 3-1 的图

$$a_0 = \frac{1}{T} \int_{-T/2}^{T/2} f(t)\,\mathrm{d}t = \frac{1}{T} \int_{-\tau/2}^{\tau/2} E\,\mathrm{d}t = \frac{E\tau}{T}$$

$$a_n = \frac{2}{T} \int_{-T/2}^{T/2} f(t)\cos n\Omega_0 t\,\mathrm{d}t = \frac{2}{T} \int_{-\tau/2}^{\tau/2} E\cos \frac{2n\pi}{T} t\,\mathrm{d}t = \frac{2E\tau}{T}\mathrm{Sa}\!\left(\frac{n\Omega_0\tau}{2}\right)$$

$$b_n = \frac{2}{T} \int_{-T/2}^{T/2} f(t)\sin n\Omega_0 t\,\mathrm{d}t = 0$$

所以 $f(t)$ 可展开为
$$f(t) = \frac{E\tau}{T} + \sum_{n=1}^{\infty} \frac{2E\tau}{T}\mathrm{Sa}\!\left(\frac{n\Omega_0\tau}{2}\right)\cos n\Omega_0 t$$

为了画出频谱,求出振幅和相位为
$$A_0 = a_0, \quad A_n = |a_n|, \quad \varphi_n = \begin{cases} 0, & a_n > 0 \\ -\pi\ \text{或}\ \pi, & a_n < 0 \end{cases}$$

画出幅度谱和相位谱如图 3-2(b) 和(c) 所示。

【例 3-2】 已知某信号的频谱如图 3-3 所示,求该信号的表达式。

解:由信号的频谱可以清楚地得出该信号各频率分量的振幅和相位,即

直流分量　　　　　　　　$A_0 = 1$

基波分量　　　　　$A_1 = 1/2, \quad \varphi_1 = -\pi/2$

二次谐波分量　　　$A_2 = 1/4, \quad \varphi_2 = \pi/3$

其他频率分量均为零。故可写出 $f(t)$ 的表达式为
$$f(t) = 1 + \frac{1}{2}\cos\!\left(\Omega_0 t - \frac{\pi}{2}\right) + \frac{1}{4}\cos\!\left(2\Omega_0 t + \frac{\pi}{3}\right)$$

可见,根据频谱可确定信号的表达式,信号时域表达式与频谱之间是一一对应的。

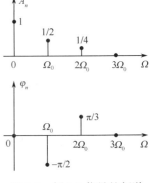

图 3-3 例 3-2 信号的频谱

3.1.2　指数形式的傅里叶级数

周期信号的傅里叶级数也可以表示为指数形式。由式(3-1)知
$$f(t) = a_0 + \sum_{n=1}^{\infty}(a_n\cos n\Omega_0 t + b_n\sin n\Omega_0 t)$$

将欧拉公式　　　$\cos n\Omega_0 t = \frac{1}{2}(\mathrm{e}^{\mathrm{j}n\Omega_0 t} + \mathrm{e}^{-\mathrm{j}n\Omega_0 t}), \quad \sin n\Omega_0 t = \frac{1}{2\mathrm{j}}(\mathrm{e}^{\mathrm{j}n\Omega_0 t} - \mathrm{e}^{-\mathrm{j}n\Omega_0 t})$

代入上式得　　　$f(t) = a_0 + \sum_{n=1}^{\infty}\left(\frac{a_n - \mathrm{j}b_n}{2}\mathrm{e}^{\mathrm{j}n\Omega_0 t} + \frac{a_n + \mathrm{j}b_n}{2}\mathrm{e}^{-\mathrm{j}n\Omega_0 t}\right)$

令

$$F_n(jn\Omega_0) = \frac{1}{2}(a_n - jb_n), \quad n = 1, 2, \cdots$$

并考虑到

$$a_n = a_{-n}, \quad b_n = -b_{-n}$$

得

$$F_n(-jn\Omega_0) = \frac{1}{2}(a_n + jb_n)$$

所以有

$$f(t) = a_0 + \sum_{n=1}^{\infty}\left[F_n(jn\Omega_0)e^{jn\Omega_0 t} + F_n(-jn\Omega_0)e^{-jn\Omega_0 t} \right]$$

令 $F_n(0) = a_0$ 并考虑到

$$\sum_{n=1}^{\infty} F_n(-jn\Omega_0)e^{-jn\Omega_0 t} = \sum_{n=-1}^{-\infty} F_n(jn\Omega_0)e^{jn\Omega_0 t}$$

得到

$$f(t) = \sum_{n=-\infty}^{\infty} F_n(jn\Omega_0)e^{jn\Omega_0 t} \tag{3-7}$$

可见,周期信号 $f(t)$ 可以表示为复指数信号的组合。其中 $F_n(jn\Omega_0)$ 为复指数信号的系数。式(3-7)称为指数型傅里叶级数。因为

$$F_n(jn\Omega_0) = \frac{1}{2}(a_n - jb_n) \tag{3-8}$$

所以,$F_n(jn\Omega_0)$ 一般为复函数,也称之为傅里叶级数的复系数(复振幅),通常将 $F_n(jn\Omega_0)$ 简写为 F_n。将 a_n, b_n 的定义代入式(3-8)得到

$$F_n = \frac{1}{T}\int_{t_0}^{t_0+T} f(t)e^{-jn\Omega_0 t}\mathrm{d}t, \quad n \in 整数 \tag{3-9}$$

我们就可以利用式(3-9)计算一个周期信号的复系数,从而将其表示为指数型傅里叶级数。

由前面的讨论可知,复系数 F_n 与傅里叶级数的其他系数的关系如下:

$$F_0 = a_0 = A_0, \quad F_n = \frac{1}{2}(a_n - jb_n) = |F_n|e^{j\varphi_n} \tag{3-10}$$

$$\left. \begin{aligned} |F_n| &= \frac{1}{2}\sqrt{a_n^2 + b_n^2} = \frac{1}{2}A_n \\ \tan\varphi_n &= -\frac{b_n}{a_n} \end{aligned} \right\} \tag{3-11}$$

可见,F_n 也应该是 $n\Omega_0$ 的函数,且 $|F_n|$ 为 n 的偶函数,φ_n 为 n 的奇函数。将 $n\Omega_0$ 用 Ω 代替,也可以得到 $|F_n|$ 与 Ω 的关系和 φ_n 与 Ω 的关系。以 Ω 为横轴,$|F_n|$ 与 φ_n 为纵轴,画出 $|F_n|$ 与 Ω 的谱线,称为(复数)幅度谱,画出 φ_n 与 Ω 的谱线,称为(复数)相位谱。二者共同组成信号的复数频谱(复频谱)。值得注意的是,F_n 中的 n 可取负整数,故 Ω 有正有负,即复频谱中不仅包括正频率项,而且含有负频率项,所以经常称复频谱为双边谱,如图 3-4 所示;而称图 3-1 所示的频谱为单边谱。

对同一个周期信号,它的频谱只能有一个,我们既可以用三角型傅里叶级数展开,从而画出它的单边谱,又可以用指数型傅里叶级数展开,从而画出它的双边谱。那么双边谱和单边谱如何统一呢?其实这两种频谱表示方法实质上是一样的,其不同之处仅是单边谱中的每条谱线代表一个分量的振幅,而双边谱中每个分量的幅度一分为二,在正、负频率处各为一半,即

$$|F_n| + |F_{-n}| = A_n \quad 或 \quad |F_n| = |F_{-n}| = \frac{1}{2}A_n \tag{3-12}$$

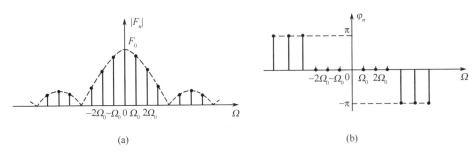

(a)

(b)

图 3-4　周期信号的双边谱

所以，只有两正、负频率上对应的两条谱线相加才代表一个频率分量的振幅(直流分量除外)；而相位谱是一致的，只要将单边谱中的相位谱进行奇对称，画成双边相位谱即可。

在双边谱中出现的负频率其实没有任何物理含义，完全是由于数学运算的结果，只有将负频率项与相应的正频率项成对地合并起来，才是实际的频谱。

【例 3-3】　将例 3-1 中的周期矩形脉冲信号展开为指数型傅里叶级数，并画出其复频谱。

解：根据 F_n 的定义有

$$F_n = \frac{1}{T} \int_{-T/2}^{T/2} f(t) \mathrm{e}^{-jn\Omega_0 t} \mathrm{d}t = \frac{1}{T} \int_{-\tau/2}^{\tau/2} E \mathrm{e}^{-jn\Omega_0 t} \mathrm{d}t = \frac{E\tau}{T} \mathrm{Sa}\left(\frac{n\Omega_0\tau}{2}\right)$$

所以

$$f(t) = \sum_{n=-\infty}^{\infty} F_n \mathrm{e}^{jn\Omega_0 t} = \frac{E\tau}{T} \sum_{n=-\infty}^{\infty} \mathrm{Sa}\left(\frac{n\Omega_0\tau}{2}\right) \mathrm{e}^{jn\Omega_0 t}$$

相应的复频谱如图 3-5 所示。

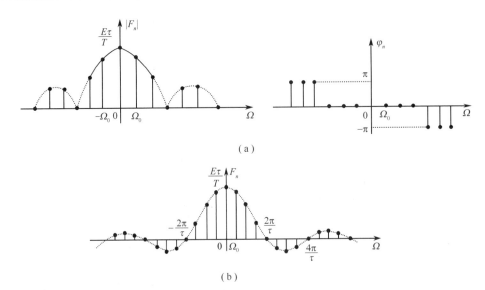

(a)

(b)

图 3-5　例 3-3 矩形脉冲信号的双边谱

将周期信号的幅度谱和相位谱分开画，如图 3-5(a)所示。只有当 F_n 为实数时，可以将频谱图画在一张图中，如图 3-5(b)所示。一般情况下，F_n 为复函数，幅度谱和相位谱就不能画在一张图中，必须分为幅度谱与相位谱两张图。

【例 3-4】 求信号 $\delta_T(t) = \sum\limits_{n=-\infty}^{\infty} \delta(t - nT)$ 的频谱。

解：因为
$$F_n = \frac{1}{T} \int_{-T/2}^{T/2} \delta(t) \mathrm{e}^{-jn\Omega_0 t} \mathrm{d}t = \frac{1}{T}$$

所以
$$\delta_T(t) = \frac{1}{T} \sum_{n=-\infty}^{\infty} \mathrm{e}^{jn\Omega_0 t}$$

相应的信号波形及其频谱图如图 3-6 所示。

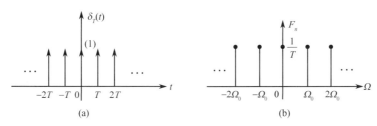

图 3-6　例 3-4 的图

【例 3-5】 已知连续周期信号 $f(t) = 2 + 4\cos\dfrac{\pi}{4}t + 8\cos\left(\dfrac{3\pi}{4}t + \dfrac{\pi}{2}\right)$，将其表示成复指数信号形式，并画出其频谱。

解：从 $f(t)$ 的表达式可知，它是 $f(t)$ 的三角函数傅里叶级数形式，$f(t)$ 中含直流分量、基波分量、三次谐波分量，即
$$\Omega_0 = \pi/4, A_0 = 2; \quad A_1 = 4, \varphi_1 = 0^\circ; \quad A_3 = 8, \varphi_3 = \pi/2$$
从傅里叶系数与复振幅之间的关系，或单边谱与双边谱之间的关系可得
$$F_0 = 2; \quad F_1 = A_1/2 = 2, F_{-1} = 2; \quad F_3 = 4\mathrm{e}^{j\pi/2}, F_{-3} = 4\mathrm{e}^{-j\pi/2}$$
所以将 $f(t)$ 表示成指数型傅里叶级数为
$$
\begin{aligned}
f(t) &= \sum_{n=-\infty}^{\infty} F_n \mathrm{e}^{jn\Omega_0 t} \\
&= 2 + 2\mathrm{e}^{j\Omega_0 t} + 2\mathrm{e}^{-j\Omega_0 t} + 4\mathrm{e}^{j\pi/2}\mathrm{e}^{j3\Omega_0 t} + 4\mathrm{e}^{-j\pi/2}\mathrm{e}^{-j3\Omega_0 t} \\
&= 2 + 2\mathrm{e}^{j\pi/4 t} + 2\mathrm{e}^{-j\pi/4 t} + 4\mathrm{e}^{j\left(\frac{3}{4}\pi t + \pi/2\right)} + 4\mathrm{e}^{-j\left(\frac{3}{4}\pi t + \pi/2\right)}
\end{aligned}
$$

画出相应的频谱如图 3-7 所示。

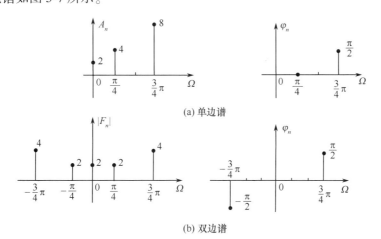

(a) 单边谱

(b) 双边谱

图 3-7　例 3-5 的单边谱和双边谱

3.1.3 周期信号频谱的特点

在实际应用中,周期矩形脉冲信号具有很重要的地位。下面就以周期矩形脉冲信号为例,揭示周期信号的频谱特点。

由前面的讨论知道,周期矩形脉冲信号的波形及其频谱如图 3-8 所示。

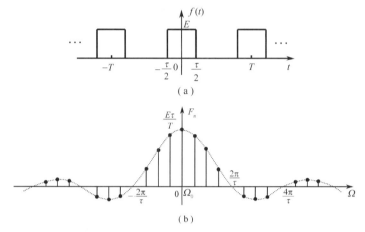

图 3-8　周期矩形脉冲信号及其频谱

通过对周期矩形脉冲信号的频谱分析,可以归纳出有关周期信号频谱结构的一般特点如下。

(1)周期信号的频谱都是离散谱,谱线间隔为 Ω_0,谱线(谐波分量)只存在于基波频率 Ω_0 的整数倍上。

(2)理论上周期信号的谐波分量是无限多的。在整个频率范围内高次谐波幅度虽然时有起伏,但总的趋势是按照一定规律递减的。这表明,信号能量主要集中在低频范围内。对周期矩形脉冲而言,其能量主要集中在第一个过零点以内。而且谐波分量的振幅 A_n 随着 T 增大而减小。

(3)信号的频带宽度。基于上述理由,我们把从零频开始的能量主要集中的频率范围称为信号的有效频带宽度,简称带宽。如周期矩形脉冲信号的带宽为

$$B=2\pi/\tau(\text{rad/s}) \quad \text{或} \quad \Delta f=1/\tau(\text{Hz}) \tag{3-13}$$

(4)信号的时间特性与频率特性之间的关系。从式(3-13)可知,时域中脉冲持续时间越短,在频域中信号占有的频带越宽。

(5)谱线密度与周期 T 的关系。因为谱线间隔 $\Omega_0 = 2\pi/T$,所以周期越大,谱线间隔越小,谱线越密集。当 T 趋近于无穷大,即 $T \to \infty$ 时,周期信号就变成非周期信号,离散谱将趋近于连续谱。

3.2　非周期信号的傅里叶变换分析

3.2.1　从傅里叶级数到傅里叶变换

周期信号与非周期信号的关系,从数学上看,非周期信号就是令周期信号的周期趋于无限大时的极限情况。各种形式的单脉冲信号就是常见的非周期信号。

上一节中我们就发现,周期矩形脉冲信号的谱线密度与周期 T 相关。当 T 无限增大时,谱线间隔与谱线高度均将趋于无穷小,周期矩形脉冲信号就变成了单一矩形脉冲。也就是说非周期信号的频谱是由无限多个幅度为无穷小的连续频率分量所组成的。虽然各频率分量的绝对幅度为无穷小,但其相对大小仍然是有差别的。为此,有下面频谱密度函数的定义。

令
$$F(j\Omega) = \lim_{T \to \infty} T \cdot F_n = \lim_{T \to \infty} \frac{F_n}{1/T} \tag{3-14}$$

当 $T \to \infty$ 时,$n\Omega_0 \to \Omega$,即

$$\lim_{T \to \infty} \frac{F_n}{1/T} = \lim_{T \to \infty} T \cdot \frac{1}{T} \int_{-T/2}^{T/2} f(t) e^{-jn\Omega_0 t} dt = \int_{-\infty}^{\infty} f(t) e^{-j\Omega t} dt$$

所以有
$$F(j\Omega) = \int_{-\infty}^{\infty} f(t) e^{-j\Omega t} dt \tag{3-15}$$

$F(j\Omega)$ 称为频谱密度函数,简称频谱函数。从式(3-14)的量纲可知,其意义为单位频率上的幅度,揭示了非周期信号连续频谱的规律。

与周期信号的傅里叶级数(这里 $f_T(t)$ 指周期为 T 的周期信号)

$$f_T(t) = \sum_{n=-\infty}^{\infty} F_n e^{jn\Omega_0 t}$$

相对应,当 $T \to \infty$ 时,$f(t)$ 将成为非周期信号,即有

$$\begin{aligned}
f(t) &= \lim_{T \to \infty} \sum_{n=-\infty}^{\infty} F_n e^{jn\Omega_0 t} \\
&= \lim_{T \to \infty} \sum_{n=-\infty}^{\infty} T \cdot F_n(jn\Omega_0) e^{jn\Omega_0 t} \cdot \frac{1}{T} \\
&= \lim_{T \to \infty} \frac{1}{2\pi} \sum_{n=-\infty}^{\infty} T \cdot F_n(jn\Omega_0) e^{jn\Omega_0 t} \cdot \Omega_0 \\
&= \frac{1}{2\pi} \int_{-\infty}^{\infty} F(j\Omega) e^{j\Omega t} d\Omega
\end{aligned} \tag{3-16}$$

上式表明,非周期信号 $f(t)$ 可以分解为无限多个虚指数函数分量 $e^{j\Omega t}$ 之和,指数分量的谱系数为 $\frac{F(j\Omega)}{2\pi} d\Omega$,是一无穷小量,这些分量的频率范围为 $-\infty \sim \infty$,占据整个频率域。

重新写出式(3-15)和式(3-16)

$$\left. \begin{aligned}
F(j\Omega) &= \int_{-\infty}^{\infty} f(t) e^{-j\Omega t} dt \\
f(t) &= \frac{1}{2\pi} \int_{-\infty}^{\infty} F(j\Omega) e^{j\Omega t} d\Omega
\end{aligned} \right\} \tag{3-17}$$

则称式(3-17)是一对变换式,前者称为傅里叶(正)变换,简称傅氏变换,后者称为傅里叶逆变换,简称傅氏逆变换。傅氏变换是将非周期信号的时间函数变换为相应的频谱函数;傅氏逆变换是将信号的频谱函数变换为相应的时间函数。这种相互变换的关系给出了信号的时域特性和频域特性之间的一一对应关系。

为了书写方便,常采用如下符号:

$$F(j\Omega) = \mathscr{F}[f(t)], \qquad f(t) = \mathscr{F}^{-1}[F(j\Omega)] \tag{3-18}$$

或
$$f(t) \longleftrightarrow F(j\Omega) \tag{3-19}$$

需要指出的是,傅氏变换和逆变换都是无穷区间的广义积分,因此傅里叶变换存在与否还

需要进行数学证明。本课程不去研究这一复杂的数学理论证明,只介绍傅氏变换存在的充分条件。

如果 $f(t)$ 满足绝对可积条件,即

$$\int_{-\infty}^{\infty} |f(t)| \, dt = 有限值 \tag{3-20}$$

则其傅氏变换 $F(j\Omega)$ 存在。其实,所有能量信号都能满足上述绝对可积条件。但这个条件只是充分条件而不是必要条件。一些不满足绝对可积条件的函数也可以有傅氏变换。除此之外,还有一些重要函数,例如冲激信号、阶跃信号、周期信号等,当引入 δ 信号之后,也存在相应的傅里叶变换。

3.2.2 频谱函数 $F(j\Omega)$ 的特性

由式(3-17)可知,$F(j\Omega)$ 一般为 Ω 的复函数,若信号 $f(t)$ 是实信号,其频谱函数可表示为

$$F(j\Omega) = \int_{-\infty}^{\infty} f(t) e^{-j\Omega t} dt = \int_{-\infty}^{\infty} f(t) \cos\Omega t \, dt - j \int_{-\infty}^{\infty} f(t) \sin\Omega t \, dt$$

$$= R(\Omega) + j X(\Omega) = |F(j\Omega)| e^{j\varphi(\Omega)} = F(\Omega) e^{j\varphi(\Omega)} \tag{3-21}$$

从式(3-21)可以得到如下结论:

(1) 实部 $R(\Omega)$ 是 Ω 的偶函数,虚部 $X(\Omega)$ 是 Ω 的奇函数。

(2) 模量 $|F(j\Omega)|$ 代表非周期信号 $f(t)$ 的各频率分量的相对大小,是 Ω 的偶函数,幅角 $\varphi(\Omega)$ 则代表相应各频率分量的相位,是 Ω 的奇函数。

(3) 以 Ω 为横坐标轴,$|F(j\Omega)|$ 为纵坐标轴,将 $|F(j\Omega)|$ 与 Ω 的关系画成图形,就称为信号的幅度谱;类似地,将 $\varphi(\Omega)$ 与 Ω 的关系画成图形,就称为信号的相位谱。幅度谱和相位谱就组成一个非周期信号的频谱,反映了非周期信号的时间特性与频率特性之间的关系,也叫信号的频谱分析。

(4) 若信号 $f(t)$ 为偶函数,则 $F(j\Omega) = R(\Omega)$;若 $f(t)$ 为奇函数,则 $F(j\Omega) = j X(\Omega)$。

若信号 $f(t)$ 是虚信号,其频谱函数的奇偶性与上述特性有所不同,具体请参照表3-1。

【例3-6】 求图3-9(a)所示矩形脉冲信号的频谱。

解:图3-9(a)所示矩形脉冲信号 $f(t)$ 的表达式为

$$f(t) = \begin{cases} E, & |t| < \tau/2 \\ 0, & 其他 \end{cases}$$

其傅氏变换为

$$F(j\Omega) = \int_{-\infty}^{\infty} f(t) e^{-j\Omega t} dt = \int_{-\tau/2}^{\tau/2} E e^{-j\Omega t} dt$$

$$= E\tau \frac{\sin\left(\dfrac{\Omega\tau}{2}\right)}{\dfrac{\Omega\tau}{2}} = E\tau \mathrm{Sa}\left(\frac{\Omega\tau}{2}\right)$$

可见,其幅度谱为

$$|F(j\Omega)| = E\tau \left| \mathrm{Sa}\left(\frac{\Omega\tau}{2}\right) \right|$$

相位谱为

$$\varphi(\Omega) = \begin{cases} 0, & F(j\Omega) > 0 \\ \pi \ 或 -\pi, & F(j\Omega) < 0 \end{cases}$$

如图3-9(b)和(c)所示。

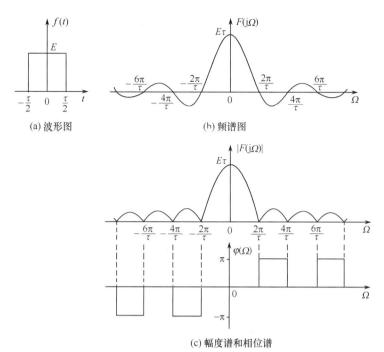

(a) 波形图   (h) 频谱图

(c) 幅度谱和相位谱

图 3-9　矩形脉冲的波形和频谱

由例 3-6 可知,若傅氏变换 $F(\mathrm{j}\Omega)$ 是实函数,频谱可画在一张图上,如图 3-9(b)所示。若 $F(\mathrm{j}\Omega)$ 是复函数,频谱只能画成两张图,即分别画出振幅谱和相位谱,如图 3-9(c)所示。

3.2.3　典型非周期信号的傅里叶变换

1. 矩形脉冲信号(门信号) $g_{\tau}(t)$

由例 3-6 可知,幅度 $E=1$ 的矩形脉冲信号 $g_{\tau}(t)$ 的傅里叶变换为

$$g_{\tau}(t) \longleftrightarrow \tau \mathrm{Sa}\left(\frac{\Omega\tau}{2}\right) \tag{3-22}$$

相应的信号波形及频谱如图 3-10 所示。

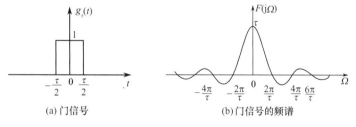

(a) 门信号   (b)门信号的频谱

图 3-10　门信号的波形及频谱

2. 单边指数信号 $\mathrm{e}^{-at}U(t)$ ($a>0$)

$$F(\mathrm{j}\Omega) = \int_{-\infty}^{\infty} f(t)\mathrm{e}^{-\mathrm{j}\Omega t}\mathrm{d}t = \int_{-\infty}^{\infty} \mathrm{e}^{-at}U(t) \cdot \mathrm{e}^{-\mathrm{j}\Omega t}\mathrm{d}t = \int_{0}^{\infty} \mathrm{e}^{-(a+\mathrm{j}\Omega)t}\mathrm{d}t = \frac{1}{a+\mathrm{j}\Omega}$$

$$\left.\begin{array}{c} \mathrm{e}^{-at}U(t) \longleftrightarrow \dfrac{1}{a+\mathrm{j}\varOmega} \\[3mm] |F(\mathrm{j}\varOmega)| = \dfrac{1}{\sqrt{a^2+\varOmega^2}} \\[3mm] \varphi(\varOmega) = -\arctan\dfrac{\varOmega}{a} \end{array}\right\}$$

即 （3-23）

式中，$|F(\mathrm{j}\varOmega)|$ 和 $\varphi(\varOmega)$ 分别为单边指数信号的幅度谱和相位谱。相应的信号波形及频谱如图 3-11 所示。

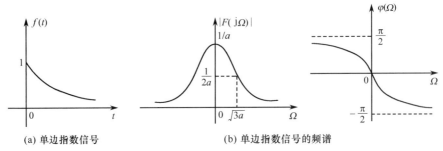

(a) 单边指数信号 　　　　(b) 单边指数信号的频谱

图 3-11　单边指数信号的波形及频谱

3. 双边指数信号 $\mathrm{e}^{-a|t|}$（$a>0$）

$$\begin{aligned} F(\mathrm{j}\varOmega) &= \int_{-\infty}^{\infty} f(t)\,\mathrm{e}^{-\mathrm{j}\varOmega t}\mathrm{d}t = \int_{-\infty}^{\infty} \mathrm{e}^{-a|t|}\cdot\mathrm{e}^{-\mathrm{j}\varOmega t}\mathrm{d}t \\[2mm] &= \int_{-\infty}^{0} \mathrm{e}^{at}\cdot\mathrm{e}^{-\mathrm{j}\varOmega t}\mathrm{d}t + \int_{0}^{\infty} \mathrm{e}^{-at}\cdot\mathrm{e}^{-\mathrm{j}\varOmega t}\mathrm{d}t \\[2mm] &= \frac{1}{a-\mathrm{j}\varOmega} + \frac{1}{a+\mathrm{j}\varOmega} = \frac{2a}{a^2+\varOmega^2} \end{aligned}$$

即

$$\left.\begin{array}{c} \mathrm{e}^{-a|t|} \longleftrightarrow \dfrac{2a}{\varOmega^2+a^2} \\[3mm] F(\varOmega) = \dfrac{2a}{\varOmega^2+a^2} \\[3mm] \varphi(\varOmega) = 0 \end{array}\right\}$$

（3-24）

相应的信号波形及频谱如图 3-12 所示。

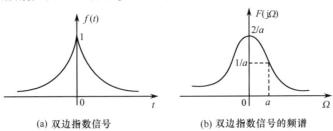

(a) 双边指数信号 　　　　(b) 双边指数信号的频谱

图 3-12　双边指数信号的波形及频谱

4. 符号函数 sgn(t)

$$\mathrm{sgn}(t) = \begin{cases} 1, & t>0 \\ -1, & t<0 \end{cases}$$

$$\operatorname{sgn}(t) = \lim_{a \to 0}\left[\mathrm{e}^{-at}U(t) - \mathrm{e}^{at}U(-t) \right]$$

$$F(\mathrm{j}\Omega) = \lim_{a \to 0}\left[\int_0^\infty \mathrm{e}^{-(a+\mathrm{j}\Omega)t}\mathrm{d}t - \int_{-\infty}^0 \mathrm{e}^{(a-\mathrm{j}\Omega)t}\mathrm{d}t \right] = \lim_{a \to 0}\left(\frac{1}{a+\mathrm{j}\Omega} - \frac{1}{a-\mathrm{j}\Omega} \right) = \frac{2}{\mathrm{j}\Omega}$$

$$\left.\begin{aligned} \operatorname{sgn}(t) &\longleftrightarrow \frac{2}{\mathrm{j}\Omega} \\ F(\Omega) &= \frac{2}{|\Omega|} \\ \varphi(\Omega) &= \begin{cases} \pi/2, & \Omega < 0 \\ -\pi/2, & \Omega > 0 \end{cases} \end{aligned}\right\} \tag{3-25}$$

其波形和频谱如图 3-13 所示。

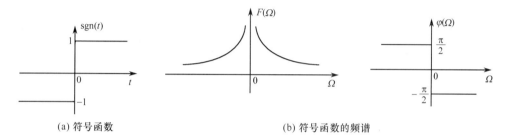

(a) 符号函数   (b) 符号函数的频谱

图 3-13　符号函数的波形和频谱

5. 冲激信号和冲激偶

$$\delta(t) \longleftrightarrow 1$$

由于

$$\delta(t) = \frac{1}{2\pi}\int_{-\infty}^\infty 1 \cdot \mathrm{e}^{\mathrm{j}\Omega t}\mathrm{d}\Omega$$

$$\frac{\mathrm{d}}{\mathrm{d}t}\delta(t) = \delta'(t) = \frac{1}{2\pi}\int_{-\infty}^\infty \mathrm{j}\Omega \cdot \mathrm{e}^{\mathrm{j}\Omega t}\mathrm{d}\Omega$$

可得 $\delta'(t)$ 的频谱函数　　　　　　$F(\mathrm{j}\Omega) = \mathrm{j}\Omega$

即　　　　　　　　　　　　　　

同理可得

$$\left.\begin{aligned} \delta'(t) &\longleftrightarrow \mathrm{j}\Omega \\ \delta^{(n)}(t) &\longleftrightarrow (\mathrm{j}\Omega)^n \end{aligned}\right\} \tag{3-26}$$

6. 单位直流信号

如图 3-14(a) 所示,直流信号可看成双边指数信号 $a \to 0$ 的极限情况,可根据双边指数信号的频谱取极限的情况来求其频谱。

$$1 = \lim_{a \to 0} f(t) = \lim_{a \to 0} \mathrm{e}^{-a|t|}$$

$$F(\mathrm{j}\Omega) = \lim_{a \to 0}\frac{2a}{a^2 + \Omega^2} = \begin{cases} 0, & \Omega \neq 0 \\ \infty, & \Omega = 0 \end{cases}$$

$F(\mathrm{j}\Omega)$ 显然是一个冲激函数,其强度为

$$\int_{-\infty}^\infty \frac{2a}{a^2 + \Omega^2}\mathrm{d}\Omega = 2\int_{-\infty}^\infty \frac{1}{1 + \left(\dfrac{\Omega}{a}\right)^2}\mathrm{d}\left(\frac{\Omega}{a}\right)$$

因为
$$\int_{-\infty}^{\infty} \frac{1}{1+x^2}\mathrm{d}x = \arctan x\Big|_{-\infty}^{\infty} = \pi$$

所以
$$\int_{-\infty}^{\infty} \frac{2a}{a^2+\Omega^2}\mathrm{d}\Omega = 2\pi$$

即
$$1 \longleftrightarrow 2\pi\delta(\Omega) \tag{3-27}$$

相应的信号波形及频谱如图 3-14 所示。

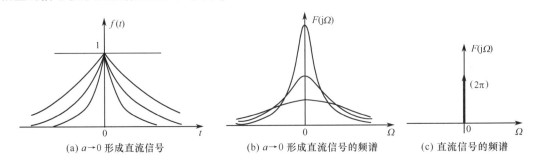

(a) $a\to 0$ 形成直流信号　　　　(b) $a\to 0$ 形成直流信号的频谱　　　　(c) 直流信号的频谱

图 3-14　直流信号的波形及频谱

7. 阶跃信号 $U(t)$

把阶跃信号做偶分量、奇分量分解,有

$$U(t) = \frac{1}{2}\times 1 + \frac{1}{2}\mathrm{sgn}(t)$$

$$F(\mathrm{j}\Omega) = \pi\delta(\Omega) + \frac{1}{\mathrm{j}\Omega}$$

即
$$U(t) \longleftrightarrow \pi\delta(\Omega) + \frac{1}{\mathrm{j}\Omega} \tag{3-28}$$

信号波形和频谱如图 3-15 所示。

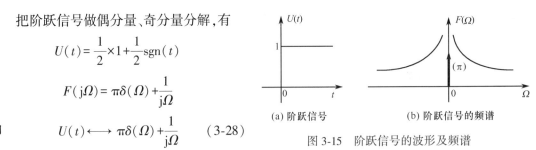

(a) 阶跃信号　　　　(b) 阶跃信号的频谱

图 3-15　阶跃信号的波形及频谱

常用信号的傅里叶变换及其频谱请参看附录 D。

3.3　傅里叶变换的性质

在 3.2 节中我们研究了信号的频谱函数,并通过傅里叶变换(简称傅氏变换)对建立了信号的时域和频域之间的对应关系。在信号分析时,经常还需要对时域信号进行某种运算。那么这种运算之后的时域信号在频域发生了何种变化,与原信号的频谱又有何关系;反过来,若在频域发生了某种变化,在时域又有何变动。研究这些问题当然可以使用式(3-17)求积分得到,但这种方法计算过程比较复杂。使用下面所介绍的傅里叶变换的性质,就方便得多,而且物理概念也很清楚。

3.3.1　线性特性

若
$$f_1(t) \longleftrightarrow F_1(\mathrm{j}\Omega)\ ,\quad f_2(t) \longleftrightarrow F_2(\mathrm{j}\Omega)$$

则
$$a_1 f_1(t) + a_2 f_2(t) \longleftrightarrow a_1 F_1(\mathrm{j}\Omega) + a_2 F_2(\mathrm{j}\Omega) \tag{3-29}$$

其中,a_1 和 a_2 为任意常数。

证明：因为
$$\mathscr{F}[a_1 f_1(t) + a_2 f_2(t)] = \int_{-\infty}^{\infty}[a_1 f_1(t) + a_2 f_2(t)]\mathrm{e}^{-\mathrm{j}\Omega t}\mathrm{d}t$$
$$= a_1\int_{-\infty}^{\infty}f_1(t)\mathrm{e}^{-\mathrm{j}\Omega t}\mathrm{d}t + a_2\int_{-\infty}^{\infty}f_2(t)\mathrm{e}^{-\mathrm{j}\Omega t}\mathrm{d}t$$
$$= a_1 F_1(\mathrm{j}\Omega) + a_2 F_2(\mathrm{j}\Omega)$$

所以
$$a_1 f_1(t) + a_2 f_2(t) \longleftrightarrow a_1 F_1(\mathrm{j}\Omega) + a_2 F_2(\mathrm{j}\Omega)$$

显然，傅氏变换满足齐次性和可加性。其实，在 3.2 节中讨论阶跃信号的频谱函数时已经很自然地应用了线性性质。

【例 3-7】 求图 3-16(a) 所示信号的频谱 $F(\mathrm{j}\Omega)$。

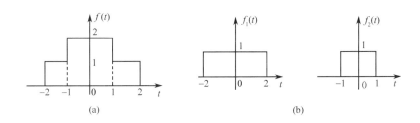

(a)   (b)

图 3-16 例 3-7 的图

解：因为
$$f(t) = f_1(t) + f_2(t)$$
$$g_\tau(t) \longleftrightarrow \tau\mathrm{Sa}\left(\frac{\Omega\tau}{2}\right)$$

故
$$f_1(t) \longleftrightarrow 4\mathrm{Sa}(2\Omega), \quad f_2(t) \longleftrightarrow 2\mathrm{Sa}(\Omega)$$

所以
$$F(\mathrm{j}\Omega) \longleftrightarrow 4\mathrm{Sa}(2\Omega) + 2\mathrm{Sa}(\Omega)$$

3.3.2　对称特性(对偶性)

若
$$f(t) \longleftrightarrow F(\mathrm{j}\Omega)$$

则
$$F(\mathrm{j}t) \longleftrightarrow 2\pi f(-\Omega) \tag{3-30}$$

证明：根据傅氏逆变换定义
$$f(t) = \frac{1}{2\pi}\int_{-\infty}^{\infty}F(\mathrm{j}\Omega)\mathrm{e}^{\mathrm{j}\Omega t}\mathrm{d}\Omega$$

则有
$$f(-t) = \frac{1}{2\pi}\int_{-\infty}^{\infty}F(\mathrm{j}\Omega)\mathrm{e}^{-\mathrm{j}\Omega t}\mathrm{d}\Omega \qquad ①$$

将式 ① 中的变量 t 与 Ω 互换，结果不变，即
$$f(-\Omega) = \frac{1}{2\pi}\int_{-\infty}^{\infty}F(\mathrm{j}t)\mathrm{e}^{-\mathrm{j}\Omega t}\mathrm{d}t$$
$$2\pi f(-\Omega) = \int_{-\infty}^{\infty}F(\mathrm{j}t)\mathrm{e}^{-\mathrm{j}\Omega t}\mathrm{d}t$$

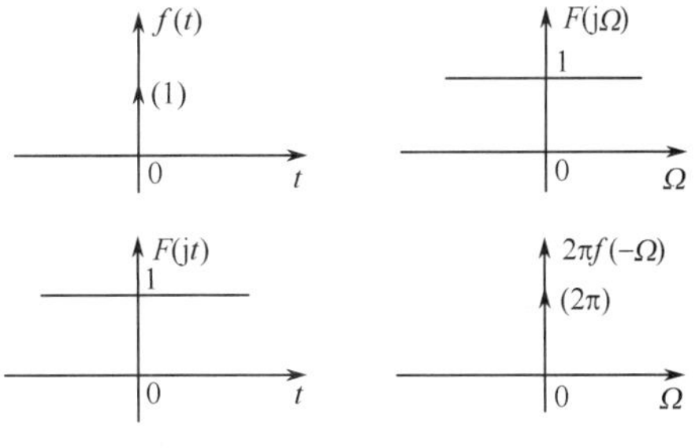

图 3-17 冲激信号的傅氏变换和对称性

所以由傅氏变换的定义知，时域信号 $F(\mathrm{j}t)$ 的傅氏变换为 $2\pi f(-\Omega)$，即
$$F(\mathrm{j}t) \longleftrightarrow 2\pi f(-\Omega)$$

该性质说明，若偶函数 $f(t)$ 的频谱函数为 $F(\mathrm{j}\Omega)$，另一与 $F(\mathrm{j}\Omega)$ 形式完全相同的时域信号 $F(\mathrm{j}t)$ 的频谱函数就与信号 $f(t)$ 的形式相同，只相差系数 2π。图 3-17 所示就是一个例子。

【例 3-8】 求信号 $\mathrm{Sa}(\Omega_0 t)$ 的频谱函数。

解:由前面典型信号的傅氏变换知

$$g_\tau(t) \longleftrightarrow \tau\mathrm{Sa}\left(\frac{\Omega\tau}{2}\right)$$

则

$$\tau\mathrm{Sa}\left(\frac{\tau}{2}t\right) \longleftrightarrow 2\pi g_\tau(\Omega)$$

令 $\dfrac{\tau}{2}=\Omega_0$,则

$$\mathrm{Sa}(\Omega_0 t) \longleftrightarrow \frac{\pi}{\Omega_0}g_{2\Omega_0}(\Omega) \tag{3-31}$$

相应的频谱图如图 3-18(b)所示。

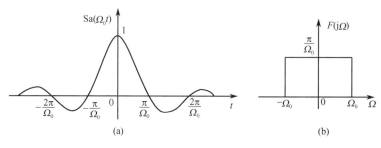

图 3-18　例 3-8 的图

3.3.3　时移特性

若

$$f(t) \longleftrightarrow F(\mathrm{j}\Omega)$$

则

$$f(t-t_0) \longleftrightarrow F(\mathrm{j}\Omega)\mathrm{e}^{-\mathrm{j}\Omega t_0} \tag{3-32}$$

证明:因为

$$\mathscr{F}[f(t-t_0)] = \int_{-\infty}^{\infty} f(t-t_0)\mathrm{e}^{-\mathrm{j}\Omega t}\mathrm{d}t$$

令 $x=t-t_0$,则

$$\mathscr{F}[f(t-t_0)] = \mathscr{F}[f(x)] = \int_{-\infty}^{\infty} f(x)\mathrm{e}^{-\mathrm{j}\Omega(x+t_0)}\mathrm{d}x$$

$$= \mathrm{e}^{-\mathrm{j}\Omega t_0}\int_{-\infty}^{\infty} f(x)\mathrm{e}^{-\mathrm{j}\Omega x}\mathrm{d}x$$

所以

$$f(t-t_0) \longleftrightarrow F(\mathrm{j}\Omega)\mathrm{e}^{-\mathrm{j}\Omega t_0}$$

这个性质说明,若 $F(\mathrm{j}\Omega) = |F(\mathrm{j}\Omega)|\mathrm{e}^{\mathrm{j}\varphi(\Omega)}$,则

$$f(t-t_0) \longleftrightarrow |F(\mathrm{j}\Omega)|\mathrm{e}^{\mathrm{j}[\varphi(\Omega)-\Omega t_0]}$$

即若时域信号 $f(t)$ 沿时间轴右移 t_0,在频域中频谱的幅度谱不变,相位谱产生附加相移 $-\Omega t_0$。

同理可得

$$f(t+t_0) \longleftrightarrow F(\mathrm{j}\Omega)\mathrm{e}^{\mathrm{j}\Omega t_0} \tag{3-33}$$

【例 3-9】 求 $g_\tau\left(t+\dfrac{\tau}{2}\right)$ 的相位谱。

解:由门信号 $g_\tau(t)$ 的频谱可知它的相位谱如图 3-19(c)所示,根据时移特性知 $g_\tau\left(t+\dfrac{\tau}{2}\right)$ 的相位谱如图 3-19(d)所示。

图 3-19 中只画了 $\Omega>0$ 的频谱。读者可以自行补充完整。

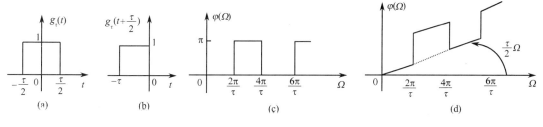

图 3-19 例 3-9 的图

【例 3-10】 求图 3-20(a)所示信号的频谱。

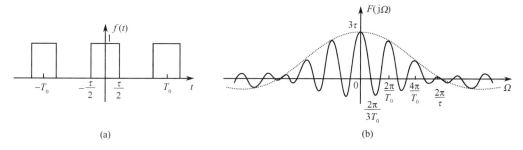

图 3-20 例 3-10 的图

解:因为
$$f(t) = g_\tau(t+T_0) + g_\tau(t) + g_\tau(t-T_0)$$

所以
$$F(j\Omega) = \tau\mathrm{Sa}\left(\frac{\Omega\tau}{2}\right)e^{j\Omega T_0} + \tau\mathrm{Sa}\frac{\Omega\tau}{2} + \tau\mathrm{Sa}\left(\frac{\Omega\tau}{2}\right)e^{-j\Omega T_0}$$

$$= \tau\mathrm{Sa}\left(\frac{\Omega\tau}{2}\right)\left(1+e^{j\Omega T_0}+e^{-j\Omega T_0}\right)$$

$$= \tau\mathrm{Sa}\left(\frac{\Omega\tau}{2}\right)\left(1+2\cos\Omega T_0\right)$$

相应的频谱如图 3-20(b)所示。当脉冲的数目增加时,信号的能量将向 $\Omega=\dfrac{2m\pi}{T_0}$ 处集中,在该频率处幅度增大,而在其他频率处幅度减小,甚至等于零。当脉冲个数无限增多时(这时就成为周期信号),则除 $\Omega=\dfrac{2m\pi}{T_0}$ 的各谱线外,其余频率分量均等于零,从而变成离散谱。这是从非周期信号变为周期信号时频谱函数变化的例子。

3.3.4 频移特性

若
$$f(t) \longleftrightarrow F(j\Omega)$$

则
$$f(t)e^{j\Omega_0 t} \longleftrightarrow F[j(\Omega-\Omega_0)] \tag{3-34}$$

证明:因为
$$\mathscr{F}[f(t)e^{j\Omega_0 t}] = \int_{-\infty}^{\infty} f(t)e^{j\Omega_0 t}\cdot e^{-j\Omega t}\mathrm{d}t = \int_{-\infty}^{\infty} f(t)e^{-j(\Omega-\Omega_0)t}\mathrm{d}t$$

所以
$$\mathscr{F}[f(t)e^{j\Omega_0 t}] = F[j(\Omega-\Omega_0)]$$

同理
$$\mathscr{F}[f(t)e^{-j\Omega_0 t}] = F[j(\Omega+\Omega_0)] \tag{3-35}$$

其中 Ω_0 为实常数。

该特性说明,若时间信号 $f(t)$ 乘以因子 $e^{j\Omega_0 t}$,则在频域中相应频谱函数 $F(j\Omega)$ 的规律不变,仅仅沿频率轴向右搬移 Ω_0;反之,若信号的频谱函数 $F(j\Omega)$ 沿 Ω 轴右移 Ω_0,反映在时域中应为 $f(t)$ 乘以因子 $e^{j\Omega_0 t}$。所以,频移特性也叫频谱搬移特性。由频移特性容易得到

$$e^{-j\Omega_0 t} \longleftrightarrow 2\pi\delta(\Omega+\Omega_0) \tag{3-36}$$

$$e^{j\Omega_0 t} \longleftrightarrow 2\pi\delta(\Omega-\Omega_0) \tag{3-37}$$

结合欧拉公式和线性特性得

$$\left.\begin{array}{l} \cos\Omega_0 t \longleftrightarrow \pi[\delta(\Omega+\Omega_0)+\delta(\Omega-\Omega_0)] \\ \sin\Omega_0 t \longleftrightarrow j\pi[\delta(\Omega+\Omega_0)-\delta(\Omega-\Omega_0)] \end{array}\right\} \tag{3-38}$$

利用频移特性,可以按如下方法求周期信号的傅里叶变换。设 $f(t)$ 是周期为 T 的信号,其傅里叶级数为 $f(t) = \sum_{n=-\infty}^{\infty} F_n e^{jn\Omega_0 t}$,其中 $\Omega_0 = 2\pi/T$。

由于
$$e^{jn\Omega_0 t} \leftrightarrow 2\pi\delta(\Omega-n\Omega_0)$$

由线性性质
$$\sum_{n=-\infty}^{\infty} F_n e^{jn\Omega_0 t} \leftrightarrow \sum_{n=-\infty}^{\infty} 2\pi F_n \delta(\Omega-n\Omega_0)$$

即
$$f(t) \leftrightarrow \sum_{n=-\infty}^{\infty} 2\pi F_n \delta(\Omega-n\Omega_0)$$

【例 3-11】 已知矩形调幅信号 $f(t) = g_\tau(t)\cos(\Omega_0 t)$,试求其频谱函数。

解: 因为
$$f(t) = \frac{1}{2}g_\tau(t)(e^{j\Omega_0 t}+e^{-j\Omega_0 t})$$

$$g_\tau(t) \longleftrightarrow \tau\mathrm{Sa}\left(\frac{\Omega\tau}{2}\right)$$

由频移特性得
$$f(t) \longleftrightarrow \frac{1}{2}\tau\mathrm{Sa}\left[\left(\frac{\Omega-\Omega_0}{2}\right)\tau\right]+\frac{1}{2}\tau\mathrm{Sa}\left[\frac{(\Omega+\Omega_0)}{2}\tau\right]$$

其波形及频谱如图 3-21 所示。可见,调幅信号的频谱等于将 $g_\tau(t)$ 的频谱一分为二,各向左、右移载频 Ω_0,进行了频谱搬移。

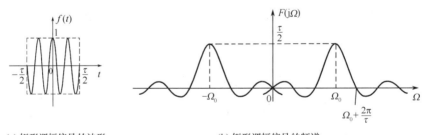

(a) 矩形调幅信号的波形　　　　　　　(b) 矩形调幅信号的频谱

图 3-21　例 3-11 的图

3.3.5 时频展缩特性

若
$$f(t) \longleftrightarrow F(j\Omega)$$

则
$$f(at) \longleftrightarrow \frac{1}{|a|}F\left(j\frac{\Omega}{a}\right) \tag{3-39}$$

其中 a 为非零实常数。

证明:因为 $\mathscr{F}[f(at)] = \int_{-\infty}^{\infty} f(at) \mathrm{e}^{-\mathrm{j}\Omega t} \mathrm{d}t$

令 $x = at$,当 $a > 0$ 时

$$\mathscr{F}[f(at)] = \frac{1}{a} \int_{-\infty}^{\infty} f(x) \mathrm{e}^{-\mathrm{j}\Omega \frac{x}{a}} \mathrm{d}x = \frac{1}{a} F\left(\mathrm{j}\frac{\Omega}{a}\right)$$

当 $a < 0$ 时 $\mathscr{F}[f(at)] = \frac{1}{a} \int_{+\infty}^{-\infty} f(x) \mathrm{e}^{-\mathrm{j}\Omega \frac{x}{a}} \mathrm{d}x = \frac{-1}{a} \int_{-\infty}^{\infty} f(x) \mathrm{e}^{-\mathrm{j}\Omega \frac{x}{a}} \mathrm{d}x = \frac{-1}{a} F\left(\mathrm{j}\frac{\Omega}{a}\right)$

综合上述两种情况,便可得到时频展缩特性表达式为

$$\mathscr{F}[f(at)] = \frac{1}{|a|} F\left(\mathrm{j}\frac{\Omega}{a}\right)$$

该特性表明,信号在时域中以 $1/a$ 的比例压缩相应于在频域中频谱展宽 a 倍而幅度压缩为原来的 $1/a$,即信号脉宽与频宽成反比关系。如果要求信号持续时间缩短,则在频域中必须付出展宽频带的代价,对通信系统的要求也随之提高。

如果对时间信号 $f(t)$ 既有平移又有展缩,即 $f(t)$ 变为 $f(at+b)$ 时,它的频谱函数为

$$f(at+b) \longleftrightarrow \frac{1}{|a|} \mathrm{e}^{\mathrm{j}\Omega\left(\frac{b}{a}\right)} F\left(\mathrm{j}\frac{\Omega}{a}\right) \tag{3-40}$$

显然,时移特性和时频展缩特性都是上式的特殊情况。

如果 $a = -1, b = 0$,则得

$$f(-t) \longleftrightarrow F(-\mathrm{j}\Omega) = F^*(\mathrm{j}\Omega) \tag{3-41}$$

上式中,等式只在 $f(t)$ 为实信号时成立。

【例 3-12】 如已知图 3-22(a)的函数是宽度为 2 的门信号,即 $f_1(t) = g_2(t)$,其傅里叶变换 $F_1(\mathrm{j}\Omega) = 2\mathrm{Sa}(\Omega) = \frac{2\sin\Omega}{\Omega}$,求图 3-22(b)和(c)中函数 $f_2(t)$ 和 $f_3(t)$ 的傅里叶变换。

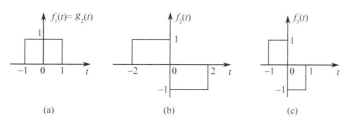

图 3-22 例 3-12 的图

解:(1) 图 3-22(b)中函数 $f_2(t)$ 可表示为时移信号 $f_1(t+1)$ 与 $f_1(t-1)$ 之差,即

$$f_2(t) = f_1(t+1) - f_1(t-1)$$

由傅里叶变换的线性和时移特性可得 $f_2(t)$ 的傅里叶变换

$$F_2(\mathrm{j}\Omega) = F_1(\mathrm{j}\Omega) \mathrm{e}^{\mathrm{j}\Omega} - F_1(\mathrm{j}\Omega) \mathrm{e}^{-\mathrm{j}\Omega} = \frac{2\sin\Omega}{\Omega}(\mathrm{e}^{\mathrm{j}\Omega} - \mathrm{e}^{-\mathrm{j}\Omega}) = \mathrm{j}4\frac{\sin^2(\Omega)}{\Omega}$$

(2) 图 3-22(c)中的函数 $f_3(t)$ 是 $f_2(t)$ 的压缩,可写为

$$f_3(t) = f_2(2t)$$

由时频展缩特性可得

$$F_3(\mathrm{j}\Omega) = \frac{1}{2} F_2\left(\mathrm{j}\frac{\Omega}{2}\right) = \frac{1}{2}\mathrm{j}4 \frac{\sin^2\left(\frac{\Omega}{2}\right)}{\Omega/2} = \mathrm{j}4 \frac{\sin^2\left(\frac{\Omega}{2}\right)}{\Omega}$$

3.3.6 时域微分特性

若
$$f(t) \longleftrightarrow F(j\Omega)$$
则
$$f'(t) \longleftrightarrow j\Omega F(j\Omega) \tag{3-42}$$

证明:因为
$$f(t) = \frac{1}{2\pi} \int_{-\infty}^{\infty} F(j\Omega) e^{j\Omega t} d\Omega$$

两边对 t 求导,得
$$\frac{df(t)}{dt} = \frac{1}{2\pi} \int_{-\infty}^{\infty} [j\Omega F(j\Omega)] e^{j\Omega t} d\Omega$$

所以
$$\mathscr{F}\left[\frac{df(t)}{dt}\right] = j\Omega F(j\Omega)$$

对于时域 n 阶微分,可推广得到
$$f^{(n)}(t) \longleftrightarrow (j\Omega)^n F(j\Omega) \tag{3-43}$$

该特性说明,在时域中对信号 $f(t)$ 取 n 阶导数,相应于频域中的频谱函数 $F(j\Omega)$ 乘以 $(j\Omega)^n$。

【例3-13】 已知图 3-23(a)所示信号的频谱函数为 $F_1(j\Omega) = \tau^2 Sa^2\left(\frac{\Omega\tau}{2}\right)$,求图 3-23(b)所示信号的频谱函数。

解:因为 $\quad f_1(t) \longleftrightarrow \tau^2 Sa^2\left(\frac{\Omega\tau}{2}\right)$

而 $\quad\quad f_2(t) = f_1'(t)$

根据时域微分性质可得

$$f_2(t) \longleftrightarrow F_2(j\Omega) = j\Omega \cdot \tau^2 Sa^2\left(\frac{\Omega\tau}{2}\right)$$

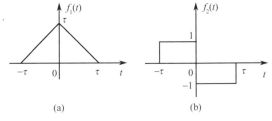

图 3-23 例 3-13 的图

3.3.7 频域微分特性

若
$$f(t) \longleftrightarrow F(j\Omega)$$
则
$$(-jt)f(t) \longleftrightarrow \frac{d}{d\Omega}F(j\Omega) \tag{3-44}$$

证明:因为
$$F(j\Omega) = \int_{-\infty}^{\infty} f(t) e^{-j\Omega t} dt$$

上式两边对 Ω 求导数,得
$$\frac{dF(j\Omega)}{d\Omega} = \int_{-\infty}^{\infty} (-jt)f(t) e^{-j\Omega t} dt$$

根据傅里叶变换的定义可得
$$(-jt)f(t) \longleftrightarrow \frac{dF(j\Omega)}{d\Omega}$$

类似推广可得
$$(-jt)^n f(t) \longleftrightarrow \frac{d^n}{d\Omega^n}F(j\Omega) \tag{3-45}$$

【例3-14】 求 $f(t) = t$ 和 $f(t) = tU(t)$ 的频谱。

解:因为
$$1 \longleftrightarrow 2\pi\delta(\Omega)$$
则
$$t \longleftrightarrow 2\pi j\delta'(\Omega) \tag{3-46}$$

又因
$$U(t) \longleftrightarrow \pi\delta(\Omega) + \frac{1}{j\Omega}$$

则 $$tU(t)\longleftrightarrow j\pi\delta'(\Omega)-\frac{1}{\Omega^2} \tag{3-47}$$

3.3.8 时域积分特性

若 $$f(t)\longleftrightarrow F(j\Omega)$$

则 $$\int_{-\infty}^{t}f(\tau)\,\mathrm{d}\tau\longleftrightarrow\frac{F(j\Omega)}{j\Omega}+\pi F(0)\delta(\Omega) \tag{3-48}$$

特别地,若$\dfrac{F(j\Omega)}{\Omega}$在$\Omega=0$处是有界的(或满足$F(0)=0$,即信号的直流分量为零),则

$$\int_{-\infty}^{t}f(\tau)\,\mathrm{d}\tau\longleftrightarrow\frac{F(j\Omega)}{j\Omega} \tag{3-49}$$

证明:因为 $$y(t)=\int_{-\infty}^{t}f(\tau)\,\mathrm{d}\tau$$

$$Y(j\Omega)=\mathscr{F}\big[y(t)\big]$$

将$y(t)$取导数,得到 $$\frac{\mathrm{d}y(t)}{\mathrm{d}t}=f(t)$$

由微分特性可知 $$j\Omega Y(j\Omega)=F(j\Omega)$$

若$\dfrac{F(j\Omega)}{\Omega}$在$\Omega=0$处是有界的,或者满足$F(0)=0$条件,此时$Y(j\Omega)$中不包含冲激信号$\delta(\Omega)$,这样上式可以表示为

$$Y(j\Omega)=\frac{F(j\Omega)}{j\Omega}$$

即 $$\mathscr{F}\left[\int_{-\infty}^{t}f(\tau)\,\mathrm{d}\tau\right]=\frac{F(j\Omega)}{j\Omega}$$

如果不满足上述条件,$Y(j\Omega)$中必定包含冲激信号$\delta(\Omega)$。在这种情况下,式(3-49)不再成立。由于$\int_{-\infty}^{t}f(\tau)\,\mathrm{d}\tau=f(t)*U(t)$,所以利用3.3.9节的时域卷积定理,很容易证明式(3-49)应改写成一般形式,即

$$\int_{-\infty}^{t}f(\tau)\,\mathrm{d}\tau\longleftrightarrow\frac{F(j\Omega)}{j\Omega}+\pi F(0)\delta(\Omega)$$

【例3-15】 求图3-24(a)所示信号$f(t)$的频谱$F(j\Omega)$。

解:因为$f'(t)=g_1(t)$,如图3-24(b)所示。有

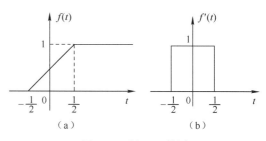

图 3-24　例 3-15 的图

$$f'(t)\longleftrightarrow\mathrm{Sa}\left(\frac{\Omega}{2}\right)=F_1(j\Omega)$$

又因$F_1(0)=1\neq0$,所以

$$F(j\Omega)=\frac{1}{j\Omega}F_1(j\Omega)+\pi F_1(0)\delta(\Omega)=\frac{1}{j\Omega}\mathrm{Sa}\left(\frac{\Omega}{2}\right)+\pi\delta(\Omega)$$

3.3.9 卷积特性(卷积定理)

卷积定理在信号与系统分析中占有重要地位,是应用最广的定理之一,在以后章节的频域分析当中,我们将会认识到这一点。

1. 时域卷积定理

若
$$f_1(t) \longleftrightarrow F_1(j\Omega), \quad f_2(t) \longleftrightarrow F_2(j\Omega)$$

则
$$f_1(t) * f_2(t) \longleftrightarrow F_1(j\Omega) \cdot F_2(j\Omega) \tag{3-50}$$

证明:由卷积的定义有

$$f_1(t) * f_2(t) = \int_{-\infty}^{\infty} f_1(\tau) f_2(t-\tau) \mathrm{d}\tau$$

因此
$$\begin{aligned}
\mathscr{F}[f_1(t) * f_2(t)] &= \int_{-\infty}^{\infty} \left[\int_{-\infty}^{\infty} f_1(\tau) f_2(t-\tau) \mathrm{d}\tau \right] \mathrm{e}^{-\mathrm{j}\Omega t} \mathrm{d}t \\
&= \int_{-\infty}^{\infty} f_1(\tau) \left[\int_{-\infty}^{\infty} f_2(t-\tau) \mathrm{e}^{-\mathrm{j}\Omega t} \mathrm{d}t \right] \mathrm{d}\tau \\
&= \int_{-\infty}^{\infty} f_1(\tau) F_2(j\Omega) \mathrm{e}^{-\mathrm{j}\Omega\tau} \mathrm{d}\tau \\
&= F_2(j\Omega) \int_{-\infty}^{\infty} f_1(\tau) \mathrm{e}^{-\mathrm{j}\Omega\tau} \mathrm{d}\tau
\end{aligned}$$

所以
$$\mathscr{F}[f_1(t) * f_2(t)] = F_1(j\Omega) F_2(j\Omega)$$

式(3-50)称为时域卷积定理,它说明两个时间信号卷积的频谱等于各个时间信号频谱的乘积,即在时域中两信号的卷积等效于在频域中频谱相乘。即把时域的卷积运算简化为频域的代数运算,这也是频域分析的目的所在。

【例 3-16】 求图 3-25 所示信号 $f(t)$ 的频谱 $F(j\Omega)$。

解:因为
$$f(t) = g_\tau(t) * g_\tau(t)$$
$$g_\tau(t) \longleftrightarrow \tau \mathrm{Sa}\left(\frac{\Omega\tau}{2}\right)$$

所以
$$F(j\Omega) = \left[\tau \mathrm{Sa}\left(\frac{\Omega\tau}{2}\right) \right]^2$$

与例 3-13 的结果相同。

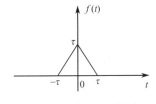

图 3-25 例 3-16 的图

【例 3-17】 求图 3-26 所示信号 $f(t)$ 的频谱 $F(j\Omega)$。

解:因为 $f(t) = g_2(t) * \delta(t+2) + g_2(t) * \delta(t-2)$

所以
$$\begin{aligned}
F(j\Omega) &= 2\mathrm{Sa}(\Omega) \mathrm{e}^{\mathrm{j}2\Omega} + 2\mathrm{Sa}(\Omega) \mathrm{e}^{-\mathrm{j}2\Omega} \\
&= 4\cos2\Omega \cdot \mathrm{Sa}(\Omega)
\end{aligned}$$

2. 频域卷积定理

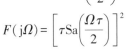

图 3-26 例 3-17 的图

若
$$f_1(t) \longleftrightarrow F_1(j\Omega), \quad f_2(t) \longleftrightarrow F_2(j\Omega)$$

则
$$f_1(t) \cdot f_2(t) \longleftrightarrow \frac{1}{2\pi} [F_1(j\Omega) * F_2(j\Omega)] \tag{3-51}$$

证明：
$$\mathscr{F}[f_1(t) \cdot f_2(t)] = \int_{-\infty}^{\infty} f_1(t) \cdot f_2(t) e^{-j\Omega t} dt$$

$$= \int_{-\infty}^{\infty} \left[\frac{1}{2\pi} \int_{-\infty}^{\infty} F_1(j\lambda) e^{j\lambda t} d\lambda \right] f_2(t) e^{-j\Omega t} dt$$

$$= \frac{1}{2\pi} \int_{-\infty}^{\infty} F_1(j\lambda) \left[\int_{-\infty}^{\infty} f_2(t) e^{-j(\Omega-\lambda)t} dt \right] d\lambda$$

$$= \frac{1}{2\pi} \int_{-\infty}^{\infty} F_1(j\lambda) F_2[j(\Omega-\lambda)] d\lambda$$

$$= \frac{1}{2\pi} [F_1(j\Omega) * F_2(j\Omega)]$$

式(3-51)称为频域卷积定理，它说明两时间信号频谱的卷积等效于两信号的时域相乘。显然时域与频域卷积定理是对称的，这是由傅里叶变换的对称性所决定的。

【例 3-18】 求图 3-27 所示信号的频谱 $F(j\Omega)$。其中，$f(t) = (1+\cos\pi t)g_2(t)$，式中 $g_2(t)$ 是宽度为 2 的门信号。

解：因为 $\quad g_2(t) \longleftrightarrow 2\mathrm{Sa}(\Omega), \quad 1 \longleftrightarrow 2\pi\delta(\Omega)$

$$\cos\pi t \longleftrightarrow \pi[\delta(\Omega-\pi)+\delta(\Omega+\pi)]$$

所以 $F(j\Omega) = \dfrac{1}{2\pi}\{2\mathrm{Sa}(\Omega) * [2\pi\delta(\Omega)+\pi\delta(\Omega-\pi)+\pi\delta(\Omega+\pi)]\}$

$$= 2\mathrm{Sa}(\Omega) + \mathrm{Sa}(\Omega-\pi) + \mathrm{Sa}(\Omega+\pi)$$

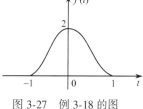

图 3-27 例 3-18 的图

【例 3-19】 求图 3-28 所示信号 $f(t)$ 的频谱 $F(j\Omega)$，其中

$$f(t) = f_1(t) \cdot f_2(t) = f_1(t) \cdot \cos(10\pi t)$$

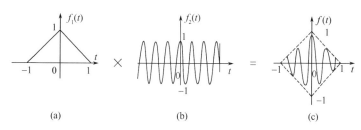

图 3-28 例 3-19 的信号波形

解：由例 3-16 可知

$$f_1(t) = g_1(t) * g_1(t), \qquad g_1(t) \longleftrightarrow \mathrm{Sa}\left(\frac{\Omega}{2}\right)$$

所以 $F(j\Omega) = \dfrac{1}{2\pi}\left\{ \mathrm{Sa}^2\left(\frac{\Omega}{2}\right) * [\pi\delta(\Omega-10\pi)+\pi\delta(\Omega+10\pi)] \right\}$

$$= \frac{1}{2}\mathrm{Sa}^2\left(\frac{\Omega-10\pi}{2}\right) + \frac{1}{2}\mathrm{Sa}^2\left(\frac{\Omega+10\pi}{2}\right)$$

相应的频谱如图 3-29 所示。

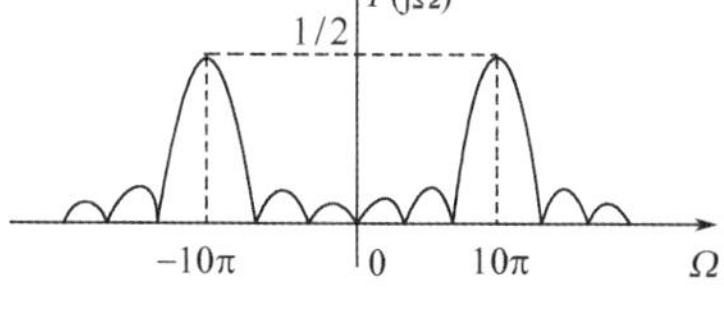

图 3-29 例 3-19 $f(t)$ 的频谱

3.3.10 能量定理(帕斯瓦尔定理)

若 $\qquad\qquad\qquad f(t) \longleftrightarrow F(j\Omega)$

则
$$\int_{-\infty}^{\infty} |f(t)|^2 \mathrm{d}t = \frac{1}{2\pi} \int_{-\infty}^{\infty} |F(\mathrm{j}\Omega)|^2 \mathrm{d}\Omega \tag{3-52}$$

此特性表明,能量有限的非周期信号,能量既可按单位时间内的能量 $|f(t)|^2$ 在整个时间内积分算出,也可按单位频带内的能量 $\dfrac{|F(\mathrm{j}\Omega)|^2}{2\pi}$ 在整个频带范围积分算出。

证明:对能量信号 $0<E<\infty$,有

$$E = \int_{-\infty}^{\infty} |f(t)|^2 \mathrm{d}t = \int_{-\infty}^{\infty} f(t) \left[\frac{1}{2\pi} \int_{-\infty}^{\infty} F(\mathrm{j}\Omega) \mathrm{e}^{\mathrm{j}\Omega t} \mathrm{d}\Omega \right]^* \mathrm{d}t$$

$$= \frac{1}{2\pi} \int_{-\infty}^{\infty} F^*(\mathrm{j}\Omega) \left[\int_{-\infty}^{\infty} f(t) \mathrm{e}^{-\mathrm{j}\Omega t} \mathrm{d}t \right] \mathrm{d}\Omega$$

$$= \frac{1}{2\pi} \int_{-\infty}^{\infty} F^*(\mathrm{j}\Omega) F(\mathrm{j}\Omega) \mathrm{d}\Omega$$

式中,$*$ 表示取复数的共轭。

则
$$E = \int_{-\infty}^{\infty} |f(t)|^2 \mathrm{d}t = \frac{1}{2\pi} \int_{-\infty}^{\infty} |F(\mathrm{j}\Omega)|^2 \mathrm{d}\Omega$$

【例 3-20】 已知 $f(t) = 10\mathrm{e}^{-t} U(t) V$,求 $f(t)$ 所包含的能量。

解:因为
$$E = \int_{-\infty}^{\infty} [f(t)]^2 \mathrm{d}t = \int_{0}^{\infty} (10\mathrm{e}^{-t})^2 \mathrm{d}t = 100 \int_{0}^{\infty} \mathrm{e}^{-2t} \mathrm{d}t = 50\mathrm{J}$$

又因
$$f(t) \longleftrightarrow F(\mathrm{j}\Omega) = \frac{10}{1+\mathrm{j}\Omega}$$

$$|F(\mathrm{j}\Omega)| = F(\Omega) = \frac{10}{\sqrt{1+\Omega^2}}$$

所以
$$E = \frac{1}{2\pi} \int_{-\infty}^{\infty} \frac{100}{1+\Omega^2} \mathrm{d}\Omega = \frac{50}{\pi} [\arctan\Omega] \Big|_{-\infty}^{\infty} = \frac{50}{\pi} \left[\frac{\pi}{2} - \left(-\frac{\pi}{2} \right) \right] = 50\mathrm{J}$$

【例 3-21】 计算积分 $\displaystyle\int_{-\infty}^{\infty} \mathrm{Sa}^2(at) \mathrm{d}t$。

解:因为
$$\mathrm{Sa}(at) \longleftrightarrow F(\mathrm{j}\Omega) = \begin{cases} \dfrac{\pi}{a}, & |\Omega| < a \\ 0, & |\Omega| > a \end{cases}$$

所以
$$\int_{-\infty}^{\infty} \mathrm{Sa}^2(at) \mathrm{d}t = \frac{1}{2\pi} \int_{-a}^{a} \left(\frac{\pi}{a} \right)^2 \mathrm{d}\Omega = \frac{\pi}{a}$$

最后,将傅里叶变换的性质归纳如表 3-1 所示,作为本节的小结。

表 3-1　傅里叶变换的性质

名　称	时域　　　　$f(t) \longleftrightarrow F(\mathrm{j}\Omega)$	频域
定　义	$f(t) = \dfrac{1}{2\pi} \displaystyle\int_{-\infty}^{\infty} F(\mathrm{j}\Omega) \mathrm{e}^{\mathrm{j}\Omega t} \mathrm{d}\Omega$	$F(\mathrm{j}\Omega) = \displaystyle\int_{-\infty}^{\infty} f(t) \mathrm{e}^{-\mathrm{j}\Omega t} \mathrm{d}t$ $F(\mathrm{j}\Omega) = F(\Omega) \mathrm{e}^{\mathrm{j}\varphi(\Omega)} = R(\Omega) + \mathrm{j}X(\Omega)$
线性特性	$a_1 f_1(t) + a_2 f_2(t)$	$a_1 F_1(\mathrm{j}\Omega) + a_2 F_2(\mathrm{j}\Omega)$

名　称	时域	$f(t) \longleftrightarrow F(j\Omega)$	频域
奇偶特性	$f(t)$为实函数		$F(\Omega) = F(-\Omega)$，$\quad \varphi(\Omega) = -\varphi(-\Omega)$ $R(\Omega) = R(-\Omega)$，$\quad X(\Omega) = -X(-\Omega)$ $F(-j\Omega) = F^*(j\Omega)$
		$f(t) = f(-t)$ $f(t) = -f(-t)$	$F(j\Omega) = R(\Omega)$，$\quad X(\Omega) = 0$ $F(j\Omega) = jX(\Omega)$，$\quad R(\Omega) = 0$
	$f(t)$为虚函数		$F(\Omega) = F(-\Omega)$，$\quad \varphi(\Omega) = -\varphi(-\Omega)$ $X(\Omega) = X(-\Omega)$，$\quad R(\Omega) = -R(-\Omega)$ $F(-j\Omega) = -F^*(j\Omega)$
反折特性	$f(-t)$		$F(-j\Omega)$
对称特性	$F(jt)$		$2\pi f(-\Omega)$
时频展缩特性	$f(at)$，$\quad a \neq 0$		$\dfrac{1}{|a|} F\left(j\dfrac{\Omega}{a}\right)$
时移特性	$f(t \pm t_0)$		$e^{\pm j\Omega t_0} F(j\Omega)$
	$f(at-b)$，$\quad a \neq 0$		$\dfrac{1}{|a|} e^{-j\frac{b}{a}\Omega} F\left(j\dfrac{\Omega}{a}\right)$
频移特性	$f(t) e^{\pm j\Omega_0 t}$		$F[j(\Omega \mp \Omega_0)]$
卷积定理	时域	$f_1(t) * f_2(t)$	$F_1(j\Omega) F_2(j\Omega)$
	频域	$f_1(t) \cdot f_2(t)$	$\dfrac{1}{2\pi} F_1(j\Omega) * F_2(j\Omega)$
时域微分	$f^{(n)}(t)$		$(j\Omega)^n F(j\Omega)$
时域积分	$f^{(-1)}(t)$		$\pi F(0)\delta(\Omega) + \dfrac{1}{j\Omega} F(j\Omega)$
频域微分	$(-jt)^n f(t)$		$\dfrac{d^n}{d\Omega^n} F(j\Omega)$
频域积分	$\pi f(0)\delta(t) + \dfrac{1}{-jt} f(t)$		$F^{(-1)}(j\Omega)$

3.4　连续时间系统的频域分析

在信号频谱分析的基础上,本节讨论系统的频域分析。所谓频域分析法是指,把系统的激励和响应关系应用傅里叶变换从时域变换到频域考察,从处理时间变量 t 换成处理频率变量 Ω,通过响应的频谱函数来研究响应的频率结构及系统的功能。下面从系统的角度通过图 3-30 说明系统的频域分析方法。

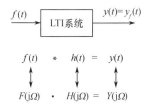

图 3-30　时域和频域分析示意图

3.4.1　从时域分析到频域分析

由第 2 章连续系统的时域分析可知,在零状态下输入信号 $f(t)$,系统的冲激响应 $h(t)$ 和零状态响应满足

$$y_f(t) = f(t) * h(t)$$

将上式两端取傅里叶变换得(设 $y_f(t) \longleftrightarrow Y(j\Omega)$,$f(t) \longleftrightarrow F(j\Omega)$,$h(t) \longleftrightarrow H(j\Omega)$)

$$Y(j\Omega) = F(j\Omega) \cdot H(j\Omega) \tag{3-53}$$

上式便是系统输出和输入在频域中的关系式。由此可见,时域中的卷积运算在频域中转换成了相乘运算。系统的频域分析法,就是利用上式求得输出信号的频谱,经过逆变换可得时域输出信号,或通过对频谱的进一步分析,以揭示系统对输入信号的处理功能。

3.4.2 系统的频率响应

1. 频率响应的定义

式(3-53)中,$H(j\Omega)$将输入信号的频谱与输出信号的频谱联系起来,是频域分析中的重要参数,称之为系统的频率响应,简称频响。将式(3-53)变形为

$$H(j\Omega) = Y(j\Omega)/F(j\Omega) \tag{3-54}$$

即频率响应定义为输出的频谱函数与输入的频谱函数之比。

一般而言,$H(j\Omega)$是一个复函数,将之写作

$$H(j\Omega) = |H(j\Omega)| e^{j\varphi(\Omega)} = H(\Omega) e^{j\varphi(\Omega)} \tag{3-55}$$

其中$H(\Omega)$与$\varphi(\Omega)$都是Ω的实函数。$H(\Omega)$称为系统的幅度(幅频)响应,$\varphi(\Omega)$称为相位(相频)响应。当$h(t)$为实信号时,$H(\Omega)$是Ω的偶函数,$\varphi(\Omega)$是Ω的奇函数。

由前面的讨论可知,频率响应就是单位冲激响应$h(t)$的傅里叶变换,即

$$h(t) \longleftrightarrow H(j\Omega) \tag{3-56}$$

由于冲激响应$h(t)$取决于系统本身,它描述的是系统的时域特性,因此$H(j\Omega)$也同样仅仅取决于系统的结构和参数。系统一旦给定,$H(j\Omega)$也随之确定,系统不同,$H(j\Omega)$也不同,所以$H(j\Omega)$是在频域中表征系统的重要参数。对于由以下微分方程描述的系统:

$$y^{(n)}(t) + a_{n-1} y^{(n-1)}(t) + \cdots + a_0 y(t) = b_m f^{(m)}(t) + b_{m-1} f^{(m-1)}(t) + \cdots + b_0 f(t)$$

其频率响应为

$$H(j\Omega) = \frac{b_m (j\Omega)^m + b_{m-1}(j\Omega)^{m-1} + \cdots + b_0}{(j\Omega)^n + a_{n-1}(j\Omega)^{n-1} + \cdots + a_0} \tag{3-57}$$

2. 频率响应的物理意义

下面通过研究单频指数信号$e^{j\Omega_0 t}$通过系统产生的响应,来讨论频率响应$H(j\Omega)$的物理意义。

考虑信号$f(t) = e^{j\Omega_0 t}$,使其通过频率响应为$H(j\Omega)$的系统,产生的响应为$y(t)$,并设$y(t) \longleftrightarrow Y(j\Omega)$。利用傅里叶变换的频移特性,易知$f(t)$的频谱为$F(j\Omega) = 2\pi\delta(\Omega - \Omega_0)$。可见$f(t)$是单频信号,它只含有频率为$\Omega_0$的分量。根据频域分析可知,

$$Y(j\Omega) = F(j\Omega)H(j\Omega) = 2\pi\delta(\Omega - \Omega_0)H(j\Omega) = 2\pi\delta(\Omega - \Omega_0)H(j\Omega_0)$$

取傅里叶逆变换可得
$$y(t) = H(j\Omega_0)e^{j\Omega_0 t} = |H(j\Omega_0)| e^{j[\Omega_0 t + \varphi(\Omega_0)]} \tag{3-58}$$

上式表明,输出信号也是只含有频率为Ω_0的单频信号,与输入信号相比,只是"幅度"和"相位"不同而已。这个"幅度"和"相位"的变化取决于$H(j\Omega)$在Ω_0处的值。由于$H(j\Omega)$在不同频率处的值不尽相同,因此频率响应表征了系统对于不同频率的输入引起的响应的差异;另外,式(3-58)还表明,信号通过LTI系统后,既不会增加新的频率分量,也不会丢失既有的频率分量(产生新频率分量的是非线性系统),只是各频率分量的相对大小发生了变化,改变的原因就在于频率响应。这样,信号经过系统以后,其频谱结构就被改变了。从广义的角度而言,一个LTI系统就是一个"滤波"系统,$H(j\Omega)$则是描述系统这种"滤波"功能的参量。在信号处

理实践中,可以通过设计系统的频响特性,来达到滤除或保留输入信号中指定的频率分量的目的。因此在系统设计中,$H(\mathrm{j}\Omega)$是非常重要的参数与指标。

3.4.3 系统频域分析法举例

【例 3-22】 已知一阶因果系统的微分方程为:$y'(t)+2y(t)=f(t)$,若激励函数$f(t)=1+2\cos 2t$,求系统的响应。

解:设$f(t)\longleftrightarrow F(\mathrm{j}\Omega)$,$y(t)\longleftrightarrow y(\mathrm{j}\Omega)$,对微分方程两边取傅里叶变换,得

$$\mathrm{j}\Omega Y(\mathrm{j}\Omega)+2Y(\mathrm{j}\Omega)=F(\mathrm{j}\Omega)$$

可得系统的频率响应为

$$H(\mathrm{j}\Omega)=\frac{Y(\mathrm{j}\Omega)}{F(\mathrm{j}\Omega)}=\frac{1}{\mathrm{j}\Omega+2}$$

由于

$$f(t)=1+2\cos 2t=\mathrm{e}^{\mathrm{j}0t}+\mathrm{e}^{\mathrm{j}2t}+\mathrm{e}^{-\mathrm{j}2t}$$

利用系统的线性和式(3-58),响应$y(t)$可以表示为

$$y(t)=H(\mathrm{j}0)\mathrm{e}^{\mathrm{j}0t}+H(\mathrm{j}2)\mathrm{e}^{\mathrm{j}2t}+H(-\mathrm{j}2)\mathrm{e}^{-\mathrm{j}2t}$$

其中

$$H(\mathrm{j}0)=\frac{1}{2},\quad H(\mathrm{j}2)=\frac{1}{\mathrm{j}2+2}=\frac{1}{2\sqrt{2}}\mathrm{e}^{-\mathrm{j}\frac{\pi}{4}},\quad H(-\mathrm{j}2)=\frac{1}{-\mathrm{j}2+2}=\frac{1}{2\sqrt{2}}\mathrm{e}^{\mathrm{j}\frac{\pi}{4}}$$

则

$$\begin{aligned}y(t)&=\frac{1}{2}\mathrm{e}^{\mathrm{j}0t}+\frac{1}{2\sqrt{2}}\mathrm{e}^{-\mathrm{j}\frac{\pi}{4}}\mathrm{e}^{\mathrm{j}2t}+\frac{1}{2\sqrt{2}}\mathrm{e}^{\mathrm{j}\frac{\pi}{4}}\mathrm{e}^{-\mathrm{j}2t}\\&=\frac{1}{2}+\frac{1}{2\sqrt{2}}\left[\mathrm{e}^{\mathrm{j}\left(2t-\frac{\pi}{4}\right)}+\mathrm{e}^{-\mathrm{j}\left(2t-\frac{\pi}{4}\right)}\right]=\frac{1}{2}+\frac{1}{\sqrt{2}}\cos\left(2t-\frac{\pi}{4}\right)\end{aligned}$$

根据例 3-22 可以得到如下的一般结论:

频率响应为$H(\mathrm{j}\Omega)$的系统,当输入为$f(t)=A\cos(\Omega_0t+\theta)$时,输出为

$$y(t)=A\left|H(\mathrm{j}\Omega_0)\right|\cos(\Omega_0t+\theta+\varphi_0)\tag{3-59}$$

其中φ_0为系统在$\Omega=\Omega_0$处的相位响应,即

$$H(\mathrm{j}\Omega_0)=\left|H(\mathrm{j}\Omega_0)\right|\mathrm{e}^{\mathrm{j}\varphi_0}$$

类似地,若输入$f(t)=A\sin(\Omega_0t+\theta)$,则输出$y(t)=A\left|H(\mathrm{j}\Omega_0)\right|\sin(\Omega_0t+\theta+\varphi_0)$。

【例 3-23】 如图 3-31 所示系统,已知$f_1(t)=\dfrac{\sin 2t}{t}$,$f_2(t)=\cos 3t$,$H(\mathrm{j}\Omega)=\begin{cases}1, & |\Omega|<3\mathrm{rad/s}\\0, & |\Omega|>3\mathrm{rad/s}\end{cases}$,求输出$y(t)$。

解:设$f_1(t)\longleftrightarrow F_1(\mathrm{j}\Omega)$,$f_2(t)\longleftrightarrow F_2(\mathrm{j}\Omega)$,$x(t)\longleftrightarrow X(\mathrm{j}\Omega)$,易知

$$F_2(\mathrm{j}\Omega)=\pi[\delta(\Omega+3)+\delta(\Omega-3)]$$

首先,利用对称性可得

$$f_1(t)=\frac{\sin 2t}{t}\longleftrightarrow F_1(\mathrm{j}\Omega)=\pi g_4(\Omega)$$

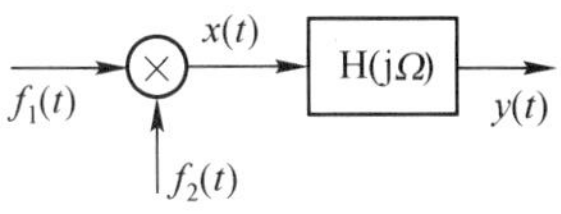

图 3-31 例 3-23 的图

其次,根据频域卷积定理

$$\begin{aligned}X(\mathrm{j}\Omega)&=\frac{1}{2\pi}F_1(\mathrm{j}\Omega)*F_2(\mathrm{j}\Omega)=\frac{1}{2\pi}\pi g_4(\Omega)*\pi[\delta(\Omega+3)+\delta(\Omega-3)]\\&=\frac{\pi}{2}[g_4(\Omega+3)+g_4(\Omega-3)]\end{aligned}$$

所以 $Y(\mathrm{j}\Omega)=X(\mathrm{j}\Omega)H(\mathrm{j}\Omega)=\dfrac{\pi}{2}\left[g_4(\Omega+3)+g_4(\Omega-3)\right]\cdot g_6(\Omega)$

$$=\frac{\pi}{2}\left[g_2(\Omega+2)+g_2(\Omega-2)\right]=\frac{\pi}{2}\left[g_6(\Omega)-g_2(\Omega)\right]$$

(注:此计算结果可借助画图得到)

参照 $f_1(t)$ 的频谱,知 $\dfrac{\sin3t}{t}\longleftrightarrow\pi g_6(\Omega)$, $\dfrac{\sin t}{t}\longleftrightarrow\pi g_2(\Omega)$,所以

$$y(t)=\frac{1}{2}\left(\frac{\sin3t}{t}-\frac{\sin t}{t}\right)=\frac{\sin t}{t}\cos2t$$

【例 3-24】 某 LTI 系统的频率响应为 $H(\mathrm{j}\Omega)=\begin{cases}1, & |\Omega|<3\mathrm{rad/s}\\0, & |\Omega|>3\mathrm{rad/s}\end{cases}$,若系统激励 $f(t)=\sum\limits_{n=-\infty}^{\infty}\dfrac{1}{2}\mathrm{e}^{\mathrm{j}\frac{\pi n}{2}}\mathrm{e}^{\mathrm{j}n\Omega_0 t}$,其中 $\Omega_0=2\mathrm{rad/s}$,求系统的响应 $y(t)$ 。

解: 由 $f(t)$ 的表达式可知,输入信号是周期信号,且表达式即为该信号的指数型傅里叶级数,有 $F_n=\dfrac{1}{2}\mathrm{e}^{\mathrm{j}\frac{\pi n}{2}}$,基波频率 $\Omega_0=2\mathrm{rad/s}$,可得 $f(t)=\sum\limits_{n=-\infty}^{\infty}F_n\mathrm{e}^{\mathrm{j}n\Omega_0 t}$ 。

因为 $\mathrm{e}^{\mathrm{j}n\Omega_0 t}$ 引起的响应为 $H(\mathrm{j}n\Omega_0)\mathrm{e}^{\mathrm{j}n\Omega_0 t}$ (见式(3-58)),利用系统的线性性质,可知

$$y(t)=\sum_{n=-\infty}^{\infty}F_n H(jn\Omega_0)\mathrm{e}^{\mathrm{j}n\Omega_0 t}$$

考虑到 $H(\mathrm{j}\Omega)=g_6(\Omega)$,以及 $\Omega_0=2$,显然 $H(jn\Omega_0)$ 只在 $n=0,\pm1$ 时不为零,故

$$y(t)=F_{-1}H(-\mathrm{j}2)\mathrm{e}^{-\mathrm{j}2t}+F_0 H(\mathrm{j}0)\mathrm{e}^{\mathrm{j}0}+F_1 H(\mathrm{j}2)\mathrm{e}^{\mathrm{j}2t}$$

$$=\frac{1}{2}\mathrm{e}^{-\mathrm{j}\frac{\pi}{2}}\mathrm{e}^{-\mathrm{j}2t}+\frac{1}{2}+\frac{1}{2}\mathrm{e}^{\mathrm{j}\frac{\pi}{2}}\mathrm{e}^{\mathrm{j}2t}=\frac{1}{2}-\sin2t$$

3.5 连续系统频域分析应用举例

在通信系统的分析和设计中,傅里叶分析是非常重要的工具。可以说通信系统的发展处处都有着傅里叶变换的运用。本节只举出几个最简单的应用例子,来讨论傅里叶分析(频域分析法)在其中的应用。

3.5.1 无失真传输系统

通信系统的主要任务就是有效而可靠地传输信号。所谓无失真传输是指响应信号的波形是激励信号的精确再现,即响应信号和激励信号的波形完全一致,各点的瞬时值可以相差一个比例常数。同时,通过系统的信号不可避免地会发生时延,无失真传输要求时延是常数。在实际系统中,如果本来就是利用系统进行波形变换的,那么这种失真是我们所需要的。但在许多情况下则希望信号经过系统后尽可能实现无失真传输。下面讨论一个无失真传输系统应该满足的条件。

设激励信号为 $f(t)$,响应为 $y(t)$,无失真传输的条件为

$$y(t)=kf(t-t_0) \tag{3-60}$$

其中 k 为常数, t_0 为延迟时间。

从频域角度来分析,对式(3-60)取傅里叶变换,并设

$$y(t) \longleftrightarrow Y(j\Omega), \quad f(t) \longleftrightarrow F(j\Omega)$$

有
$$Y(j\Omega) = kF(j\Omega)e^{-j\Omega t_0} \tag{3-61}$$

从系统角度考虑,又有

$$Y(j\Omega) = H(j\Omega) \cdot F(j\Omega) \tag{3-62}$$

对照式(3-61)和式(3-62)可得

$$H(j\Omega) = ke^{-j\Omega t_0} \tag{3-63}$$

这就是说,为了实现无失真传输,该系统的系统函数 $H(j\Omega)$ 必须具有式(3-63)的形式,此即无失真传输系统的条件。它表明在全部频率范围内系统必须具有的幅频特性和相频特性为

$$\left.\begin{array}{l} H(\Omega) = k \\ \varphi(\Omega) = -\Omega t_0 \end{array}\right\} \tag{3-64}$$

即可实现无失真传输。系统函数的幅频特性是一个常数,相频特性与频率成正比,是通过原点的一条直线,斜率为 $-t_0$。无失真传输系统的频率特性曲线如图 3-32 所示。

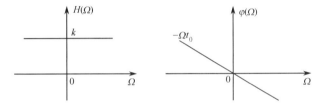

图 3-32　无失真传输系统的幅频特性和相频特性曲线

　　为了达到无失真传输,在理论上要求系统在整个频率范围内都满足无失真传输条件。但是由于可实现性的限制,实际上不可能构成这样的系统。实际的系统只要在所需要的带宽中满足无失真条件就可以了。

3.5.2　理想低通滤波器

　　理想低通滤波器是具有这样功能的系统,即低于某一频率 Ω_c 的所有信号能无失真地通过(这个频率范围称为通带),高于 Ω_c 的信号(这个频率范围称为阻带)则完全阻塞,Ω_c 称为截止频率。可见,理想低通滤波器在通带内是一个无失真传输系统。因此,理想低通滤波器的系统函数应为

$$H(j\Omega) = \begin{cases} 1 \times e^{-j\Omega t_0}, & |\Omega| < \Omega_c \\ 0, & |\Omega| > \Omega_c \end{cases} \tag{3-65}$$

其波形如图 3-33 所示。

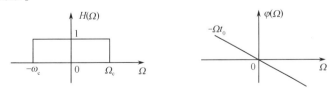

图 3-33　理想低通滤波器的频响特性曲线

　　因为系统的冲激响应与系统函数为一对傅氏变换对,所以理想低通滤波器的冲激响应为

$$h(t) = \mathscr{F}^{-1}[H(j\Omega)] = \mathscr{F}^{-1}[g_{2\Omega_c}(\Omega) \cdot e^{-j\Omega t_0}] = \frac{\Omega_c}{\pi} \mathrm{Sa}[\Omega_c(t-t_0)]$$

其波形如图 3-34 所示。

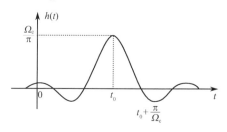

由此可见，与输入信号相比，$h(t)$ 产生了严重失真。这是因为 $\delta(t)$ 的频带为无限宽而理想低通滤波器通带为 Ω_c，经过理想低通后，它必然对信号波形产生影响，即高于 Ω_c 的频率分量都衰减为零。若 Ω_c 增大，$h(t)$ 峰值增加，脉宽变窄，当 $\Omega_c \longrightarrow \infty$ 时，可以实现无失真传输，但系统已不是理想低通滤波器了。从图 3-34 中我们还可以看到，虽然 $\delta(t)$ 作用于 $t=0$，但

图 3-34   理想低通滤波器的 $h(t)$

$h(t)$ 在 $t<0$ 就有响应，显然是违背因果关系的，所以理想低通滤波器是物理上无法实现的。

一般说来，就时间特性而言，一个物理可实现系统的冲激响应 $h(t)$ 必须是因果的。而从频率特性来看，物理可实现系统的频率响应 $H(j\Omega)$ 必须满足以下条件：

$$(1) \int_{-\infty}^{\infty} \frac{|\ln|H(j\Omega)||}{1+\Omega^2} d\Omega < \infty \qquad (2) \int_{-\infty}^{\infty} |H(j\Omega)|^2 d\Omega < \infty$$

此条件称为佩利-维纳(Paley-Wiener)准则。由(1)式可知，幅度响应在某一频带内为零的系统是不可物理实现的。依此原理也可以判定理想低通滤波器在物理上是不可实现的。

理想低通滤波器的阶跃响应也可以用频域分析法求出，在此不做详细讨论，请参阅相关书籍。

虽然理想低通滤波器物理不可实现，但它的特性与实际滤波器相类似，对于实际系统具有指导意义。如 RC 积分电路、RLC 串联电路等就可组成实际的低通滤波器。除了低通滤波器外，其他常见的滤波器类型有：高通滤波器、带通滤波器、带阻滤波器和全通滤波器。关于各种滤波器电路的分析和设计将在后续课程中研究。

3.5.3   调制与解调

调制就是用一个信号去控制另一个信号的某一参数的过程。没有适当的调制，电子通信是根本无法实现的。无线电通信是用空间辐射方式传送信号的。比如要传送语音信号，将语音信号作为调制信号，通过调制，把它所携带的信息通过频率高得多的载波信号辐射出去，到了接收端后再通过解调，从已经调制的载波信号中把信息恢复出来。另一方面，通过调制将所传送的信号以不同频率传送，可以在同一信道传送多路信号而互不干扰。当然，调制还可在其他技术领域中应用。下面，利用频域分析来分析幅度调制与解调的原理。

设 $f(t)$ 为待传输的信号，$s(t) = \cos\Omega_0 t$ 为载波信号，Ω_0 为载波频率，则发送端的调幅信号为

$$y(t) = f(t) \cdot \cos\Omega_0 t$$

设 $y(t) \longleftrightarrow Y(j\Omega)$，$f(t) \longleftrightarrow F(j\Omega)$，则有

$$Y(j\Omega) = \frac{1}{2\pi} F(j\Omega) * \pi[\delta(\Omega+\Omega_0) + \delta(\Omega-\Omega_0)]$$

$$= \frac{1}{2}\{F[j(\Omega+\Omega_0)] + F[j(\Omega-\Omega_0)]\} \tag{3-66}$$

幅度调制的方框图及频谱变换关系如图 3-35 所示。

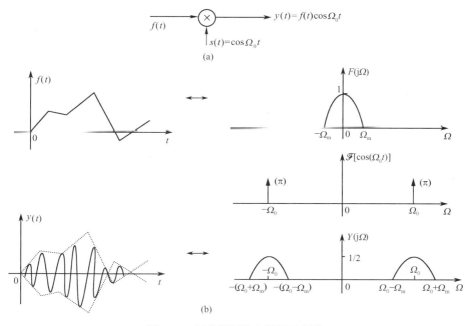

图 3-35　幅度调制的方框图及频谱

由图 3-35(b)可见,原信号的频谱 $F(\mathrm{j}\Omega)$ 经过调制被搬移至 $\pm\Omega_0$ 处,即所需的高频范围内,成为已调的高频信号,很容易以电磁波形式辐射。

由已调制信号 $y(t)$ 恢复至原始信号 $f(t)$ 的过程称为解调。图 3-36(a)所示为同步解调的方框图。由图 3-36 可得

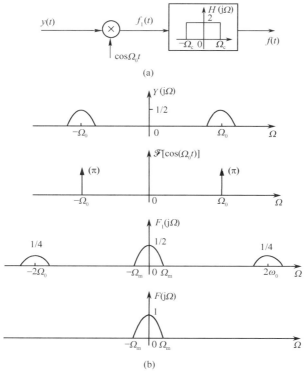

图 3-36　同步解调的方框图及频谱

$$f_1(t) = y(t)\cos\Omega_0 t = f(t) \cdot \cos^2\Omega_0 t = \frac{1}{2}f(t)(1+\cos2\Omega_0 t)$$

设 $f_1(t) \longleftrightarrow F_1(j\Omega)$，则有

$$F_1(j\Omega) = \frac{1}{2}F(j\Omega) + \frac{1}{2} \cdot \frac{1}{2\pi}F(j\Omega) * \pi[\delta(\Omega+2\Omega_0)+\delta(\Omega-2\Omega_0)]$$

$$= \frac{1}{2}F(j\Omega) + \frac{1}{4}\{F[j(\Omega+2\Omega_0)]+F[j(\Omega-2\Omega_0)]\} \tag{3-67}$$

其频谱如图 3-36(b)所示。由此可知，$F_1(j\Omega)$ 中果然包含原信号 $f(t)$ 的全部信息 $F(j\Omega)$，此外，还有附加的高频分量。这时，在 $f_1(t)$ 后接一个低通滤波器，假设低通滤波器的幅频特性如图 3-36(a)所示，就能使 Ω_m 以下的频率分量通过而抑制大于 Ω_m 的信号，从而滤除多余的高频信号，达到恢复调制信号 $f(t)$，完成解调的目的。当然，此时截止频率 Ω_c 应满足 $\Omega_m < \Omega_c < 2\Omega_0 - \Omega_m$。

3.6 抽样及抽样定理

抽样(也称取样、采样)技术已广泛应用在各种技术领域中。对于模拟信号，我们并不需要无限多个连续的时间点上的瞬时值来决定其变化规律，而只需要各个等间隔点上的离散的抽样值就够了，也就是将连续信号进行抽样变成离散的脉冲序列，即所谓的抽样信号。抽样信号中包含有原信号的所有信息。在一定条件下，从抽样信号中可完整地恢复原来的信号。下面就讨论信号的抽样和信号的恢复，利用频域分析方法，可以很清楚地看到这一过程。

3.6.1 信号的抽样

若 $P_T(t)$ 为脉宽为 τ 的矩形脉冲序列，其幅度为 1，周期为 T_s。使信号 $f(t)$ 与 $P_T(t)$ 相乘，即为对 $f(t)$ 进行抽样，输出信号用 $f_s(t)$ 表示，称为抽样信号，即

$$f_s(t) = f(t) \cdot P_T(t) \tag{3-68}$$

图 3-37 所示是抽样系统及抽样信号的时域描述。

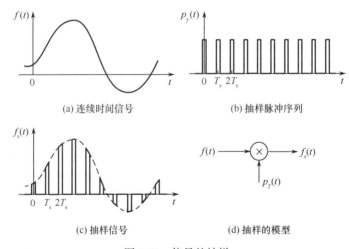

(a) 连续时间信号　　　　　　　(b) 抽样脉冲序列

(c) 抽样信号　　　　　　　(d) 抽样的模型

图 3-37　信号的抽样

若矩形脉冲序列换成周期为 T_s 的冲激函数序列 $\delta_{T_s}(t)$，这种抽样就称为冲激抽样或理想抽样。此时抽样信号为

$$f_s(t) = f(t) \cdot \delta_{T_s}(t) = f(t) \cdot \sum_{n=-\infty}^{\infty} \delta(t - nT_s) = \sum_{n=-\infty}^{\infty} f(nT_s)\delta(t - nT_s) \tag{3-69}$$

即抽样信号是由一系列冲激信号构成的，每个冲激间隔 T_s，其强度等于连续信号 $f(t)$ 的抽样值 $f(nT_s)$。若设 $f(t) \longleftrightarrow F(j\Omega)$，可以得到抽样信号的频谱函数为

$$F_s(j\Omega) = \frac{1}{2\pi} F(j\Omega) * \mathscr{F}\left[\delta_{T_s}(t)\right]$$

由前面所讨论过的 $\delta_T(t)$ 的傅里叶变换有

$$\mathscr{F}\left[\delta_{T_s}(t)\right] = \Omega_s \sum_{n=-\infty}^{\infty} \delta(\Omega - n\Omega_s)$$

式中，$\Omega_s = 2\pi / T_s$。所以有

$$F_s(j\Omega) = \frac{1}{2\pi} F(j\Omega) * \Omega_s \sum_{n=-\infty}^{\infty} \delta(\Omega - n\Omega_s) = \frac{\Omega_s}{2\pi} \sum_{n=-\infty}^{\infty} F[j(\Omega - n\Omega_s)]$$

$$= \frac{1}{T_s} \sum_{n=-\infty}^{\infty} F[j(\Omega - n\Omega_s)] \tag{3-70}$$

冲激抽样信号及抽样信号的频谱如图 3-38 所示。

由图 3-38 可知，抽样信号 $f_s(t)$ 的频谱由原信号频谱 $F(j\Omega)$ 的无限个频移项组成，频移的角频率为 $n\Omega_s (n = 0, \pm 1, \pm 2, \cdots)$，其幅值为原频谱的 $1/T_s$。

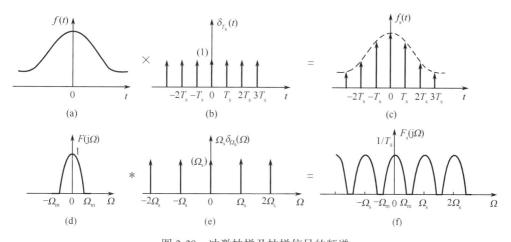

图 3-38　冲激抽样及抽样信号的频谱

不过，能画出图 3-38(f) 中所示的抽样信号的频谱应该是在一定限制条件下才有的结果。这个限制条件是

$$\Omega_s \geqslant 2\Omega_m \quad 或 \quad T_s \leqslant \frac{1}{2f_m} \tag{3-71}$$

只有满足这个条件，各相邻频移才不会发生混叠，如图 3-39 所示。

可见，若想从抽样信号的频谱 $F_s(j\Omega)$ 中得到原信号的频谱 $F(j\Omega)$，即从抽样信号 $f_s(t)$ 中恢复原信号 $f(t)$，必须满足式 (3-71) 的条件，使抽样信号的频谱不发生混叠。

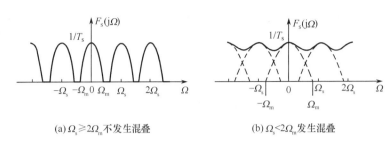

(a) $\Omega_s \geqslant 2\Omega_m$ 不发生混叠　　　(b) $\Omega_s < 2\Omega_m$ 发生混叠

图 3-39　混叠现象

3.6.2　时域抽样定理

我们仍接着讨论冲激抽样。由前面的讨论可知,抽样信号中包含有原信号的所有信息,这从频谱关系看得很清楚。在满足 $\Omega_s \geqslant 2\Omega_m$ 的条件下,使 $f_s(t)$ 通过一个增益(幅度)为 T_s 的理想低通滤波器,把所有的高频分量滤去,仅留下原信号的频谱 $F(j\Omega)$ 就可以达到恢复出原信号 $f(t)$ 的目的。为此,设理想低通滤波器的系统函数为

$$H(j\Omega) = \begin{cases} T_s, & |\Omega| < \Omega_c \\ 0, & |\Omega| > \Omega_c \end{cases} \tag{3-72}$$

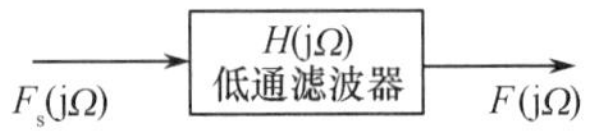

其中截止角频率 Ω_c 应满足

$$\Omega_m < \Omega_c \leqslant \Omega_s - \Omega_m \tag{3-73}$$

图 3-40　从抽样信号恢复原信号的频谱变换示意

这一信号的频谱变换过程如图 3-40 所示。

从频域的角度分析,可知

$$F(j\Omega) = F_s(j\Omega) \cdot H(j\Omega) \tag{3-74}$$

从时域角度分析,有

$$f(t) = f_s(t) * h(t) \tag{3-75}$$

因为

$$h(t) = \mathscr{F}^{-1}\left[H(j\Omega)\right] = T_s \cdot \frac{\Omega_c}{\pi} \mathrm{Sa}(\Omega_c t) \tag{3-76}$$

而

$$f_s(t) = \sum_{n=-\infty}^{\infty} f(nT_s)\delta(t - nT_s)$$

所以有

$$f(t) = \sum_{n=-\infty}^{\infty} f(nT_s)\delta(t - nT_s) * \left[T_s \cdot \frac{\Omega_c}{\pi} \mathrm{Sa}(\Omega_c t)\right]$$

$$= \sum_{n=-\infty}^{\infty} \frac{T_s\Omega_c}{\pi} f(nT_s)\mathrm{Sa}\left[\Omega_c(t - nT_s)\right] \tag{3-77}$$

式(3-77)表明,原信号 $f(t)$ 可表示为无穷个抽样函数(Sa 函数)的线性组合,Sa 函数的峰值由 $f(nT_s)$ 决定。从抽样信号恢复出原信号的时域、频域关系如图 3-41 所示。

由上述讨论,可以总结出重要的时域抽样定理:一个频带受限的信号 $f(t)$(即信号 $f(t)$ 在区间 $-\Omega_m \sim +\Omega_m$ 的范围内频谱为非零值,在此区间之外的区域为零),可唯一地由其均匀间隔的抽样值确定,当且仅当抽样频率满足 $\Omega_s \geqslant 2\Omega_m$(或 $f_s \geqslant 2f_m$),或者说抽样周期满足 $T_s \leqslant \dfrac{1}{2f_m}$ 时。不满足时域抽样定理时,频域中会产生混叠,就不能恢复信号 $f(t)$。通常将最低允许抽样频率 $f_s = 2f_m$ 称为奈奎斯特频率,把最大允许抽样间隔 $T_s = \dfrac{1}{2f_m}$ 称为奈奎斯特间隔。

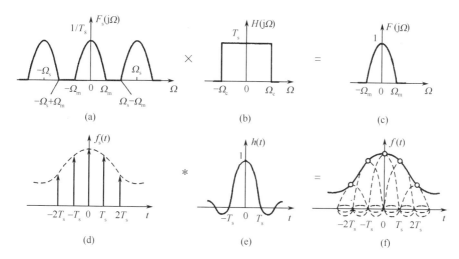

图 3-41　由抽样信号恢复连续信号 $(\Omega_c = \Omega_s/2)$

需要说明的是,除了时域抽样定理之外,还有频域抽样定理与时域抽样定理相对称。在此就不再讨论了,读者可参阅相关书籍。

【例 3-25】　已知一个信号处理系统如图 3-42(a)所示,其中 $f(t) = \dfrac{\Omega_m}{\pi} \mathrm{Sa}(\Omega_m t)$,

$\delta_T(t) = \displaystyle\sum_{n=-\infty}^{\infty} \delta(t - nT)$, $H_1(\mathrm{j}\Omega)$ 的波形如图 3-42(b)所示,试求:

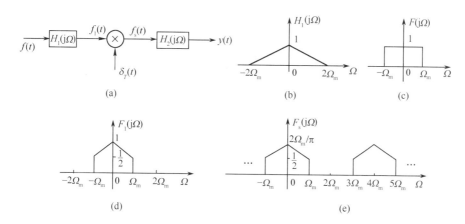

图 3-42　例 3-25 的图

(1) $f_1(t)$ 的频谱;

(2) 欲使 $f_s(t)$ 包含 $f_1(t)$ 的全部信息,最大采样间隔 T_s 应为多大?

(3) 若以 $2\Omega_s$(Ω_s 为奈奎斯特角频率)进行采样,欲使 $y(t) = f_1(t)$,理想低通滤波器 $H_2(\mathrm{j}\Omega)$ 的截止频率 Ω_c 的取值范围。

解:(1) 因为 $g_\tau(t) \longleftrightarrow \tau \mathrm{Sa}\left(\dfrac{\Omega\tau}{2}\right)$,根据对称性可得信号 $f(t)$ 的频谱函数为

$$F(\mathrm{j}\Omega) = g_{2\Omega_m}(\Omega)$$

其波形如图 3-42(c)所示。

设 $f_1(t) \longleftrightarrow F_1(j\Omega)$，则由系统可知

$$F_1(j\Omega) = H_1(j\Omega)F(j\Omega)$$

其波形如图 3-42(d)所示。

（2）由系统可知，$f_1(t)$ 经冲激抽样得到抽样信号 $f_s(t)$，欲使 $f_s(t)$ 包含 $f(t)$ 的全部信息，则需满足时域抽样定理，即抽样间隔 $T_s \leqslant \dfrac{1}{2f_m} = \dfrac{\pi}{\Omega_m}$，其中 Ω_m 为 $F_1(j\Omega)$ 的带宽，所以最大采样间隔 $T_s = \pi/\Omega_m$。

（3）由时域抽样定理得奈奎斯特频率 $f_s = 2f_m$ 或 $\Omega_s = 2\Omega_m$。现在以 $2\Omega_s$ 进行抽样，满足抽样频率大于 $2\Omega_m$ 的条件，即现在的抽样频率为 $2\Omega_s = 4\Omega_m$。所以得到抽样信号 $f_s(t)$ 的频谱函数为

$$\begin{aligned}
F_s(j\Omega) &= \frac{1}{2\pi}F_1(j\Omega) * \mathscr{F}\left[\delta_T(t)\right] \\
&= \frac{1}{2\pi}F_1(j\Omega) * \left[4\Omega_m \sum_{n=-\infty}^{\infty} \delta(\Omega - n4\Omega_m)\right] \\
&= \frac{2\Omega_m}{\pi} \sum_{n=-\infty}^{\infty} F_1\left[j(\Omega - n4\Omega_m)\right]
\end{aligned}$$

即 $f_s(t)$ 的频谱是 $F_1(j\Omega)$ 的周期延拓，每隔 $4\Omega_m$ 出现一次。$F_s(j\Omega)$ 如图 3-42(e)所示。可见，要从 $f_s(t)$ 中恢复出 $f_1(t)$，则 $H_2(j\Omega)$ 必须是一理想低通滤波器，它将频率小于 Ω_m 的信号分量通过，频率大于 Ω_m 的信号分量滤掉。由 $F_s(j\Omega)$ 的频谱可得 $H_2(j\Omega)$ 的截止频率 Ω_c 应满足 $\Omega_m < \Omega_c \leqslant 3\Omega_m$。

3.7　MATLAB 应用举例

3.7.1　周期信号的分解与合成

利用 MATLAB 中计算定积分的函数 quad 或 quadv，可以方便地计算周期信号的傅里叶级数。quad 和 quadv 的调用格式为

```
y=quad(FUN,A,B)   和   y=quadv(FUN,A,B)
```

其中，FUN 是被积函数的函数名或函数句柄；A 和 B 分别是积分下限和上限。比如，三角函数形式傅里叶级数的系数可以由下式求出：

```
an=2*quad(FUN,-T/2,T/2)/T
```

其中，T 是信号的周期。

【例 3-26】　利用 MATLAB 求图 3-43 所示周期方波的傅里叶级数，绘出单边幅度谱和单边相位谱；然后将求得的系数代入 $f(t) = a_0 + \sum_{n=1}^{N} (a_n \cos n\Omega_0 t + b_n \sin n\Omega_0 t)$，求出 $f(t)$ 的近似值，画出 $N=6$ 时的合成波形。

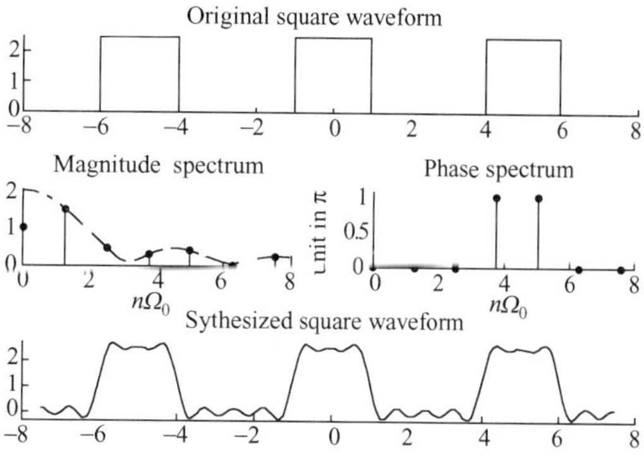

```
% Program ch3_1
%% Original wave plot
T=5;
width=2;
A=2.5;
t1=-T/2:0.01:T/2;
ft1=A*rectpuls(t1,2);
t=[t1-T t1 t1+T];
ft=repmat(ft1,1,3);
subplot(3,1,1);
plot(t,ft);
set(gca,'ylim',[0,A+0.2]);
xlabel('t');
title('Original square waveform');
box off;
```

图 3-43   例 3-26 的图

```
%% Spectrum and envelop
w0=2*pi/T;
N=6;
K=0:N;
F=@ (n)(2*quadv(@ (t)(A*rectpuls(t,2).*cos(n*w0*t)),-T/2,T/2)/T);
for k=0:N
    Fn(k+1)=F(k);
end
Fn(1)=Fn(1)/2;

% Magnitude spectrum
subplot(3,2,3);
stem(K*w0,abs(Fn),'markerSize',4,'markerFace','k');
hold on;
xaxis=get(gca,'xlim');
w=0:0.005:xaxis(2);
% Envelop
en=2*(A*width/T)*sinc(w*width/2/pi);
plot(w,abs(en),'-.');
set(gca,'ylim',[0,2*A*width/T + 0.1]);

% Phase spectrum
xlabel('n\omega0');
title('Magnitude spectrum');
hold off;
box off;
ph=angle(Fn);
subplot(3,2,4);
```

```
stem(K * w0,ph/pi,'markerSize',4,'markerFace','k');
set(gca,'ylim',[0 1.1]);
xlabel('n\omega0');
ylabel('unit in \pi');
title('Phase spectrum');
box off;


% % Sythesized waveform
t = -1.5 * T:0.01:1.5 * T;
K = K.';
ft = Fn * cos(w0 * K * t);
subplot(3,1,3);
plot(t,ft);
set(gca,'ylim',[-0.13 * A,1.1 * A]);
title('Sythesized square waveform');
box off;
```

3.7.2 非周期信号频谱的 MATLAB 求解

虽然 MATLAB 提供了函数 Fourier,用于计算符号函数的傅里叶变换,但多数情况下用 Fourier 计算得到的表达式往往非常烦琐,结果并不令人满意。更多情况下,利用 MATLAB 提供的其他函数来求信号频谱的数值解更为方便。其中两个常用的函数是 quad 和 quadl,它们的调用格式如下:

$$y = \text{quad}(FUN,a,b) \quad 和 \quad y = \text{quadl}(FUN,a,b)$$

其中,FUN 是表示被积函数名称的字符串或者函数句柄,a 和 b 分别表示积分的下限和上限。

【例 3-27】 用 MATLAB 计算门信号 $g_2(t)$ 的频谱,画出 $[-2\pi,2\pi]$ 区间的频谱。

解:用于求解的 MATLAB 程序如下,其频谱如图 3-44 所示。

```
% Program ch3_2
% Waveform of time-domain signal
tao = 2;
subplot(211);
X = [-tao/2 -tao/2 tao/2 tao/2];
Y = [0 1 1 0];
plot(X,Y);
title('Waveform of the original sig-
nal');
axis([-tao,tao,0,1.1]);
box off;


% Fourier transform
w1 = -2 * pi;w2 = -w1;
t1 = -tao;t2 = -t1;
```

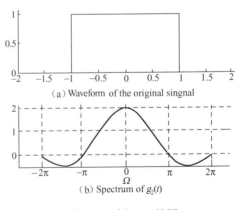

图 3-44 例 3-27 的图

```
N=500;
wk=linspace(w1,w2,N);
F=zeros(1,N);
Fw=@ (w)(quad(@ (t)(rectpuls(t,tao).*exp(-j*w*t)),t1,t2));
for k=1:N
    F(k)=Fw(wk(k));
end

% Drawing and annotation
subplot(2,1,2);
plot(wk,real(F));
yscale=get(gca,'ylim');
set(gca,'ylim',[yscale(1),yscale(2)+0.2]);
label={'-2\pi';'-\pi';'0';'\pi';'2\pi'};
x=[-2*pi -pi 0 pi 2*pi];
y=yscale(1)*ones(1,5)-0.2;
set(gca,'xtick',[-2*pi -pi 0 pi 2*pi],'xticklabel',[]);
text(x,y,label);
xlabel('\omega');
title('Spectrum of g_{2}(t)');
grid;
box off;
```

3.7.3　用 MATLAB 计算连续系统的频率响应

如果系统的微分方程已知,可以利用函数 freqs 求出系统的频率响应,其一般调用格式为

$$H=freqs(b,a,w)$$

其中,b 和 a 分别为由微分方程右边和左边各阶导数前的系数组成的向量,w 是由计算频率响应的频率抽样点构成的向量。

【例 3-28】　求以下系统的频率响应:$y'(t)+2y(t)=f(t)$。

解:程序代码如下。其特性曲线如图 3-45 所示。

```
% Program ch3_3
b=1;
a=[1 2];
fs=0.01*pi;
w=0:fs:4*pi;
H=freqs(b,a,w);
subplot(2,1,1);
plot(w,abs(H));
xlabel('Frequency(rad/s)');
ylabel('Magnitude');
box off;
grid;
```

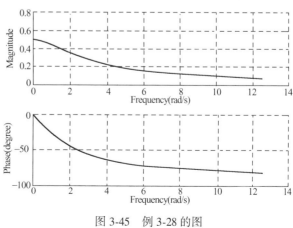

图 3-45　例 3-28 的图

```
subplot(2,1,2);
plot(w,180 * angle(H)/pi);
xlabel('Frequency(rad/s)');
ylabel('Phase(degree)');
box off;
grid;
```

本章学习指导

一、主要内容

1. 周期信号的频谱

（1）傅里叶级数
周期为 T 的信号 $f(t)$，可以展开为两种形式的傅里叶级数：

① 三角型：$f(t) = a_0 + \sum_{n=1}^{\infty} a_n \cos n\Omega_0 t + \sum_{n=1}^{\infty} b_n \sin n\Omega_0 t$，

式中，$\Omega_0 = 2\pi/T$，称为基波角频率。

$$\text{或} \qquad f(t) = A_0 + \sum_{n=1}^{\infty} A_n \cos(n\Omega_0 t + \varphi_n)$$

$A_n \cos(n\Omega_0 t + \varphi_n)$ 称为 $f(t)$ 的第 n 次谐波。

② 指数型：$f(t) = \sum_{n=-\infty}^{\infty} F_n e^{jn\Omega_0 t}$，$F_n$ 为复数，可用极坐标表示为 $F_n = |F_n| e^{j\theta_n}$。

（2）单边谱
$A_n \sim n\Omega_0$ 的关系图，称为单边幅度谱，反映了组成 $f(t)$ 的各次谐波的振幅；
$\varphi_n \sim n\Omega_0$ 的关系图，称为单边相位谱，反映了 $f(t)$ 的各次谐波的初相位。

（3）双边谱
$|F_n| \sim n\Omega_0$ 的关系图，称为双边幅度谱，n 可取所有整数；
$\theta_n \sim n\Omega_0$ 的关系图，称为双边相位谱，n 可取所有整数。
不论单边谱还是双边谱，横坐标均为角频率 Ω。

（4）各系数关系

$$A_0 = a_0, A_n = \sqrt{a_n^2 + b_n^2}, \tan\varphi_n = -\frac{b_n}{a_n}; n = 1, 2, 3, \cdots$$

$$F_0 = a_0, F_n = \frac{1}{2}(a_n - jb_n)$$

$$|F_n| = \frac{1}{2}\sqrt{a_n^2 + b_n^2} = \frac{1}{2}A_n, \tan\theta_n = -\frac{b_n}{a_n}; n = \pm 1, \pm 2, \cdots$$

2. 傅里叶变换的定义与基本变换对

（1）定义

$$\text{正变换：} F(j\Omega) = \int_{-\infty}^{\infty} f(t) e^{-j\Omega t} dt \qquad \text{逆变换：} f(t) = \frac{1}{2\pi} \int_{-\infty}^{\infty} F(j\Omega) e^{j\Omega t} d\Omega$$

变换关系记为
$$f(t) \longleftrightarrow F(\mathrm{j}\Omega)$$

（2）基本变换对

$$\delta(t) \longleftrightarrow 1, \quad 1 \longleftrightarrow 2\pi\delta(\Omega), \quad g_\tau(t) \longleftrightarrow \tau \mathrm{Sa}\left(\frac{\Omega\tau}{2}\right), \quad e^{-\alpha t}U(t) \longleftrightarrow \frac{1}{\alpha+\mathrm{j}\Omega}, \alpha>0$$

$$\cos\Omega_0 t \longleftrightarrow \pi[\delta(\Omega+\Omega_0)+\delta(\Omega-\Omega_0)], \quad \sin\Omega_0 t \longleftrightarrow \mathrm{j}\pi[\delta(\Omega+\Omega_0)-\delta(\Omega-\Omega_0)],$$

$$\frac{\sin\Omega_c t}{\pi t} \longleftrightarrow g_{2\Omega_c}(\Omega)$$

3. 性质

傅里叶变换的性质对频域分析法非常重要,详见 3. 3 节表 3-1。

4. 频率响应

（1）定义
$$H(\mathrm{j}\Omega) = Y(\mathrm{j}\Omega)/F(\mathrm{j}\Omega)$$
与冲激响应的关系:$h(t) \longleftrightarrow H(\mathrm{j}\Omega)$

令 $H(\mathrm{j}\Omega) = |H(\mathrm{j}\Omega)|e^{\mathrm{j}\varphi(\Omega)}$,$|H(\mathrm{j}\Omega)|$ 称为幅度响应;$\varphi(\Omega)$ 称为相位响应。

（2）基本特性

$h(t)$ 为实信号时,幅度响应是偶函数,相位响应是奇函数。

（3）一般系统的频响

若系统由以下微分方程描述
$$y^{(n)}(t)+a_{n-1}y^{(n-1)}(t)+\cdots+a_0 y(t) = b_m f^{(m)}(t)+b_{m-1}f^{(m-1)}(t)+\cdots+b_0 f(t)$$

则其频率响应为
$$H(\mathrm{j}\Omega) = \frac{b_m(\mathrm{j}\Omega)^m+b_{m-1}(\mathrm{j}\Omega)^{m-1}+\cdots+b_0}{(\mathrm{j}\Omega)^n+a_{n-1}(\mathrm{j}\Omega)^{n-1}+\cdots+a_0}$$

（4）"滤波"特性

输入为 $f(t) = e^{\mathrm{j}\Omega_0 t}$,则系统的输出 $y(t) = H(\mathrm{j}\Omega_0)e^{\mathrm{j}\Omega_0 t}$

输入为 $f(t) = A\cos(\Omega_0 t+\theta)$ 时,输出为 $y(t) = A|H(\mathrm{j}\Omega_0)|\cos(\Omega_0 t+\theta+\varphi_0)$

5. 抽样与抽样定理

（1）抽样信号的表示

$f(t)$ 的抽样用 $f_s(t)$ 表示:

$$f_s(t) = f(t)\delta_T(t) = \sum_{n=-\infty}^{\infty} f(nT)\delta(t-nT)$$

T 称为抽样周期或抽样间隔;$\Omega_s = 2\pi/T$ 称为抽样角频率,$f_s = 1/T$ 称为抽样频率,$\Omega_s = 2\pi f_s$。

（2）抽样信号的频谱

设 $f(t) \longleftrightarrow F(\mathrm{j}\Omega)$,$f_s(t) \longleftrightarrow F_s(\mathrm{j}\Omega)$,则

$$F_s(\mathrm{j}\Omega) = \frac{1}{T}\sum_{n=-\infty}^{\infty} F[\mathrm{j}(\Omega-n\Omega_s)]$$

即抽样信号的频谱是原信号频谱的周期延拓且幅度除以 T,故时域抽样对应于频域的周期延拓。

（3）抽样定理中的两个条件

一是 $f(t)$ 为频带受限信号，即 $|\Omega| > \Omega_m$ 时，$F(j\Omega) = 0$；二是 $\Omega_s \geqslant 2\Omega_m$ 或者 $T \leqslant \pi/\Omega_m$，最小抽样频率和最大抽样间隔分别称为奈奎斯特频率和奈奎斯特间隔。

6. 频域分析法

（1）核心公式

$$Y(j\Omega) = F(j\Omega)H(j\Omega)$$

即输出频谱等于输入频谱乘以频率响应。根据该式，已知其中两个量，就可以求第三个量。

（2）单频虚指数信号通过系统的响应

输入 $f(t) = e^{j\Omega_0 t}$，则输出 $y(t) = H(j\Omega_0)e^{j\Omega_0 t}$。

（3）正弦信号通过系统的响应

$f(t) = A\cos(\Omega_0 t + \theta)$，则 $y(t) = A|H(j\Omega_0)|\cos(\Omega_0 t + \theta + \varphi_0)$

二、例题分析

【例 3-29】 已知连续周期信号 $f(t) = 2 + \cos\left(\dfrac{2}{5}\pi t + \dfrac{\pi}{3}\right) + 3\sin\left(\dfrac{3}{5}\pi t\right)$，将其表示成复指数信号形式，并画出双边幅度谱和双边相位谱。

分析：观察 $f(t)$ 的表达式，它实际上就是三角型傅里叶级数的变形，将它化为标准形式后可以从中找到基波频率 Ω_0 和各谐波的振幅及初相角，即单边谱。然后根据单、双边谱系数的关系即可求出双边谱各个参数。

解：利用三角函数知识，将 $f(t)$ 化为三角型傅里叶级数的标准格式来表示，可得

$$f(t) = 2 + \cos\left(\frac{2}{5}\pi t + \frac{\pi}{3}\right) + 3\cos\left(\frac{3}{5}\pi t - \frac{\pi}{2}\right)$$

比较两个谐波分量的频率，不妨设 $\Omega_0 = \pi/5$，则 $f(t)$ 含有直流分量、二次谐波和三次谐波。所以

$$A_0 = 2, \varphi_0 = 0；\quad A_2 = 1, \varphi_2 = \pi/3；\quad A_3 = 3, \varphi_3 = -\pi/2$$

根据不同形式傅里叶级数系数的关系，得

$$F_0 = A_0 = 2, \varphi_0 = 0；$$
$$|F_2| = |F_{-2}| = A_2/2 = 1/2, \varphi_2 = \pi/3, \varphi_{-2} = -\pi/3；$$
$$|F_3| = |F_{-3}| = A_3/2 = 3/2, \varphi_3 = -\pi/2, \varphi_{-3} = \pi/2$$

所以，$f(t)$ 的指数型级数为

$$f(t) = \sum_{n=-\infty}^{\infty} F_n e^{jn\Omega_0 t} = F_0 + F_{-2}e^{-j2\Omega_0 t} + F_2 e^{j2\Omega_0 t} + F_{-3}e^{-j3\Omega_0 t} + F_3 e^{j3\Omega_0 t}$$

$$= 2 + \frac{1}{2}e^{-j\frac{\pi}{3}}e^{-j2\Omega_0 t} + \frac{1}{2}e^{j\frac{\pi}{3}}e^{j2\Omega_0 t} + \frac{3}{2}e^{j\frac{\pi}{2}}e^{-j3\Omega_0 t} + \frac{3}{2}e^{-j\frac{\pi}{2}}e^{j3\Omega_0 t}$$

根据 $|F_n|, \varphi_n$ 的值即可画出双边幅度谱和双边相位谱。此处省略，留给读者自行画出。

【例 3-30】 已知 LTI 系统的单位冲激响应为 $h(t) = \left(\dfrac{\sin 3t}{\pi t}\right)^2$，输入信号 $f(t) = 1 + 2\sin 3t + \cos 6t$，求系统输出 $y(t)$。

分析:输入信号是 3 个正弦信号之和,它们的频率分别为 0,3 和 6(直流可以看作频率为零的余弦信号),根据频响的滤波特性,输出 $y(t)$ 也是三个与输入同频率的正弦信号之和,但振幅和初相角被频响 $H(\mathrm{j}\Omega)$ 改变。求出 $H(\mathrm{j}\Omega)$,并计算其在 $\Omega=0,3,6$ 处的频响值,即可确定这些振幅和初相角的变化量,从而求出 $y(t)$。

解:先求系统的频响 $H(\mathrm{j}\Omega)$。设 $h_1(t)=\dfrac{\sin 3t}{\pi t}\longleftrightarrow H_1(\mathrm{j}\Omega)$

因为 $g_\tau(t)\longleftrightarrow \tau\mathrm{Sa}\left(\dfrac{\Omega\tau}{2}\right)$,根据对称性,有

$$\tau\mathrm{Sa}\left(\dfrac{t\tau}{2}\right)\longleftrightarrow 2\pi g_\tau(-\Omega)=2\pi g_\tau(\Omega)$$

令 $\tau=6$,得到 $6\mathrm{Sa}(3t)\longleftrightarrow 2\pi g_6(\Omega)$,化简后得到 $\dfrac{\sin 3t}{\pi t}\longleftrightarrow g_6(\Omega)$,即 $H_1(\mathrm{j}\Omega)=g_6(\Omega)$。

设 $h(t)\longleftrightarrow H(\mathrm{j}\Omega)$,因为 $h(t)=h_1^2(t)$,根据频域卷积定理,得

$$H(\mathrm{j}\Omega)=\dfrac{1}{2\pi}H_1(\mathrm{j}\Omega)*H_1(\mathrm{j}\Omega)=\dfrac{1}{2\pi}g_6(\Omega)*g_6(\Omega)$$

结果为一三角脉冲,波形如图 3-46 所示。

其次,计算频响在 $\Omega=0,3,6$ 时的值。由图可知:$H(\mathrm{j}0)=\dfrac{3}{\pi}$,$H(\mathrm{j}3)=\dfrac{3}{2\pi}$,$H(\mathrm{j}6)=0$,所以

$$y(t)=H(\mathrm{j}0)\times 1+2\,|H(\mathrm{j}3)|\times\sin 3t+2\,|H(\mathrm{j}6)|\times\cos 6t=\dfrac{3}{\pi}+\dfrac{3}{\pi}\sin 3t$$

【例 3-31】 如图 3-47 所示系统,已知 $H_1(\mathrm{j}\Omega)=\mathrm{e}^{-\mathrm{j}2\Omega}$,$h_2(t)=\mathrm{e}^{-t}U(t)$,求系统的阶跃响应。

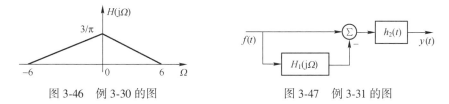

图 3-46 例 3-30 的图   图 3-47 例 3-31 的图

分析:首先根据阶跃响应的定义,系统的输入信号为 $U(t)$;其次,确定加法器的输出信号,这个信号通过 $h_2(t)$ 后得到 $y(t)$,所以 $y(t)$ 等于加法器输出与 $h_2(t)$ 的卷积。用频域分析法求出输出信号的频谱,再进行逆变换即得阶跃响应。

解:设加法器的输出为 $x(t)$,且 $f(t)\longleftrightarrow F(\mathrm{j}\Omega)$,$x(t)\longleftrightarrow X(\mathrm{j}\Omega)$,$h_1(t)\longleftrightarrow H_1(\mathrm{j}\Omega)$,$h_2(t)\longleftrightarrow H_2(\mathrm{j}\Omega)$,$y(t)\longleftrightarrow Y(\mathrm{j}\Omega)$,由图可知

$$x(t)=f(t)-f(t)*h_1(t);\quad y(t)=x(t)*h_2(t)$$

以上两式取傅里叶变换得

$$X(\mathrm{j}\Omega)=F(\mathrm{j}\Omega)-F(\mathrm{j}\Omega)H_1(\mathrm{j}\Omega),\ Y(\mathrm{j}\Omega)=X(\mathrm{j}\Omega)H_2(\mathrm{j}\Omega)$$

所以 $$Y(\mathrm{j}\Omega)=F(\mathrm{j}\Omega)\left[1-H_1(\mathrm{j}\Omega)\right]H_2(\mathrm{j}\Omega)$$

根据阶跃响应的定义,$f(t)=U(t)$,所以

$$F(\mathrm{j}\Omega)=\pi\delta(\Omega)+\dfrac{1}{\mathrm{j}\Omega}$$

由 $h_2(t)=\mathrm{e}^{-t}U(t)$,得 $H_2(\mathrm{j}\Omega)=\dfrac{1}{\mathrm{j}\Omega+1}$,于是

$$Y(j\Omega) = F(j\Omega)\left[1-H_1(j\Omega)\right]H_2(j\Omega) = \left[\pi\delta(\Omega)+\frac{1}{j\Omega}\right](1-e^{-j2\Omega})\frac{1}{j\Omega+1}$$

$$= \left[\pi\delta(\Omega)+\frac{1}{j\Omega(j\Omega+1)}\right](1-e^{-j2\Omega})\ (此处应用了冲激函数的相乘筛选特性)$$

$$= \left(\pi\delta(\Omega)+\frac{1}{j\Omega}-\frac{1}{j\Omega+1}\right)-\left(\pi\delta(\Omega)+\frac{1}{j\Omega}-\frac{1}{j\Omega+1}\right)e^{-j2\Omega}$$

阶跃响应即为上式的逆变换,利用傅里叶变换的时移特性可得

$$g(t) = (1-e^{-t})U(t)-\left[1-e^{-(t-2)}\right]U(t-2)$$

基本练习题

3.1 已知连续周期信号 $f(t)$ 如习图 3-1 所示,分别求其三角形式和指数形式的傅里叶级数,并粗略画出频谱图。

3.2 已知连续周期信号 $f(t) = 2+\cos\left(\frac{2}{3}\pi t\right)+4\sin\left(\frac{5}{3}\pi t\right)$,将其表示成复指数信号形式,求 $F_n(jn\Omega_0)$ 并画出双边幅度谱和相位谱。

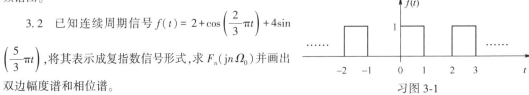

习图 3-1

3.3 一连续周期信号 $f(t)$,周期 $T=8$,已知其非零复傅里叶系数是:$F_1=F_{-1}=2$,$F_3=F_{-3}^*=4j$,试将 $f(t)$ 展开成三角型傅里叶级数,求 A_n 并画出单边幅度谱和相位谱。

3.4 求下列信号的傅里叶变换。

(1) $e^{-3t}\left[U(t+2)-U(t-3)\right]$　　(2) $U(t/2-1)$　　(3) $e^{2+t}U(-t+1)$　　(4) $e^{-jt}\delta(t-2)$

(5) $e^{-2(t-1)}U(t)$　　(6) $e^{-2(t-1)}\delta(t-1)$　　(7) $e^{2t}U(-t+1)$　　(8) $U(t)-U(t-3)$　　(9) $1+U(t)$

3.5 已知 $f(t)\longleftrightarrow F(j\Omega)$,利用傅里叶变换的性质,求下列信号的傅里叶变换。

(1) $f(3t-5)$　　　　(2) $f(1-t)$　　　　(3) $tf(3t)$　　　　(4) $e^{jt}f(3-2t)$

(5) $(1-t)f(1-t)$　　(6) $(2t-2)f(t)$　　(7) $t\dfrac{\mathrm{d}}{\mathrm{d}t}f(t)$　　(8) $e^{-j\Omega_0 t}\dfrac{\mathrm{d}}{\mathrm{d}t}f(t)$

(9) $\displaystyle\int_{-\infty}^{t+5}f(\tau)\mathrm{d}\tau$　　(10) $\displaystyle\int_{-\infty}^{1-t/2}f(\tau)\mathrm{d}\tau$　　(11) $\dfrac{\mathrm{d}}{\mathrm{d}t}f(t)*\dfrac{1}{\pi t}$　　(12) $t\dfrac{\mathrm{d}}{\mathrm{d}t}f(1-t)$

(13) $(t-2)f(t)e^{j2(t-3)}$　　(14) $f(t)U(t)$　　(15) $f(t)\cos 2t$　　(16) $f(t)*\mathrm{Sa}(2t)$

3.6 利用傅里叶变换的性质,求下列信号的傅里叶逆变换。

(1) $F(j\Omega)=\dfrac{1}{(j\Omega+2)^2}$　　　　(2) $F(j\Omega)=-\dfrac{2}{\Omega^2}$　　　　(3) $F(j\Omega)=6\pi\delta(\Omega)-\dfrac{5}{\Omega^2-j\Omega+6}$

(4) $F(j\Omega)=\dfrac{\sin\left[3(\Omega-2\pi)\right]}{\Omega-2\pi}$　　(5) $F(j\Omega)=\Omega^2$　　(6) $F(j\Omega)=\delta(\Omega-3)$

(7) $F(j\Omega)=\left[U(\Omega)-U(\Omega-2)\right]e^{-j2\Omega}$　　(8) $F(j\Omega)=\mathrm{Sa}(\Omega)\displaystyle\sum_{k=0}^{n}e^{-j2k\Omega}$　　(9) $F(j\Omega)=e^{2\Omega}U(-\Omega)$

3.7 已知信号 $f(t)$ 的幅度谱和相位谱分别如习图 3-2 所示,求 $f(t)$ 并画出波形。

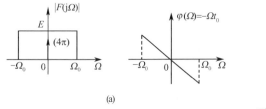

(a)

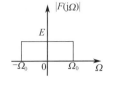

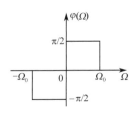

(b)

习图 3-2

3.8* 已知信号 $f_0(t)$ 如习图 3-3(a)所示，由 $f_0(t)$ 做周期性的延拓得 $f(t)$，如习图 3-3(b)所示。试用傅里叶变换法求 $f(t)$ 的傅里叶级数，即先求 $f_0(t)$ 的 $F(j\Omega)$，再由 $F(j\Omega)$ 求 $f(t)$ 的 $F_n(jn\Omega_0)$。

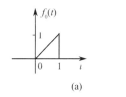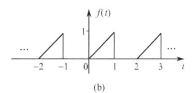

(a)   (b)

习图 3-3

3.9 已知 LTI 系统的微分方程为

$$y''(t)+4y'(t)+3y(t)=f(t)$$

(1) 求系统的频率响应 $H(j\Omega)$ 和冲激响应 $h(t)$；

(2) 若激励 $f(t)=e^{-2t}U(t)$，求系统的零状态响应 $y_f(t)$。

3.10 已知 LTI 系统的输入信号 $f(t)=\sin 6\pi t+\cos 2\pi t$，当系统的单位冲激响应分别为（1）$h_1(t)=$ Sa$(4\pi t)$，（2）$h_2(t)=32$Sa$(4\pi t)\cdot$Sa$(8\pi t)$时，求其输出 $y(t)$。

3.11 已知 LTI 系统的频率响应 $H(j\Omega)$ 如习图 3-4 所示，其相频特性 $\varphi(\Omega)=0$。求当输入 $f(t)=\sum_{n=-\infty}^{\infty}e^{-jn\pi/2}e^{jn\Omega_0 t}$，其中 $\Omega_0=1$rad/s 时的输出 $y(t)$。

3.12 求下列系统的零输入响应、零状态响应和全响应。

(1) $y''(t)+3y'(t)+2y(t)=f(t)$，$f(t)=-2e^{-t}U(t)$，$y(0^-)=1$，$y'(0^-)=2$

(2) $y'(t)+2y(t)=f(t)$，$f(t)=\sin 2t U(t)$，$y(0^-)=1$

(3) $y''(t)+3y'(t)+2y(t)=f(t)$，$f(t)=e^{-t}U(t)$，$y(0^-)=y'(0^-)=1$

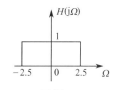

习图 3-4

综合练习题

3.13 求周期信号 $f(t)$ 的傅里叶级数表达式。已知在一个周期内 $f(t)=e^{-t}$，$-1<t<1$，$T=2$。

3.14 已知周期矩形信号 $f(t)$ 的波形如习图 3-5 所示，计算当信号参数分别为 $T=1\mu s$，$\tau=0.5\mu s$，$E=1$V 和 $T=3\mu s$，$\tau=1.5\mu s$，$E=3$V 时：

(1) $f(t)$ 的谱线间隔和带宽；   （2）两种情况 $f(t)$ 的基波幅度之比；

(3) 第一种情况 $f(t)$ 的基波幅度与第二种情况 $f(t)$ 的几次谐波分量幅度相同？

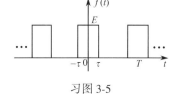

习图 3-5

3.15 已知 LTI 系统的频率响应 $H(j\Omega)$ 如习图 3-6(a)所示，其相频特性 $\varphi(\Omega)=0$。求当输入 $f(t)$ 为如习图 3-6(b)所示的周期方波信号时，系统的响应 $y(t)$；若要使输出保留输入的 5 个频率分量，则系统带宽应为多少？

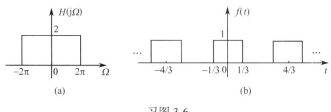

(a)   (b)

习图 3-6

3.16 如习图 3-7 所示电路，以 $u(t)$ 为输出求系统的传输函数 $H(j\Omega)$；欲使系统无失真传输信号，R_1，R_2 应为何值？

3.17 如习图 3-8 所示电路,求系统的传输函数 $H(j\Omega)$,求系统无失真传输信号的条件。

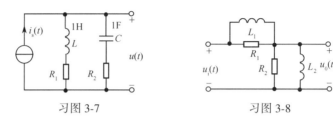

习图 3-7　　　　　　　　　习图 3-8

3.18 已知基带信号 $f_1(t)$ 带限于 Ω_1 ,信号 $f_2(t)$ 带限于 Ω_2 ,求对下列信号进行理想抽样时,所允许的最大抽样间隔 T 。

(1) $f_1(t) \cdot f_2(t)$　　(2) $f_1(t)+f_2(t)$　　(3) $f_1(t)*f_2(t)$　　(4) $f_1^2(t)$　　(5) $f_1(3t)$　　(6) $f_1(-t-5)f_1(t)$

3.19 习图 3-9(a) 所示系统对输入带限信号 $f(t)$ 进行理想抽样, $f(t)$ 的频谱如习图 3-9(b) 所示。求:

(1) $f_s(t)$ 的时域和频域表达式(用 $f(t)$ 和 $F(j\Omega)$ 表示),并画出其频谱波形;

(2) $f_{s1}(t)$ 的时域和频域表达式(用 $f(t)$ 和 $F(j\Omega)$ 表示),并画出其频谱波形;

(3) 要从 $f_{s1}(t)$ 中恢复 $f(t)$,理想滤波器的频率特性 $H(j\Omega)$ 。

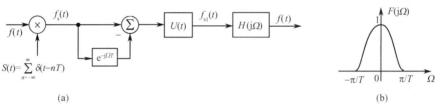

(a)　　　　　　　　　　　　　　(b)

习图 3-9

3.20 已知某理想高通滤波器的频率特性如习图 3-10 所示,求其冲激响应。

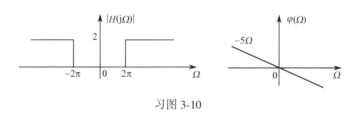

习图 3-10

3.21 一个线性时不变系统的频率响应如习图 3-11 所示,若输入 $f(t) = \dfrac{\sin 3t}{t}\cos 5t$,求 $y(t)$ 。

3.22 如习图 3-12 所示系统,已知 $f(t) = \displaystyle\sum_{n=-\infty}^{\infty} e^{jn\Omega_0 t}$, $n = 0, \pm 1, \pm 2, \cdots, \Omega_0 = 1\text{rad/s}$; $s(t) = \cos t$;

$H(j\Omega) = \begin{cases} e^{-j\frac{\pi}{3}\Omega}, & |\Omega| < 1.5\text{rad/s} \\ 0, & |\Omega| > 1.5\text{rad/s} \end{cases}$ 。求系统响应 $y(t)$ 。

3.23 如习图 3-13 所示系统,已知 $f(t) = \dfrac{\sin 2t}{\pi t}$, $H(j\Omega) = j\text{sgn}(\Omega)$,求输出 $y(t)$ 。

3.24 已知系统微分方程和激励信号如下,求系统的稳态响应。

(1) $y'(t)+1.5y(t) = f'(t)$, $f(t) = \cos 2t$;

(2) $y'(t)+2y(t) = -f'(t)+2f(t)$, $f(t) = \cos 2t+3$;

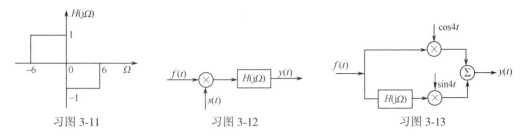

习图 3-11　　　　　　　　　　习图 3-12　　　　　　　　　　习图 3-13

3.25　电路如习图 3-14 所示，$u_s(t) = 220\sqrt{2}\cos(314t)$ V，经理想全波整流后为减小其交流成分，以 π 型 LC 滤波器滤波。已知 $C = 8\mu F, R = 1k\Omega$。要使负载 R 上二次谐波分量的有效值小于直流分量的 2%，求 L 应取何值？

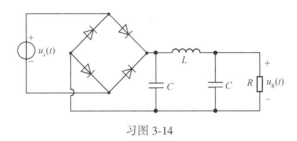

习图 3-14

上机练习

3.1　求习图 3-15 所示三角波的傅里叶级数，利用 MATLAB：

（1）画出其双边幅度谱和相位谱；

（2）若记 $\hat{f}(t) = \sum\limits_{n=-N}^{N} F_n e^{jn\Omega_0 t}$，画出 $N = 3,5,9$ 时的波形图。

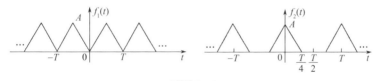

习图 3-15

3.2　设 $f(t) = e^{-2|t|}$。求 $f(t), f(t-2)$ 的傅里叶变换，分别画出其幅度谱和相位谱。

3.3　用 freqs 画出下列系统的幅频特性，并确定其是否具有低通、高通或带通特性。

（1）$H(j\Omega) = \dfrac{4}{(j\Omega)^3 + 4(j\Omega)^2 + 8j\Omega + 8}$　　（2）$y''(t) + \sqrt{2}y'(t) + y(t) = f''(t)$

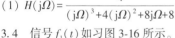

习图 3-16

3.4　信号 $f_1(t)$ 如习图 3-16 所示。

（1）画出 $f(t) = f_1(t)\cos 50t$ 的波形；

（2）某系统的频率响应为

$$H(j\Omega) = \dfrac{10^4}{(j\Omega)^4 + 2.6131(j\Omega)^3 + 3.4142\times 10^2(j\Omega)^2 + 2.6131\times 10^3(j\Omega) + 10^4}$$

画出 $H(j\Omega)$ 的幅频特性和相频特性；

（3）将 $f(t)$ 通过上述系统，画出 $f(t)$ 和输出信号的幅度谱；

（4）画出输出信号的波形。

第4章 连续时间信号与系统的复频域分析

【内容提要】 本章引入复频率 $s=\sigma+\mathrm{j}\Omega$，以复指数信号 e^{st} 为基本信号，可以将信号分解为许多不同复频率的复指数分量之叠加（积分），从而系统的零状态响应是输入信号各分量引起的响应的叠加（积分）——拉普拉斯逆变换。若考虑到系统的初始状态，则系统的零输入响应和零状态响应可同时求得，从而得到系统的全响应。此外，系统函数 $H(s)$ 是复频域（s 域）分析中的一个重要内容，本章将在研究系统函数的零极点分布与系统时域、频域特性关系的基础上，讨论系统的稳定性等问题。拉普拉斯变换有单边与双边之分，本章主要讨论单边拉普拉斯变换，适当兼顾双边拉普拉斯变换的相关内容。

二维码4

【思政小课堂】 见二维码4。

4.1 拉普拉斯变换

第3章中，傅里叶分析采用将信号分解为复正弦分量的叠加来研究信号和 *LTI* 系统的表示。傅里叶分析在涉及信号与系统的谐波分析、频率响应、波形失真和频谱搬移等方面都能给出物理意义十分清楚的结果，它在信号分析与处理方面是极为有用的，但傅里叶分析法也存在一定的局限性，对于非绝对可积的信号，由于其傅里叶变换或者不存在（如信号 $e^{2t}\mathrm{U}(t)$），或者变换式中含有冲激或冲激的导数（如信号 $\mathrm{U}(t)$ 和 $t\mathrm{U}(t)$），使变换式的形式和运算都较为复杂，并不适合采用傅里叶分析。另外，在系统分析方面，由于傅里叶变换不包含初始状态，当系统具有初始状态时，若采用傅里叶分析，全响应的计算会比较烦琐。

拉普拉斯变换（*Laplace transform*，以下简称拉氏变换）可以看做连续时间信号傅里叶变换的推广，它是基于复指数信号 e^{st} 的，能够为连续时间 *LTI* 系统及其与信号的相互作用提供比傅里叶方法更为广泛的特性描述。比如，拉氏变换能够用于分析一大类涉及非绝对可积信号的问题，诸如非稳定系统的冲激响应等。

拉氏变换分为两类：（1）单边拉氏变换；（2）双边拉氏变换。单边拉氏变换是求解具有初始条件的微分方程的方便工具，也非常适合对因果 *LTI* 系统进行瞬态分析和稳态分析。双边拉氏变换则适合讨论系统的特性（如稳定性、因果性及频率响应等）。本书主要讨论单边拉氏变换。在引入单边拉氏变换之前，先对双边拉氏变换做一简单介绍。除非特别说明，书中的拉氏变换均指单边拉氏变换。

4.1.1 双边拉普拉斯变换

由第3章可知，当函数 $f(t)$ 满足狄里赫利条件时，其傅里叶变换为

$$F(\mathrm{j}\Omega)=\int_{-\infty}^{\infty}f(t)\,e^{-\mathrm{j}\Omega t}\mathrm{d}t \tag{4-1}$$

为了导出信号 $f(t)$ 的双边拉普拉斯变换的定义,先来考虑 $e^{-\sigma t}f(t)$ (σ 为一实常数) 的傅里叶变换。由式(4-1),可得

$$\mathscr{F}[e^{-\sigma t}f(t)] = \int_{-\infty}^{\infty} e^{-\sigma t}f(t)e^{-j\Omega t}dt = \int_{-\infty}^{\infty} f(t)e^{-(\sigma+j\Omega)t}dt = F(\sigma+j\Omega) \tag{4-2}$$

其中,实常数 σ 的选择应使得 $e^{-\sigma t}f(t)$ 绝对可积。

令 $s=\sigma+j\Omega$,则式(4-2)变为

$$F(s) = \int_{-\infty}^{\infty} f(t)e^{-st}dt \tag{4-3}$$

式(4-3)称为信号 $f(t)$ 的双边拉普拉斯变换,简称双边拉氏变换,$F(s)$ 称为"象函数"。实际上,$f(t)$ 的双边拉氏变换就是 $e^{-\sigma t}f(t)$ 的傅里叶变换,并将结果写为复变量 $s=\sigma+j\Omega$ 的函数。

为了找出由 $F(s)$ 求 $f(t)$ 的一般表达式,先由傅里叶逆变换表达式求 $e^{-\sigma t}f(t)$:

$$e^{-\sigma t}f(t) = \frac{1}{2\pi}\int_{-\infty}^{\infty} F(\sigma+j\Omega)e^{j\Omega t}d\Omega \tag{4-4}$$

用 $e^{\sigma t}$ 乘以式(4-4)的两边,可得

$$f(t) = \frac{1}{2\pi}\int_{-\infty}^{\infty} F(\sigma+j\Omega)e^{(\sigma+j\Omega)t}d\Omega$$

因为 $s=\sigma+j\Omega$,所以 $ds=d\sigma+jd\Omega$,若 σ 为某选定的实常数,则有 $d\Omega=\frac{1}{j}ds$,且当 $\Omega \longrightarrow \pm\infty$ 时,$s \longrightarrow \sigma\pm j\infty$,于是

$$f(t) = \frac{1}{2\pi j}\int_{\sigma-j\infty}^{\sigma+j\infty} F(s)e^{st}ds \tag{4-5}$$

这就是 $F(s)$ 的双边拉普拉斯逆变换,简称双边拉氏逆变换,由此可以得到 $f(t)$。在式(4-5)中,$f(t)$ 通常称为"原函数"。

这样,式(4-3)和式(4-5)就构成一对双边拉氏变换对。已知 $f(t)$ 可由式(4-3)求得其双边拉氏变换 $F(s)$;反之,利用式(4-5)由 $F(s)$ 求得其双边拉氏逆变换 $f(t)$。常用记号 $\mathscr{L}[f(t)]$ 表示取双边拉氏变换。用记号 $\mathscr{L}^{-1}[F(s)]$ 表示取双边拉氏逆变换。于是式(4-3)和式(4-5)可分别写为

$$\mathscr{L}[f(t)] = F(s) = \int_{-\infty}^{\infty} f(t)e^{-st}dt$$

$$\mathscr{L}^{-1}[F(s)] = f(t) = \frac{1}{2\pi j}\int_{\sigma-j\infty}^{\sigma+j\infty} F(s)e^{st}ds$$

类似于傅里叶变换,$f(t)$ 与 $F(s)$ 的关系通常简记为 $f(t) \longleftrightarrow F(s)$,其含义是:$f(t)$ 的双边拉氏变换为 $F(s)$,而 $F(s)$ 的双边拉氏逆变换为 $f(t)$,分别由式(4-3)和式(4-5)求出。

4.1.2 双边拉普拉斯变换的收敛域

由前面的讨论可知,只有式(4-3)中的积分收敛,信号 $f(t)$ 的双边拉氏变换 $F(s)$ 才存在。这说明,一个信号的双边拉氏变换由代数表达式和该表达式能成立的变量 s 值的范围共同确定。一般把使式(4-3)积分收敛的 s 值的范围称为拉氏变换的收敛域(Region of Convergence),简记为 ROC。也就是说,ROC 是由这样一些 $s=\sigma+j\Omega$ 组成的,对这些 s 来说,$e^{-\sigma t}f(t)$ 的傅里叶变换收敛。为进一步讨论 ROC,下面先介绍零、极点的概念。

1. s 平面与零、极点

借助复平面(又称为 s 平面),可以方便地从图形上表示复频率 s。如图 4-1 所示,水平轴代表 s 的实部,记为 $\text{Re}[s]$ 或 σ,垂直轴代表 s 的虚部,记为 $j\text{Im}[s]$ 或 $j\Omega$,水平轴与垂直轴通常分别称为 σ 轴与 $j\Omega$ 轴。如果信号 $f(t)$ 绝对可积,则可从双边拉氏变换中得到傅里叶变换:

$$F(j\Omega)=F(s)\big|_{\sigma=0} \quad \text{或等价写为} \quad F(j\Omega)=F(s)\big|_{s=j\Omega}$$

在 s 平面上,$\sigma=0$ 对应于虚轴,因此,通过沿虚轴对双边拉氏变换求值便可得到傅里叶变换。

$j\Omega$ 轴把 s 平面分为两半。$j\Omega$ 轴左边区域称为左半平面,$j\Omega$ 轴右边区域称为右半平面。在左半平面上,s 的实部为负,在右半平面上,s 的实部为正。

在工程上最常遇到的拉氏变换的形式是有理分式,即 $F(s)$ 为两个多项式之比,称为有理拉氏变换。其一般表达式可写为

$$F(s)=\frac{N(s)}{D(s)}=\frac{b_m s^m+b_{m-1}s^{m-1}+\cdots+b_0}{s^n+a_{n-1}s^{n-1}+\cdots+a_0} \tag{4-6}$$

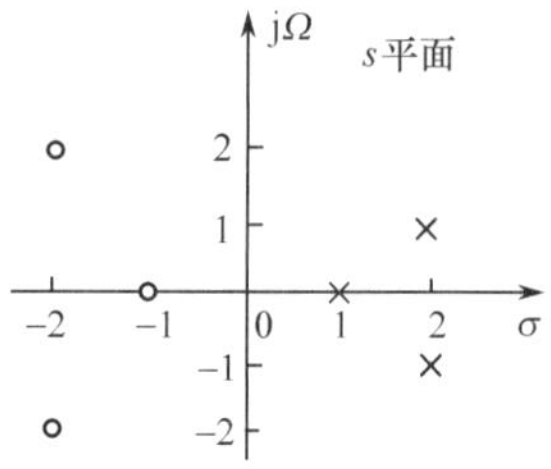

将分子与分母分别进行因式分解后,$F(s)$ 可写为

$$F(s)=\frac{b_m\prod\limits_{j=1}^{m}(s-z_j)}{\prod\limits_{k=1}^{n}(s-p_k)} \tag{4-7}$$

图 4-1　s 平面

式中,z_j 是分子多项式的根,称为 $F(s)$ 的零点;p_k 是分母多项式的根,称为 $F(s)$ 的极点。在 s 平面上,用符号"○"表示零点的位置,用符号"×"表示极点的位置,如图 4-1 所示。该图称为 $F(s)$ 的零极点图。水平轴为 $\text{Re}[s]$,垂直轴为 $j\text{Im}[s]$;$s=-1$ 与 $s=-2\pm j2$ 代表零点,$s=1$ 与 $s=2\pm j$ 代表极点。显然,除了常数 b_m,$F(s)$ 由 s 平面上的零、极点位置唯一确定。

2. 收敛域的特性

为了说明双边拉氏变换收敛域的一般规律和特征,下面先来研究几个典型信号的拉氏变换。

【例 4-1】 确定因果指数信号 $f(t)=e^{-at}U(t)$ ($a>0$,实数) 的双边拉氏变换及其收敛域,并画出零极点图。

解: 将 $f(t)$ 代入式(4-3),得

$$F(s)=\int_{-\infty}^{\infty}e^{-at}U(t)e^{-st}\mathrm{d}t=\int_{0}^{\infty}e^{-(s+a)t}\mathrm{d}t=-\frac{1}{s+a}e^{-(s+a)t}\bigg|_0^{\infty}$$

为求 $e^{-(s+a)t}$ 的极限,利用 $s=\sigma+j\Omega$,得到

$$e^{-(s+a)t}\bigg|_0^{\infty}=e^{-(\sigma+a)t}\cdot e^{-j\Omega t}\bigg|_0^{\infty}$$

若 $\sigma>-a$,则当 $t\longrightarrow\infty$ 时,$e^{-(\sigma+a)t}\longrightarrow0$,有

$$F(s)=-\frac{1}{s+a}(0-1)=\frac{1}{s+a},\quad \sigma>-a$$

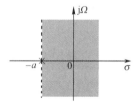

图 4-2　例 4-1 的收敛域和零极点图

若 $\sigma\leqslant-a$,则 $F(s)$ 不存在,因为积分不收敛。因此,该信号双边拉氏变换的 ROC 是 $\sigma>-a$,或者等效为 $\text{Re}[s]>-a$。图 4-2 的阴影部分代表 ROC,极点位于 $s=-a$ 处。

【例 4-2】 确定反因果指数信号 $f(t) = -\mathrm{e}^{-at}U(-t)$ ($a > 0$, 实数) 的双边拉氏变换及其 ROC, 并画出零极点图。

解: 将 $f(t)$ 代入式(4-3), 得

$$F(s) = \int_{-\infty}^{\infty} -\mathrm{e}^{-at}U(-t)\mathrm{e}^{-st}\mathrm{d}t = -\int_{-\infty}^{0} \mathrm{e}^{-(s+a)t}\mathrm{d}t$$

$$= \frac{1}{s+a}\mathrm{e}^{-(s+a)t}\bigg|_{-\infty}^{0} = \frac{1}{s+a}, \quad \mathrm{Re}[s] < -a$$

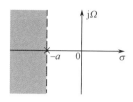

图 4-3 例 4-2 的收敛域和零极点图

其 ROC 及零极点图如图 4-3 所示。

由以上两个例子可见, 两个很不相同的信号, 其双边拉氏变换的代数表达式是完全相同的, 仅仅是 ROC 不同。这说明 ROC 是双边拉氏变换的重要组成部分。在给出一个信号的双边拉氏变换时, 应同时给出其代数表达式和 ROC。

【例 4-3】 确定双边指数信号 $f(t) = \mathrm{e}^{-a|t|}$ ($a > 0$, 实数) 的双边拉氏变换及其 ROC, 画出零极点图。

解: 由双边拉氏变换的定义式, 可得

$$F(s) = \int_{-\infty}^{\infty} \mathrm{e}^{-a|t|}\mathrm{e}^{-st}\mathrm{d}t = \int_{-\infty}^{0} \mathrm{e}^{-(s-a)t}\mathrm{d}t + \int_{0}^{\infty} \mathrm{e}^{-(s+a)t}\mathrm{d}t$$

$$= -\frac{1}{s-a}\mathrm{e}^{-(s-a)t}\bigg|_{-\infty}^{0} + \frac{-1}{s+a}\mathrm{e}^{-(s+a)t}\bigg|_{0}^{\infty}$$

上式中第一项的极限仅当 $\mathrm{Re}[s] < a$ 时存在, 而第二项的极限仅当 $\mathrm{Re}[s] > -a$ 时存在。因此, 仅当 $-a < \mathrm{Re}[s] < a$ 时, 上式中的拉氏变换才存在。此时

$$F(s) = -\frac{1}{s-a}(1-0) - \frac{1}{s+a}(0-1)$$

$$= \frac{-2a}{s^2-a^2}, \quad -a < \mathrm{Re}[s] < a$$

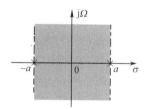

图 4-4 例 4-3 的收敛域和零极点图

其收敛域及零极点图如图 4-4 所示, 显然, 若 $a < 0$, 则 $f(t)$ 的拉氏变换不存在。

结合上述例子, 将信号的双边拉氏变换 $F(s)$ 的 ROC 的特性总结如下:

(1) $F(s)$ 的 ROC 是 s 平面内平行于 $\mathrm{j}\Omega$ 轴的某一区域。ROC 中不含任何极点, 极点位于 ROC 的边界上或其他区域, 换言之, $F(s)$ 是其 ROC 中的解析函数。

(2) 如果 $f(t)$ 是右边信号, 则 $F(s)$ 的 ROC 是某条直线 $\mathrm{Re}[s] = \sigma_1$ 的右边; 又若 $F(s)$ 是有理变换, 则其 ROC 在 s 平面上位于最右边极点的右边。

(3) 如果 $f(t)$ 是左边信号, 则 $F(s)$ 的 ROC 位于某条直线 $\mathrm{Re}[s] = \sigma_2$ 的左边; 又若 $F(s)$ 是有理变换, 则其 ROC 在 s 平面上位于最左边极点的左边。

(4) 如果 $f(t)$ 是双边信号, 则 $F(s)$ 的 ROC 是 s 平面上位于直线 $\mathrm{Re}[s] = \sigma_1$ 和直线 $\mathrm{Re}[s] = \sigma_2$ 之间的带状区域。

(5) 如果 $f(t)$ 是时限信号, 且绝对可积, 则其 ROC 是整个 s 平面。

上述特性此处不做证明, 所涉及的右边信号、左边信号、双边信号和时限信号的示例如图 4-5 所示。

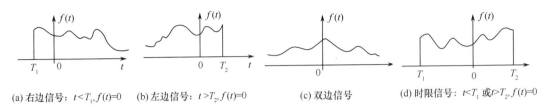

(a) 右边信号: $t<T_1, f(t)=0$ (b) 左边信号: $t>T_2, f(t)=0$ (c) 双边信号   (d) 时限信号: $t<T_1$ 或 $t>T_2, f(t)=0$

图 4-5 右边信号、左边信号、双边信号和时限信号的示例

4.1.3 单边拉普拉斯变换

在实际应用中,大多数情况下仅仅涉及因果信号和因果系统,即 $t<0$ 时输入信号和输出信号均为零。为此定义信号的单边拉普拉斯变换如下:

$$\mathscr{L}[f(t)] = F(s) = \int_{0^-}^{\infty} f(t) e^{-st} dt \tag{4-8}$$

积分下限从 0^- 开始是考虑到信号 $f(t)$ 在 $t=0$ 处可能包含有冲激或不连续点,一般情况下我们仍将积分下限写为 0,只在必要时(即 $f(t)$ 在 $t=0$ 处含有冲激或不连续时)才将其写为 0^-。$F(s)$ 的逆变换仍由式(4-5)表示,只是把 t 的范围限定为 $t \geq 0$,即

$$f(t) = \mathscr{L}^{-1}[F(s)] = \begin{cases} 0, & t < 0 \\ \dfrac{1}{2\pi j} \displaystyle\int_{\sigma-j\infty}^{\sigma+j\infty} F(s) e^{st} ds, & t \geq 0 \end{cases} \tag{4-9}$$

这样式(4-8)和式(4-9)就构成了单边拉氏变换对。这里仍然用 $\mathscr{L}[f(t)]$ 表示取正变换,用 $\mathscr{L}^{-1}[F(s)]$ 表示取逆变换。$F(s)$ 和 $f(t)$ 仍然分别称为象函数与原函数。$f(t)$ 与 $F(s)$ 的关系仍然简记为 $f(t) \longleftrightarrow F(s)$。从本节开始,除非特别指明,所涉及的拉氏变换均指单边拉氏变换。

由式(4-8)可知,如果 $f(t)$ 是因果信号,则其单边拉氏变换与双边拉氏变换相同。因此,单边拉氏变换的 ROC 与因果信号双边拉氏变换的 ROC 具有相同的特征,即都是 s 平面上某一条直线 $\text{Re}[s]=\sigma_0$ 的右边,若变换是有理的,则 ROC 位于最右边极点的右边。也就是说,由单边拉氏变换的表达式即可唯一确定其 ROC。故在讨论单边拉氏变换时,可以不标出 ROC。

4.1.4 常用信号的单边拉普拉斯变换

1. 单位阶跃信号 $U(t)$

$$\mathscr{L}[U(t)] = \int_0^{\infty} U(t) e^{-st} dt = -\frac{1}{s} e^{-st} \Big|_0^{\infty} = \frac{1}{s}, \quad \text{Re}[s] > 0$$

所以
$$U(t) \longleftrightarrow \frac{1}{s} \tag{4-10}$$

2. 单边指数信号 $e^{at}U(t)$(a 为任意常数)

$$\mathscr{L}[e^{at}U(t)] = \int_0^{\infty} e^{at}U(t) e^{-st} dt = \int_0^{\infty} e^{-(s-a)t} dt = -\frac{1}{s-a} e^{-(s-a)t} \Big|_0^{\infty}$$

$$= \frac{1}{s-a}, \quad \text{Re}[s] > \text{Re}[a]$$

所以
$$e^{at}U(t) \longleftrightarrow \frac{1}{s-a}$$
(4-11)

3. 单位冲激信号 $\delta(t)$

$$\mathscr{L}[\delta(t)] = \int_{0^-}^{\infty} \delta(t) e^{-st} dt = e^{-st} \Big|_{t=0} = 1$$

所以
$$\delta(t) \longleftrightarrow 1$$
(4-12)

表 4-1 列出了一些常用信号的拉氏变换。

表 4-1 一些常用信号的单边拉氏变换

序号	$f(t)$	$F(s) = \mathscr{L}[f(t)]$	序号	$f(t)$	$F(s) = \mathscr{L}[f(t)]$
1	冲激 $\delta(t)$	1	7	$e^{-at}\sin\Omega t U(t)$	$\dfrac{\Omega}{(s+a)^2+\Omega^2}$
2	阶跃 $U(t)$	$\dfrac{1}{s}$	8	$e^{-at}\cos\Omega t U(t)$	$\dfrac{s+a}{(s+a)^2+\Omega^2}$
3	$e^{-at}U(t)$	$\dfrac{1}{s+a}$	9	$te^{-at}U(t)$	$\dfrac{1}{(s+a)^2}$
4	$t^n U(t)$ （n 是正整数）	$\dfrac{n!}{s^{n+1}}$	10	$t^n e^{-at}U(t)$ （n 是正整数）	$\dfrac{n!}{(s+a)^{n+1}}$
5	$\sin\Omega t U(t)$	$\dfrac{\Omega}{s^2+\Omega^2}$	11	$t\sin\Omega t U(t)$	$\dfrac{2\Omega s}{(s^2+\Omega^2)^2}$
6	$\cos\Omega t U(t)$	$\dfrac{s}{s^2+\Omega^2}$	12	$t\cos\Omega t U(t)$	$\dfrac{s^2-\Omega^2}{(s^2+\Omega^2)^2}$

4.2 单边拉普拉斯变换的性质

拉氏变换的性质与傅里叶变换相似。在下面的讨论中,我们假设

$$f(t) \longleftrightarrow F(s), \quad f_1(t) \longleftrightarrow F_1(s), \quad f_2(t) \longleftrightarrow F_2(s)$$

4.2.1 线性特性

$$a_1 f_1(t) + a_2 f_2(t) \longleftrightarrow a_1 F_1(s) + a_2 F_2(s)$$
(4-13)

式中 a_1, a_2 为常数。拉氏变换的线性特性根据积分运算的特性很容易证明。

证明:
$$\mathscr{L}[a_1 f_1(t) + a_2 f_2(t)] = \int_0^{\infty} [a_1 f_1(t) + a_2 f_2(t)] e^{-st} dt$$
$$= \int_0^{\infty} a_1 f_1(t) e^{-st} dt + \int_0^{\infty} a_2 f_2(t) e^{-st} dt$$
$$= a_1 F_1(s) + a_2 F_2(s)$$

一般来说,两个信号相叠加后,象函数的 ROC 至少是原来两个 ROC 的重叠部分,若发生零极点相抵消的情况,则 $a_1 F_1(s) + a_2 F_2(s)$ 的 ROC 有可能扩大。

【例 4-4】 求单边余弦信号 $\cos\Omega_0 t U(t)$ 和单边正弦信号 $\sin\Omega_0 t U(t)$ 的拉氏变换。

解：由欧拉公式 $\cos\Omega_0 t U(t) = \dfrac{1}{2}(\mathrm{e}^{\mathrm{j}\Omega_0 t} + \mathrm{e}^{-\mathrm{j}\Omega_0 t})U(t)$

而 $\mathrm{e}^{\mathrm{j}\Omega_0 t}U(t) \longleftrightarrow \dfrac{1}{s - \mathrm{j}\Omega_0}, \quad \mathrm{e}^{-\mathrm{j}\Omega_0 t}U(t) \longleftrightarrow \dfrac{1}{s + \mathrm{j}\Omega_0}$

故由线性特性 $\cos\Omega_0 t U(t) \longleftrightarrow \dfrac{1}{2}\left(\dfrac{1}{s - \mathrm{j}\Omega_0} + \dfrac{1}{s + \mathrm{j}\Omega_0}\right) = \dfrac{s}{s^2 + \Omega_0^2}$ (4-14)

类似地，由 $\sin\Omega_0 t U(t) = \dfrac{1}{\mathrm{j}2}(\mathrm{e}^{\mathrm{j}\Omega_0 t} - \mathrm{e}^{-\mathrm{j}\Omega_0 t})U(t)$

可得 $\sin\Omega_0 t U(t) \longleftrightarrow \dfrac{1}{\mathrm{j}2}\left(\dfrac{1}{s - \mathrm{j}\Omega_0} - \dfrac{1}{s + \mathrm{j}\Omega_0}\right) = \dfrac{\Omega_0}{s^2 + \Omega_0^2}$ (4-15)

4.2.2 时移特性

$$f(t - t_0)U(t - t_0) \longleftrightarrow F(s)\mathrm{e}^{-s t_0}, \qquad t_0 \text{ 为常数}$$ (4-16)

证明： $\mathscr{L}\left[f(t - t_0)U(t - t_0)\right] = \displaystyle\int_0^\infty \left[f(t - t_0)U(t - t_0)\right]\mathrm{e}^{-s t}\mathrm{d}t$

$$= \int_{t_0}^\infty f(t - t_0)\mathrm{e}^{-s t}\mathrm{d}t$$

令 $\tau = t - t_0$，则 $t = \tau + t_0$，代入上式，得

$$\mathscr{L}\left[f(t - t_0)U(t - t_0)\right] = \int_0^\infty f(\tau)\mathrm{e}^{-s t_0}\cdot\mathrm{e}^{-s\tau}\mathrm{d}\tau = \mathrm{e}^{-s t_0}\cdot F(s)$$

因为单边变换仅根据信号的非负时间部分来定义，因此，时移应仅涉及信号的非负时间部分，即 $f(t)U(t)$；并且 t_0 应限制为不使信号的 $t \geq 0$ 的非零部分移入 $t < 0$ 的区域。

【例 4-5】 求图 4-6 所示的矩形脉冲的象函数。

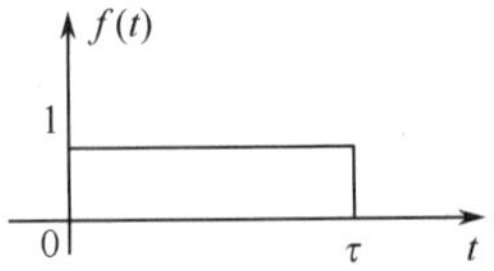

解： $f(t) = U(t) - U(t - \tau)$

因为 $U(t) \longleftrightarrow \dfrac{1}{s}, \quad U(t - \tau) \longleftrightarrow \dfrac{1}{s}\mathrm{e}^{-s\tau}$

所以 $f(t) \longleftrightarrow \dfrac{1}{s}(1 - \mathrm{e}^{-s\tau})$

图 4-6 例 4-5 的图

本例中 $\mathscr{L}[U(t)]$ 和 $\mathscr{L}[U(t-\tau)]$ 的 ROC 均为 $\mathrm{Re}[s] > 0$，极点均在 $s = 0$ 处。但 $\dfrac{1}{s}(1 - \mathrm{e}^{-s\tau})$ 有一个 $s = 0$ 的零点，抵消了该处的极点，相应地 ROC 扩大为整个 s 平面。事实上，$f(t)$ 为一时限信号，因而其 ROC 应为整个 s 平面。

【例 4-6】 求图 4-7 所示的 $t = 0$ 时接入的周期单位冲激序列的象函数 $F(s)$。

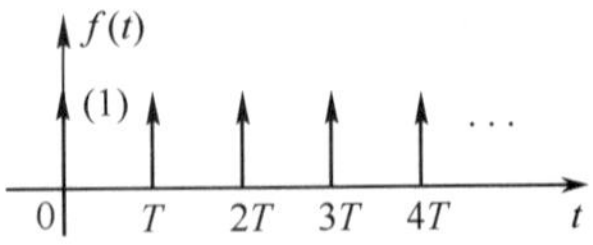

解：$f(t)$ 的表达式为

$$f(t) = \sum_{n=0}^\infty \delta(t - nT)$$
$$= \delta(t) + \delta(t - T) + \delta(t - 2T) + \cdots + \delta(t - nT) + \cdots$$

图 4-7 例 4-6 的图

因为 $\delta(t) \longleftrightarrow 1, \quad \delta(t-T) \longleftrightarrow \mathrm{e}^{-sT}, \quad \cdots, \quad \delta(t-nT) \longleftrightarrow \mathrm{e}^{-snT}, \quad \cdots$

所以 $F(s) = 1 + \mathrm{e}^{-sT} + \mathrm{e}^{-2sT} + \cdots + \mathrm{e}^{-snT} + \cdots = \displaystyle\sum_{n=0}^\infty (\mathrm{e}^{-sT})^n$

$F(s)$是一个公比为e^{-sT}的无穷多项等比数列之和,当$\mathrm{Re}[s]>0$时,$|\mathrm{e}^{-sT}|<1$,该数列收敛,由等比数列求和公式可得

$$\sum_{n=0}^{\infty}(\mathrm{e}^{-sT})^{n}=\frac{1}{1-\mathrm{e}^{-sT}}$$

所以

$$\sum_{n=0}^{\infty}\delta(t-nT)\longleftrightarrow\frac{1}{1-\mathrm{e}^{-sT}} \tag{4-17}$$

4.2.3　复频移(s域平移)特性

$$f(t)\mathrm{e}^{s_0 t}\longleftrightarrow F(s-s_0),\qquad s_0\text{为任意常数} \tag{4-18}$$

证明：

$$\mathscr{L}[f(t)\mathrm{e}^{s_0 t}]=\int_0^{\infty}f(t)\mathrm{e}^{s_0 t}\mathrm{e}^{-st}\mathrm{d}t=\int_0^{\infty}f(t)\mathrm{e}^{-(s-s_0)t}\mathrm{d}t=F(s-s_0)$$

此性质表明,时间信号乘以$\mathrm{e}^{s_0 t}$,相当于变换式在s域内平移s_0。

【例4-7】　求$\mathrm{e}^{-at}\cos\Omega_0 tU(t)$及$\mathrm{e}^{-at}\sin\Omega_0 tU(t)$的象函数。

解:因为

$$\cos\Omega_0 tU(t)\longleftrightarrow\frac{s}{s^2+\Omega_0^2},\quad \sin\Omega_0 tU(t)\longleftrightarrow\frac{\Omega_0}{s^2+\Omega_0^2}$$

由s域平移特性,有

$$\mathrm{e}^{-at}\cos\Omega_0 tU(t)\longleftrightarrow\frac{s+a}{(s+a)^2+\Omega_0^2}$$

和

$$\mathrm{e}^{-at}\sin\Omega_0 tU(t)\longleftrightarrow\frac{\Omega_0}{(s+a)^2+\Omega_0^2}$$

4.2.4　尺度变换(时-复频展缩)特性

$$f(at)\longleftrightarrow\frac{1}{a}F\left(\frac{s}{a}\right),\qquad a>0 \tag{4-19}$$

证明：

$$\mathscr{L}[f(at)]=\int_0^{\infty}f(at)\mathrm{e}^{-st}\mathrm{d}t$$

令$at=\tau$,则$t=\dfrac{\tau}{a}$,$\mathrm{d}t=\dfrac{1}{a}\mathrm{d}\tau$,代入上式得

$$\mathscr{L}[f(at)]=\frac{1}{a}\int_0^{\infty}f(\tau)\mathrm{e}^{-\frac{s}{a}\tau}\mathrm{d}\tau=\frac{1}{a}F\left(\frac{s}{a}\right)$$

一般地

$$f(at-t_0)U(at-t_0)\longleftrightarrow\frac{1}{a}\mathrm{e}^{-\frac{s}{a}t_0}F\left(\frac{s}{a}\right),\qquad a>0,t_0>0$$

【例4-8】　求$U(at)$,$a>0$的拉氏变换,并由此说明$U(at)=U(t)$。

解:令$F(s)=\mathscr{L}[U(t)]$,则$F(s)=1/s$,由尺度变换特性

$$\mathscr{L}[U(at)]=\frac{1}{a}F\left(\frac{s}{a}\right)=\frac{1}{a}\cdot\frac{1}{s/a}=\frac{1}{s}$$

因为

$$\mathscr{L}[U(at)]=\mathscr{L}[U(t)]$$

所以

$$U(at)=U(t)$$

4.2.5　卷积定理

类似于傅里叶变换的卷积定理,在拉氏变换中也有时域卷积定理与复频域卷积定理,时域卷积定理在系统分析中更为重要。

1. 时域卷积定理

若 $f_1(t)$ 和 $f_2(t)$ 为因果信号，即对 $t<0, f_1(t)=f_2(t)=0$，则

$$f_1(t) * f_2(t) \longleftrightarrow F_1(s)F_2(s) \tag{4-20}$$

证明：因为对 $t<0, f_1(t)=f_2(t)=0$，所以

$$f_1(t) * f_2(t) = \int_{-\infty}^{\infty} f_1(\lambda)f_2(t-\lambda)\mathrm{d}\lambda = \int_{0}^{\infty} f_1(\lambda)f_2(t-\lambda)\mathrm{d}\lambda$$

于是

$$\mathscr{L}[f_1(t) * f_2(t)] = \int_{0}^{\infty} \left[\int_{0}^{\infty} f_1(\lambda)f_2(t-\lambda)\mathrm{d}\lambda \right] \mathrm{e}^{-st}\mathrm{d}t$$

交换积分次序，得

$$\mathscr{L}[f_1(t) * f_2(t)] = \int_{0}^{\infty} f_1(\lambda)\mathrm{d}\lambda \int_{0}^{\infty} f_2(t-\lambda)\mathrm{e}^{-st}\mathrm{d}t$$

注意到 $\lambda>0$，令 $t-\lambda=\tau$，则

$$\int_{0}^{\infty} f_2(t-\lambda)\mathrm{e}^{-st}\mathrm{d}t = \int_{-\lambda}^{\infty} f_2(\tau)\mathrm{e}^{-s\tau} \cdot \mathrm{e}^{-s\lambda}\mathrm{d}\tau = \int_{0}^{\infty} f_2(\tau)\mathrm{e}^{-s\tau} \cdot \mathrm{e}^{-s\lambda}\mathrm{d}\tau = F_2(s)\mathrm{e}^{-s\lambda}$$

代入上式，得

$$\mathscr{L}[f_1(t) * f_2(t)] = \left[\int_{0}^{\infty} f_1(\lambda)\mathrm{e}^{-s\lambda}\mathrm{d}\lambda \right] F_2(s) = F_1(s)F_2(s)$$

即

$$f_1(t) * f_2(t) \longleftrightarrow F_1(s)F_2(s)$$

【例 4-9】 求图 4-8 所示的自 $t=0$ 接入的周期性矩形脉冲信号 $f(t)$ 的拉氏变换。

解： $f(t)$ 在第一个周期内 $(0 \leqslant t < T)$ 的表达式为

$$f_1(t) = E[U(t) - U(t-\tau)]$$

于是可得

$$f(t) = f_1(t) * \sum_{n=0}^{\infty} \delta(t-nT)$$

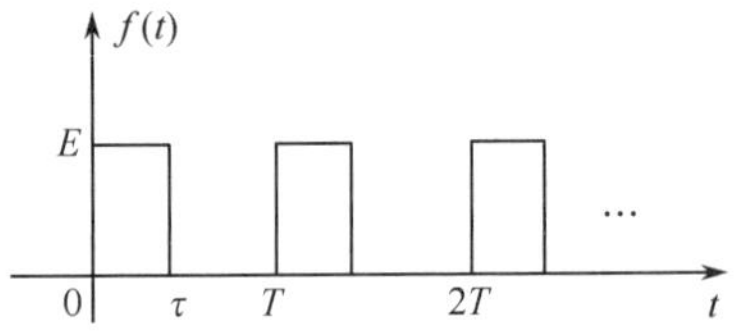

图 4-8　例 4-9 的图

由卷积定理

$$\mathscr{L}[f(t)] = \mathscr{L}[f_1(t)] \cdot \mathscr{L}\left[\sum_{n=0}^{\infty} \delta(t-nT) \right]$$

由 $f_1(t)$ 的表达式及例 4-6 可知

$$\mathscr{L}[f_1(t)] = E(1-\mathrm{e}^{-s\tau})/s, \quad \mathscr{L}\left[\sum_{n=0}^{\infty} \delta(t-nT) \right] = \frac{1}{1-\mathrm{e}^{-sT}}$$

所以

$$\mathscr{L}[f(t)] = \frac{E(1-\mathrm{e}^{-s\tau})}{s(1-\mathrm{e}^{-sT})}$$

上述例子可以推广至一般情形：设自 $t=0$ 接入的周期信号 $f(t)$ 在第一个周期内 $(0 \leqslant t < T)$ 的表达式为 $f_1(t)$，且 $f_1(t) \longleftrightarrow F_1(s)$，则 $f(t)$ 的拉氏变换可表示为

$$F(s) = \frac{F_1(s)}{1-\mathrm{e}^{-sT}} \tag{4-21}$$

2. 复频域卷积定理

用类似方法可以证明

$$f_1(t)f_2(t) \longleftrightarrow \frac{1}{2\pi \mathrm{j}} \int_{C-\mathrm{j}\infty}^{C+\mathrm{j}\infty} F_1(\lambda)F_2(s-\lambda)\mathrm{d}\lambda \tag{4-22}$$

式中积分路线 $\sigma=C$ 是 $F_1(\lambda)$ 和 $F_2(s-\lambda)$ 收敛域重叠部分内与虚轴平行的直线。这里对积分路线的限制较严，而该积分的计算也比较复杂，因而复频域卷积定理较少应用。

复频域卷积定理此处不做证明。

4.2.6 微分定理

1. 时域微分

$$
\left.
\begin{aligned}
f'(t) &\longleftrightarrow sF(s) - f(0^-) \\
f''(t) &\longleftrightarrow s^2 F(s) - sf(0^-) - f'(0^-) \\
f^{(n)}(t) &\longleftrightarrow s^n F(s) - \sum_{m=0}^{n-1} s^{n-1-m} f^{(m)}(0^-)
\end{aligned}
\right\}
\tag{4-23}
$$

证明:根据拉氏变换的定义

$$
\mathscr{L}[f'(t)] = \int_{0^-}^{\infty} f'(t) \mathrm{e}^{-st} \mathrm{d}t
$$

对上式运用分部积分,得

$$
\begin{aligned}
\int_{0^-}^{\infty} f'(t) \mathrm{e}^{-st} \mathrm{d}t &= \mathrm{e}^{-st} f(t) \Big|_{0^-}^{\infty} + s \int_{0^-}^{\infty} f(t) \mathrm{e}^{-st} \mathrm{d}t \\
&= \lim_{t \to \infty} \mathrm{e}^{-st} f(t) - f(0^-) + sF(s)
\end{aligned}
$$

在收敛域内有 $\lim\limits_{t \to \infty} \mathrm{e}^{-st} f(t) = 0$,故

$$
\mathscr{L}[f'(t)] = sF(s) - f(0^-)
\tag{4-24}
$$

反复应用式(4-24)可推广至高阶导数的情形。例如二阶导数

$$
f''(t) = \frac{\mathrm{d}}{\mathrm{d}t}[f'(t)]
$$

应用式(4-24)得

$$
\begin{aligned}
\mathscr{L}[f''(t)] &= s\mathscr{L}[f'(t)] - f'(0^-) \\
&= s[sF(s) - f(0^-)] - f'(0^-) \\
&= s^2 F(s) - sf(0^-) - f'(0^-)
\end{aligned}
\tag{4-25}
$$

类似地,可得 n 阶导数的拉氏变换

$$
\begin{aligned}
\mathscr{L}[f^{(n)}(t)] &= s^n F(s) - s^{n-1} f(0^-) - s^{n-2} f'(0^-) - \cdots - f^{(n-1)}(0^-) \\
&= s^n F(s) - \sum_{m=0}^{n-1} s^{n-1-m} f^{(m)}(0^-)
\end{aligned}
$$

特别地,对因果信号,有

$$
f^{(n)}(t) \longleftrightarrow s^n F(s)
\tag{4-26}
$$

【例 4-10】 信号 $f(t)$ 如图 4-9 所示,分别通过直接计算和微分特性求 $\dfrac{\mathrm{d}f(t)}{\mathrm{d}t}$ 的拉氏变换。

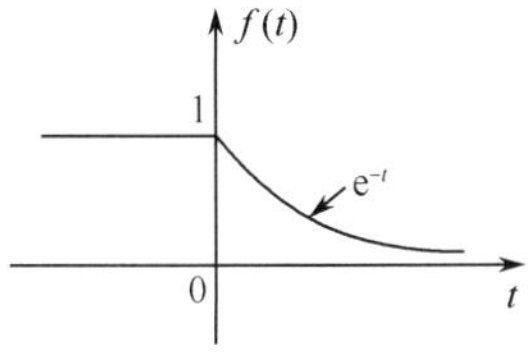

解: 由图 4-9 可得 $\qquad \dfrac{\mathrm{d}f(t)}{\mathrm{d}t} = -\mathrm{e}^{-t} U(t)$

所以 $\qquad \mathscr{L}\left[\dfrac{\mathrm{d}f(t)}{\mathrm{d}t}\right] = -\dfrac{1}{s+1}$

下面用微分特性重推此结果。

记 $F(s) = \mathscr{L}[f(t)]$,则 $F(s) = \dfrac{1}{s+1}$。

图 4-9 例 4-10 的图

由微分特性 $\qquad \mathscr{L}\left[\dfrac{\mathrm{d}f(t)}{\mathrm{d}t}\right] = sF(s) - f(0^-) = \dfrac{s}{s+1} - 1 = -\dfrac{1}{s+1}$

2. 复频域微分(s 域微分)

$$-tf(t) \longleftrightarrow \frac{\mathrm{d}F(s)}{\mathrm{d}s}$$

推广至一般情形

$$(-t)^n f(t) \longleftrightarrow \frac{\mathrm{d}^n F(s)}{\mathrm{d}s^n}$$

(4-27)

证明:因为

$$F(s) = \int_0^\infty f(t)\,\mathrm{e}^{-st}\,\mathrm{d}t$$

上式两边对 s 求导,得

$$\frac{\mathrm{d}F(s)}{\mathrm{d}s} = \frac{\mathrm{d}}{\mathrm{d}s}\int_0^\infty f(t)\,\mathrm{e}^{-st}\,\mathrm{d}t$$

交换微分与积分次序,得

$$\frac{\mathrm{d}F(s)}{\mathrm{d}s} = \int_0^\infty f(t)\frac{\mathrm{d}}{\mathrm{d}s}\big[\mathrm{e}^{-st}\big]\mathrm{d}t = \int_0^\infty -tf(t)\mathrm{e}^{-st} = \mathscr{L}\big[-tf(t)\big]$$

即

$$-tf(t) \longleftrightarrow \frac{\mathrm{d}F(s)}{\mathrm{d}s}$$

重复运用上述结果可得

$$(-t)^n f(t) \longleftrightarrow \frac{\mathrm{d}^n F(s)}{\mathrm{d}s^n}$$

【例 4-11】 求 $tU(t)$ 和 $t^n U(t)$ 的拉氏变换。

解:因为

$$U(t) \longleftrightarrow \frac{1}{s}$$

由复频域微分特性,得

$$-tU(t) \longleftrightarrow \frac{\mathrm{d}}{\mathrm{d}s}\left(\frac{1}{s}\right) = \frac{-1}{s^2}$$

即

$$tU(t) \longleftrightarrow \frac{1}{s^2}$$

(4-28)

同理

$$t^2 U(t) \longleftrightarrow -\frac{\mathrm{d}}{\mathrm{d}s}\left(\frac{1}{s^2}\right) = \frac{2}{s^3}$$

$$t^3 U(t) \longleftrightarrow -\frac{\mathrm{d}}{\mathrm{d}s}\left(\frac{2}{s^3}\right) = \frac{3!}{s^4}$$

$$\vdots$$

$$t^n U(t) \longleftrightarrow -\frac{\mathrm{d}}{\mathrm{d}s}\left(\frac{(n-1)!}{s^n}\right) = \frac{n!}{s^{n+1}}$$

所以

$$t^n U(t) \longleftrightarrow \frac{n!}{s^{n+1}}$$

(4-29)

4.2.7 积分定理

1. 时域积分

用符号 $f^{(-n)}(t)$ 表示对函数 $f(t)$ 的 n 重积分,它也可表示为 $\left(\int_{-\infty}^t\right)^n f(x)\,\mathrm{d}x$,如果该积分的下限为 0^-,就表示为 $\left(\int_{0^-}^t\right)^n f(x)\,\mathrm{d}x$。则积分特性为

$$\left(\int_{0^-}^{t}\right)^{n} f(x)\,dx \longleftrightarrow \frac{1}{s^n} F(s) \tag{4-30}$$

否则,积分特性为

$$f^{(-1)}(t) = \int_{-\infty}^{t} f(x)\,dx \longleftrightarrow \frac{1}{s} F(s) + \frac{1}{s} f^{(-1)}(0^-) \left.\vphantom{\sum_{m=1}^{n}}\right\}$$

$$f^{(-n)}(t) = \left(\int_{-\infty}^{t}\right)^{n} f(x)\,dx \longleftrightarrow \frac{1}{s^n} F(s) + \sum_{m=1}^{n} \frac{1}{s^{n-m+1}} f^{(-m)}(0^-) \tag{4-31}$$

首先证明式(4-30)。令 $n=1$,因为

$$\int_{0^-}^{t} f(x)\,dx = [f(t)U(t)] * U(t)$$

所以
$$\mathscr{L}\left[\int_{0^-}^{t} f(x)\,dx\right] = \mathscr{L}[f(t)U(t)]\mathscr{L}[U(t)] = \frac{1}{s} F(s) \tag{4-32}$$

重复应用上述结果即可得式(4-30)。

其次,再来研究式(4-31)。先证明 $n=1$ 的情形,此时有

$$f^{(-1)}(t) = \int_{-\infty}^{t} f(x)\,dx = \int_{-\infty}^{0^-} f(x)\,dx + \int_{0^-}^{t} f(x)\,dx$$

$$= f^{(-1)}(0^-) + \int_{0^-}^{t} f(x)\,dx \tag{4-33}$$

式中 $f^{(-1)}(0^-) = \displaystyle\int_{-\infty}^{0^-} f(x)\,dx$,它是 $f^{(-1)}(t)$ 在 $t = 0^-$ 时的值,它是一个常数。由于是取单边变换,故

$$\mathscr{L}[f^{(-1)}(0^-)] = \frac{1}{s} f^{(-1)}(0^-) \tag{4-34}$$

对式(4-33)两边取拉氏变换并将式(4-32)、式(4-34)代入,得

$$\mathscr{L}[f^{(-1)}(t)] = \mathscr{L}[f^{(-1)}(0^-)] + \mathscr{L}\left[\int_{0^-}^{t} f(x)\,dx\right]$$

$$= \frac{1}{s} f^{(-1)}(0^-) + \frac{1}{s} F(s) \tag{4-35}$$

反复利用式(4-35)即可得到式(4-31)。

【例 4-12】 利用积分定理求图 4-10 所示三角形脉冲的拉氏变换 $F(s)$。

解:设 $f_2(t) = f''(t)$,则

$$f_2(t) = 2\delta(t) - 4\delta(t-1) + 2\delta(t-2)$$

且
$$f(t) = \left(\int_{0^-}^{t}\right)^{2} f_2(x)\,dx$$

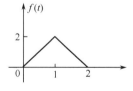

图 4-10 例 4-12 的图

设 $F_2(s) = \mathscr{L}[f_2(t)]$,则

$$F_2(s) = 2(1 - 2e^{-s} + e^{-2s})$$

由时域积分特性
$$F(s) = \frac{1}{s^2} F_2(s) = \frac{2}{s^2}(1 - 2e^{-s} + e^{-2s})$$

$$= \frac{2(1 - e^{-s})^2}{s^2}$$

2. 复频域积分

$$\frac{f(t)}{t} \longleftrightarrow \int_{s}^{\infty} F(\lambda)\,d\lambda \tag{4-36}$$

证明:将 $F(s) = \int_0^\infty f(t)e^{-st}dt$ 代入 $\int_s^\infty F(\lambda)d\lambda$ 中并交换积分次序,得

$$\int_s^\infty F(\lambda)d\lambda = \int_s^\infty \left[\int_0^\infty f(t)e^{-\lambda t}dt\right]d\lambda = \int_0^\infty f(t)\left[\int_s^\infty e^{-\lambda t}d\lambda\right]dt$$

$$= \int_0^\infty \frac{f(t)}{t}e^{-st}dt = \mathscr{L}\left[\frac{f(t)}{t}\right]$$

【例 4-13】 求 $\mathrm{Sa}(t)U(t)$ 的象函数。

解:因为
$$\sin t U(t) \longleftrightarrow \frac{1}{t^2+1}$$

所以 $$\mathrm{Sa}(t)U(t) = \frac{\sin t U(t)}{t} \longleftrightarrow \int_s^\infty \frac{1}{\lambda^2+1}d\lambda = \tan^{-1}\lambda \bigg|_s^\infty = \frac{\pi}{2} - \arctan s = \mathrm{arccot} s$$

即
$$\mathrm{Sa}(t)U(t) \longleftrightarrow \mathrm{arccot} s$$

4.2.8 初值定理和终值定理

1. 初值定理

记 $f(0^+) = \lim_{t \to 0^+} f(t)$,若 $f(t)$ 不包含 $\delta(t)$ 及其各阶导数,则

$$f(0^+) = \lim_{s \to \infty} sF(s) \tag{4-37}$$

证明:由时域微分特性可知

$$f'(t) \longleftrightarrow sF(s) - f(0^-) \tag{4-38}$$

另一方面
$$\int_{0^-}^\infty f'(t)e^{-st}dt = \int_{0^-}^{0^+} f'(t)e^{-st}dt + \int_{0^+}^\infty f'(t)e^{-st}dt \tag{4-39}$$

考虑到在 $(0^-, 0^+)$ 区间 $e^{-st} = 1$,故

$$\int_{0^-}^{0^+} f'(t)e^{-st}dt = \int_{0^-}^{0^+} f'(t)dt = f(0^+) - f(0^-)$$

将上式代入式(4-39),得

$$\int_{0^-}^\infty f'(t)e^{-st}dt = f(0^+) - f(0^-) + \int_{0^+}^\infty f'(t)e^{-st}dt \tag{4-40}$$

式(4-38)与式(4-40)应该相等,于是有

$$sF(s) - f(0^-) = f(0^+) - f(0^-) + \int_{0^+}^\infty f'(t)e^{-st}dt$$

即
$$sF(s) = f(0^+) + \int_{0^+}^\infty f'(t)e^{-st}dt \tag{4-41}$$

对上式两边取 $s \longrightarrow \infty$ 的极限,考虑到 $\lim_{s \to \infty} e^{-st} = 0$,得

$$\lim_{s \to \infty} sF(s) = f(0^+) + \lim_{s \to \infty}\int_{0^+}^\infty f'(t)e^{-st}dt = f(0^+) + \int_{0^+}^\infty f'(t)\left[\lim_{s \to \infty} e^{-st}\right]dt = f(0^+)$$

2. 终值定理

若信号 $f(t)$ 当 $t \longrightarrow \infty$ 时的极限存在,即 $f(\infty) = \lim_{t \to \infty} f(t)$ 存在,则

$$f(\infty) = \lim_{s \to 0} sF(s) \tag{4-42}$$

证明:对式(4-41)两边取 $s \longrightarrow 0$ 的极限,由于

$$\lim_{s \to 0} \int_{0^+}^{\infty} f'(t) e^{-st} dt = \int_{0^+}^{\infty} f'(t) \left[\lim_{s \to 0} e^{-st} \right] dt = \int_{0^+}^{\infty} f'(t) dt = f(\infty) - f(0^+)$$

所以　　　　$\lim_{s \to 0} sF(s) = f(0^+) + \lim_{s \to 0} \int_{0^+}^{\infty} f'(t) e^{-st} dt = f(0^+) + f(\infty) - f(0^+) = f(\infty)$

即式(4-42)成立。

在系统分析中,有时我们仅对输出信号的初始值 $y(0^+)$ 和终值 $y(\infty)$ 感兴趣。在许多情况下,初值定理和终值定理允许我们直接从拉氏变换求出初始值和终值,这样,就可以避免拉氏逆变换的计算。需要注意的是,初值定理和终值定理仅对单边拉氏变换或因果信号成立。另外,在应用终值定理时,$sF(s)$ 的全部极点应在 s 平面的左半平面,否则不能应用。

【例 4-14】　信号 $f(t)$ 的拉氏变换 $F(s) = \dfrac{1}{s+a}$,求原信号 $f(t)$ 的初值和终值。

解:(1) 由初值定理　　　　$f(0^+) = \lim_{s \to \infty} sF(s) = \lim_{s \to \infty} \dfrac{s}{s+a} = 1$

(2) 因为 $sF(s) = \dfrac{s}{s+a}$ 在 $s = -a$ 处有一个极点,故若 $a=0$,$sF(s)$ 无极点,若 $a>0$,$sF(s)$ 的极点在左半平面,这两种情况下终值均存在;若 $a<0$,则 $sF(s)$ 的极点在右半平面,终值不存在。

因此　　　　$f(\infty) = \begin{cases} \lim\limits_{s \to 0} sF(s) = \lim\limits_{s \to 0} \dfrac{s}{s+a} = \begin{cases} 0, & a>0 \\ 1, & a=0 \end{cases} \\ \text{不存在}, & a<0 \end{cases}$

事实上,$f(t) = e^{-at} U(t)$,由此很容易得出上述结果。

表 4-2 列出了单边拉氏变换的性质,以便查阅。

表 4-2　单边拉普拉斯变换的性质

名　称	时域	$f(t) \longleftrightarrow F(s)$　复频域
定　义	$f(t) = \dfrac{1}{2\pi j} \int_{\sigma - j\infty}^{\sigma + j\infty} F(s) e^{st} ds$	$F(s) = \int_{0^-}^{\infty} f(t) e^{-st} dt, \quad \sigma > \sigma_0$
线性特性	$a_1 f_1(t) \pm a_2 f_2(t)$	$a_1 F_1(s) \pm a_2 F_2(s), \quad \sigma > \max(\sigma_1, \sigma_2)$
时频展缩特性	$f(at), \quad a>0$	$\dfrac{1}{a} F\left(\dfrac{s}{a}\right), \quad \sigma > a\sigma_0$
时移特性	$f(t-t_0) U(t-t_0)$	$e^{-st_0} F(s), \quad \sigma > \sigma_0$
	$f(at-b) U(at-b), \quad a>0, \quad b \geqslant 0$	$\dfrac{1}{a} e^{-\frac{b}{a}s} F\left(\dfrac{s}{a}\right), \quad \sigma > a\sigma_0$
复频移特性	$e^{\pm s_a t} f(t)$	$F(s \mp s_a), \quad \sigma > \sigma_a + \sigma_0$
时域微分	$f^{(1)}(t)$	$sF(s) - f(0^-), \quad \sigma > \sigma_0$
	$f^{(n)}(t)$	$s^n F(s) - \sum\limits_{m=0}^{n-1} s^{n-1-m} f^{(m)}(0^-)$
时域积分	$\left(\int_{0^-}^{t}\right)^n f(x) dx$	$\dfrac{1}{s^n} F(s), \quad \sigma > \max(\sigma_0, 0)$
	$f^{(-1)}(t)$	$\dfrac{1}{s} F(s) + \dfrac{1}{s} f^{(-1)}(0^-)$
	$f^{(-n)}(t)$	$\dfrac{1}{s^n} F(s) + \sum\limits_{m=1}^{n} \dfrac{1}{s^{n-m+1}} f^{(-m)}(0^-)$

名　称	时域	$f(t) \longleftrightarrow F(s)$	复频域
时域卷积	$f_1(t) * f_2(t)$		$F_1(s)F_2(s)$，$\sigma > \max(\sigma_1, \sigma_2)$
时域相乘	$f_1(t)f_2(t)$		$\dfrac{1}{2\pi j}\displaystyle\int_{C-j\infty}^{C+j\infty} F_1(\eta)F_2(s-\eta)\mathrm{d}\eta$ $\sigma > \sigma_1 + \sigma_2, \sigma_1 < C < \sigma - \sigma_2$
复频域微分	$(-t)^n f(t)$		$F^{(n)}(s)$，$\sigma > \sigma_0$
复频域积分	$\dfrac{f(t)}{t}$		$\displaystyle\int_s^\infty F(\eta)\mathrm{d}\eta$，$\sigma > \sigma_0$
初值定理	$f(0^+) = \lim\limits_{s\to\infty} sF(s)$，　$F(s)$ 为真分式		
终值定理	$f(\infty) = \lim\limits_{s\to0} sF(s)$，　$s=0$ 在收敛域内		

注：① 表中 σ_0 为收敛坐标；② $f^{(n)}(t) \overset{\text{def}}{=\!=\!=} \dfrac{\mathrm{d}^n f(t)}{\mathrm{d}t^n}$，$F^{(n)}(s) \overset{\text{def}}{=\!=\!=} \dfrac{\mathrm{d}^n F(s)}{\mathrm{d}s^n}$，$f^{(-n)}(t) = (\displaystyle\int_{-\infty}^t \ )^n f(x)\mathrm{d}x, n \geqslant 0$

4.3　拉普拉斯逆变换

在系统分析中，为了最终求得系统的时域响应，常需要求象函数的拉氏逆变换。直接利用式(4-9)计算逆变换需要复变函数理论和围线积分的知识，这已超出了本书的范围。实际上，常常遇到的象函数是有理函数，对于这种情况，通过部分分式展开，将 $F(s)$ 表示为各个部分分式之和便可得到逆变换，无须进行积分运算。下面我们就讨论通过部分分式展开求有理函数逆变换的方法。假设

$$F(s) = \frac{N(s)}{D(s)} = \frac{b_m s^m + b_{m-1}s^{m-1} + \cdots + b_1 s + b_0}{s^n + a_{n-1}s^{n-1} + \cdots + a_1 s + a_0}$$

式中，$a_{n-1}, a_{n-2}, \cdots, a_1, a_0, b_m, \cdots, b_0$ 皆为实数，m 和 n 为正整数。

如果 $F(s)$ 是"假分式"（即 $m \geqslant n$），则用长除法把 $F(s)$ 表示为以下形式

$$F(s) = \sum_{k=0}^{m-n} C_k s^k + F_1(s) \tag{4-43}$$

式中　　　　　$F_1(s) = \dfrac{N_1(s)}{D(s)}$　　　　（注意，若 $m<n$，则 $C_k = 0$，$F_1(s) = F(s)$）

此时分子多项式 $N_1(s)$ 的阶数低于分母多项式的阶数（即为真分式），可以用部分分式展开法确定 $F_1(s)$ 的逆变换。而对于式(4-43)中的第一项，利用 $\delta(t) \longleftrightarrow 1$ 及时域微分特性，可以找出 $\displaystyle\sum_{k=0}^{m-n} C_k s^k$ 中各项的逆变换为

$$\sum_{k=0}^{m-n} C_k \delta^{(k)}(t) \longleftrightarrow \sum_{k=0}^{m-n} C_k s^k \tag{4-44}$$

其中，$\delta^{(k)}(t)$ 表示冲激函数 $\delta(t)$ 的第 k 阶导数。

因此，下面仅需讨论真分式 $F_1(s)$ 的部分分式展开。为此，将分母进行因式分解，把 $F_1(s)$ 表示为

$$F_1(s) = \frac{N_1(s)}{\prod\limits_{k=1}^{n}(s-p_k)}, \qquad \text{其中 } p_k(k=1,2,\cdots,n) \text{ 为极点}$$

按照极点的不同特点,部分分式展开有以下几种情况。

4.3.1 极点为实数且无重根

设 $p_1,p_2,\cdots,p_n$ 为 $F_1(s)$ 的互不相同的实极点,则 $F_1(s)$ 可分解为以下部分分式之和

$$F_1(s) = \frac{A_1}{s-p_1} + \frac{A_2}{s-p_2} + \cdots + \frac{A_n}{s-p_n} = \sum_{k=1}^{n} \frac{A_k}{s-p_k} \qquad (4\text{-}45)$$

和式中各项的拉氏逆变换可以由下式得到

$$A_k e^{p_k t} U(t) \longleftrightarrow \frac{A_k}{s-p_k}$$

从而可得到 $F_1(s)$ 的逆变换。

为了确定式(4-45)中第 k 个系数 A_k,$k=1,2,\cdots,n$,将式(4-45)两边乘以$(s-p_k)$并令 $s=p_k$,则有

$$A_k = (s-p_k)F_1(s)\Big|_{s=p_k} \qquad\qquad k=1,2,\cdots,n \qquad (4\text{-}46)$$

【例 4-15】 设 $F(s) = \dfrac{-5s-7}{(s+1)(s-1)(s+2)}$,求其逆变换。

解: 对 $F(s)$ 进行部分分式展开

$$F(s) = \frac{A_1}{s+1} + \frac{A_2}{s-1} + \frac{A_3}{s+2}$$

由式(4-46)可得

$$A_1 = (s+1)F(s)\Big|_{s=-1} = \frac{-5\times(-1)-7}{(-1-1)\times(-1+2)} = 1$$

$$A_2 = (s-1)F(s)\Big|_{s=1} = \frac{-5\times1-7}{(1+1)\times(1+2)} = -2$$

$$A_3 = (s+2)F(s)\Big|_{s=-2} = \frac{-5\times(-2)-7}{(-2+1)\times(-2-1)} = 1$$

于是

$$F(s) = \frac{1}{s+1} - \frac{2}{s-1} + \frac{1}{s+2}$$

故

$$f(t) = e^{-t}U(t) - 2e^{t}U(t) + e^{-2t}U(t)$$

【例 4-16】 求 $F(s) = \dfrac{s^3+7s^2+18s+20}{s^2+5s+6}$ 的拉氏逆变换 $f(t)$。

解: $F(s)$ 不是真分式,首先用长除法将 $F(s)$ 表示为真分式与 s 的多项式之和

$$
\begin{array}{r}
s+2 \\
s^2+5s+6\,\overline{\smash{\big)}\,s^3+7s^2+18s+20} \\
\underline{s^3+5s^2+6s} \\
2s^2+12s+20 \\
\underline{2s^2+10s+12} \\
2s+8
\end{array}
$$

得到
$$F(s) = s+2+\frac{2s+8}{s^2+5s+6}$$

将第三项有理真分式进行部分分式展开,得
$$\frac{2s+8}{s^2+5s+6} = \frac{A_1}{s+2}+\frac{A_2}{s+3}$$

其中
$$A_1 = (s+2)\frac{2s+8}{s^2+5s+6}\bigg|_{s=-2} = \frac{2\times(-2)+8}{(-2)+3} = 4$$

$$A_2 = (s+3)\frac{2s+8}{s^2+5s+6}\bigg|_{s=-3} = \frac{2\times(-3)+8}{-3+2} = -2$$

所以
$$F(s) = s+2+\frac{4}{s+2}-\frac{2}{s+3}$$

从而
$$f(t) = \delta'(t)+2\delta(t)+4\mathrm{e}^{-2t}U(t)-2\mathrm{e}^{-3t}U(t)$$

4.3.2 极点为复数且无重根

如果 $D(s)=0$ 有复根,由于 $D(s)$ 是实系数的,因此复根是成共轭对出现的,即 $F_1(s)$ 有共轭复数极点。此时仍可由式(4-46)计算各展开系数,但计算要麻烦一些。根据共轭复数的特点可以采取以下方法。

不妨设 $F_1(s)$ 的共轭极点为 $-\alpha\pm\mathrm{j}\beta$,则 $F_1(s)$ 可表示为
$$F_1(s) = \frac{N_1(s)}{D_1(s)\left[(s+\alpha)^2+\beta^2\right]} = \frac{N_1(s)}{D_1(s)(s+\alpha-\mathrm{j}\beta)(s+\alpha+\mathrm{j}\beta)}$$

记
$$F_2(s) = \frac{N_1(s)}{D_1(s)}$$

则
$$F_1(s) = \frac{F_2(s)}{(s+\alpha-\mathrm{j}\beta)(s+\alpha+\mathrm{j}\beta)}$$

于是 $F_1(s)$ 可展开为
$$F_1(s) = \frac{A_1}{s+\alpha-\mathrm{j}\beta}+\frac{A_2}{s+\alpha+\mathrm{j}\beta}+\cdots \tag{4-47}$$

由式(4-46)求得
$$A_1 = (s+\alpha-\mathrm{j}\beta)F_1(s)\big|_{s=-\alpha+\mathrm{j}\beta} = \frac{F_2(-\alpha+\mathrm{j}\beta)}{\mathrm{j}2\beta}$$

$$A_2 = (s+\alpha+\mathrm{j}\beta)F_1(s)\big|_{s=-\alpha-\mathrm{j}\beta} = \frac{F_2(-\alpha-\mathrm{j}\beta)}{-\mathrm{j}2\beta}$$

由于 $F_2(s)$ 是实系数的,故不难看出 A_1 与 A_2 呈共轭关系,假定
$$A_1 = |A_1|\mathrm{e}^{\mathrm{j}\theta}$$

则
$$A_2 = A_1^* = |A_1|\mathrm{e}^{-\mathrm{j}\theta}$$

如果把式(4-47)中共轭复数极点有关部分的逆变换以 $f_0(t)$ 表示,则
$$\begin{aligned}
f_0(t) &= \mathscr{L}^{-1}\left[\frac{A_1}{s+\alpha-\mathrm{j}\beta}+\frac{A_2}{s+\alpha+\mathrm{j}\beta}\right]\\
&= |A_1|\mathrm{e}^{\mathrm{j}\theta}\mathrm{e}^{(-\alpha+\mathrm{j}\beta)t}U(t)+|A_1|\mathrm{e}^{-\mathrm{j}\theta}\mathrm{e}^{(-\alpha-\mathrm{j}\beta)t}U(t)\\
&= 2|A_1|\mathrm{e}^{-\alpha t}\cos(\beta t+\theta)U(t)
\end{aligned} \tag{4-48}$$

【例 4-17】 求 $F(s) = \dfrac{3s^2+22s+27}{s^4+5s^3+13s^2+19s+10}$ 的拉氏逆变换。

解：
$$F(s) = \frac{3s^2+22s+27}{s^4+5s^3+13s^2+19s+10} = \frac{3s^2+22s+27}{(s+1)(s+2)(s^2+2s+5)}$$

$$= \frac{A_1}{s+1} + \frac{A_2}{s+2} + \frac{A_3}{s+1-j2} + \frac{A_3^*}{s+1+j2}$$

$$A_1 = (s+1)F(s)\big|_{s=-1} = \frac{3\times(-1)^2+22\times(-1)+27}{[(-1)+2]\times[(-1)^2+2\times(-1)+5]} = 2$$

$$A_2 = (s+2)F(s)\big|_{s=-2} = \frac{3\times(-2)^2+22\times(-2)+27}{(-2+1)\times[(-2)^2+2\times(-2)+5]} = 1$$

$$A_3 = (s+1-j2)\big|_{s=-1+j2} = \frac{3\times(-1+j2)^2+22\times(-1-j2)+27}{(-1+j2+1)\times(-1+j2+2)\times(-1+j2+1+j2)}$$

$$= -1.5-j1 = \frac{\sqrt{13}}{2}e^{j(\pi+\arctan\frac{2}{3})}$$

利用式(4-48)可得
$$f(t) = \left[2e^{-t}+e^{-2t}-\sqrt{13}\,e^{-t}\cos\left(2t+\arctan\frac{2}{3}\right)\right]U(t)$$

在变换式含有复数极点时，也可在展开式中将共轭极点组合成具有实系数的二次项，以避免复数运算，我们通过下面的例子说明这种方法。

【例 4-18】 求 $F(s) = \dfrac{4s^2+6}{s^3+s^2-2}$ 的拉氏逆变换。

解：
$$F(s) = \frac{4s^2+6}{(s-1)(s^2+2s+2)} = \frac{4s^2+6}{(s-1)[(s+1)^2+1]}$$

复数共轭极点为 $s=-1\pm j$，可以将 $F(s)$ 展开为
$$F(s) = \frac{A}{s-1} + \frac{B_1s+B_2}{(s+1)^2+1}$$

其中
$$A = (s-1)F(s)\big|_{s=1} = \frac{4s^2+6}{(s+1)^2+1}\bigg|_{s=1} = 2$$

于是
$$F(s) = \frac{2}{s-1} + \frac{B_1s+B_2}{(s+1)^2+1}$$

将上式通分后，令其分子与 $F(s)$ 的分子相等，便可求出 B_1 与 B_2。于是可得
$$4s^2+6 = 2[(s+1)^2+1]+(B_1s+B_2)(s-1)$$
$$= (2+B_1)s^2+(4-B_1+B_2)s+(4-B_2)$$

由 s^2 系数相等得出 $B_1=2$，由常数项相等得出 $B_2=-2$，因此
$$F(s) = \frac{2}{s-1} + \frac{2s-2}{(s+1)^2+1} = \frac{2}{s-1} + \frac{2(s+1)}{(s+1)^2+1} - 4\frac{1}{(s+1)^2+1}$$

于是
$$f(t) = (2e^t+2e^{-t}\cos t-4e^{-t}\sin t)U(t)$$

4.3.3 极点为多重极点

如果分母多项式 $D(s)=0$ 含有多重根，不失一般性，设 p_1 为 r 重根，而其余的为单根。此时 $F_1(s)$ 可表示为
$$F_1(s) = \frac{N_1(s)}{(s-p_1)^r D_1(s)}$$

可以将 $F_1(s)$ 按如下形式做部分分式展开

$$F_1(s) = \frac{A_{11}}{(s-p_1)^r} + \frac{A_{12}}{(s-p_1)^{r-1}} + \cdots + \frac{A_{1r}}{s-p_1} + \cdots \tag{4-49}$$

即存在 r 个关于该极点的部分分式展开式,且相应的展开式系数 A_{1k} 可由下式求得

$$A_{1k} = \frac{1}{(k-1)!} \frac{\mathrm{d}^{k-1}}{\mathrm{d}s^{k-1}} \left[(s-p_1)^r F_1(s) \right] \Big|_{s=p_1} \tag{4-50}$$

利用式(4-29)及复频移特性求各项的逆变换,得到

$$\frac{At^{n-1}}{(n-1)!} \mathrm{e}^{p_1 t} U(t) \longleftrightarrow \frac{A}{(s-p_1)^n} \tag{4-51}$$

【例 4-19】 求 $F(s) = \dfrac{3s+4}{(s+1)(s+2)^2}$ 的拉氏逆变换。

解:对 $F(s)$ 进行部分分式展开

$$F(s) = \frac{A_1}{s+1} + \frac{A_{21}}{(s+2)^2} + \frac{A_{22}}{s+2}$$

由式(4-46)及式(4-50)求得

$$A_1 = (s+1)F(s) \Big|_{s=-1} = \frac{3s+4}{(s+2)^2} \Big|_{s=-1} = \frac{3\times(-1)+4}{(-1+2)^2} = 1$$

$$A_{21} = (s+2)^2 F(s) \Big|_{s=-2} = \frac{3s+4}{s+1} \Big|_{s=-2} = \frac{3\times(-2)+4}{-2+1} = 2$$

$$A_{22} = \frac{\mathrm{d}}{\mathrm{d}s} \left[(s+2)^2 F(s) \right] \Big|_{s=-2} = \frac{\mathrm{d}}{\mathrm{d}s} \left(\frac{3s+4}{s+1} \right) \Big|_{s=-2} = -\frac{1}{(s+1)^2} \Big|_{s=-2} = -1$$

所以

$$F(s) = \frac{1}{s+1} + \frac{2}{(s+2)^2} - \frac{1}{s+2}$$

从而得

$$f(t) = \left(\mathrm{e}^{-t} + 2t\mathrm{e}^{-2t} - \mathrm{e}^{-2t} \right) U(t)$$

【例 4-20】 求 $F(s) = \dfrac{\left[1-\mathrm{e}^{-(s+1)} \right]^2}{(s+1)\left[1-\mathrm{e}^{-2(s+1)} \right]}$ 的原函数 $f(t)$。

解:令

$$F_1(s) = \frac{(1-\mathrm{e}^{-s})^2}{s(1-\mathrm{e}^{-2s})} = \frac{1-2\mathrm{e}^{-s}+\mathrm{e}^{-2s}}{s} \cdot \frac{1}{1-\mathrm{e}^{-2s}}$$

则

$$F(s) = F_1(s+1)$$

令

$$F_2(s) = \frac{1-2\mathrm{e}^{-s}+\mathrm{e}^{-2s}}{s}, \qquad F_3(s) = \frac{1}{1-\mathrm{e}^{-2s}}$$

则

$$F_1(s) = F_2(s)F_3(s)$$

设 $f_1(t) \longleftrightarrow F_1(s)$, $f_2(t) \longleftrightarrow F_2(s)$, $f_3(t) \longleftrightarrow F_3(s)$,由复频移特性和时域卷积定理可得

$$f(t) = \mathrm{e}^{-t} f_1(t) = \mathrm{e}^{-t} \left[f_2(t) * f_3(t) \right]$$

$F_2(s)$ 的原函数为 $\qquad f_2(t) = U(t) - 2U(t-1) + U(t-2)$

$f_2(t)$ 的波形如图 4-11(a)所示。

$F_3(s)$ 的原函数是周期为 2 的有始冲激序列,即

$$f_3(t) = \sum_{n=0}^{\infty} \delta(t-2n)$$

由时域卷积定理 $\qquad f_1(t) = f_2(t) * f_3(t)$

$$= \sum_{n=0}^{\infty} \left[U(t-2n) - 2U(t-2n-1) + U(t-2n-2) \right]$$

$f_1(t)$ 的波形如图 4-11(b)所示。

最后由复频移特性得

$$f(t) = e^{-t} f_1(t) = e^{-t} \sum_{n=0}^{\infty} \left[U(t-2n) - 2U(t-2n-1) + U(t-2n-2) \right]$$

$f(t)$ 的波形如图 4-11(c)所示。

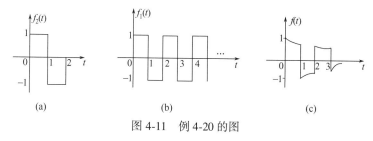

图 4-11 例 4-20 的图

4.4 连续时间系统的复频域分析

拉氏变换是分析线性时不变连续系统的有力工具。一方面它可以将描述系统的时域微积分方程变换为复频域的代数方程,便于运算和求解。在这个变换过程中,由于它可以将系统的初始状态自然地包含在复频域的代数方程中,所以既可以分别求得零输入响应和零状态响应,也可一举求得系统的全响应。另一方面,对于具体的电路网络,首先建立电路元件和电路网络的复频域模型,在此基础上可以编写关于响应的象函数的代数方程,由此求得响应的象函数,最后经拉氏逆变换求得响应。

4.4.1 微分方程的拉普拉斯变换求解

单边拉氏变换在系统分析中的重要应用之一是求解由线性常系数微分方程描述的因果 LTI 连续系统在输入为因果信号时的响应,尤其当微分方程带有非零初始条件时,用单边拉氏变换求解更为方便。

设因果 LTI 连续系统的微分方程为

$$y^{(n)}(t) + a_{n-1} y^{(n-1)}(t) + \cdots + a_1 y'(t) + a_0 y(t)$$
$$= b_m f^{(m)}(t) + b_{m-1} f^{(m-1)}(t) + \cdots + b_0 f(t) \tag{4-52}$$

设系统的初始状态为 $y(0^-), y'(0^-), \cdots, y^{(n-1)}(0^-)$,且 $f(t)$ 为因果信号。根据时域微分定理,$y(t)$ 及其导数的拉氏变换为(设 $y(t) \longleftrightarrow Y(s)$)

$$\mathscr{L}\left[y^{(i)}(t) \right] = s^i Y(s) - \sum_{l=0}^{i-1} s^{i-1-l} y^{(l)}(0^-), \quad i = 0,1,2,\cdots,n \tag{4-53}$$

而 $f(t)$ 为因果信号,故 $f^{(j)}(0^-) = 0, j = 0,1,2,\cdots,m$,从而 $f(t)$ 及其各阶导数的拉氏变换为(假设 $f(t) \longleftrightarrow F(s)$)

$$\mathscr{L}\left[f^{(j)}(t) \right] = s^j F(s) \tag{4-54}$$

对式(4-52)两边取拉氏变换并将式(4-53)、式(4-54)代入,得

$$\sum_{i=0}^{n} a_i \left[s^i Y(s) - \sum_{l=0}^{i-1} s^{i-1-l} y^{(l)}(0^-) \right] = \sum_{j=0}^{m} b_j s^j F(s), \qquad a_n = 1$$

即
$$\left(\sum_{i=0}^{n}a_is^i\right)Y(s) - \sum_{i=0}^{n}a_i\left[\sum_{l=0}^{i-1}s^{i-1-l}y^{(l)}(0^-)\right] = \left(\sum_{j=0}^{m}b_js^j\right)F(s) \tag{4-55}$$

由上式可解得
$$Y(s) = \frac{M(s)}{D(s)} + \frac{N(s)}{D(s)}F(s) \tag{4-56}$$

其中 $D(s) = \sum\limits_{i=0}^{n}a_is^i$ 仅与式(4-52) 左边 $y(t)$ 及其各阶导数的系数 a_i 有关;$N(s) = \sum\limits_{j=0}^{m}b_js^j$ 仅与

式(4-52) 右边 $f(t)$ 及其各阶导数的系数 b_j 有关;$M(s) = \sum\limits_{i=0}^{n}a_i\left[\sum\limits_{l=0}^{i-1}s^{i-1-l}y^{(l)}(0^-)\right]$ 也是 s 的多项

式,且其系数仅与 a_i 及响应的各初始状态 $y^{(l)}(0^-)$($l = 0,1,2,\cdots,n-1$) 有关而与激励

无关。

由式(4-56)可以看出,其第一项仅与初始状态及系统方程有关而与输入信号无关,因此它

是系统的零输入响应 $y_x(t)$ 的象函数,将其记为 $Y_x(s)$;第二项仅与输入信号及系统方程有关

而与初始状态无关,因而是零状态响应 $y_f(t)$ 的象函数,将其记为 $Y_f(s)$。于是式(4-56)可写成

$$Y(s) = Y_x(s) + Y_f(s) = \frac{M(s)}{D(s)} + \frac{N(s)}{D(s)}F(s) \tag{4-57}$$

其中
$$Y_x(s) = \frac{M(s)}{D(s)}, \qquad Y_f(s) = \frac{N(s)}{D(s)}F(s)$$

取式(4-57)的逆变换,得系统的全响应
$$y(t) = y_x(t) + y_f(t) \tag{4-58}$$

【例 4-21】 某因果系统由微分方程 $y''(t)+5y'(t)+6y(t)=f(t)$ 描述,初始条件是 $y(0^-)=2$

和 $y'(0^-)=-12$,输入信号 $f(t)=U(t)$,求系统的响应 $y(t)$。

解:设 $f(t)\longleftrightarrow F(s),y(t)\longleftrightarrow Y(s)$,则 $F(s)=1/s$。利用时域微分定理和线性特性,取微

分方程两边的拉氏变换,得
$$s^2Y(s)-sy(0^-)-y'(0^-)+5[sY(s)-y(0^-)]+6Y(s)=F(s)$$

将 $F(s)$ 和初始条件代入上式并合并,可以得到
$$(s^2+5s+6)Y(s)=(2s^2-2s+1)/s$$

解得
$$Y(s)=\frac{2s^2-2s+1}{s(s^2+5s+6)}$$

将 $Y(s)$ 做部分分式展开
$$Y(s)=\frac{A_1}{s}+\frac{A_2}{s+2}+\frac{A_3}{s+3}$$

其中
$$A_1=sY(s)\Big|_{s=0}=\frac{2s^2-2s+1}{s^2+5s+6}\Big|_{s=0}=\frac{1}{6}$$

$$A_2=(s+2)Y(s)\Big|_{s=-2}=\frac{2s^2-2s+1}{s(s+3)}\Big|_{s=-2}=-\frac{13}{2}$$

$$A_3=(s+3)Y(s)\Big|_{s=-3}=\frac{2s^2-2s+1}{s(s+2)}\Big|_{s=-3}=\frac{25}{3}$$

所以
$$Y(s)=\frac{1/6}{s}-\frac{13}{2}\frac{1}{s+2}+\frac{25}{3}\frac{1}{s+3}$$

从而
$$y(t)=\left(\frac{1}{6}-\frac{13}{2}e^{-2t}+\frac{25}{3}e^{-3t}\right)U(t)$$

【例 4-22】 某因果系统的模拟框图如图 4-12 所示。已知 $f(t) = \mathrm{e}^{-t}U(t)$，求系统的零状态响应 $y_f(t)$。

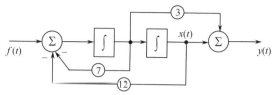

图 4-12　例 4-22 的图

解：如图中所示，设第二个积分器的输出信号为 $x(t)$，则两个加法器的输出方程为

$$x''(t) = f(t) - 7x'(t) - 12x(t) \qquad ①$$

$$y(t) = 3x'(t) + x(t) \qquad ②$$

设 $x(t) \longleftrightarrow X(s)$，$f(t) \longleftrightarrow F(s)$，$y(t) \longleftrightarrow Y_f(s)$，则在零状态条件下式①和式②的拉氏变换为

$$s^2 X(s) = F(s) - 7sX(s) - 12X(s) \qquad ③$$

$$Y_f(s) = 3sX(s) + X(s) \qquad ④$$

由式③和式④解得

$$Y_f(s) = \frac{3s+1}{s^2+7s+12} F(s) \qquad ⑤$$

而 $F(s) = \dfrac{1}{s+1}$，代入上式得

$$Y_f(s) = \frac{3s+1}{(s+1)(s^2+7s+12)}$$

作部分分式展开，得

$$Y_f(s) = \frac{A_1}{s+1} + \frac{A_2}{s+3} + \frac{A_3}{s+4}$$

其中

$$A_1 = (s+1)Y_f(s) \Big|_{s=-1} = \frac{3s+1}{(s+3)(s+4)} \Big|_{s=-1} = -\frac{1}{3}$$

$$A_2 = (s+3)Y_f(s) \Big|_{s=-3} = \frac{3s+1}{(s+1)(s+4)} \Big|_{s=-3} = 4$$

$$A_3 = (s+4)Y_f(s) \Big|_{s=-4} = \frac{3s+1}{(s+1)(s+3)} \Big|_{s=-4} = -\frac{11}{3}$$

所以

$$Y_f(s) = -\frac{1}{3}\frac{1}{s+1} + 4\frac{1}{s+3} - \frac{11}{3}\frac{1}{s+4}$$

从而

$$y_f(t) = \mathscr{L}^{-1}[Y_f(s)] = \left(-\frac{1}{3}\mathrm{e}^{-t} + 4\mathrm{e}^{-3t} - \frac{11}{3}\mathrm{e}^{-4t}\right)U(t)$$

【例 4-23】 在例 4-22 中，若 $y(0^-) = 1$，$y'(0^-) = -2$，求系统的全响应。

解：由例 4-22 中的式⑤可得系统的微分方程为

$$y''(t) + 7y'(t) + 12y(t) = 3f'(t) + f(t)$$

上式两边取拉氏变换并整理，得

$$Y(s) = \frac{sy(0^-) + y'(0^-) + 7y(0^-)}{s^2+7s+12} + \frac{3s+1}{s^2+7s+12}F(s)$$

将 $y(0^-) = 1$，$y'(0^-) = -2$ 和 $F(s)$ 代入，得

$$Y(s) = \frac{s+5}{s^2+7s+12} + \frac{3s+1}{(s+1)(s^2+7s+12)}$$

其中第一项为零输入响应的象函数 $Y_x(s)$，第二项为例 4-22 中的零状态响应的象函数。$Y_x(s)$ 的部分分式展开为

$$Y_x(s) = \frac{2}{s+3} - \frac{1}{s+4}$$

因此零输入响应为 $\qquad y_x(t) = \mathscr{L}^{-1}[Y_x(s)] = (2e^{-3t} - e^{-4t})U(t)$

$y_f(t)$ 如例 4-22 中所求，于是全响应为

$$y(t) = y_x(t) + y_f(t) = (2e^{-3t} - e^{-4t})U(t) + \left(-\frac{1}{3}e^{-t} + 4e^{-3t} - \frac{11}{3}e^{-4t}\right)U(t)$$

$$= \left(-\frac{1}{3}e^{-t} + 6e^{-3t} - \frac{14}{3}e^{-4t}\right)U(t)$$

4.4.2　电路网络的复频域模型分析法

复频域模型(又叫 s 域模型)分析方法以电路的复频域模型为基础，用类似分析正弦稳态电路的各种方法编写复频域的代数方程，求解响应的象函数，最后借助拉氏逆变换得到所需要的时域响应。

1. 电路元件的复频域模型

对于线性时不变二端元件 R，L，C，若规定其端电压 $u(t)$ 与电流 $i(t)$ 为关联参考方向，那么由拉氏变换的线性及微、积分性质可得到它们的复频域模型。

（1）电阻元件

电阻 R 与相应的电压 $u_R(t)$ 及电流 $i_R(t)$ 满足关系

$$u_R(t) = Ri_R(t)$$

对该式进行拉氏变换，得到

$$U_R(s) = RI_R(s) \qquad (4\text{-}59)$$

由式(4-59)可以得到如图 4-13(a)所示的电阻元件的复频域模型。

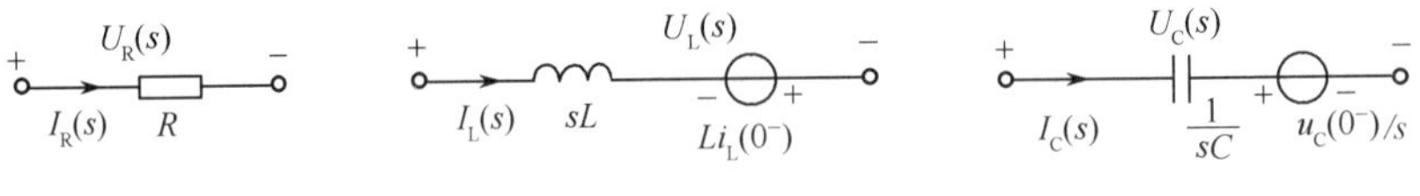

(a) 电阻　　　　　　　　(b) 电感　　　　　　　　(c) 电容

图 4-13　R，L，C 串联形式的复频域模型

（2）电感元件

电感元件的电压、电流关系为

$$u_L(t) = L\frac{\mathrm{d}}{\mathrm{d}t}i_L(t)$$

求该式的拉氏变换并应用微分特性，得到

$$U_L(s) = sLI_L(s) - Li_L(0^-) \qquad (4\text{-}60)$$

由式(4-60)可以得到如图 4-13(b)所示的电感元件的复频域模型。

（3）电容元件

电容元件的伏安关系为

$$u_C(t) = \frac{1}{C}\int_{-\infty}^{t} i_C(\tau)\mathrm{d}\tau$$

上式两边取拉氏变换并应用积分特性,得

$$U_C(s) = \frac{1}{sC}I_C(s) + \frac{u_C(0^-)}{s}, \qquad u_C(0^-) = \frac{1}{C}\int_{-\infty}^{0^-} i_C(\tau)\mathrm{d}\tau \qquad (4\text{-}61)$$

类似地,由式(4-61)表示的电容元件的复频域模型如图4-13(c)所示。

与式(4-60)和式(4-61)相对应的电感和电容的电路模型称为这两种元件串联形式的复频域模型,在用基尔霍夫电压定律求解电路时适合采用该模型。如果要使用基尔霍夫电流定律,则采用并联形式的复频域模型更为方便,它们可以通过将式(4-60)和式(4-61)中的电流表示为电压的函数得到

$$I_L(s) = \frac{1}{sL}U_L(s) + \frac{i_L(0^-)}{s} \qquad (4\text{-}62)$$

$$I_C(s) = sCU_C(s) - Cu_C(0^-) \qquad (4\text{-}63)$$

相应的电路模型如图4-14所示。

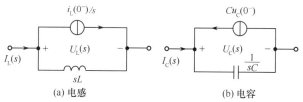

(a) 电感   (b) 电容

图 4-14 并联形式的电感与电容的复频域模型

表4-3列出了各电路元件的时域和复频域关系,以便查阅。

表 4-3 电路元件的复频域模型

		电 阻	电 感	电 容
基本关系		$u_R(t) = Ri_R(t)$ $i_R(t) = \frac{1}{R}u_R(t)$	$u_L(t) = L\dfrac{\mathrm{d}i_L(t)}{\mathrm{d}t}$ $i_L(t) = \frac{1}{L}\int_{0^-}^{t} u_L(\tau)\mathrm{d}\tau + i_L(0^-)$	$u_C(t) = \frac{1}{C}\int_{0^-}^{t} i_C(\tau)\mathrm{d}\tau + u_C(0^-)$ $i_C(t) = C\dfrac{\mathrm{d}u_C(t)}{\mathrm{d}t}$
复频域模型	串联形式	$U_R(s) = RI_R(s)$	$U_L(s) = sLI_L(s) - Li_L(0^-)$	$U_C(s) = \frac{1}{sC}I_C(s) + \frac{u_C(0^-)}{s}$
	并联形式	$I_R(s) = \frac{1}{R}U_R(s)$	$I_L(s) = \frac{1}{sL}U_L(s) + \frac{i_L(0^-)}{s}$	$I_C(s) = sCU_C(s) - Cu_C(0^-)$

2. 电路网络的复频域分析

应用复频域分析法求解电路系统的响应时,首先要画出电路的复频域模型,其次利用基尔霍夫电流、电压定律和电路的基本分析方法(如网孔分析法、节点分析法等)编写与响应象函数有关的代数方程,然后从方程解出响应的象函数,最后取拉氏逆变换求得时域响应。下面举例说明。

【**例4-24**】 电路如图4-15(a)所示,已知1F电容的初始电压$u_C(0^-)=3\text{V}$,求$i_C(t)$,$t\geq0$。

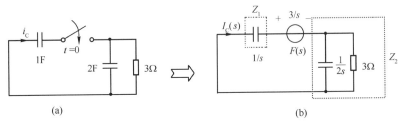

(a)   (b)

图4-15 例4-24的图

解:画出电路的复频域模型如图4-15(b)所示。由图可得

$$I_C(s)=-\frac{3/s}{Z_1+Z_2}=-\frac{3/s}{\dfrac{1}{s}+\dfrac{1}{2s+1/3}}=-2\left(1+\frac{1/18}{s+1/9}\right)$$

则

$$i_C(t)=\mathscr{L}^{-1}[I_C(s)]=-2\left[\delta(t)+\frac{1}{18}\mathrm{e}^{-\frac{1}{9}t}U(t)\right]$$

【**例4-25**】 如图4-16(a)所示电路,已知$f_1(t)=3\mathrm{e}^{-t}U(t)$,$f_2(t)=\mathrm{e}^{-2t}U(t)$,求$t\geq0$的零状态响应$i_L(t)$。

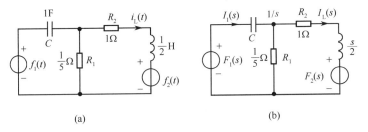

(a)   (b)

图4-16 例4-25的图

解:(1)画出电路的复频域模型如图4-16(b)所示。

(2)复频域模型的网孔方程(网孔电流设为$I_1(s)$和$I_L(s)$)为

$$\left(\frac{1}{5}+\frac{1}{s}\right)I_1(s)-\frac{1}{5}I_L(s)=F_1(s)$$

$$-\frac{1}{5}I_1(s)+\left(\frac{6}{5}+\frac{s}{2}\right)I_L(s)=-F_2(s)$$

(3)解网孔方程得

$$I_L(s) = \frac{\begin{vmatrix} \dfrac{1}{5}+\dfrac{1}{s} & F_1(s) \\[3mm] -\dfrac{1}{5} & -F_2(s) \end{vmatrix}}{\begin{vmatrix} \dfrac{1}{5}+\dfrac{1}{s} & -\dfrac{1}{5} \\[3mm] -\dfrac{1}{5} & \dfrac{6}{5}+\dfrac{s}{2} \end{vmatrix}} = \frac{2sF_1(s)-2(s+5)F_2(s)}{s^2+7s+12}$$

将 $F_1(s)=\dfrac{3}{s+1}$, $F_2(s)=\dfrac{1}{s+2}$ 代入并整理,得

$$I_L(s) = \frac{4s^2-10}{(s+1)(s+2)(s+3)(s+4)}$$

（4）用部分分式展开 $I_L(s)$,即

$$I_L(s) = \frac{-1}{s+1}+\frac{-3}{s+2}+\frac{13}{s+3}+\frac{-9}{s+4}$$

于是

$$i_L(t) = \mathscr{L}^{-1}[I_L(s)] = (-e^{-t}-3e^{-2t}+13e^{-3t}-9e^{-4t})U(t)$$

【例 4-26】 如图 4-17(a)所示电路,已知 $u_s=12V$, $L=1H$, $C=1F$, $R_1=3\Omega$, $R_2=2\Omega$, $R_3=1\Omega$,原电路已处于稳态,当 $t=0$ 时,开关 S 闭合,求 S 闭合后 R_3 两端电压的零输入和零状态响应。

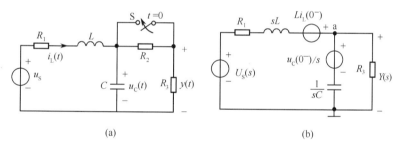

图 4-17　例 4-26 的图

解:首先求出电容电压和电感电流的初始值 $u_C(0^-)$ 和 $i_L(0^-)$。在 $t=0^-$ 时,开关尚未闭合,因电路已处于稳态,故电容等效为开路,电感等效为短路,因此由图 4-17(a)可求得

$$u_C(0^-) = \frac{R_2+R_3}{R_1+R_2+R_3}u_s = \frac{2+1}{3+2+1}\times12 = 6V$$

$$i_L(0^-) = \frac{u_s}{R_1+R_2+R_3} = \frac{12}{3+2+1} = 2A$$

其次,画出电路的复频域模型如图 4-17(b)所示。则 a 点的节点方程为

$$\left(\frac{1}{sL+R_1}+sC+\frac{1}{R_3}\right)Y(s) = \frac{Li_L(0^-)}{sL+R_1}+\frac{u_C(0^-)/s}{\dfrac{1}{sC}}+\frac{U_s(s)}{sL+R_1}$$

将 L,C,R_1,R_3 代入上式,得

$$\left(\frac{1}{s+3}+s+1\right)Y(s) = \frac{i_L(0^-)}{s+3}+u_C(0^-)+\frac{U_s(s)}{s+3}$$

由上式可解得
$$Y(s) = \frac{i_\text{L}(0^-) + (s+3)u_\text{C}(0^-)}{s^2 + 4s + 4} + \frac{U_\text{s}(s)}{s^2 + 4s + 4}$$

上式第一项仅与电路及其初始储能有关,因而是零输入响应的象函数 $Y_x(s)$;而第二项仅与电路及其输入的象函数 $U_\text{s}(s)$ 有关,所以是零状态响应的象函数 $Y_f(s)$。即

$$Y_x(s) = \frac{i_\text{L}(0^-) + (s+3)u_\text{C}(0^-)}{s^2 + 4s + 4}, \qquad Y_f(s) = \frac{U_\text{s}(s)}{s^2 + 4s + 4}$$

将初始值和 $U_\text{s}(s) = 12/s$ 代入上式并展开,得

$$Y_x(s) = \frac{2 + (s+3) \times 6}{s^2 + 4s + 4} = \frac{6s + 20}{s^2 + 4s + 4} = \frac{8}{(s+2)^2} + \frac{6}{s+2}$$

$$Y_f(s) = \frac{U_\text{s}(s)}{s^2 + 4s + 4} = \frac{12}{s(s+2)^2} = \frac{3}{s} - \frac{6}{(s+2)^2} - \frac{3}{s+2}$$

所以
$$y_x(t) = \mathscr{L}^{-1}[Y_x(s)] = (8t + 6)\,\mathrm{e}^{-2t} U(t)$$
$$y_f(t) = \mathscr{L}^{-1}[Y_f(s)] = (3 - 6t\mathrm{e}^{-2t} - 3\mathrm{e}^{-2t}) U(t)$$

4.4.3　系统函数(转移函数)

1. 定义

由式(4-57)可知
$$Y_f(s) = \frac{N(s)}{D(s)} F(s)$$

定义系统零状态响应的象函数 $Y_f(s)$ 与激励的象函数 $F(s)$ 之比为系统函数(又称为转移函数),用 $H(s)$ 表示,即

$$H(s) = Y_f(s)/F(s) \tag{4-64}$$

则
$$Y_f(s) = H(s)F(s) \tag{4-65}$$

另一方面,在第 2 章中已知系统的零状态响应为激励与冲激响应的卷积
$$y_f(t) = h(t) * f(t)$$

两边取拉氏变换,得
$$Y_f(s) = \mathscr{L}[h(t)]F(s)$$
与式(4-65)比较,得
$$H(s) = \mathscr{L}[h(t)] \tag{4-66}$$
即系统的冲激响应与系统函数 $H(s)$ 是一对拉氏变换对,可记为
$$h(t) \longleftrightarrow H(s) \tag{4-67}$$

根据式(4-65),系统函数在求解零状态响应时是非常有用的:先计算输入的拉氏变换, $F(s) = \mathscr{L}[f(t)]$;再将该变换乘以系统函数,即 $Y_f(s) = H(s)F(s)$;最后该乘积的逆变换即为零状态响应,即 $y_f(t) = \mathscr{L}^{-1}[Y_f(s)]$。

2. 系统函数的计算

由上面讨论可知,可以由式(4-64)或式(4-66)求得系统函数,此时需计算输入的拉氏变换 $F(s)$、输出的拉氏变换 $Y_f(s)$ 或先求得冲激响应 $h(t)$。如果描述 LTI 系统的微分方程已知,则通过观察系统方程的标准形式就可以得到系统函数。

设 LTI 系统的微分方程可以表示为如下的标准形式

$$y^{(n)}(t) + \sum_{i=0}^{n-1} a_i y^{(i)}(t) = \sum_{k=0}^{m} b_k f^{(k)}(t) \tag{4-68}$$

其中, a_i 和 b_k 是实常数。

因为系统函数是对零状态响应定义的, 所以考虑零初始条件下式 (4-68) 的拉氏变换, 得到

$$s^n Y(s) + \sum_{i=1}^{n-1} a_i s^i Y(s) = \sum_{k=0}^{m} b_k s^k F(s) \tag{4-69}$$

由此可得

$$H(s) = Y(s)/F(s) = \left(\sum_{k=0}^{m} b_k s^k\right) \Big/ \left(s^n + \sum_{i=1}^{n-1} a_i s^i\right) = \frac{N(s)}{D(s)} \tag{4-70}$$

由式 (4-70) 可知, $H(s)$ 是有理函数, 其分子多项式中 s^k 的系数对应于 $f(t)$ 的第 k 阶导数的系数 b_k, 而分母多项式中 s^i 的系数对应于 $y(t)$ 的第 i 阶导数的系数 a_i。因此, 能够由系统的微分方程获得系统函数; 相反, 也能够由系统函数确定系统的微分方程。因此, 除了初始条件以外, 系统函数可以完全描述一个因果系统。

【例 4-27】 某因果系统的响应 $y(t)$ 与激励 $f(t)$ 的关系用如下微分方程来描述

$$y(t) = -0.5y''(t) - 1.5y'(t) + 3f'(t) + 9f(t)$$

求系统的系统函数和系统的冲激响应。

解: (1) 首先把系统方程写为标准形式

$$0.5y''(t) + 1.5y'(t) + y(t) = 3f'(t) + 9f(t)$$

观察该方程, 写出系统函数为

$$H(s) = \frac{3s+9}{0.5s^2 + 1.5s + 1} = \frac{6s+18}{s^2 + 3s + 2}$$

(2) 因为冲激响应是 $H(s)$ 的拉氏逆变换, 所以利用部分分式展开, 得

$$H(s) = \frac{6s+18}{s^2 + 3s + 2} = \frac{6s+18}{(s+1)(s+2)} = \frac{A_1}{s+1} + \frac{A_2}{s+2}$$

式中

$$A_1 = (s+1)H(s)\,\big|_{s=-1} = 12, \quad A_2 = (s+2)H(s)\,\big|_{s=-2} = 6$$

于是

$$H(s) = \frac{12}{s+1} - \frac{6}{s+2}$$

所以

$$h(t) = \mathscr{L}^{-1}[H(s)] = (12e^{-t} - 6e^{-2t})U(t)$$

【例 4-28】 求图 4-18(a) 所示电路的系统函数 $H(s) = U_2(s)/U_1(s)$。

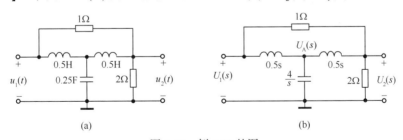

图 4-18 例 4-28 的图

解: 因为系统函数定义是对零状态响应的, 故画出零初始条件下电路的复频域模型如图 4-18(b) 所示。编写节点方程, 有

$$\frac{2}{s}\big[U_A(s) - U_1(s)\big] + \frac{s}{4}U_A(s) + \frac{2}{s}\big[U_A(s) - U_2(s)\big] = 0$$

$$\big[U_2(s) - U_1(s)\big] + \frac{2}{s}\big[U_2(s) - U_A(s)\big] + \frac{1}{2}U_2(s) = 0$$

合并各项,并联立两个方程消去 $U_{A}(s)$,从得到的方程求解 $U_2(s)/U_1(s)$。最后得到系统函数为

$$H(s) = \frac{U_2(s)}{U_1(s)} = \frac{2s^2 + 32s + 32}{3s^3 + 4s^2 + 48s + 32}$$

4.5 系统特性与系统函数的关系

在系统分析与设计中,因果性、稳定性与频率响应是表征系统的三个重要特性,对于 LTI 系统,这三个特性与系统函数密切相关。下面分别加以讨论。

4.5.1 系统的因果性

已经知道,系统的因果性是指:任一时刻系统的输出仅取决于该时刻和该时刻之前的输入。一个 LTI 系统为因果系统的充分必要条件是,系统的单位冲激响应 $h(t)$ 满足 $h(t) = 0, t<0$。即单位冲激响应 $h(t)$ 为因果信号。因为因果信号的双边拉氏变换的收敛域为 $\text{Re}[s] > \sigma_0$,而冲激响应的拉氏变换即为系统函数 $H(s)$,因此因果系统的系统函数 $H(s)$ 的收敛域为 $\text{Re}[s] > \sigma_0$,即垂直于横轴的某条直线的右侧区域。应该说明的是,相反的结论未必成立。不过,若系统函数是有理的,且收敛域为 $\text{Re}[s] > \sigma_0$,则该系统是因果的。另外,还要指出的是,由线性常系数微分方程描述的 LTI 系统,如果没有额外的说明,并不能由微分方程确定 $H(s)$ 的收敛域,从而不能确定其是否为因果系统。而前面各节的讨论中仅仅涉及因果系统,其因果性无须讨论。

4.5.2 系统的稳定性

在分析与设计各类系统时,系统的稳定性是一个重要问题。稳定性是系统自身的性质之一,与激励信号的情况无关。

一个系统,如果对任意的有界输入其零状态响应也是有界的,则称此系统为稳定系统,也可称为有界输入有界输出(BIBO)稳定系统。也就是说,设 M_f, M_y 为有界正值,如果激励信号 $f(t)$ 有界,即:

$$|f(t)| \leqslant M_f \tag{4-71}$$

系统的零状态响应 $y_f(t)$ 满足

$$|y_f(t)| \leqslant M_y \tag{4-72}$$

则称该系统是稳定的。下面给出系统稳定的充分必要条件。

连续系统是稳定系统的充分必要条件是

$$\int_{-\infty}^{\infty} |h(t)| \, \mathrm{d}t \leqslant M \tag{4-73}$$

式中,M 为有界正值。即若系统的冲激响应是绝对可积的,则系统是稳定的。下面给出此条件的证明。

充分性的证明:对任意的有界输入 $f(t)$,$|f(t)| \leqslant M_f$,系统的零状态响应为

$$y_f(t) = \int_{-\infty}^{\infty} h(\tau) f(t-\tau) \, \mathrm{d}\tau$$

$$|y_f(t)| = \left| \int_{-\infty}^{\infty} h(\tau) f(t-\tau) \, \mathrm{d}\tau \right| \leqslant \int_{-\infty}^{\infty} |h(\tau)| \, |f(t-\tau)| \, \mathrm{d}\tau \leqslant M_f \int_{-\infty}^{\infty} |h(\tau)| \, \mathrm{d}\tau$$

如果 $h(t)$ 是绝对可积的,即式(4-73)成立,则

$$|y_f(t)| \leqslant M_f M$$

取 $M_y = M_f M$，即得 $|y_f(t)| \le M_y$，即 $y_f(t)$ 有界，因此式(4-73)是充分的。

必要性的证明：当系统是稳定的，如果 $\int_{-\infty}^{\infty} |h(t)| \, \mathrm{d}t$ 无界，我们来证明至少有一个有界的输入 $f(t)$ 产生无界的输出 $y_f(t)$。为此，选择如下的输入信号

$$f(t) = \begin{cases} 0, & h(-t) = 0 \\ \dfrac{|h(-t)|}{h(-t)}, & h(-t) \ne 0 \end{cases}$$

显然 $|f(t)| \le 1$ 为有界信号。

由于 $$y_f(t) = \int_{-\infty}^{\infty} f(\tau) h(t - \tau) \, \mathrm{d}\tau$$

令 $t = 0$，有 $$y_f(0) = \int_{-\infty}^{\infty} f(\tau) h(-\tau) \, \mathrm{d}\tau = \int_{-\infty}^{\infty} |h(-\tau)| \, \mathrm{d}\tau = \int_{-\infty}^{\infty} |h(\tau)| \, \mathrm{d}\tau$$

上式表明，如果 $\int_{-\infty}^{\infty} |h(\tau)| \, \mathrm{d}\tau$ 无界，则至少 $y_f(0)$ 无界，因此式(4-73)也是必要的。

在以上的分析中并未涉及系统的因果性，这说明无论因果稳定系统或非因果稳定系统都要满足式(4-73)。对于因果系统，式(4-73)可以改写为

$$\int_{0}^{\infty} |h(t)| \, \mathrm{d}t \le M \tag{4-74}$$

因为 $h(t)$ 的拉氏变换是系统函数 $H(s)$，所以式(4-73)和式(4-74)的条件也可以用 $H(s)$ 说明。下面先讨论因果系统的稳定性，非因果系统的稳定性问题将在 4.6 节讨论。

对于因果系统，$h(t)$ 为因果信号，其拉氏变换 $H(s)$ 的 ROC 是某条垂直于 σ 轴的直线的右边。如果系统是稳定的，则式(4-74)成立，即 $h(t)$ 绝对可积，因此 $h(t)$ 的傅里叶变换存在。因为傅里叶变换是沿虚轴对拉氏变换的求值，所以 $h(t)$ 的拉氏变换 $H(s)$ 的 ROC 应包含 $\mathrm{j}\Omega$ 轴。综合上述两个结果，$H(s)$ 的 ROC 是包含 $\mathrm{j}\Omega$ 在内的整个 s 平面的右半平面，即 $\mathrm{Re}[s] \ge 0$。由前面关于 ROC 的讨论可知，ROC 中不包含任何极点，因此，$H(s)$ 的所有极点均应在 s 平面的左半平面。至此，可得出因果系统稳定性的另一个充分必要条件：系统函数 $H(s)$ 的所有极点均在 s 平面的左半平面。

【例 4-29】 如图 4-19 所示因果反馈系统，$G(s) = \dfrac{1}{(s+1)(s+2)}$，当常数 K 满足什么条件时系统是稳定的？

解：由图 4-19 可得 $X(s) = KY(s) + F(s)$ ①

和 $Y(s) = G(s)X(s)$ ②

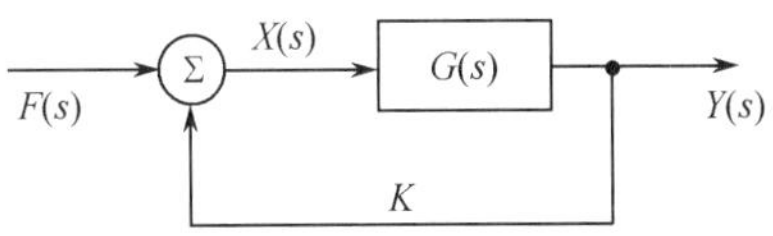

将①式代入②式，得 $Y(s) = KG(s)Y(s) + G(s)F(s)$

则 $$H(s) = \frac{Y(s)}{F(s)} = \frac{G(s)}{1 - KG(s)} = \frac{1}{s^2 + 3s + 2 - K}$$

图 4-19 例 4-29 的图

$H(s)$ 的极点为 $$p_{1,2} = -\frac{3}{2} \pm \sqrt{\left(\frac{3}{2}\right)^2 - 2 + K}$$

为使 $H(s)$ 的极点均在左半平面，必须

$$0 \le \left(\frac{3}{2}\right)^2 - 2 + K < \left(\frac{3}{2}\right)^2, \quad \text{此时 } H(s) \text{ 有 2 个或 1 个负实根}$$

或 $$\left(\frac{3}{2}\right)^2 - 2 + K < 0, \quad \text{此时 } H(s) \text{ 有位于左半平面的共轭复根}$$

由以上两式解得 $K<2$，即当 $K<2$ 时，系统是稳定的。

4.5.3 由系统函数 $H(s)$ 确定频率响应

如果系统是稳定的，则其频率响应存在，并且可以由系统函数按下式求出：

$$H(\mathrm{j}\Omega)=H(s)\big|_{s=\mathrm{j}\Omega}$$

下面从系统函数的零极点分布图来研究频率响应 $H(\mathrm{j}\Omega)$。

设因果系统的系统函数 $H(s)$ 的表达式为

$$H(s)=\frac{b_m s^m+b_{m-1}s^{m-1}+\cdots+b_1 s+b_0}{s^n+a_{n-1}s^{n-1}+\cdots+a_1 s+a_0}$$

$$=b_m\frac{\prod\limits_{j=1}^{m}(s-z_j)}{\prod\limits_{i=1}^{n}(s-p_i)}\quad(\text{设 }b_m>0)\quad(4\text{-}75)$$

令 $s=\mathrm{j}\Omega$，即在 s 平面中 s 沿虚轴移动，得到

$$H(\mathrm{j}\Omega)=b_m\frac{\prod\limits_{j=1}^{m}(\mathrm{j}\Omega-z_j)}{\prod\limits_{i=1}^{n}(\mathrm{j}\Omega-p_i)}\quad(4\text{-}76)$$

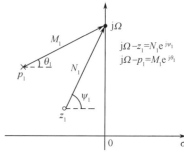

图 4-20　$(\mathrm{j}\Omega-z_1)$ 和 $(\mathrm{j}\Omega-p_1)$ 矢量

由式（4-76）可知，频率响应取决于零、极点的分布，即取决于 z_j,p_i 的位置。而式（4-76）中的 b_m 是常数，对频率响应的研究无关紧要，不妨设 $b_m>0$。分母中任一因子 $(\mathrm{j}\Omega-p_i)$ 实际上是由极点 p_i 引向虚轴上动点 $\mathrm{j}\Omega$ 的一个矢量；分子中任一因子 $(\mathrm{j}\Omega-z_j)$ 也是由零点 z_j 引向虚轴上动点 $\mathrm{j}\Omega$ 的一个矢量。图 4-20 画出了由零点 z_1 和极点 p_1 与点 $\mathrm{j}\Omega$ 连接构成的两个矢量，图中 N_1 和 M_1 分别表示矢量的模，ψ_1 和 θ_1 分别表示矢量的辐角。

对任意零点 z_j 和极点 p_i，相应的矢量 $(\mathrm{j}\Omega-z_j)$ 和 $(\mathrm{j}\Omega-p_i)$ 可以分别表示为

$$\mathrm{j}\Omega-z_j=N_j\mathrm{e}^{\mathrm{j}\psi_j}\quad(4\text{-}77)$$

$$\mathrm{j}\Omega-p_i=M_i\mathrm{e}^{\mathrm{j}\theta_i}\quad(4\text{-}78)$$

其中，N_j 和 M_i 分别表示两矢量的模，ψ_j 和 θ_i 则分别表示它们的辐角。

于是，式（4-76）可以表示为

$$H(\mathrm{j}\Omega)=b_m\frac{N_1\mathrm{e}^{\mathrm{j}\psi_1}N_2\mathrm{e}^{\mathrm{j}\psi_2}\cdots N_m\mathrm{e}^{\mathrm{j}\psi_m}}{M_1\mathrm{e}^{\mathrm{j}\theta_1}M_2\mathrm{e}^{\mathrm{j}\theta_2}\cdots M_n\mathrm{e}^{\mathrm{j}\theta_n}}=b_m\frac{N_1 N_2\cdots N_m}{M_1 M_2\cdots M_n}\mathrm{e}^{\mathrm{j}[(\psi_1+\psi_2+\cdots+\psi_m)-(\theta_1+\theta_2+\cdots+\theta_n)]}=|H(\mathrm{j}\Omega)|\mathrm{e}^{\mathrm{j}\varphi(\Omega)}$$

其中，$|H(\mathrm{j}\Omega)|=b_m\dfrac{N_1 N_2\cdots N_m}{M_1 M_2\cdots M_n}$（或记为 $H(\Omega)$）为幅频响应，而

$$\varphi(\Omega)=(\psi_1+\psi_2+\cdots+\psi_m)-(\theta_1+\theta_2+\cdots+\theta_n)$$

为相频响应。

当 Ω 沿虚轴移动时，各矢量的模和辐角都随之改变，于是得出幅频特性曲线和相频特性曲线。

【例 4-30】　研究图 4-21(a) 所示 RC 网络的频响特性 $H(\mathrm{j}\Omega)=U_2(\mathrm{j}\Omega)/U_1(\mathrm{j}\Omega)$。

解： 容易写出系统函数表达式

$$H(s)=\frac{U_2(s)}{U_1(s)}=\frac{\dfrac{1}{sC}}{R+\dfrac{1}{sC}}=\frac{1}{RC}\cdot\frac{1}{s+\dfrac{1}{RC}}$$

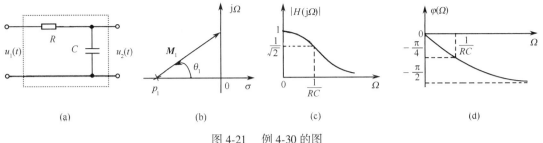

图 4-21 例 4-30 的图

极点位于 $p_1 = -\dfrac{1}{RC}$ 处,零、极点分布如图 4-21(b) 所示。由图可知

$$H(j\Omega) = \frac{1}{RC} \cdot \frac{1}{M_1 e^{j\theta_1}}$$

于是 $$|H(j\Omega)| = \frac{1}{RC}\frac{1}{M_1}, \quad \varphi(\Omega) = -\theta_1$$

当 $\Omega = 0$ 时,$M_1 = \dfrac{1}{RC}$,$\theta_1 = 0$,所以 $|H(j0)| = 1$,$\varphi(0) = 0$。

当 $\Omega = \dfrac{1}{RC}$ 时,$M_1 = \dfrac{1}{RC} \times \sqrt{2}$,$\theta_1 = \dfrac{\pi}{4}$,所以 $\left|H\left(j\dfrac{1}{RC}\right)\right| = \dfrac{1}{\sqrt{2}}$,$\varphi\left(\dfrac{1}{RC}\right) = -\theta_1 = -\dfrac{\pi}{4}$。

当 $\Omega \to \infty$ 时,$M_1 \to \infty$,$\theta_1 = \dfrac{\pi}{2}$,所以 $|H(j\infty)| = 0$,$\varphi(\infty) = -\dfrac{\pi}{2}$。

据此画出幅频特性和相频特性曲线如图 4-21(c) 和(d) 所示。由幅频特性曲线可知这是一个低通滤波器。

【例 4-31】 已知系统函数 $H(s) = \dfrac{4s}{s^2 + 2s + 2}$,画出零极点图;用图解法求 $|H(j2)|$ 和 $\varphi(2)$;用图解法、解析法求 $|H(j\Omega)|$ 和 $\varphi(\Omega)$。

解: $$H(s) = 4 \times \frac{s}{(s + 1 - j)(s + 1 + j)}$$

零点 $z_1 = 0$,极点 $p_1 = -1 + j$,$p_2 = -1 - j$,故零极点图如图 4-22(a) 所示。相应的矢量图如图 4-22(b) 所示。

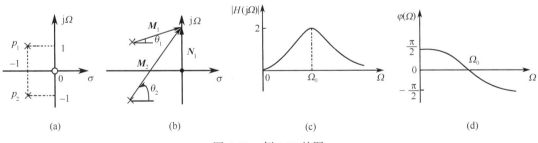

图 4-22 例 4-31 的图

由图 4-22(b) 可知,当 $\Omega = 2$ 时

$$N_1 = 2, \quad M_1 = \sqrt{1^2 + (2 - 1)^2} = \sqrt{2}, \quad M_2 = \sqrt{1^2 + (2 + 1)^2} = \sqrt{10};$$
$$\varphi_1 = 90°, \quad \theta_1 = 45°, \quad \theta_2 = \arctan 3 = 71.57°$$

所以
$$|H(\mathrm{j}2)| = 4\frac{N_1}{M_1 M_2} = \frac{4 \times 2}{\sqrt{2} \times \sqrt{10}} = 1.79$$

$$\varphi(2) = \varphi_1 - (\theta_1 + \theta_2) = -26.57°$$

同理,用图解法可求得不同 Ω 的 $|H(\mathrm{j}\Omega)|$ 和 $\varphi(\Omega)$,如表4-4所示。由表4-4,即可画出幅频特性和相频特性曲线如图4-22(c)和(d)所示。

如用解析法,由

$$H(\mathrm{j}\Omega) = \frac{4\mathrm{j}\Omega}{(\mathrm{j}\Omega)^2 + \mathrm{j}2\Omega + 2} = \frac{4\Omega e^{\mathrm{j}\frac{\pi}{2}}}{(2-\Omega^2) + \mathrm{j}2\Omega}$$

$$= \frac{4\Omega e^{\mathrm{j}\frac{\pi}{2}}}{\sqrt{(2-\Omega^2)^2 + (2\Omega)^2}\, e^{\mathrm{jarctan}\frac{2\Omega}{2-\Omega^2}}}$$

所以
$$|H(\mathrm{j}\Omega)| = \frac{4|\Omega|}{\sqrt{(2-\Omega^2)^2 + (2\Omega)^2}}$$

$$\varphi(\Omega) = \frac{\pi}{2} - \arctan\frac{2\Omega}{2-\Omega^2}$$

表 4-4　例 4-31 频率响应随频率变化的取值

Ω	$H(\Omega)$	$\varphi(\Omega)$
0	0	90°
1	1.79	26.57°
$\sqrt{2}$	2	0
2	1.79	$-26.57°$
3	1.3	$-50°$
5	0.8	$-66°$
10	0.4	$-78.5°$
∞	0	$-90°$

据此也可以画出幅频特性与相频特性曲线,与图解法结果相同。

4.6　双边拉普拉斯变换

单边拉氏变换仅适合研究因果信号和因果系统的问题,如果涉及非因果信号或非因果系统,则必须使用双边拉氏变换。本节主要讨论单边和双边拉氏变换特性之间的差别,以及双边拉氏变换在系统分析中的应用。

为方便讨论,将双边拉氏变换式(4-3)和双边拉氏逆变换式(4-5)重写如下:

$$F(s) = \int_{-\infty}^{\infty} f(t)\, e^{-st}\, dt$$

$$f(t) = \frac{1}{2\pi\mathrm{j}} \int_{\sigma-\mathrm{j}\infty}^{\sigma+\mathrm{j}\infty} F(s)\, e^{st}\, ds$$

或简记为
$$f(t) \longleftrightarrow F(s)$$

4.6.1　双边拉普拉斯变换的特性

双边拉氏变换的特性中,线性、尺度变换、s 域平移、卷积及 s 域微分特性与单边拉氏变换是相同的(ROC可能会改变),因此下面仅讨论与单边拉氏变换不同的特性(不再证明)。

1. 时移特性

设
$$f(t) \longleftrightarrow F(s), \quad \mathrm{ROC}:R_x$$
则
$$f(t-\tau) \longleftrightarrow e^{-s\tau}F(s) \tag{4-79}$$
因为双边拉氏变换的积分范围为 $-\infty \sim +\infty$,所以在单边特性中关于时移的限制取消了。

2. 时域微分特性

设
$$f(t) \longleftrightarrow F(s), \quad \mathrm{ROC}:R_x$$

则
$$f'(t) \longleftrightarrow sF(s), \quad \text{ROC 至少为 } R_x \tag{4-80}$$

【例 4-32】 求 $f(t) = \dfrac{\mathrm{d}^2}{\mathrm{d}t^2}[\, \mathrm{e}^{-3(t+2)} U(t+2)\,]$ 的双边拉氏变换。

解：
$$\mathrm{e}^{-3t} U(t) \longleftrightarrow \frac{1}{s+3}, \quad \mathrm{Re}[s] > -3$$

由式(4-79)的时移特性,得
$$\mathrm{e}^{-3(t+2)} U(t+2) \longleftrightarrow \frac{1}{s+3} \mathrm{e}^{2s}$$

利用式(4-80)给出的微分特性两次,即得
$$\frac{\mathrm{d}^2}{\mathrm{d}t^2}[\, \mathrm{e}^{-3(t+2)} U(t+2)\,] \longleftrightarrow \frac{s^2}{s+3} \mathrm{e}^{2s}, \quad \mathrm{Re}[s] > -3$$

3. 时域积分特性

设
$$f(t) \longleftrightarrow F(s), \quad \mathrm{ROC}: R_x$$

那么
$$\int_{-\infty}^{t} f(\tau) \mathrm{d}\tau \longleftrightarrow \frac{F(s)}{s}, \quad \mathrm{ROC}: \mathrm{Re}[s] > 0 \cap R_x \tag{4-81}$$

4.6.2 系统函数与系统的稳定性

1. 系统函数

对于因果系统,我们将系统函数定义为零状态响应的单边拉氏变换与输入的单边拉氏变换之比。当涉及非因果系统时,应考虑 $t < 0$ 部分,相应地,系统函数 $H(s)$ 应定义为
$$H(s) = \frac{\text{零状态响应的双边拉氏变换}}{\text{输入信号的双边拉氏变换}} = \frac{Y_{\mathrm{b}}(s)}{F_{\mathrm{b}}(s)} \tag{4-82}$$
式中,$Y_{\mathrm{b}}(s)$,$F_{\mathrm{b}}(s)$ 分别表示输出与输入的双边拉氏变换。需要说明的是,用式(4-82)得到的仅仅是系统函数的数学表达式,其 ROC 只能由系统的其他条件获得。

因为因果信号的双边拉氏变换与单边拉氏变换相同,因此式(4-82)包含了式(4-64)的情形。

2. 系统的稳定性

对于任意的 LTI 系统(包括因果与非因果系统),系统稳定的充分必要条件由式(4-73)给出,即
$$\int_{-\infty}^{\infty} |h(t)| \mathrm{d}t \leqslant M, \qquad M \text{ 为有界正值}$$
由于 $h(t)$ 绝对可积,故 $h(t)$ 的傅里叶变换存在,因此 $H(s)$ 的 ROC 应包含 $\mathrm{j}\Omega$ 轴。于是,对任意 LTI 系统,系统稳定的充分必要条件还可以表示为:系统函数 $H(s)$(注意是 $h(t)$ 的双边拉氏变换)的 ROC 包含 $\mathrm{j}\Omega$ 轴。

4.6.3 双边拉普拉斯逆变换

正如 4.3 节所讨论的单边情况那样,这里考虑有理函数的双边拉氏逆变换。双边与单边拉氏逆变换的主要差别是,对于双边情况,必须利用 ROC 确定唯一的逆变换。

假设有理函数
$$F(s) = \frac{N(s)}{D(s)} = \frac{b_m s^m + b_{m-1} s^{m-1} + \cdots + b_1 s + b_0}{s^n + a_{n-1} s^{n-1} + \cdots + a_1 s + a_0}$$

若 $m \geq n$,利用长除法表示为

$$F(s) = \sum_{k=0}^{m-n} C_k s^k + F_1(s)$$

其中,$F_1(s) = N_1(s)/D(s)$ 为有理真分式。

按非重极点的情况将 $F_1(s)$ 做部分分式展开,有

$$F_1(s) = \sum_{k=1}^{n} \frac{A_k}{s - p_k}$$

首先
$$\sum_{k=0}^{m-n} C_k \delta^{(k)}(t) \longleftrightarrow \sum_{k=0}^{m-n} C_k s^k$$

其次,对于双边情况,$F_1(s)$ 展开式中每一项的逆变换都是以下两种情形之一:

$$A_k e^{p_k t} U(t) \longleftrightarrow \frac{A_k}{s - p_k} \tag{4-83}$$

或
$$-A_k e^{p_k t} U(-t) \longleftrightarrow \frac{A_k}{s - p_k} \tag{4-84}$$

根据 $F_1(s)$ 各极点与收敛域的位置关系选择式(4-83)或式(4-84)。如果极点位于 ROC 的左侧,则关于该极点的展开项的逆变换为因果信号,由式(4-83)得到;如果极点位于 ROC 的右侧,则关于该极点的展开项的逆变换为反因果信号,由式(4-84)得到。

同理,可得重极点和共轭极点情况下的逆变换,这里不再赘述。

【例 4-33】 某 LTI 系统由微分方程 $y''(t) + 2y'(t) - 3y(t) = 2f'(t) + 2f(t)$ 描述,求:
(1) 系统函数 $H(s)$ 及所有可能的冲激响应,并确定每种情况下系统的因果性与稳定性;
(2) 如果系统是非因果稳定的,且 $f(t) = e^{-2(t+1)} U(t+1)$,求零状态响应。

解:(1) 微分方程两边取双边拉氏变换并利用微分特性,得

$$H(s) = \frac{Y(s)}{F(s)} = \frac{2s + 2}{s^2 + 2s - 3} = \frac{1}{s + 3} + \frac{1}{s - 1}$$

由此画出极点图如图 4-23 所示。

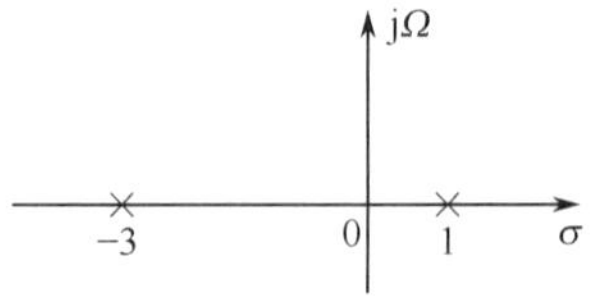

根据极点($s = -3$ 和 $s = 1$)的位置,$H(s)$ 可能的收敛域如下:

图 4-23　例 4-33 的图

(a) $\mathrm{Re}[s] < -3$,此时系统是非因果的,且 ROC 不含 $j\Omega$ 轴,故系统是不稳定的。两个极点都在 ROC 的右侧,故由式(4-84)可得

$$h(t) = -e^{-3t} U(-t) - e^t U(-t)$$

(b) $-3 < \mathrm{Re}[s] < 1$,此时系统是非因果的,因 ROC 包含 $j\Omega$ 轴,故系统是稳定的。

极点 $s = -3$ 在 ROC 的左侧,故

$$\mathscr{L}^{-1} \left[\frac{1}{s + 3} \right] = e^{-3t} U(t)$$

极点 $s = 1$ 在 ROC 的右侧,故

$$\mathscr{L}^{-1} \left[\frac{1}{s - 1} \right] = -e^t U(-t)$$

所以
$$h(t) = e^{-3t} U(t) - e^t U(-t)$$

(c) $\mathrm{Re}[s] > 1$,此时系统是因果的,因 ROC 不包含 $j\Omega$ 轴,故系统是不稳定的。两个极点都在 ROC 的左侧,所以

$$h(t) = (e^{-3t} + e^t) U(t)$$

（2）第（b）种情况下系统是非因果稳定的,所以

$$H(s) = \frac{2s + 2}{(s - 1)(s + 3)}, \qquad \text{ROC：} -3 < \text{Re}[s] < 1$$

因为 $\qquad F(s) = \mathscr{L}[f(t)] = \frac{1}{s + 2} e^s, \qquad \text{ROC：Re}[s] > -2$

所以 $\qquad Y_f(s) = H(s)F(s) = \frac{2s + 2}{(s - 1)(s + 3)} \cdot \frac{e^s}{s + 2}, \qquad \text{ROC：} -2 < \text{Re}[s] < 1$

$Y_f(s)$ 可以展开为 $\qquad Y_f(s) = \left[\frac{-1}{s + 3} + \frac{2/3}{s + 2} + \frac{1/3}{s - 1} \right] e^s$

ROC 在极点 $s = -3$ 及 $s = -2$ 的右侧,在极点 $s = 1$ 的左侧,由式(4-83)、式(4-84)并利用时移特性,得

$$y_f(t) = \mathscr{L}^{-1}[Y_f(s)] = -e^{-3(t+1)} U(t+1) + \frac{2}{3} e^{-2(t+1)} U(t+1) - \frac{1}{3} e^{(t+1)} U(-t-1)$$

4.7　MATLAB 应用举例

4.7.1　用 MATLAB 计算拉普拉斯正反变换

MATLAB 提供了两个函数来计算符号函数的正反变换:laplace 和 ilaplace,其调用格式为

```
F = laplace(f)
f = ilaplace(F)
```

上两式右端的 f 和 F 分别为时间函数和拉氏变换的数学表达式。在调用这两个函数时,通常还需要使用函数 sym 或 syms 将数值变量转换为"符号变量"。例如 s = sym(str) 或 syms x y t 等,其中 str 是字符串。

【例 4-34】　用 laplace 和 ilaplace 求:

（1）$f(t) = e^{-2t} \cos(3t) U(t)$ 的拉氏变换；（2）$F(s) = \dfrac{1}{(s + 1)(s + 2)}$ 的拉氏逆变换。

解:（1）的程序为:

```
% Program ch4_1
syms t;
F = laplace(exp(-2*t)*cos(3*t));
F = simplify(F)
% or can do it like this:
% f = sym('exp(-2*t)*cos(3*t)')
% F = laplace(f)
```

运行结果为

```
F = (s + 2)/(s^2 + 4*s + 13)
```

即
$$F(s) = \frac{s+2}{s^2 + 4s + 13}$$

（2）的程序为

```
% Program ch4_2
syms s;
F = 1/((s + 1) * (s + 2));
f = ilaplace(F)
```

运行结果为

```
f = 2 * exp( - 3/2 * t) * sinh(1/2 * t)
```

即
$$f(t) = \mathrm{e}^{-t} - \mathrm{e}^{-2t}, \quad t \geqslant 0$$

4.7.2　利用 MATLAB 实现部分分式展开

MATLAB 函数 residue 用于将 $F(s)$ 做部分分式展开，或者将展开式重新合并为有理函数。其一般调用格式为

```
[r,p,k] = residue(num,den)
[num,den] = residue(r,p,k)
```

其中，num 和 den 分别为 $F(s)$ 分子多项式和分母多项式的系数向量，r 为各部分分式的分子，p 为极点组成的向量，k 为分子与分母多项式相除所得的商的系数向量。若 $F(s)$ 为真分式，则 k 为零。

【例 4-35】　用 MATLAB 求 $F(s) = \dfrac{s^4 + 1}{s(s+1)(s+2)^2}$ 的部分分式展开式。

解：程序如下。

```
% Program ch4_3
format rat
den = poly([0 - 1 - 2 - 2]);
num = [1 0 0 0 1];
[r,p,k] = residue(num,den)
```

程序运行结果为

```
r = - 13/4    17/2    - 2    1/4
p = - 2       - 2     - 1    0
k = 1
```

据此可以得到 $F(s)$ 的展开式为

$$F(s) = 1 + \frac{-13/4}{s+2} + \frac{17/2}{(s+2)^2} + \frac{-2}{s+1} + \frac{1/4}{s}$$

注：$F(s)$ 有多阶极点时，简单极点排在前，高阶极点排在后。

4.7.3　系统的零极点图

利用 MATLAB 函数 roots 很容易求得系统函数的零点和极点。其一般调用格式为

```
p = roots(a)
```

其中,a 为多项式的系数向量。

如果要进一步画出系统的零极点图,可以用函数 pzmap 实现。其一般调用格式为

```
pzmap(sys)
```

其中,sys 是系统的模型,可借助函数 tf 获得,调用格式为

```
sys = tf(b,a)
```

式中,b,a 分别为 $H(s)$ 分子、分母多项式的系数向量。

【例 4-36】 已知系统函数 $H(s) = \dfrac{s + 2}{s^3 + 2s^2 + 2s + 1}$,试画出系统的零极点图,以及系统的单位冲激响应和幅频特性、相频特性曲线。

解:程序如下,画出的图形如图 4-24 所示。

```
% Program ch4_4
num = [0 0 1 2];
den = [1 2 2 1];
sys = tf(num,den);
subplot(2,2,1);
pzmap(sys);
t = 0:0.01:12;
h = impulse(num,den,t);
subplot(2,2,2);
plot(t,h);
title('Impulse response');
[H,w] = freqs(num,den);
subplot(2,2,3);
plot(w,abs(H));
title('Magnitude response');
subplot(2,2,4);
plot(w,angle(H));
title('Phase response');
```

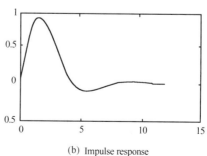

(a) Pole-Zero MaP

(b) Impulse response

图 4-24　例 4-36 的图

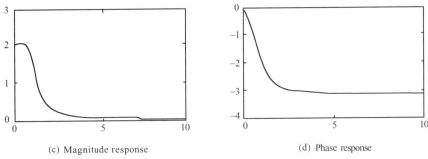

(c) Magnitude response   (d) Phase response

图 4-24   例 4-36 的图(续)

本章学习指导

一、主要内容

1. 单边拉氏变换与基本变换对

(1) 定义

正变换：$F(s) = \int_{0^-}^{\infty} f(t) e^{-st} dt$ 逆变换：$f(t) = \left[\dfrac{1}{2\pi j} \int_{\sigma-j\infty}^{\sigma+j\infty} F(s) e^{st} ds \right] U(t)$

变换关系记为 $f(t) \leftrightarrow F(s)$，$F(s)$ 称为"象函数"，$f(t)$ 称为"原函数"。

(2) 基本变换对

$$\delta(t) \leftrightarrow 1 \qquad\qquad\qquad \cos\Omega_0 t U(t) \leftrightarrow \frac{s}{s^2+\Omega_0^2}$$

$$U(t) \leftrightarrow \frac{1}{s} \qquad\qquad\qquad \sin\Omega_0 t U(t) \leftrightarrow \frac{\Omega_0}{s^2+\Omega_0^2}$$

$$e^{-\alpha t} U(t) \leftrightarrow \frac{1}{s+\alpha}(\alpha \text{ 为任意常数}) \qquad tU(t) \leftrightarrow \frac{1}{s^2}, t^n U(t) \leftrightarrow \frac{n!}{s^{n+1}}$$

2. 性质

拉氏变换的性质对于复频域分析非常重要，详见表 4-2。

3. 系统函数

(1) 定义

系统函数定义为零状态响应的象函数与激励的象函数之比，用 $H(s)$ 表示，即

$$H(s) = Y_f(s)/F(s)$$

与冲激响应的关系： $h(t) \leftrightarrow H(s)$

(2) 若系统由以下微分方程描述

$$y^{(n)}(t) + a_{n-1}y^{(n-1)}(t) + \cdots + a_0 y(t) = b_m f^{(m)}(t) + b_{m-1}f^{(m-1)}(t) + \cdots + b_0 f(t)$$

其系统函数为 $H(s) = \dfrac{b_m s^m + b_{m-1}s^{m-1} + \cdots + b_0}{s^n + a_{n-1}s^{n-1} + \cdots + a_0}$

（3）利用系统函数的零极点图确定频率响应

若系统函数为上式给出的有理函数,那么

$$H(\mathrm{j}\Omega) = H(s)\big|_{s=\mathrm{j}\Omega} = \frac{b_m\,(\mathrm{j}\Omega)^m + b_{m-1}\,(\mathrm{j}\Omega)^{m-1} + \cdots + b_0}{(\mathrm{j}\Omega)^n + a_{n-1}\,(\mathrm{j}\Omega)^{n-1} + \cdots + a_0} = \frac{b_m\prod\limits_{k=1}^{m}(\mathrm{j}\Omega - z_k)}{\prod\limits_{l=1}^{n}(\mathrm{j}\Omega - p_l)}$$

画出 $H(s)$ 的零极点图,根据几何方法可以确定系统的幅度响应和相位响应。

（4）系统的稳定性

因果系统稳定的条件为:$H(s)$ 的极点全部位于 s 平面的左半平面。

4. 部分分式展开求逆变换

求拉氏逆变换是复频域分析中的一个重要环节。如果象函数是有理分式,则用部分分式展开法求逆变换。

设 $F(s) = \dfrac{b_m s^m + b_{m-1}s^{m-1} + \cdots + b_0}{s^n + a_{n-1}s^{n-1} + \cdots + a_0}, m<n$;其极点为 $p_1, p_2, \cdots, p_n$

（1）单极点情形（$p_1, p_2, \cdots, p_n$ 各不相同）,则

$$F(s) = \frac{A_1}{s-p_1} + \frac{A_2}{s-p_2} + \cdots + \frac{A_n}{s-p_n} = \sum_{k=1}^{n}\frac{A_k}{s-p_k}$$

其中

$$A_k = (s-p_k)F(s)\big|_{s=p_k}$$

（2）含重极点情形,不妨设 p_1 是 r 重极点,则

$$F(s) = \frac{A_{11}}{(s-p_1)^r} + \frac{A_{12}}{(s-p_1)^{r-1}} + \cdots + \frac{A_{1r}}{s-p_1} + \sum_{k=r+1}^{n}\frac{A_k}{s-p_k}$$

其中

$$A_{1k} = \frac{1}{(k-1)!}\frac{\mathrm{d}^{k-1}}{\mathrm{d}s^{k-1}}\big[(s-p_1)^r F(s)\big]\bigg|_{s=p_1}$$

展开后根据基本变换对和拉氏变换的性质即可求出原函数。

5. 复频域分析

复频域分析求系统全响应的过程如下:先确定系统的微分方程,然后对微分方程取单边拉氏变换,整理后可得全响应的象函数,求逆变换即可得全响应。全响应的象函数可以表示为

$$Y(s) = Y_x(s) + Y_f(s) = Y_x(s) + F(s)H(s)$$

二、例题分析

【例 4-37】 已知某因果系统的模拟框图如图 4-25 所示。求:（1）系统的单位冲激响应;（2）若 $f(t) = \mathrm{e}^{-2t}U(t)$,$y(0^-) = 0$,$y'(0^-) = 1$,求系统的全响应。

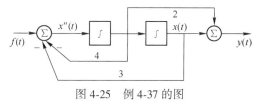

图 4-25　例 4-37 的图

分析:关键在于求系统函数 $H(s)$。因为 $H(s)$ 的逆变换即冲激响应;而根据 $H(s)$ 可写出微分方程,从而可以求出全响应。$H(s)$ 可以根据定义求出,基本思路是写出两个加法器的输

出方程,然后利用拉氏变换即可求出 $H(s)$。

解:(1) 设 $x(t)$ 如图 4-25 中所示,两个加法器的方程为

$$\begin{cases} x''(t) = f(t) - 4x'(t) - 3x(t) \\ y(t) = 2x'(t) + x(t) \end{cases}$$

设
$$y(t) \leftrightarrow Y(s), \ f(t) \leftrightarrow F(s), \ x(t) \leftrightarrow X(s)$$

在零初始状态下,对方程两边取拉氏变换,有

$$\begin{cases} s^2 X(s) = F(s) - 4s X(s) - 3X(s) \\ Y(s) = 2s X(s) + X(s) \end{cases}$$

解得系统函数为
$$H(s) = \frac{Y(s)}{F(s)} = \frac{2s+1}{s^2+4s+3} = \frac{-1/2}{s+1} + \frac{5/2}{s+3}$$

其逆变换即为单位冲激响应 $h(t)$,即

$$h(t) = \left(-\frac{1}{2}e^{-t} + \frac{5}{2}e^{-3t}\right) U(t)$$

(2) 求全响应

方法一:根据 $H(s)$ 可得系统微分方程为

$$y''(t) + 4y'(t) + 3y(t) = 2f'(t) + f(t)$$

方程两边取拉氏变换,得

$$s^2 Y(s) - sy(0^-) - y'(0^-) + 4[sY(s) - y(0^-)] + 3Y(s) = (2s+1)F(s)$$

整理后得

$$Y(s) = \frac{sy(0^-) + y'(0^-) + 4y(0^-)}{s^2+4s+3} + \frac{2s+1}{s^2+4s+3}F(s)$$

将初始条件和 $F(s) = \dfrac{1}{s+2}$ 代入,得

$$Y(s) = \frac{3}{(s+2)(s+3)} = \frac{3}{s+2} - \frac{3}{s+3}$$

所以
$$y(t) = (3e^{-2t} - 3e^{-3t}) U(t)$$

方法二:用时域法求 $y_x(t)$,用复频域法求 $y_f(t)$,两者相加即得全响应。

先求 $y_x(t)$:$H(s)$ 的两个极点即为系统的特征根,故 $\lambda_1 = -1, \lambda_2 = -3$,因此

$$y_x(t) = c_1 e^{-t} + c_2 e^{-3t}, \ t \geq 0$$

将初始条件 $y(0^-) = 0, y'(0^-) = 1$ 代入,得方程组 $\begin{cases} c_1 + c_2 = 0 \\ -c_1 - 3c_2 = 1 \end{cases}$,解得 $\begin{cases} c_1 = 1/2 \\ c_2 = -1/2 \end{cases}$,因此

$$y_x(t) = \frac{1}{2}e^{-t} - \frac{1}{2}e^{-3t}, \ t \geq 0 = \left(\frac{1}{2}e^{-t} - \frac{1}{2}e^{-3t}\right) U(t)$$

再求 $y_f(t)$:

$$Y_f(s) = F(s)H(s) = \frac{2s+1}{(s^2+4s+3)(s+2)} = \frac{-1/2}{s+1} + \frac{3}{s+2} + \frac{-5/2}{s+3}$$

所以
$$y_x(t) = \left(-\frac{1}{2}e^{-t} + 3e^{-2t} - \frac{5}{2}e^{-3t}\right) U(t)$$

因此,全响应为
$$y(t) = y_x(t) + y_f(t) = (3e^{-2t} - 3e^{-3t}) U(t)$$

【例 4-38】 已知某因果 LTI 系统的阶跃响应为 $g(t) = e^{-2t} U(t)$,若系统的输入信号为 $f(t) = tU(t-1)$,求该系统的零状态响应。

分析:系统输入信号、冲激响应(系统函数)和零状态响应这三个量,只要知道其中两个,就可以求第三个。时域上,$y_f(t)=f(t)*h(t)$;复频域上,$Y_f(s)=F(s)H(s)$。本题目标为求零状态响应,而输入为已知,故需先求出系统函数。

解:设 $g(t)\leftrightarrow G(s)$,$U(t)\leftrightarrow F_1(s)$,则 $F_1(s)=\dfrac{1}{s}$,$G(s)=\dfrac{1}{s+2}$。因为 $G(s)=F_1(s)H(s)$,所以 $H(s)=\dfrac{G(s)}{F_1(s)}=\dfrac{s}{s+2}$(也可以直接对 $g(t)$ 求导得到 $h(t)$,然后取拉氏变换即得 $H(s)$)。

设 $y_f(t)\leftrightarrow Y_f(s)$,$f(t)\leftrightarrow F(s)$,则 $Y_f(s)=F(s)H(s)$

因 $f(t)=tU(t-1)=(t-1)U(t-1)+U(t-1)$,故 $F(s)=\left(\dfrac{1}{s^2}+\dfrac{1}{s}\right)e^{-s}$

所以
$$Y_f(s)=F(s)H(s)=\left(\dfrac{1}{s^2}+\dfrac{1}{s}\right)e^{-s}\dfrac{s}{s+2}=\dfrac{s+1}{s^2(s+2)}e^{-s}$$

令
$$y_1(t)\leftrightarrow Y_1(s)=\dfrac{s+1}{s^2(s+2)}=\dfrac{1/2}{s^2}+\dfrac{1/4}{s}-\dfrac{1/4}{s+2}$$

所以
$$y_1(t)=\left(\dfrac{1}{2}t+\dfrac{1}{4}-\dfrac{1}{4}e^{-2t}\right)U(t)$$

因 $Y_f(s)=Y_1(s)e^{-s}$,根据时移特性
$$y_f(t)=y_1(t-1)=\left[\dfrac{1}{2}t-\dfrac{1}{4}-\dfrac{1}{4}e^{-2(t-1)}\right]U(t-1)$$

【例 4-39】 已知某 LTI 因果系统,初始条件未知。当 $f(t)=e^{-t}U(t)$ 时,系统的全响应 $y_1(t)=(e^{-t}+te^{-t})U(t)$;当 $f(t)=e^{-2t}U(t)$ 时,全响应 $y_2(t)=(2e^{-t}-e^{-2t})U(t)$。求系统的零输入响应和描述系统的微分方程。

分析:系统全响应 $y(t)=y_x(t)+y_f(t)$,取拉氏变换,在复频域上有 $Y(s)=Y_x(s)+Y_f(s)=Y_x(s)+F(s)H(s)$,题设中 $Y_x(s)$,$H(s)$ 未知,根据两个已知条件可以求出。

解:设系统的零输入响应为 $y_x(t)$,且 $y_x(t)\leftrightarrow Y_x(s)$,$y_1(t)\leftrightarrow Y_1(s)$,$y_2(t)\leftrightarrow Y_2(s)$,$f_1(t)\leftrightarrow F_1(s)$,$f_2(t)\leftrightarrow F_2(s)$,那么
$$Y_1(s)=Y_x(s)+F_1(s)H(s)\qquad Y_2(s)=Y_x(s)+F_2(s)H(s)$$

求得
$$H(s)=\dfrac{Y_1(s)-Y_2(s)}{F_1(s)-F_2(s)}$$

由已知条件可得
$$F_1(s)=\dfrac{1}{s+1},F_2(s)=\dfrac{1}{s+2};Y_1(s)=\dfrac{1}{s+1}+\dfrac{1}{(s+1)^2},Y_2(s)=\dfrac{2}{s+1}-\dfrac{1}{s+2}$$

代入并整理得
$$H(s)=\dfrac{1}{s+1}$$

于是
$$Y_x(s)=Y_2(s)-F_2(s)H(s)=\dfrac{2}{s+1}-\dfrac{1}{s+2}-\dfrac{1}{(s+2)(s+1)}=\dfrac{1}{s+1}$$

所以
$$y_x(t)=e^{-t}U(t)$$

根据系统函数,微分方程为
$$y'(t)+y(t)=f(t)$$

基本练习题

4.1　用拉普拉斯变换的定义求下列信号的拉普拉斯变换,并注明其收敛域。

(1) $e^{-t}U(-t)$ (2) $(t+1)[U(t-2)-U(t-3)]$ (3) $\delta(t)-e^{-2t}U(t)$

(4) $U(-t)+e^{-3t}U(t)$ (5) $e^{-t+2}U(t-2)$ (6) $e^{-t+2}U(t)$

4.2 求下列信号的单边拉氏变换。

(1) $e^{-(t+\alpha)}\cos\Omega t\,U(t)$ (2) $2\delta(t)-3e^{-7t}U(t)$

(3) $(2\cos t+\sin t)U(t)$ (4) $e^{-t}U(t)-e^{-(t-2)}U(t-2)$

(5) $\sin(\pi t)U(t)-\sin[\pi(t-1)]U(t-1)$ (6) $(1-e^{-t})U(t)$

(7) $e^{-t}[U(t)-U(t-2)]$ (8) $U(t)-2U(t-1)+U(t-2)$

(9) $2\delta(t-t_0)+3\delta(t)$ (10) $(t-1)U(t-1)$

(11) $e^{-t}\sin 2tU(t)$ (12) $(1-\cos\alpha t)e^{-\beta t}U(t)$

(13) $e^{-\alpha t}\cos(\Omega t+\theta)U(t)$ (14) $2e^{-5t}\text{ch}3tU(t)$

4.3 求下列函数的拉氏逆变换。

(1) $\dfrac{s^2-s+1}{(s+1)^2}$ (2) $\dfrac{s^3+s^2+1}{(s+1)(s+2)}$ (3) $\dfrac{s+2}{s^2+2s+2}$ (4) $\dfrac{1-e^{-4s}}{5s^2}$

(5) $\dfrac{1}{(s^2+1)^2}$ (6) $\dfrac{s}{(s+2)(s+4)}$ (7) $\dfrac{2}{s(s-1)^2}$ (8) $\dfrac{s+5}{s(s^2+2s+5)}$

(9) $\dfrac{4s+5}{s^2+5s+6}$ (10) $\dfrac{s+3}{(s+2)(s+1)^3}$

4.4 已知LTI因果系统微分方程为 $y''(t)+3y'(t)+2y(t)=f'(t)+3f(t)$。求在下列两种情况下系统的全响应。

(1) $f(t)=U(t)$，$y(0^-)=1$，$y'(0^-)=2$；   (2) $f(t)=e^{-3t}U(t)$，$y(0^-)=1$，$y'(0^-)=2$

4.5 已知某LTI因果系统，当：

(1) $f(t)=e^{-t}U(t)$ 时全响应为 $y(t)=(e^{-t}+te^{-t})U(t)$；

(2) $f(t)=e^{-2t}U(t)$ 时全响应为 $y(t)=(2e^{-t}-e^{-2t})U(t)$；

求系统的零输入响应及当 $f(t)=U(t)$ 时系统的全响应。

4.6 如习图4-1所示电路，已知 $u_s(t)=e^{-2t}U(t)$，求 $u_L(t)$ 的零状态响应。

4.7 如习图4-2所示电路，已知 $u_s(t)=2U(t)$，$u_C(0^-)=\dfrac{4}{3}$V，$i_L(0^-)=\dfrac{2}{3}$A，求响应 $u_C(t)$，并指出其零输入响应和零状态响应、自然响应和强迫响应、暂态响应和稳态响应。

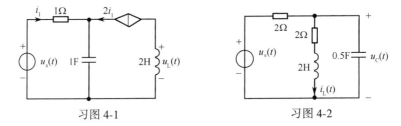

习图 4-1   习图 4-2

4.8 如习图4-3所示电路，原已达到稳定，$t=0$ 时开关由1转换到2，已知 $U_s=\dfrac{1}{3}$V，$R=\dfrac{1}{3}\Omega$，$R_1=\dfrac{2}{3}\Omega$，$i_s(t)=e^{-t}U(t)$，求 $t>0$ 后电路的响应 $u_C(t)$。

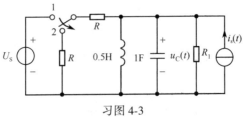

习图 4-3

4.9 试求习图 4-4 所示各网络的系统函数 $H(s) = \dfrac{U_2(s)}{U_1(s)}$。

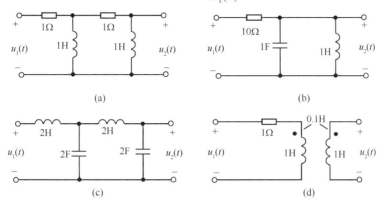

习图 4-4

4.10 如习图 4-5 所示电路,以 $i(t)$ 为输出,求系统函数 $H(s)$ 及阶跃响应 $g(t)$。

4.11 某 LTI 系统在激励为 $f(t) = 2e^{-t}U(t)$ 时,其零状态响应为 $y(t) = (2e^{-t} - 4e^{-2t} + 8e^{3t})U(t)$,求系统的单位冲激响应 $h(t)$。

4.12 已知因果系统函数及激励信号如下,求系统零状态响应。

（1）$H(s) = \dfrac{1}{s^2 + 5s + 6}$, $f(t) = 2e^{-t}U(t)$

（2）$H(s) = \dfrac{s + 1}{s + 2}$, $f(t) = 4tU(t)$

（3）$H(s) = \dfrac{s^2 + 4s + 5}{s^2 + 3s + 2}$, $f(t) = e^{-3t}U(t)$

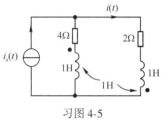

习图 4-5

4.13 已知某 LTI 系统的阶跃响应 $g(t) = e^{-t}U(t)$,若系统的输入 $f(t) = tU(t-2)$,求该系统的零状态响应 $y_f(t)$。

4.14 某 LTI 系统的单位冲激响应 $h(t) = \delta(t) - 11e^{-10t}U(t)$,若其零状态响应 $y_f(t) = (1 - 11t)e^{-10t}U(t)$,试求系统的输入 $f(t)$。

4.15 如习图 4-6 所示无损 LC 谐振电路,以 $u(t)$ 为响应,求:

（1）系统频率特性 $H(j\Omega)$; （2）系统函数 $H(s)$; （3）冲激响应 $h(t)$。

4.16 如习图 4-7(a) 所示电路,已知系统函数 $H(s)$ 的零、极点分布如习图 4-7(b) 所示,且 $H(0) = 1$,求 R, L, C 的值。

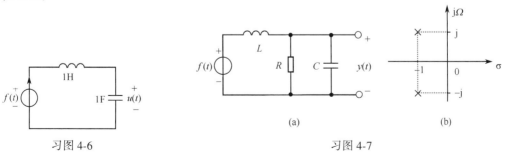

习图 4-6 习图 4-7

4.17 已知 LTI 因果系统 $H(s)$ 的零、极点分布如习图 4-8 所示,且 $H(0) = 1$,求:

（1）系统函数 $H(s)$ 的表达式; （2）系统的单位阶跃响应。

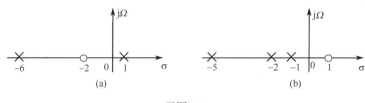

习图 4-8

4.18 已知某连续时间 LTI 因果系统的微分方程为 $y''(t) + 3y'(t) + 2y(t) = f(t)$。

(1) 确定该系统的系统函数 $H(s)$;

(2) 判断系统的稳定性,若系统是稳定的,求出系统的频率响应,讨论其幅频和相频特性;

(3) 求系统的单位冲激响应 $h(t)$ 及单位阶跃响应 $g(t)$;

(4) 若系统输入 $f(t) = e^{-t}U(t)$,求输出响应 $y_f(t)$;

(5) 当系统输出的拉氏变换为 $Y(s) = \dfrac{s+1}{(s+2)^2}$ 时,求系统的输入 $f(t)$。

综合练习题

4.19 如习图 4-9 所示电路。

(1) 求系统的单位冲激响应 $h(t)$; (2) 欲使系统的零输入响应 $u_{Cx}(t) = h(t)$,求系统的初始状态;

(3) 欲使系统在单位阶跃信号激励下,全响应为 $u_C(t) = U(t)$,求系统的初始状态。

4.20 如习图 4-10 所示桥形网络,试求:

(1) 网络的传输函数 $H(s)$,绘出其零极点图; (2) 冲激响应 $h(t)$ 和阶跃响应 $g(t)$;

(3) 在外加激励 $u_s(t) = \sin t U(t)$ 作用下系统的零状态响应 $u_{of}(t)$。

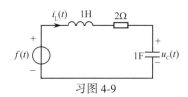

习图 4-9

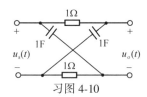

习图 4-10

4.21 如习图 4-11 所示电路。

(1) 求系统函数 $H(s)$;

(2) 若 $f(t) = \cos 2t U(t)$,要使响应中不存在稳态响应分量,L, C 应满足何条件?

(3) 若 $L = 1H$,要使响应中不存在稳态响应分量,求 $u_o(t)$;

(4) 若 $L = 1H, C = 1F$,求 $u_o(t)$。

4.22 因果系统框图如习图 4-12 所示($\boxed{s^{-1}}$ 表示积分器),试求:

(1) 系统的传输函数 $H(s)$ 和单位冲激响应; (2) 描述系统输入输出关系的微分方程;

(3) 当输入 $f(t) = 2e^{-3t}U(t)$ 时,系统的零状态响应 $y_f(t)$; (4) 判断系统是否稳定。

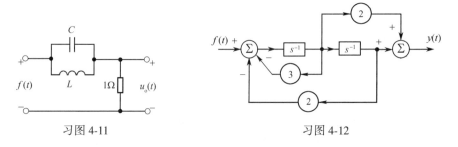

习图 4-11

习图 4-12

4.23 已知某 LTI 因果系统 $H(s)$ 的零极点分布如习图 4-13 所示,且 $h(0^+) = 2, f(t) = \sin t U(t)$,求系统函数 $H(s)$ 和正弦稳态响应。

4.24 某 LTI 因果系统框图如习图 4-14 所示,试确定:

（1）系统函数 $H(s)$；　（2）使系统稳定的 K 的取值范围。

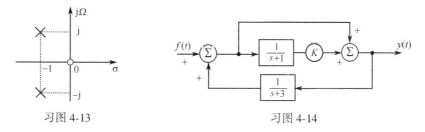

习图 4-13　　　　　　　　　　　习图 4-14

4.25 某 LTI 因果系统框图如习图 4-15 所示,试确定:

（1）系统函数 $H(s)$；

（2）使系统稳定的 K 的取值范围；

（3）若 $K = 0$,系统的频率响应函数 $H(j\Omega)$；

（4）使系统临界稳定的 K 的取值及临界稳定下系统的频率响应 $H(j\Omega)$；

（5）以上两种情况下系统的单位冲激响应 $h(t)$。

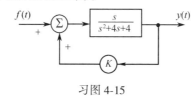

习图 4-15

4.26 已知某 LTI 因果系统的系统函数 $H(s) = \dfrac{1}{s^3 + 2s^2 + 2s + 1}$。

（1）试计算其幅频特性和相频特性；　（2）求 $|F(j\Omega)|$ 出现最大值和 $\varphi(\Omega)$ 出现零值的 Ω 值；

（3）粗略绘出其幅频特性曲线,说明是何种滤波器,求截止频率 Ω_c。

上机练习

4.1 已知 $F(s) = \dfrac{s^3}{(s + 5)(s^2 + 5s + 25)}$,用 residue 求出 $F(s)$ 的部分分式展开式,并写出 $f(t)$ 的表达式。

4.2 系统的微分方程为 $y''(t) + 4y'(t) + 3y(t) = 2f'(t) + f(t), f(t) = U(t), y(0^-) = 1, y'(0^-) = 2$,用 MATLAB 画出系统的零输入、零状态和全响应的波形。

4.3 用 MATLAB 的 pzmap 命令绘出系统 $H(s) = \dfrac{s^3 + 1}{s^4 + 2s^2 + 1}$ 的零极点图,并求系统的冲激响应、阶跃响应和频率响应,画出相应的图形。

4.4 设计具有两个零点和两个极点的高通滤波器,满足 $|\Omega| > 100\pi$ 时,$0.8 \leqslant |H(j\Omega)| \leqslant 1.2$,以及 $|H(j0)| = 0$,并且其有实值系数。

4.5 设计一个具有实值系数的低通滤波器,满足 $|\Omega| < \pi$ 时,$0.8 \leqslant |H(j\Omega)| \leqslant 1.2$,以及 $|\Omega| > 10\pi$ 时,$|H(j\Omega)| < 0.1$。

第5章 离散时间信号与系统的时域分析

二维码5

【内容提要】 从本章开始研究离散时间信号与系统分析。主要内容有：离散时间信号的描述和运算，离散时间系统的描述，离散时间系统的零输入响应和零状态响应的求解，特别是用卷积和求零状态响应的方法。

【思政小课堂】 见二维码5。

5.1 离散时间信号与离散系统

5.1.1 离散信号概述

在一些离散的瞬间才有定义的信号称为离散时间信号，简称为离散信号。这里"离散"是指信号的定义域——时间是离散的，它只取某些规定的值。就是说，离散信号是定义在一些离散时刻 $t_n(n=0, \pm1, \pm2, \pm3\cdots)$ 上的信号，在其余的时刻，信号没有定义。时刻 t_n 和 t_{n+1} 之间的间隔 $T_n = t_{n+1} - t_n$ 可以是常数，也可以随 n 而变化，我们只讨论 T_n 等于常数的情况。若令相继时刻 t_n 与 t_{n+1} 之间的间隔为 T，则离散信号只在均匀离散时刻 $t = \cdots, -2T, -T, 0, T, 2T, \cdots$ 时有定义，它可以表示为 $f(nT)$。为了方便，不妨把 $f(nT)$ 简记为 $f(n)$，这样的离散信号也常称为序列，变量 n 也称为序号。本书中序列与离散信号不加区别。

一个离散时间信号 $f(n)$ 可以用以下三种方法来描述。

（1）解析形式

解析形式（又称闭合形式或闭式），即用一个函数式表示。例如 $f_1(n)=2(-1)^n$，$f_2(n)=\left(\dfrac{1}{2}\right)^n$。

（2）序列形式

序列形式即将 $f(n)$ 表示成按 n 逐个递增的顺序排列的一列有顺序的数。例如

$$f_1(n)= \{\cdots, -2, \underset{\uparrow}{2}, -2, 2, \cdots\}, \quad f_2(n)=\left\{\cdots, 2, \underset{\uparrow}{1}, \frac{1}{2}, \frac{1}{4}, \frac{1}{8}, \cdots\right\}$$

序列下面的 $\uparrow$ 标记出 $n=0$ 的位置。

序列形式有时也表示为另一种形式，即在大括号的右下角处标出第一个样值点对应的序号 n 的取值。这种表示形式比较适合有始序列。例如

$$f_3(n)=\left\{-1, 1, \frac{1}{2}, 2, -1, \frac{1}{2}\right\}_{-2}, \quad f_4(n)=\left\{1, \frac{1}{2}, \frac{1}{4}, \frac{1}{8}\cdots\right\}_0$$

序列形式适合用来表示有限长序列。

（3）图形形式

图形形式即信号的波形。例如上面 $f_1(n)$ 和 $f_3(n)$ 分别如图 5-1（a）和（b）所示。

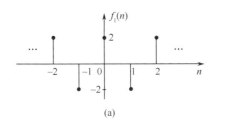 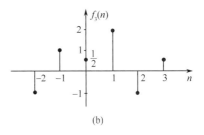

图 5-1 离散信号的波形

5.1.2 典型的离散信号

(1) 单位样值(Unit Sample) 序列 $\delta(n)$

$$\delta(n)=\begin{cases}0, & n \neq 0 \\ 1, & n = 0\end{cases} \tag{5-1}$$

$\delta(n)$ 的波形如图 5-2(a) 所示。

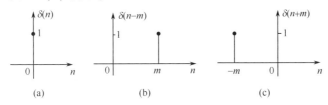

图 5-2 $\delta(n)$, $\delta(n-m)$ 和 $\delta(n+m)$ 的波形

此序列只在 $n = 0$ 处取单位值 1,其余样点上都为零。$\delta(n)$ 也称为"单位取样"、"单位函数"、"单位脉冲"或"单位冲激"。$\delta(n)$ 对于离散系统分析的重要性,类似于 $\delta(t)$ 对于连续系统分析的重要性,但 $\delta(t)$ 是一种广义函数,可理解为在 $t = 0$ 处脉宽趋于零,幅度为无限大的信号;而 $\delta(n)$ 则在 $n = 0$ 处具有确定值,其值等于 1。

发生在 $n = m$ 和 $n = -m$ 的单位样值序列分别表示为

$$\delta(n - m)=\begin{cases}0, & n \neq m \\ 1, & n = m\end{cases} \tag{5-2}$$

$$\delta(n + m)=\begin{cases}0, & n \neq -m \\ 1, & n = -m\end{cases} \tag{5-3}$$

它们的波形分别如图 5-2(b) 和(c) 所示。

(2) 单位阶跃序列 $U(n)$

$$U(n)=\begin{cases}1, & n \geqslant 0 \\ 0, & n < 0\end{cases} \tag{5-4}$$

$U(n)$ 的波形如图 5-3(a) 所示。

像 $U(n)$ 这样的信号,只在 $n \geqslant 0$ 才有非零值,称为因果信号或因果序列;而只在 $n < 0$ 才有非零值的信号,称为反因果序列;只在 $n_1 \leqslant n \leqslant n_2$ 才有非零值的信号,称为有限长序列。相应地,移位(延时) 单位阶跃序列 $U(n - m)$ 定义为

$$U(n-m)=\begin{cases}1 & n\geqslant m\\0 & n<m\end{cases}\tag{5-5}$$

$U(n-m)$ 的波形如图 5-3(b) 所示。

（3）矩形序列 $G_N(n)$

$$G_N(n)=\begin{cases}1, & 0\leqslant n\leqslant N-1\\0, & \text{其他}\end{cases}\tag{5-6}$$

$G_N(n)$ 的波形如图 5-4 所示。

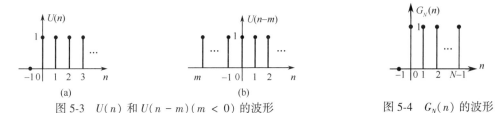

图 5-3　$U(n)$ 和 $U(n-m)(m<0)$ 的波形　　　　图 5-4　$G_N(n)$ 的波形

以上三种序列之间有如下关系：

$$U(n)=\sum_{k=0}^{\infty}\delta(n-k)=\sum_{k=-\infty}^{n}\delta(k)\tag{5-7}$$

$$\delta(n)=U(n)-U(n-1)\tag{5-8}$$

$$G_N(n)=U(n)-U(n-N)\tag{5-9}$$

（4）单边指数序列 $a^n U(n)$

$$f(n)=a^n U(n)\tag{5-10}$$

$a^n U(n)$ 的波形如图 5-5 所示。

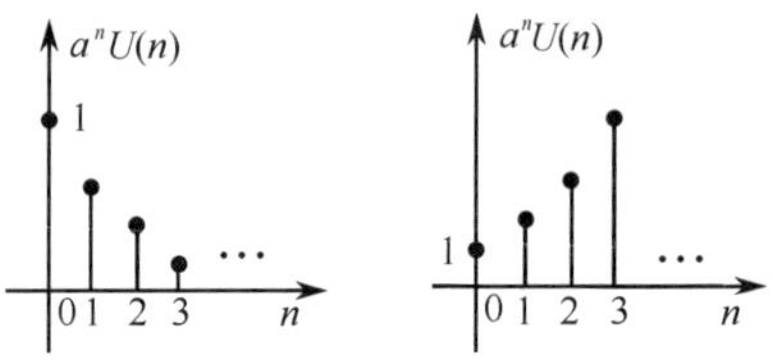

(a) 当 $0<a<1$ 时　　(b) 当 $a>1$ 时

图 5-5　$a^n U(n)$ 的波形

此外，还有因果斜升序列 $nU(n)$，正弦（余弦）序列 $\sin\omega_0 n$ 或 $\cos\omega_0 n$ 等。

5.1.3　离散信号的基本运算

（1）信号相加（减）

两信号相加（减），将两信号的对应样点值相加（减）即可。例如

$$G_N(n)=U(n)-U(n-N),\quad U(n)=\sum_{k=0}^{\infty}\delta(n-k)$$

（2）信号相乘（除）

两信号相乘（除），将各信号的对应样点值相乘（除）即可。例如任一因果信号可表示成 $f(n)U(n)$。

（3）信号移位

设 $m>0$，则 $f(n-m)$ 是原信号 $f(n)$ 逐项右移 m 位得到的信号，$f(n+m)$ 是原信号 $f(n)$ 逐项左移 m 位得到的信号，如图 5-6 所示。

显然，任何离散信号 $f(n)$ 都可以看成由 $\delta(n)$ 的移位相加所构成的，即

$$f(n)=\sum_{m=-\infty}^{\infty}f(m)\delta(n-m)\tag{5-11}$$

这正是离散信号的脉冲分解形式。

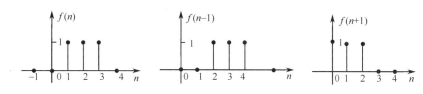

图 5-6　信号移位的例子

【例 5-1】　设 $f(n)=\{-1,2,2,3\}_{-1}$，用 $\delta(n)$ 及其移位信号表示 $f(n)$。

解：由式(5-11)并观察 $f(n)$ 的构成，即得

$$f(n)=-\delta(n+1)+2\delta(n)+2\delta(n-1)+3\delta(n-2)$$

（4）信号展缩（抽取与插值）

因为离散信号的自变量限制为整数，所以其展缩运算与连续信号差别很大，下面举例说明。

【例 5-2】　若 $f(n)=G_4(n)$，求 $f\left(\dfrac{1}{2}n\right)$ 和 $f(2n)$。

解：由于

$$f(n)=\begin{cases}1, & n=0,1,2,3 \\ 0, & 其他\end{cases}$$

则

$$f\left(\dfrac{1}{2}n\right)=\begin{cases}1, & \dfrac{1}{2}n=0,1,2,3 \\ 0, & 其他\end{cases}$$

即

$$f\left(\dfrac{1}{2}n\right)=\begin{cases}1, & n=0,2,4,6 \\ 0, & 其他\end{cases}$$

而

$$f(2n)=\begin{cases}1, & 2n=0,1,2,3 \\ 0, & 其他\end{cases}$$

因为 n 只能取整数值，所以

$$f(2n)=\begin{cases}1, & n=0,1 \\ 0, & 其他\end{cases}$$

$f(n)$，$f\left(\dfrac{1}{2}n\right)$ 和 $f(2n)$ 的波形如图 5-7(a)，(b) 和 (c) 所示。

一般地，由 $f(n)$ 获得 $f(mN)$（m 为大于 2 的正整数）的运算称为信号的抽取，其物理意义是抽样率降低为原来的 $1/m$。抽取的实现过程如下：自 $n=0$ 位置开始，向正负两个方向每隔 $m-1$ 个取出 $f(n)$ 的一个样本，和样本 $f(0)$ 按原来的顺序组成的新序列即为 $f(mN)$。

由 $f(n)$ 获得 $f(N/m)$（m 为大于 2 的正整数）的运算称为信号的插值，其物理意义是抽样率增加为原来的 m 倍。插值的实现过程如下：自 $n=0$ 位置开始，向正负两个方向在 $f(n)$ 相邻的两个样本之间插入 $m-1$ 个零，连同 $f(n)$ 的所有样本按原来的顺序组成新的序列即为 $f(N/m)$。

（5）信号反折（翻转）

信号的反折是原信号以纵轴为对称轴翻转 180° 所得的信号，如图 5-8 所示。

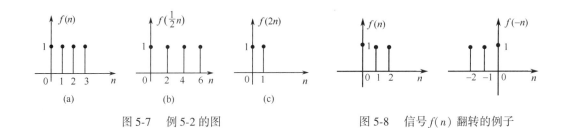

图 5-7　例 5-2 的图　　　　　　　　　　图 5-8　信号 $f(n)$ 翻转的例子

5.1.4　离散系统响应的求解方法

LTI 离散系统用常系数线性差分方程描述,要求出系统响应,便要解此差分方程。一个 N 阶离散系统的差分方程的一般形式可表示为

$$y(n) + a_1 y(n-1) + \cdots + a_N y(n-N) = b_0 f(n) + b_1 f(n-1) + \cdots + b_M f(n-M)$$

或
$$y(n) + \sum_{k=1}^{N} a_k y(n-k) = \sum_{l=0}^{M} b_l f(n-l) \tag{5-12}$$

式中, a_k, b_l 为常数, N 和 M 中的大者称为此差分方程的阶数,也称为系统的阶数。

求解此方程一般有以下几种方法。

（1）迭代法

迭代法包括手算逐次代入求解或利用计算机求解。这种方法概念清楚,也比较简单,但一般只能得到其数值解,不能直接给出一个完整的解析式。

【例 5-3】　已知 $y(n) = \dfrac{1}{2} y(n-1) + \dfrac{1}{2} f(n)$, $f(n) = \delta(n)$, $y(-1) = 0$,求 $y(n)$。

解:用迭代法。

$n = 0$ 时　　　　　　　　$y(0) = \dfrac{1}{2} y(-1) + \dfrac{1}{2} f(0) = \dfrac{1}{2} \delta(0) = \dfrac{1}{2}$

$n = 1$ 时　　　　　　　　$y(1) = \dfrac{1}{2} y(0) + \dfrac{1}{2} f(1) = \left(\dfrac{1}{2}\right)^2$

$n = 2$ 时　　　　　　　　$y(2) = \dfrac{1}{2} y(1) = \left(\dfrac{1}{2}\right)^3$

$$\vdots$$

所以　　　　　　　　　　$y(n) = \left(\dfrac{1}{2}\right)^{n+1}, \quad n \geqslant 0$

（2）时域经典法

与微分方程的时域经典法类似,先分别求出差分方程的齐次解和特解,然后代入边界条件求待定系数。这种方法便于从物理概念说明各响应分量之间的关系,但求解过程比较烦琐,在解决具体问题时不宜采用。表 5-1 和表 5-2 分别给出了差分方程齐次解和特解的一般形式。

表 5-1　不同特征根所对应的齐次解

特征根 λ	齐次解 $y_h(n)$
单实根	$C\lambda^n$
r 重实根	$(C_{r-1} n^{r-1} + C_{r-2} n^{r-2} + \cdots + C_1 n + C_0) \lambda^n$
一对共轭复根 $\lambda_{1,2} = a + jb = \rho e^{\pm j\beta}$	$\rho^n [C\cos(\beta n) + D\sin(\beta n)]$ 或 $A\rho^n \cos(\beta n - \theta)$ 其中 $Ae^{j\theta} = C + jD$
r 重共轭复根	$\rho^n [A_{r-1} n^{r-1} \cos(\beta n - \theta_{r-1}) + A_{r-2} n^{r-2} \cos(\beta n - \theta_{r-2}) + \cdots + A_0 \cos(\beta n - \theta_0)]$

表 5-2　不同激励所对应的特解

激励 $f(n)$	特解 $y_p(n)$	
n^m	$P_m n^m + P_{m-1} n^{m-1} + \cdots + P_1 n + P_0$	所有特征根均不等于 1 时
	$n^r [P_m n^m + P_{m-1} n^{m-1} + \cdots + P_1 n + P_0]$	当有 r 重等于 1 的特征根时
a^n	Pa^n	当 a 不等于特征根时
	$(Pn + P_0) a^n$	当 a 是特征单根时
	$[P_r n^r + P_{r-1} n^{r-1} + \cdots + P_1 n + P_0] a^n$	当 a 是 r 重特征根时
$\cos(\beta n)$ 或 $\sin(\beta n)$	$P\cos(\beta n) + Q\sin(\beta n)$ 或 $A\cos(\beta n - \theta)$，其中 $Ae^{j\theta} = P + jQ$	所有特征根均不等于 $e^{\pm j\beta}$

（3）分别求零输入响应和零状态响应

可以利用求齐次解的方法得到零输入响应，利用卷积和（简称卷积）的方法求零状态响应。与连续时间系统的情况类似，卷积方法在离散系统分析中占有十分重要的地位。这种方法也叫时域法。

（4）变换域方法

类似于连续时间系统分析中的拉氏变换方法，利用 z 变换方法解差分方程有许多优点，这是实际应用中简便而有效的方法。

本章重点介绍时域法解差分方程，下一章将详细研究 z 变换方法。

5.2　卷　积　和

5.2.1　卷积和的定义

已知 $f_1(n)$ 和 $f_2(n)$ 为定义在 $(-\infty, \infty)$ 上的两个序列，定义如下求和运算

$$f(n) = \sum_{m=-\infty}^{\infty} f_1(m) f_2(n-m) \tag{5-13}$$

为 $f_1(n)$ 与 $f_2(n)$ 的卷积和（convolution sum），仍简称为卷积，仍记为

$$f(n) = f_1(n) * f_2(n) \tag{5-14}$$

其中，求和变量为 m，n 为参变量，求和结果为 n 的函数。卷积和是两个序列之间一种非常重要的运算，在信号处理、图像处理等领域中均有重要的应用。本章中可以用它来求解 LTI 离散系统的零状态响应。卷积和运算在 LTI 离散系统分析中的地位和作用类似于卷积积分在 LTI 连续系统分析中的地位和作用。

【例 5-4】　已知 $f_1(n) = 2^n U(n)$，$f_2(n) = U(n)$，求 $f(n) = f_1(n) * f_2(n)$。

解：根据卷积定义　$f(n) = f_1(n) * f_2(n) = \sum_{m=-\infty}^{\infty} f_1(m) f_2(n-m) = \sum_{m=-\infty}^{\infty} 2^m U(m) U(n-m)$

$$= \sum_{m=-\infty}^{-1} 2^m U(m) U(n-m) + \sum_{m=0}^{\infty} 2^m U(m) U(n-m)$$

上式最后两项求和中，第一项由于求和变量 m 在区间 $(-\infty, -1]$ 上变化，恒有 $m<0$，故 $U(m)=0$，从而该项求和为零；第二项中，求和变量 m 在区间 $[0, \infty)$ 上变化，恒有 $m \geq 0$，故 $U(m)=1$，因此可得

$$f(n) = \sum_{m=0}^{\infty} 2^m U(n-m)$$

上式中，当 $n<0$ 时，由于 $m\geqslant 0$，故 $n-m<0$，则 $U(n-m)=0$，从而 $f(n)=0$；当 $n\geqslant 0$ 时，可将求和写为

$$f(n)=\sum_{m=0}^{\infty}2^m U(n-m)=\sum_{m=0}^{n}2^m U(n-m)+\sum_{m=n+1}^{\infty}2^m U(n-m)$$

$$=\sum_{m=0}^{n}2^m+0=\frac{1\cdot(2^{n+1}-1)}{2-1}=2^{n+1}-1$$

综上可得

$$f(n)=\begin{cases}0, & n<0\\2^{n+1}-1, & n\geqslant 0\end{cases}=(2^{n+1}-1)U(n)$$

5.2.2 卷积和的计算

卷积和的计算，与卷积积分类似，有多种方法，下面介绍图解法和竖乘法。

1. 图解法

利用式(5-13)计算卷积和时，参变量 n 的不同取值往往会使实际的求和上下限发生变化。因此，正确划分 n 的不同区间并确定相应的求和上、下限十分关键。图解法借助画图，能够方便地解决上述问题，非常直观地描述卷积和的计算过程。与卷积积分类似，用图解法计算卷积和的过程如下：

（1）换元：将 $f_1(n)$ 和 $f_2(n)$ 换元，得到 $f_1(m)$ 和 $f_2(m)$。

（2）反折：将 $f_2(m)$ 反折，得到 $f_2(-m)$。

（3）移位：若 $n<0$，将 $f_2(-m)$ 的波形沿横轴左移 $|n|$ 个单位，得到 $f_2(n-m)$；若 $n>0$，将 $f_2(-m)$ 的波形沿横轴右移 n 个单位，得到 $f_2(n-m)$；这个环节中需要根据 n 的取值范围来确定 $f_1(m)$、$f_2(n-m)$ 两个序列波形重叠的区间。

（4）相乘、求和：将 $f_1(m)$ 与 $f_2(n-m)$ 相乘，在上述重叠区间上对相乘后所得的序列进行求和，即可得到卷积结果。

在步骤（3）和（4）中，n 的不同取值，会使得 $f_1(m)$、$f_2(n-m)$ 波形的重叠区间发生变化。因此需根据 n 的取值区间将重叠分为若干种情形，对每一种情形，确定相应的重叠区间，将 $f_1(m)$ 与 $f_2(n-m)$ 相乘后在该区间上进行求和。

【例 5-5】 已知 $f_1(n)=2[U(n-1)-U(n-6)]$，$f_2(n)=U(n)-U(n-3)$，用图解法求 $f(n)=f_1(n)*f_2(n)$。

解： 对两序列进行换元，并将 $f_2(m)$ 进行反折和平移，在同一坐标系中画出 $f_1(m)$ 和 $f_2(n-m)$ 的波形，如图 5-9(a)所示。考查 n 变化时，两波形重叠区间的变化情况，即可确定相应的求和上下限，进而可计算出卷积和。

（1）当 $n<1$ 时，由图易知 $f_1(m)$ 和 $f_2(n-m)$ 的波形无重叠，故 $f(n)=0$；

（2）当 $n\geqslant 1$，且 $n-2<1$，即 $1\leqslant n<3$ 时，$f_1(m)$ 和 $f_2(n-m)$ 的波形重叠区间为 $[1,n]$，如图 5-9(b)所示。所以

$$f(n)=\sum_{m=1}^{n}f_1(m)f_2(n-m)=\sum_{m=1}^{n}2\cdot 1=2n$$

（3）当 $n-2\geqslant 1$，且 $n<5$，即 $3\leqslant n<5$ 时，$f_1(m)$ 和 $f_2(n-m)$ 的波形重叠区间为 $[n-2,n]$，如图 5-9(c)所示。所以

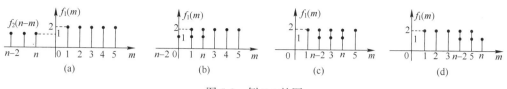

图 5-9　例 5-5 的图

$$f(n)=\sum_{m=n-2}^{n}f_1(m)f_2(n-m)=\sum_{m=n-2}^{n}2\cdot 1=6$$

（4）当 $n\geqslant 5$，且 $n-2\leqslant 5$，即 $5\leqslant n\leqslant 7$ 时，$f_1(m)$ 和 $f_2(n-m)$ 的波形重叠区间为 $[n-2,5]$，如图 5-9(d) 所示。所以

$$f(n)=\sum_{m=n-2}^{5}f_1(m)f_2(n-m)=\sum_{m=n-2}^{5}2\cdot 1=16-2n$$

（5）当 $n-2>5$，即 $n>7$ 时，易知 $f_1(m)$ 和 $f_2(n-m)$ 的波形无重叠，故 $f(n)=0$。

综上，求得

$$f(n)=\begin{cases}0 & n<1\ \text{或}\ n>7\\2n & 1\leqslant n<3\\6 & 3\leqslant n<5\\16-2n & 5\leqslant n\leqslant 7\end{cases}$$

通过分析上例可知，图解法中，最关键的是根据 n 的取值范围来确定两个波形的重叠区间，而这个区间的边界即为求和的上下限，下限是两序列左边界的最大者，上限为序列右边界的最小者。

图解法适合求具有"边界"的两个序列之间的卷积。比如序列 $f(n)=U(n)$，就是一个具有"起始边界"的序列；又比如序列 $f(n)=U(n)-U(n-1)$，是一个既有"起始边界"、又有"终了边界"的序列。在实际应用中，更常见的是，用图解法来求某一个特定的卷积值。比如，已知 $f(n)=f_1(n)*f_2(n)$，求 $f(3)$。那么根据卷积的定义，可得 $f(3)=\sum_{m=-\infty}^{\infty}f_1(m)f_2(3-m)$。这样，在一个坐标系中分别画出 $f_1(m)$ 和 $f_2(3-m)$ 的波形，由波形位置容易观察出两序列波形的重叠区间，将 $f_1(m)$ 与 $f_2(3-m)$ 相乘，并在这个重叠区间上进行求和，求和的结果就是 $f(3)$。

2. 竖乘法

若两个序列均为有限长序列，它们的卷积用所谓的"竖乘法"来计算特别方便。这种方法的计算过程类似于两个多位数相乘的"竖式计算"，故称"竖乘法"。下面以例 5-5 来说明这种方法的计算过程。

将 $f_1(n)$ 和 $f_2(n)$ 的样本按右端对齐，排成两行，标出两序列的起点序号，然后按如下方式相乘并求和：

$$
\begin{array}{r}
2\ \ 2\ \ 2\ \ 2\ \ 2\,)_1 \\
1\ \ 1\ \ 1\,)_0 \\
\hline
2\ \ 2\ \ 2\ \ 2\ \ 2 \\
2\ \ 2\ \ 2\ \ 2\ \ 2 \\
+\ \ 2\ \ 2\ \ 2\ \ 2\ \ 2 \\
\hline
2\ \ 4\ \ 6\ \ 6\ \ 6\ \ 4\ \ 2\,)_{1+0=1}
\end{array}
$$

所以，$f(n)=\{2,4,6,6,6,4,2\}_1$。

要注意的是，使用竖乘法的过程中，相乘以及相加都不进位，所以它只是形式上的"竖式计算"，并非真正的竖式计算。

除了以上两种方法，还可以利用性质和变换域的方法计算卷积和，后续介绍。

5.2.3 卷积和的性质

卷积和的运算规则和性质与卷积积分类似，灵活运用这些规则和性质可以简化计算。

1. 卷积和的代数律

（1）交换律

两序列的卷积和满足交换律，即

$$f_1(n) * f_2(n) = f_2(n) * f_1(n) \tag{5-15}$$

证明与卷积积分类似，过程略。

交换律说明两个序列卷积时，交换两个序列的位置，卷积结果不变。

（2）结合律

$$[f_1(n) * f_2(n)] * f_3(t) = f_1(n) * [f_2(n) * f_3(n)] = f_2(n) * [f_1(n) * f_3(n)] \tag{5-16}$$

结合律说明，三个或三个以上的序列卷积时，若卷积存在，则卷积结果与卷积顺序无关。

（3）分配律

$$f_1(n) * [f_2(n) + f_3(n)] = f_1(n) * f_2(n) + f_1(n) * f_3(n) \tag{5-17}$$

2. 序列与 $\delta(n)$ 的卷积

$$f(n) * \delta(n) = f(n) \tag{5-18}$$

一般地，有

$$f(n) * \delta(n-m) = f(n-m)$$

3. 序列与 $U(n)$ 的卷积

$$f(n) * U(n) = \sum_{m=-\infty}^{n} f(m) \tag{5-19}$$

证明：根据卷积和的定义，有

$$f(n) * U(n) = \sum_{m=-\infty}^{\infty} f(m)U(n-m) = \sum_{m=-\infty}^{n} f(m)U(n-m) + \sum_{m=n+1}^{\infty} f(m)U(n-m)$$

最后两项中，第一项的 $U(n-m)=1$，第二项的 $U(n-m)=0$，所以

$$f(n) * U(n) = \sum_{m=-\infty}^{n} f(m)$$

一般地，有

$$f(n) * U(n-n_0) = \sum_{m=-\infty}^{n-n_0} f(m) \tag{5-20}$$

特别地，若 $f(n)$ 为因果序列，则

$$f(n) * U(n) = \left[\sum_{m=0}^{n} f(m) \right] U(n) \tag{5-21}$$

4. 卷积的时移特性

设 $f(n) = f_1(n) * f_2(n)$，则 $\quad f_1(n-m) * f_2(n+k) = f(n-m+k) \tag{5-22}$

5. 卷积和的区间

若信号 $f(n)$ 满足：$N_1 \leq n \leq N_2$ 时，$f(n)$ 的样本不全为零；$n<N_1$，或 $n>N_2$ 时，$f(n)$ 恒为零，则称 $[N_1, N_2]$ 为 $f(n)$ 的非零区间。

设 $f(n)=f_1(n) * f_2(n)$，若 $f_1(n)$ 的非零区间为 $[N_1, N_2]$，$f_2(n)$ 的非零区间为 $[N_3, N_4]$，那么 $f(n)$ 的非零区间为 $[N_1+N_3, N_2+N_4]$。其中，$N_i(i=1,2,3,4)$ 为包括 $\pm\infty$ 在内的任意整数。

【例 5-6】 利用性质计算例 5-5。

解：$f_1(n)$ 和 $f_2(n)$ 都是有限长序列，可以通过 $\delta(n)$ 的移位加权和表示如下：

$$f_1(n) = 2\delta(n-1)+2\delta(n-2)+2\delta(n-3)+2\delta(n-4)+2\delta(n-5)$$

$$f_2(n) = \delta(n)+\delta(n-1)+\delta(n-2)$$

所以 $f(n)=f_1(n) * f_2(n) = 2\delta(n-1)+4\delta(n-2)+6\delta(n-3)+6\delta(n-4)+6\delta(n-5)+4\delta(n-6)+2\delta(n-7)$

即

$$f(n) = \{2,4,6,6,6,4,2\}_1$$

易知两个序列的长度分别为 5 和 3，卷积和序列的长度为 7，满足关系：7=5+3−1。

一般地，设序列 $f_1(n)$ 的长度为 L_1，$f_2(n)$ 的长度为 L_2，若 $f(n)=f_1(n) * f_2(n)$，那么，$f(n)$ 的长度为 $L=L_1+L_2$。

5.3 离散时间系统的时域分析

和连续时间系统类似，离散时间系统的全响应同样由两部分组成：零输入响应和零状态响应，分别用 $y_x(n)$ 和 $y_f(n)$ 来表示。对于 LTI 离散系统，其数学模型是线性常系数差分方程，LTI 离散系统的时域分析法，也是将系统的响应分解为零输入响应和零状态响应，结合其数学模型分别求出零输入响应和零状态响应，两者之和即为系统的全响应。

5.3.1 零输入响应

系统的零输入响应仅取决于系统的初始条件和系统本身的固有特性，与外加激励无关。对于 LTI 离散系统，在零输入条件下，式(5-12)等号右端均为零，化为以下的齐次方程

$$y(n) + \sum_{k=1}^{N} a_k y(n-k) = 0 \tag{5-23}$$

因此，零输入响应与差分方程的齐次解具有相同的形式，取决于式(5-23)所对应的特征方程：

$$\lambda^N + a_1\lambda^{N-1} + \cdots + a_N = 0$$

特征方程的 N 个根 $\lambda_1, \lambda_2, \cdots \lambda_N$ 称为差分方程的特征根。下面我们仅讨论因果 LTI 系统的零输入响应，此时 $y_x(n)$ 的函数形式分为以下两种情形。

(1) 特征根各不相同，即特征根都是单根时，此时 $y_x(n)$ 具有以下形式

$$y_x(n) = C_1\lambda_1^n + C_2\lambda_2^n + \cdots + C_N\lambda_N^n = \sum_{i=1}^{N} C_i\lambda_i^n, n \geq 0 \tag{5-24}$$

(2) 特征根中含有重根，不妨设 λ_1 是 r 重根，其余为单根，此时 $y_x(n)$ 的函数形式为

$$y_x(n) = (C_1 + C_2 n + \cdots + C_r n^{r-1})\lambda_1^n + \sum_{i=r+1}^{N} C_i\lambda_i^n, n \geq 0 \tag{5-25}$$

确定函数形式后，将初始条件 $y_x(0),y_x(1),\cdots,y_x(N-1)$ 代入式(5-24)式(5-25)中，得到一个 N 元一次方程组，解此方程组即可求出系数 $C_1,C_2,\cdots C_N$，从而确定零输入响应 $y_x(n)$。因为系统是因果的，需注明解的范围是 $n\geq0$。

需要注意的是，初始条件 $y_x(0),y_x(1),\cdots,y_x(N-1)$ 是"零输入响应"的一组初值，与差分方程的边界条件 $y(0),y(1),\cdots,y(N-1)$ 不一定相同，有时需要通过式(5-12)和式(5-13)从给定的 N 个边界条件求出 $y_x(0),y_x(1),\cdots,y_x(N-1)$。

在实际应用中，初始条件 $y_x(-1),y_x(-2),\cdots,y_x(-N)$ 更方便求出，也可以将其代入式(5-24)或式(5-25)中，同样可以求出系数 $C_i(i=1,2,\cdots,N)$。

【例5-7】 已知某因果系统的差分方程为

$$y(n)-3y(n-1)+2y(n-2)=f(n)-3f(n-2)$$

初始条件 $y_x(0)=0,y_x(1)=1$，求系统的零输入响应 $y_x(n)$。

解：特征方程为 $\lambda^2-3\lambda+2=0$，特征根 $\lambda_1=1,\lambda_2=2$ 为单根，所以系统零输入响应为

$$y_x(n)=C_1\lambda_1^n+C_2\lambda_2^n=C_1+C_2 2^n,\ n\geq0$$

代入初始条件，得 $\begin{cases}C_1+C_2=y_x(0)=0\\ C_1+2C_2=y_x(1)=1\end{cases}$，解得 $\begin{cases}C_1=-1\\ C_2=1\end{cases}$

因此，该系统的零输入响应为 $\qquad y_x(n)=2^n-1,n\geq0$

【例5-8】 因果系统的差分方程为 $y(n)+2y(n-1)=f(n)$，已知激励 $f(n)=U(n)$，且 $y(0)=-1$，求系统的零输入响应。

解：易知特征方程为 $\lambda+2=0$，特征根为 $\lambda=-2$，所以

$$y_x(n)=C(-2)^n,\quad n\geq0$$

因为 $n=0$ 时，$f(n)\neq0$，所以 $y_x(0)\neq y(0)$，故不能将 $y(0)$ 代入上式求 C。为此，先由差分方程求出 $y(-1)=\dfrac{1}{2}[f(0)-y(0)]=1$。

当 $n=-1$ 时，$f(n)=0$，故 $y_x(-1)=y(-1)$。根据系统差分方程的齐次方程可得

$$y_x(0)=-2y_x(-1)=-2y(-1)=-2$$

将其代入 $y_x(n)$ 的表达式，得 $C=-2$，所以

$$y_x(n)=(-2)^{n+1},\quad n\geq0$$

或者将 $y_x(-1)$ 直接代入 $y_x(n)$ 的表达式，得到 $C(-2)^{-1}=y_x(-1)=1$，同样可以解得 $C=-2$，与代入 $y_x(0)$ 的结果相同。

5.3.2 离散系统的单位样值响应和单位阶跃响应

上一节我们讨论了系统的零输入响应。接下来，我们将讨论系统的零状态响应。与连续系统的分析类似，在离散系统零状态响应的分析中，也有两个非常基本且重要的响应，分别称为单位样值响应和单位阶跃响应。

1. 单位样值响应

在激励为 $\delta(n)$ 时，系统所产生的零状态响应，称为单位样值响应，用 $h(n)$ 表示。由定义可知，$h(n)$ 有两个要素，一是激励为单位样值序列 $\delta(n)$，二是初始状态为零，属于零状态响应。

不同系统的单位样值响应是不同的,可见 $h(n)$ 可以表征系统的特性,系统在时域中的特性可以通过 $h(n)$ 描述。这意味着不同的 $h(n)$,系统的特性不同,因此它在离散系统的分析中是一个重要的概念,在离散系统分析中占有很重要的地位。

2. 单位阶跃响应

与单位样值响应的定义类似,系统在单位阶跃序列 $U(n)$ 作用下产生的零状态响应称为单位阶跃响应,简称阶跃响应,用 $g(n)$ 表示。图 5-10 是 $h(n)$ 和 $g(n)$ 定义的示意图。

因为 $\delta(n) = U(n) - U(n-1), U(n) = \sum\limits_{k=0}^{\infty} \delta(n-k) = \sum\limits_{k=-\infty}^{n} \delta(k)$

利用系统的线性和时不变性质,可以得到阶跃响应与样值响应的关系如下:

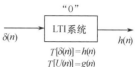

$$h(n) = g(n) - g(n-1) \tag{5-26}$$

$$g(n) = \sum\limits_{k=0}^{\infty} h(n-k) = \sum\limits_{k=-\infty}^{n} h(k) \tag{5-27}$$

图 5-10 单位样值
响应和阶跃响应

因此,只需要讨论单位样值响应。

3*. 用时域方法求系统的单位样值响应

下面讨论如何求因果系统的单位样值响应 $h(n)$。这里仅讨论由以下差分方程描述的因果系统的单位样值响应

$$y(n) + a_1 y(n-1) + \cdots + a_N y(n-N) = f(n) \tag{5-28}$$

根据单位样值响应的定义,令 $f(n) = \delta(n)$,则 $h(n)$ 应满足以下差分方程

$$h(n) + a_1 h(n-1) + \cdots + a_N h(n-N) = \delta(n) \tag{5-29}$$

并且 $h(-1) = h(-2) = \cdots = h(-N) = 0$。

首先 $n<0$ 时,$\delta(n) = 0$,即激励为零;另一方面,初始状态为零。这样根据系统的因果性可知,此时的响应应为零,即 $n<0$ 时,$h(n) = 0$。故 $h(n)$ 是因果序列。

其次,当 $n>0$ 时,$\delta(n) = 0$,式(5-29)变成齐次方程,因此 $h(n)$ 应与齐次解(或零输入响应)具有相同的函数形式。

最后,对于 $n=0$,由式(5-28)可得

$$h(0) = -a_1 h(-1) - \cdots - a_N h(-N) + \delta(0) = 1$$

因此,激励 $\delta(n)$ 对系统的作用等效为初始条件 $h(0)$。

综合上述,以特征单根情形为例,$h(n)$ 可以表示为

$$h(n) = \sum\limits_{i=1}^{N} C_i \lambda_i^n, \quad n \geq 0 = \left(\sum\limits_{i=1}^{N} C_i \lambda_i^n \right) U(n) \tag{5-30}$$

代入初始条件:$h(0) = 1, h(-1) = h(-2) = \cdots = h(-N+1) = 0$,可求出系数 $C_1, C_2, \cdots, C_N$,从而得到单位样值响应 $h(n)$。若存在重根,则 $h(n)$ 的表达式参照式(5-25)进行相应修改即可。

如果因果系统的差分方程为以下形式

$$y(n) + \sum\limits_{k=1}^{N} a_k y(n-k) = \sum\limits_{l=0}^{M} b_l f(n-l) \tag{5-31}$$

那么在时域中求解系统的单位样值响应需要利用系统的线性和时不变性并结合上面的求解方法。本书对此不做讨论,读者可参阅相关文献。

【例 5-9】 已知某因果系统的差分方程为
$$y(n)-3y(n-1)+2y(n-2)=f(n)$$
求系统的单位样值响应 $h(n)$。

解: 系统的特征方程为 $\lambda^2-3\lambda+2=0$,特征根 $\lambda_1=1,\lambda_2=2$,所以
$$h(n)=(C_1+C_2 2^n)U(n)$$
两初始条件为 $h(0)=1,h(-1)=0$,代入上式,得(代入时无须理会 $U(n)$)
$$\begin{cases} C_1+C_2=1 \\ C_1+\dfrac{C_2}{2}=0 \end{cases}, \quad 解得\ C_1=-1,C_2=2$$
所以
$$h(n)=(2^{n+1}-1)U(n)$$

用时域方法求 $h(n)$ 的过程比较繁琐,尤其是对于式(5-31)描述的系统更是如此。与用 s 域方法求连续系统的冲激响应 $h(t)$ 类似,离散系统单位样值响应 $h(n)$ 也可以通过变换的方法来确定,一般情况下,这是更为简便的方法,将在第 6 章讨论。

与 $h(t)$ 类似,$h(n)$ 表征了系统自身的特性,在时域分析中可以根据它来判断系统的因果性和稳定性,下面简要说明。

LTI 离散系统为因果系统的充分必要条件为
$$h(n)=0,当 n<0 时$$
或表示为
$$h(n)=h(n)U(n) \tag{5-32}$$
即 $h(n)$ 为因果序列。

而 LTI 离散系统稳定的充分必要条件为单位样值响应 $h(n)$ 绝对可和,即
$$\sum_{n=-\infty}^{\infty}|h(n)|<\infty \tag{5-33}$$

5.3.3 零状态响应

与连续系统类似,当系统初始状态为零时,仅由输入 $f(n)$ 所引起的响应称为零状态响应,用 $y_f(n)$ 表示。对于离散系统,可以采用类似连续系统的方法来分析其零状态响应。

由式(5-11)可知,任意离散信号均可分解为一系列移位样值信号的叠加。如果系统单位样值响应已知,那么,由系统的时不变性不难求得每个移位样值信号作用于系统的响应,再利用线性性质就可以得到系统对于该信号的零状态响应。

将式(5-11)重写为 $f(n)=\displaystyle\sum_{m=-\infty}^{\infty}f(m)\delta(n-m)$
$$=\cdots+f(-2)\delta(n+2)+f(-1)\delta(n+1)+f(0)\delta(n)+f(1)\delta(n-1)+\cdots \tag{5-34}$$
因为 $\delta(n)$ 作用下的零状态响应为 $h(n)$,即
$$T[\delta(n)]=h(n)$$
根据系统的线性和时不变性质,有
$$T[f(-2)\delta(n+2)]=f(-2)h(n+2)$$
$$T[f(-1)\delta(n+1)]=f(-1)h(n+1)$$
$$T[f(0)\delta(n)]=f(0)h(n)$$
$$T[f(1)\delta(n-1)]=f(1)h(n-1)$$
$$\vdots$$
$$T[f(m)\delta(n-m)]=f(m)h(n-m)$$

所以, $f(n)$ 激励下系统的零状态响应为

$$T[f(n)] = T\left[\sum_{m=-\infty}^{\infty} f(m)\delta(n-m)\right] = \sum_{m=-\infty}^{\infty} f(m)h(n-m)$$

即

$$y_f(n) = \sum_{m=-\infty}^{\infty} f(m)h(n-m) = f(n)*h(n)$$

故 LTI 离散系统的零状态响应 $y_f(n)$ 等于输入信号 $f(n)$ 与系统单位样值响应 $h(n)$ 的卷积。

$$y_f(n) = f(n)*h(n) \tag{5-35}$$

【例 5-10】 图 5-11 所示的复合系统由三个子系统组成,已知各子系统的单位样值响应分别为 $h_1(n) = U(n), h_2(n) = \delta(n-1)$,求系统单位样值响应,并求当激励 $f(n) = U(n)$ 时,系统的响应 $y(n)$。

解:(1) 求 $h(n)$。令 $f(n) = \delta(n)$,此时输出即为 $h(n)$,由图可知

$$\begin{aligned}
h(n) &= x_1(n) + x_2(n) = x(n)*h_2(n) + x(n) \\
&= \delta(n)*h_1(n)*h_2(n) + \delta(n)*h_1(n) \\
&= h_1(n)*h_2(n) + h_1(n) \\
&= U(n)*\delta(n-1) + U(n) \\
&= U(n) + U(n-1)
\end{aligned}$$

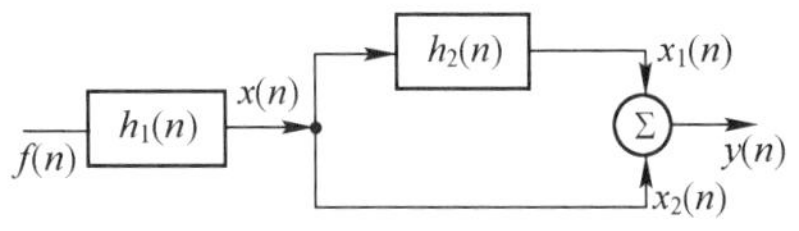

图 5-11 例 5-10 的图

(2) 求 $y(n)$。这时系统的响应显然是零状态响应,所以

$$y(n) = f(n)*h(n) = U(n)*[U(n) + U(n-1)] = U(n)*U(n) + U(n)*U(n-1)$$

因为

$$U(n)*U(n) = \left(\sum_{m=0}^{n} 1\right) U(n) = (n+1)U(n)$$

由卷积的时移特性,得

$$U(n)*U(n-1) = nU(n-1)$$

所以

$$y(n) = (n+1)U(n) + nU(n-1) = (2n+1)U(n)$$

5.4 MATLAB 应用举例

5.4.1 用 MATLAB 表示离散序列

在 MATLAB 中,有限长序列用行向量或列向量来表示,然而这样的一个向量并没有包含序列样值的位置信息。因此,要准确表示序列,应该用两个向量,一个表示序列的样本值,另一个表示样本的位置(序号)。例如,序列 $f(n) = \{2,1,-1,0,1,5,2,4\}_{-5}$,在 MATLAB 中需要用以下两个向量来表示:

$\boldsymbol{n} = [-5,-4,-3,-2,-1,0,1,2]$,表示序号,称为位置向量;

$\boldsymbol{f} = [2,1,-1,0,1,5,2,4]$,表示序列的样本,称为样本向量。

当不需要位置信息或者序列从 $n=0$ 开始时,可以只用样本向量来表示。由于计算机内存的限制,MATLAB 无法表示无限长序列,只能用其截短形式来近似。下面举例说明用 MATLAB 产生一些常用序列的方法。

1. 单位样值序列

利用 MATLAB 可以实现有限区间上的 $\delta(n)$ 或 $\delta(n-n_0)$,可以用下面的函数来实现:

```
function [x,n] = deltaN(n1,n2,n0)
% Generate delta(n - n0);n1 < = n0 < = n2;
if nargin < 3
n0 = 0;
end
if n1 > = n2
error('n1 must less than n2!');
end
n = n1:n2;
x = [n = = n0];
if nargout < 1
stem(n,x,'MarkerSize',4,'MarkerFace','k');
box off;
end
```

2. 单位阶跃序列

可以用如下函数产生在区间 $[n_1,n_2]$ 上的阶跃序列。

```
function [x,n] = stepN(n1,n2,n0)
% Generate U(n - n0),starting from n0;n1 < = n < = n2;
if nargin < 3
    n0 = 0;
end
n = n1:n2;
x = [n > = n0];
if nargout < 1
    stem(n,x,'MarkerSize',4,'MarkerFace','k');
        box off;
end
```

5.4.2 离散信号运算的 MATLAB 实现

1. 序列相加

序列的相加运算是指对应样本的相加,如果两序列长度不等或位置向量不同,则不能用算术运算符"+"直接实现,需要对位置向量和序列长度做统一处理后方可相加。任意两个序列的相加可以用以下函数实现。

```
function [y,n] = sigadd(f1,n1,f2,n2)
% [y n] = sigadd(f1,n1,f2,n2),Add two sequences.
% Inputs:
% f1 ——the first sequence
% n1 ——index vector of the first sequence
% f2 ——the second sequence
% n2 ——index vector of the second sequence
```

```
% Outputs:
% y —the output sequence
% n —index vector of the output sequence

n = min(n1(1),n2(1)):max(n1(end),n2(end));% index vector of y(n)
y1 = zeros(1,length(n)); y2 = y1;% initialization
y1(n > = n1(1) & n < = n1(end)) = f1;
y2(n > = n2(1) & n < = n2(end)) = f2;
y = y1 + y2;
```

2. 序列的移位

序列移位后,样本向量并没有变化,只是位置向量变了。任意序列的移位可以用以下函数实现。

```
function [y,n] = sigshift(x,m,n0)
% [y,n] = sigshift(x,m,n0),result of y = x(n - n0);
% Inputs:
% x —sequence to be shifted
% m —the index vector of x
% n0 —shift amount of x
% Outputs:
% y —the output sequence
% n —the index vector of y
y = x;
n = m + n0;
```

3. 序列的反折

序列反折运算 $y(n) = f(-n)$ 可以用以下函数实现。

```
function [y,n] = sigfold(x,n)
% y(n) = x(-n);
y = fliplr(x);
n = - fliplr(n);
```

5.4.3 离散系统单位样值响应的求解

MATLAB 函数 impz 用来求解离散系统的单位样值响应,其一般调用格式为

```
[H,T] = impz(b,a,N)
```

其中,H 是系统单位样值响应,T 是 H 的位置向量,a 和 b 分别是系统差分方程左、右端的系数向量,N 为正整数或向量。若 N 为正整数,则 T = 0:N - 1;若 N 为向量,则 T = N。

【例 5-11】 已知因果系统的差分方程为

$$y(n) - 1.4y(n - 1) + 0.48y(n - 2) = 2f(n)$$

求系统单位样值响应 $h(n)$,并画图与理论值比较。

解: 首先可求得 $h(n)$ 的理论值为

$$h(n) = 8(0.8)^n - 6(0.6)^n, \quad n \geq 0$$

用 MATLAB 求 $h(n)$ 的程序如下,其结果如图 5-12 所示。

```
% Program ch5_1
b = 2;
a = [1  -1.4  0.48];
n = 0:15;
h = impz(b,a,n);
hk = 8*0.8.^n - 6*0.6.^n;
subplot(2,1,1);
stem(n,hk,'MarkerSize',4,'MarkerFace','k');
title('theoretical value of h(n)');
xlabel('n');
ylabel('h(n)');
box off;
subplot(2,1,2);
stem(n,h,'MarkerSize',4,'MarkerFace','k');
title('h(n) computed by MATLAB');
xlabel('n');
ylabel('h(n)');
box off;
```

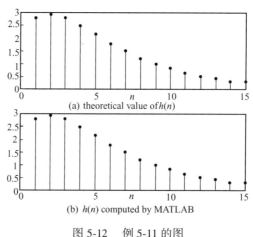

图 5-12　例 5-11 的图

5.4.4　离散系统零状态响应的求解

MATLAB 中的函数 filter 可以用来计算离散系统的零状态响应,其一般调用格式为

```
y = filter(b,a,x)
```

其中,x 是系统输入信号序列,y 是与 x 等长的零状态响应,a 和 b 分别是差分方程左、右两端的系数向量。

【例 5-12】　已知系统差分方程为

$$y(n) - 0.9y(n-1) = f(n), \quad f(n) = \cos\left(\frac{n\pi}{3}\right)U(n)$$

求系统的零状态响应并绘图表示。

解:求解的程序如下,波形如图 5-13 所示。

```
% Program ch5_2
b = 1;
a = [1 - 0.9];
n = 0:30;
f = cos(pi * n/3);
y = filter(b,a,f);
stem(n,y,'MarkerSize',4,'MarkerFace','k');
title('zero - state response of y(n) - 0.9y(n - 1) = f(n)');
xlabel('n');
box off;
```

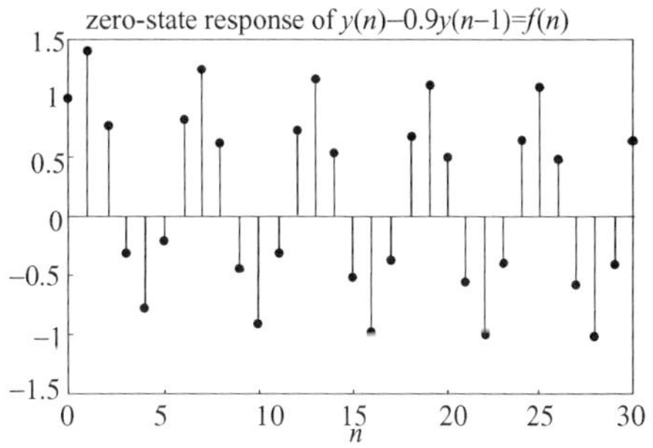

图 5-13　例 5-12 的图

本章学习指导

一、主要内容

1. 单位样值序列和单位阶跃序列

单位样值序列:用 $\delta(n)$ 表示,定义为 $\delta(n) = \begin{cases} 1 & n = 0 \\ 0 & n \neq 0 \end{cases}$。

单位阶跃序列:用 $U(n)$ 表示,定义为 $U(n) = \begin{cases} 1 & n \geqslant 0 \\ 0 & n < 0 \end{cases}$ (n 为整数)。

两者关系: $U(n) = \sum_{k=0}^{\infty} \delta(n-k) = \sum_{k=-\infty}^{n} \delta(k)$, $\delta(n) = U(n) - U(n-1)$。

2. 单位样值响应与阶跃响应

激励为 $\delta(n)$ 时离散系统的零状态响应称为单位样值响应,用 $h(n)$ 表示。

激励为 $U(n)$ 时离散系统的零状态响应称为单位阶跃响应,用 $g(n)$ 表示。

两者关系: $g(n) = \sum_{k=0}^{\infty} h(n-k)$, $h(n) = g(n) - g(n-1)$。

3. 卷积和(简称为卷积)

两序列 $f_1(n)$ 与 $f_2(n)$ 的卷积和定义为: $f_1(n) * f_2(n) = \sum_{m=-\infty}^{\infty} f_1(m)f_2(n-m)$

性质如下

(1) 卷积的代数律

交换律: $f_1(n) * f_2(n) = f_2(n) * f_1(n)$

结合律: $f_1(n) * [f_2(n) * f_3(n)] = [f_1(n) * f_2(n)] * f_3(n)$

分配律：$f_1(n) * [f_2(n) + f_3(n)] = f_1(n) * f_2(n) + f_1(n) * f_3(n)$

两个推论：

单位样值响应分别为 $h_1(n)$ 和 $h_2(n)$ 的系统级联所得的系统，其总的单位样值响应为

$$h(n) = h_1(n) * h_2(n)$$

这两个系统并联所得的系统，其总的单位样值响应为

$$h(n) = h_1(n) + h_2(n)$$

（2）序列与 $\delta(n)$、$U(n)$ 的卷积

$$f(n) * \delta(n) = f(n), f(n) * \delta(n - n_0) = f(n - n_0), f(n) * U(n) = \sum_{m = -\infty}^{n} f(m)$$

（3）卷积范围的确定

设 $f(n) = f_1(n) * f_2(n)$，其中，$f_1(n)$ 的非零区间为 $n_1 \leq n \leq n_2$，$f_2(n)$ 的非零区间为 $n_3 \leq n \leq n_4$，那么 $f(n)$ 的非零区间为：$n_1 + n_3 \leq n \leq n_2 + n_4$。这一关系可以概括为"下限相加"、"上限相加"。

卷积的计算可以利用竖乘法、定义、图解法或变换法进行，竖乘法适合计算有限长序列的卷积。

4. 系统的时域分析法

设因果系统的差分方程具有以下形式：

$$y(n) + a_1 y(n - 1) + \cdots + a_N y(n - N) = f(n)$$

用时域分析法求系统全响应的步骤为：

（1）求零输入响应 $y_x(n)$

（2）求系统的单位样值响应 $h(n)$

（3）求系统的零状态响应 $y_f(n)$：$y_f(n) = f(n) * h(n)$

（4）将 $y_x(n)$ 与 $y_f(n)$ 相加即得全响应：$y(n) = y_x(n) + y_f(n)$

二、例题分析

【例5-13】 如图 5-14 所示系统，已知 $h_1(n) = U(n)$，$h_2(n) = -U(n - 2)$，$h_3(n) = U(n) - U(n - 2)$。求系统的单位样值响应。

分析：根据单位样值响应的定义，或者根据系统输出等于输入与单位样值响应的卷积这一关系，或者根据系统串并联时各个子系统单位样值响应之间的关系，都可以求出总的单位样值响应 $h(n)$。

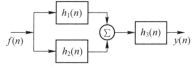

图 5-14　例 5-13 的图

解：方法一：根据单位样值响应的定义求解

令 $f(n) = \delta(n)$，根据冲激响应的定义，此时的输出即为 $h(n)$。设加法器输出为 $x(n)$，则

$$h(n) = x(n) * h_3(n)$$

由图可得

$$x(n) = \delta(n) * h_1(n) + \delta(n) * h_2(n)$$

代入到上式后得到

$$h(n) = x(n) * h_3(n) = [\delta(n) * h_1(n) + \delta(n) * h_2(n)] * h_3(n)$$
$$= [h_1(n) + h_2(n)] * h_3(n)$$

代入已知条件后得 $h(n) = [U(n) - U(n - 2)] * [U(n) - U(n - 2)]$
$$= U(n) * U(n) - 2U(n) * U(n - 2) + U(n - 2) * U(n - 2)$$

$$= (n + 1)U(n) - 2(n - 1)U(n - 2) + (n - 3)U(n - 4)$$

方法二:根据系统的输入输出关系求解

由图可知,系统的输出为

$$y(n) = x(n) * h_3(n)$$

而

$$x(n) = f(n) * h_1(n) + f(n) * h_2(n)$$

代入后得

$$y(n) = x(n) * h_3(n) = [f(n) * h_1(n) + f(n) * h_2(n)] * h_3(n)$$

$$= f(n) * [h_1(n) + h_2(n)] * h_3(n) \qquad (分配律)$$

$$= f(n) * [h_1(n) * h_3(n) + h_2(n) * h_3(n)]$$

因为对于任意 LTI 系统,均有 $y(n) = f(n) * h(n)$,与上式对照后可知

$$h(n) = h_1(n) * h_3(n) + h_2(n) * h_3(n)$$

以下同方法一。

【例 5-14】 已知因果系统的差分方程为 $y(n) - 2y(n - 1) = f(n)$,且 $y(0) = 0$,求 $f(n) = 3^n U(n)$ 时系统的全响应。

分析:先求出特征根,根据特征根和初始条件得到 $y_x(n)$;然后求 $h(n)$;将 $f(n)$ 与 $h(n)$ 卷积得到 $y_f(n)$;最后将 $y_x(n)$ 与 $y_f(n)$ 相加即得全响应。本例中,要注意求 $y_x(n)$ 时,对 $y(0) = 0$ 这个初始值是如何处理的。

解:(1) 求 $y_x(n)$

易知特征方程为 $\lambda - 2 = 0$,解得特征根为 $\lambda = 2$,所以

$$y_x(n) = C \cdot 2^n, n \geq 0$$

令 $n = 0$,由差分方程得 $y(0) - 2y(-1) = f(0)$,所以 $y(-1) = \dfrac{y(0) - f(0)}{2} = -\dfrac{1}{2}$。因为 $y_x(-1) = y(-1)$,将其代入 $y_x(n)$ 中,得 $\dfrac{C}{2} = -\dfrac{1}{2} \Rightarrow C = -1$,故

$$y_x(n) = -2^n, n \geq 0$$

(2) 求 $y_f(n)$

首先求单位样值响应 $h(n)$,它是因果序列且与 $y_x(n)$ 具有相同的形式,所以

$$h(n) = A \cdot 2^n U(n)$$

初始条件为:$h(0) = 1$,代入上式得 $A = 1$,所以 $h(n) = 2^n U(n)$。

于是

$$y_f(n) = f(n) * h(n) = 3^n U(n) * 2^n U(n)$$

$$= \left(\sum_{m=0}^{n} 3^m \cdot 2^{n-m} \right) U(n) = 2^n \sum_{m=0}^{n} \left(\frac{3}{2} \right)^m U(n)$$

$$= 2^n \frac{1 - \left(\dfrac{3}{2} \right)^{n+1}}{1 - \dfrac{3}{2}} U(n) = (3^{n+1} - 2^{n+1}) U(n)$$

所以,全响应为

$$y(n) = y_x(n) + y_f(n) = (3^{n+1} - 3 \cdot 2^n) U(n)$$

基本练习题

5.1 试用归纳法写出下列序列的闭式。

(1) $f(n) = \{-2, -1, 2, 7, 14, 23, \cdots\}_0$ (2) $f(n) = \{-1, 1, -1, 1, -1, 1, \cdots\}_0$

(3) $f(n) = \left\{ 1, \dfrac{3}{2}, \dfrac{5}{4}, \dfrac{9}{8}, \dfrac{17}{16}, \cdots \right\}_0$　　(4) $f(n) = \{0, 2, 8, 24, 64, 160, \cdots\}_0$

5.2　离散信号 $f(n)$ 的波形如习图 5-1 所示,试画出下列信号的波形。

(1) $f(n+1) + (n-1)$　(2) $f(n+1) - (n-1)$

(3) $f(n-1)$　(4) $d(2n)$

(5) $f\left(\dfrac{n}{2}\right)$　(6) $f(n+1)f(n-1)$

(7) $f(n)[U(n+1) - U(n-2)] + f(n)$　(8) $f(-n-1)U(n)$

(9) $f(-n-1)\delta(n)$　(10) $f(-n-1)U(-n+1)$

习图 5-1

5.3　求下列齐次差分方程的解。

(1) $y(n) + \dfrac{1}{3}y(n-1) = 0, \quad y(-1) = 1$

(2) $y(n) + 3y(n-1) + 2y(n-2) = 0, \quad y(-2) = 1, \quad y(-1) = 0$

(3) $y(n) - 7y(n-1) + 16y(n-2) - 12y(n-3) = 0, \quad y(0) = 0, \quad y(1) = -1, \quad y(2) = -3$

5.4　求下列差分方程所描述的因果系统的单位样值响应。

(1) $y(n) - \dfrac{1}{9}y(n-2) = f(n)$　　　　　(2) $y(n) + \dfrac{1}{4}y(n-1) - \dfrac{1}{8}y(n-2) = f(n)$

(3) $y(n+2) - y(n+1) + \dfrac{1}{4}y(n) = f(n)$　　(4) $y(n+2) - y(n) = f(n+1) - f(n)$

(5) $y(n+2) - \dfrac{3}{5}y(n+1) - \dfrac{4}{25}y(n) = f(n)$　(6) $y(n) - 4y(n-1) + 8y(n-2) = f(n)$

5.5　求习图 5-2 所示因果系统的单位样值响应。

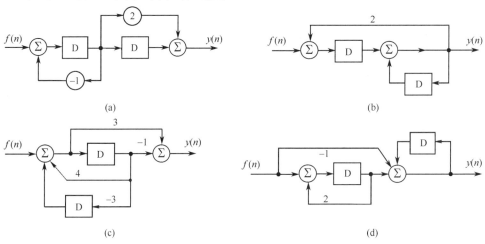

(a)　　　　　(b)

(c)　　　　　(d)

习图 5-2

5.6　求下列因果信号的卷积。

(1) $\{10, -3, 6, 8, 4, 0, 1\}_0 * \{0.5, 0.5, 0.5, 0.5\}_0$　(2) $\{2, 1, 3, 2, 4\}_{-1} * \{0, 1, 4, 2\}_0$

(3) $\{3, 2, 1, -3\}_{-1} * \{4, 8, -2\}_{-1}$　　　　(4) $\{1, 1\}_0 * \{2, 2\}_0 * \{1, 1\}_0$

(5) $\{1, 2, 3, 4, \cdots\}_0 * \{1, -2, 1\}_0$　　　　(6) $\{0, 1, 2, 3\}_{-1} * \{1, 1, 1, 1\}_0$

5.7　已知各系统的激励 $f(n)$ 和单位样值响应 $h(n)$ 的波形如习图 5-3 所示,求其零状态响应 $y_f(n)$ 的波形。

5.8　已知 LTI 因果系统的差分方程为 $y(n) + 0.5y(n-1) = f(n)$:

(1) 求系统的单位样值响应 $h(n)$;

(2) 求系统对下列输入的响应:(a) $f(n) = (-0.5)^n U(n)$;(b) $f(n) = \delta(n) + 0.5\delta(n-1)$。

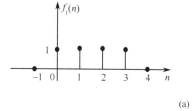
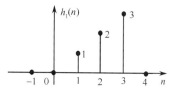

(a)

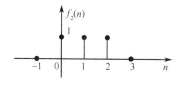
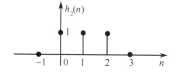

(b)

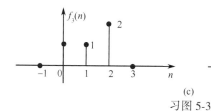
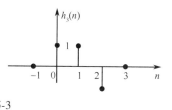

(c)

习图 5-3

5.9 已知 LTI 因果系统的差分方程及初始条件为
$$y(n+2) + 3y(n+1) + 2y(n) = f(n), y_x(0) = 1, y_x(1) = 2$$
(1) 绘出系统框图；   (2) 求系统的单位样值响应 $h(n)$；
(3) 若 $f(n) = U(n+1)$，求系统的全响应 $y(n)$，指出零输入和零状态响应；
(4) 比较全响应 $y(n)$ 在 $n = 0, n = 1$ 时的值与初始值，二者不同的原因是什么？

5.10 因果系统如习图 5-4 所示。
(1) 求系统方程；
(2) 求系统的单位样值响应 $h(n)$ 和单位阶跃响应 $g(n)$；
(3) 在激励 $f(n) = (n-2)U(n)$，初始条件 $y(0) = 1$ 下，求系统的全响应。

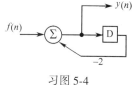

习图 5-4

综合练习题

5.11 求下列信号的卷积。
(1) $e^{-2n}U(n) * e^{-3n}U(n)$ (2) $2^n U(n) * 2^n U(n)$

(3) $\left(\dfrac{1}{2}\right)^n U(n) * U(n)$ (4) $[U(n) - U(n-4)] * [U(n) - U(n-4)]$

(5) $nU(n) * nU(n)$ (6) $[U(n) - U(n-4)] * \sin\left(\dfrac{n\pi}{2}\right)$

(7) $\sin\left(\dfrac{n\pi}{2}\right)U(n) * \sin\left(\dfrac{n\pi}{2}\right)U(n)$ (8) $\sin\left(\dfrac{n\pi}{2}\right)U(n) * 2^n U(n)$

5.12 因果系统如习图 5-5 所示。
(1) 求系统方程；
(2) 求系统的单位样值响应 $h(n)$；
(3) 在激励 $f(n) = 3^n U(n)$，初始条件 $y(0) = y(1) = 0$ 下，求系统的全响应。

5.13 如习图 5-6 所示复合系统由三个子系统组成,其单位样值响应分别为

$$h_1(n) = (0.5)^n U(n), \quad h_2(n) = \delta(n-2), \quad h_3(n) = U(n)$$

试求复合系统的单位样值响应 $h(n)$。

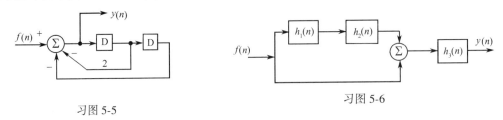

习图 5-5　　　　　　　　　　　　习图 5-6

上机练习

5.1 利用 conv 验证卷积和的交换律、分配律和结合律。

5.2 已知系统的差分方程为 $y(n) - 0.8y(n-1) + 0.12y(n-2) = f(n) + f(n-1)$

(1) 利用 impz 计算单位样值响应,画出前 51 点的值;

(2) 利用 filter 函数和本节中给出的 deltaN 函数,计算单位样值响应,并与(1)比较。

5.3 已知系统的差分方程为 $y(n) - 1.845y(n-1) + 0.8506y(n-2) = f(n)$,$f(n) = U(n)$.分别用 conv 和 filter 求出系统的零状态响应,并比较两种响应的不同以及产生此不同的原因。

5.4 利用 conv,计算下列两个序列的卷积和 $f_1(n) * f_2(n)$,其中

$$f_1(n) = \begin{cases} 3n + 9, & -3 \leqslant n \leqslant 2 \\ -n^2 + 22, & 3 \leqslant n \leqslant 6 \\ -7, & 7 \leqslant n \leqslant 10 \\ 10\cos(0.5^n), & 11 \leqslant n \leqslant 15 \\ 100e^{-0.2n}, & 16 \leqslant n \leqslant 20 \\ 0, & 其他 \end{cases} \quad ; \quad f_2(n) = \begin{cases} 4n^{0.3}, & 1 \leqslant n \leqslant 3 \\ n - 10, & 4 \leqslant n \leqslant 6 \\ -n + 12, & 7 \leqslant n \leqslant 10 \\ 0, & 11 \leqslant n \leqslant 13 \\ 2, & 14 \leqslant n \leqslant 15 \\ 0, & 其他 \end{cases}$$

第6章　离散时间信号与系统的 z 域分析

【内容提要】　在离散信号与系统的分析中，z 变换是一种重要的数学工具，其作用类似于连续系统分析中的拉氏变换。它把系统的差分方程变换为代数方程，而且代数方程中包括了系统的初始状态，从而可求得系统的零输入响应、零状态响应与全响应。

本章讨论 z 变换的定义、性质及逆变换的计算，在此基础上研究离散时间系统的 z 域分析，以及离散系统的系统函数与频率响应。

【思政小课堂】　见二维码6。

二维码6

6.1　离散信号的 z 变换

6.1.1　z 变换的定义

z 变换的定义可以借助抽样信号的拉氏变换引出。若连续信号 $f(t)$ 经均匀冲激抽样，则抽样信号 $f_s(t)$ 可以表示为

$$f_s(t)=f(t)\delta_T(t)=\sum_{n=-\infty}^{\infty}f(nT)\delta(t-nT) \tag{6-1}$$

式中，T 为抽样间隔。对上式两边取双边拉氏变换，因为 $\delta(t-nT)\longleftrightarrow e^{-nTs}$，可得 $f_s(t)$ 的双边拉氏变换为

$$F_s(s)=\mathscr{L}[f_s(t)]=\sum_{n=-\infty}^{\infty}f(nT)e^{-nTs} \tag{6-2}$$

令 $z=e^{sT}$ 或 $s=\dfrac{1}{T}\ln z$，则式(6-2)变成了复变量 z 的函数，用 $F(z)$ 表示，即

$$F(z)=\sum_{n=-\infty}^{\infty}f(nT)z^{-n}$$

为了简便，序列 $f(nT)$ 用 $f(n)$ 表示，即 $f(n)=f(nT)=f(t)|_{t=nT}$，于是上式变为

$$F(z)=\sum_{n=-\infty}^{\infty}f(n)z^{-n} \tag{6-3}$$

式(6-3)称为序列 $f(n)$ 的双边 z 变换，通常记为

$$F(z)=\mathscr{Z}[f(n)]=\sum_{n=-\infty}^{\infty}f(n)z^{-n} \tag{6-4}$$

这样，已知一个序列便可由式(6-4)确定一个 z 变换函数 $F(z)$。反之，如果给定 $F(z)$，则 $F(z)$ 的逆变换记为 $\mathscr{Z}^{-1}[F(z)]$，并由以下的围线积分给出

$$f(n)=\mathscr{Z}^{-1}[F(z)]=\frac{1}{2\pi j}\oint_C F(z)z^{n-1}dz \tag{6-5}$$

式中，C 是包围 $F(z)z^{n-1}$ 所有极点的逆时针闭合积分路线。下面推导之。

因为

$$F(z)=\sum_{n=-\infty}^{\infty}f(n)z^{-n}$$

对此式两边分别乘以 z^{m-1}，然后沿围线 C 积分，得

$$\oint_C F(z)z^{m-1}\mathrm{d}z = \oint_C \Big[\sum_{n=-\infty}^{\infty} f(n)z^{-n} \Big] z^{m-1}\mathrm{d}z$$

交换积分与求和的次序，得

$$\oint_C F(z)z^{m-1}\mathrm{d}z = \sum_{n=-\infty}^{\infty} f(n)\oint_C z^{m-n-1}\mathrm{d}z \tag{6-6}$$

根据复变函数理论中的柯西定理，知

$$\oint_C z^{k-1}\mathrm{d}z = \begin{cases} 2\pi\mathrm{j}, & k=0 \\ 0, & k\neq 0 \end{cases}$$

这样式(6-6)的右边只存在 $m=n$ 一项，其余各项均等于零。于是式(6-6)变成

$$\oint_C F(z)z^{n-1}\mathrm{d}z = 2\pi\mathrm{j}\,f(n)$$

即

$$f(n)=\frac{1}{2\pi\mathrm{j}}\oint_C F(z)z^{n-1}\mathrm{d}z$$

此即式(6-5)。

这样，式(6-4)和式(6-5)便构成了一对 z 变换对。为简便起见，$f(n)$ 与 $F(z)$ 之间的关系仍简记为

$$f(n) \longleftrightarrow F(z) \tag{6-7}$$

与拉氏变换类似，z 变换亦有单边与双边之分。序列 $f(n)$ 的单边 z 变换定义为

$$F(z)=\mathscr{Z}\big[f(n)\big] = \sum_{n=0}^{\infty} f(n)z^{-n} \tag{6-8}$$

即求和只对 n 的非负值进行(不论 $n<0$ 时 $f(n)$ 是否为零)。而 $F(z)$ 的逆变换仍由式(6-5)给出，只是将 n 的范围限定为 $n\geqslant 0$，即

$$f(n)=\mathscr{Z}^{-1}\big[F(z)\big] = \begin{cases} 0, & n<0 \\ \dfrac{1}{2\pi\mathrm{j}}\oint_C F(z)z^{n-1}\mathrm{d}z, & n\geqslant 0 \end{cases} \tag{6-9}$$

或写为

$$f(n)=\mathscr{Z}^{-1}\big[F(z)\big] = \Big[\frac{1}{2\pi\mathrm{j}}\oint_C F(z)z^{n-1}\mathrm{d}z\Big] U(n) \tag{6-10}$$

不难看出，式(6-8)等于 $f(n)U(n)$ 的双边 z 变换，因而 $f(n)$ 的单边 z 变换也可写为

$$F(z)= \sum_{n=-\infty}^{\infty} f(n)U(n)z^{-n} \tag{6-11}$$

由以上定义可见，如果 $f(n)$ 是因果序列，则其单、双边 z 变换相同，否则二者不等。在拉氏变换中我们主要讨论单边拉氏变换，这是由于在连续系统中，非因果信号的应用较少。对于离散系统，非因果的情形也比较常见，因此，本章以讨论单边 z 变换为主，适当兼顾双边 z 变换。讨论中在不致混淆的情况下，将两种变换统称为 z 变换，$f(n)$ 与 $F(z)$ 的关系统一由式(6-7)表示。

6.1.2　z 变换的收敛域

由定义可知，序列的 z 变换是 z 的幂级数，只有当该级数收敛时，z 变换才存在。

对任意给定的序列 $f(n)$，使 z 变换定义式幂级数 $\sum\limits_{n=-\infty}^{\infty} f(n)z^{-n}$ 或 $\sum\limits_{n=0}^{\infty} f(n)z^{-n}$ 收敛的复变量 z 在 z 平面上的取值区域，称为 z 变换 $F(z)$ 的收敛域，也常用 ROC 表示。

根据幂级数理论,式(6-4)或式(6-8)所示级数收敛的充分必要条件是满足绝对可和条件,即要求

$$\sum_{n=-\infty}^{\infty} \left| f(n)z^{-n} \right| < \infty \tag{6-12}$$

下面用实例来研究不同形式的序列 z 变换的收敛域问题。

【例 6-1】 求以下有限长序列的双边 z 变换:(1) $\delta(n)$,(2) $f(n)-\{1,2,1\}_{-1}$。

解:(1) 由式(6-4),单位样值序列的 z 变换为

$$F(z)=\sum_{n=-\infty}^{\infty} \delta(n)z^{-n} = 1$$

即
$$\delta(n) \longleftrightarrow 1$$

$F(z)$ 是与 z 无关的常数,因而其 ROC 是 z 的全平面。

（2）$f(n)$ 的双边 z 变换为

$$F(z)=\sum_{n=-\infty}^{\infty} f(n)z^{-n} = z + 2 + \frac{1}{z}$$

由上式可知,除 $z=0$ 和 $z=\infty$ 外,对任意 z,$F(z)$ 有界,因此其 ROC 为 $0<|z|<\infty$。

【例 6-2】 求因果序列 $f_1(n)=a^n U(n)$ 的双边 z 变换(a 为常数)。

解:设 $f_1(n) \longleftrightarrow F_1(z)$,则

$$F_1(z)=\sum_{n=-\infty}^{\infty} f_1(n)z^{-n} = \sum_{n=0}^{\infty} (az^{-1})^n$$

利用等比级数求和公式,上式仅当公比 az^{-1} 满足 $|az^{-1}|<1$,即 $|z|>|a|$ 时收敛,此时

$$F_1(z)= \frac{1}{1-az^{-1}} = \frac{z}{z-a}$$

故其收敛域为 $|z|>|a|$,这个收敛域在 z 平面上是半径为 $|a|$ 的圆外区域,如图 6-1(a) 所示。显然它也是单边 z 变换的收敛域。

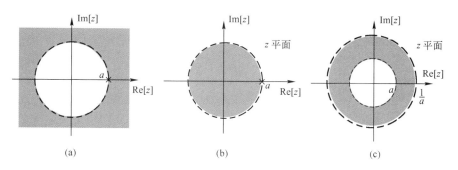

(a)	(b)	(c)

图 6-1 例 6-2、例 6-3、例 6-4 的收敛域

【例 6-3】 求反因果序列 $f_2(n)=-a^n U(-n-1)$ (a 为常数) 的 z 变换。

解:$f_2(n)$ 的(双边)z 变换为

$$F_2(z)=\sum_{n=-\infty}^{\infty} -a^n U(-n-1)z^{-n} = \sum_{n=-\infty}^{-1} -a^n z^{-n} = -\sum_{n=1}^{\infty} (a^{-1}z)^n$$

$$= -\frac{a^{-1}z}{1-a^{-1}z} = \frac{z}{z-a}$$

上式成立的条件是 $|a^{-1}z|<1$,即 $|z|<|a|$,此即 $F_2(z)$ 的收敛域。因此该反因果序列的收敛域是 z 平面上半径为 $|a|$ 的圆的内部,如图 6-1(b) 所示。

【例 6-4】 求双边序列 $f_3(n)=a^{|n|}(|a|<1)$ 的双边 z 变换。

解: $f_3(n)$ 的双边 z 变换为

$$F_3(z)=\sum_{n=-\infty}^{\infty} a^{|n|}z^{-n} = \sum_{n=-\infty}^{-1} a^{-n}z^{-n} + \sum_{n=0}^{\infty} a^n z^{-n} = \frac{-z}{z-1/a} + \frac{z}{z-a}$$

上式中第一项级数收敛的条件是 $|az|<1$,即 $|z|<1/|a|$,第二项级数收敛的条件是 $|az^{-1}|<1$,即 $|z|>|a|$。因此,$F_3(z)$ 存在的条件是 $|a|<|z|<1/|a|$。因为 $|a|<1$,所以这个不等式是成立的。因此 $F_3(z)$ 的收敛域为 $|a|<|z|<1/|a|$,这个区域是 z 平面上半径分别为 $|a|$ 和 $|1/a|$ 的两个圆之间的圆环,如图 6-1(c) 所示。

至此,我们研究了四种类型序列 z 变换的收敛域。综合上述讨论,可得到以下结论:

(1) z 变换函数在收敛域内是解析函数,且无任何极点。

(2) 有限长序列 z 变换的收敛域是整个 z 平面,可能不包括 $z=0$ 和／或 $z=\infty$。

(3) 因果序列若存在 z 变换,则其单、双边变换相同,收敛域也相同,均为 $|z|>R_1$,在 z 平面上是半径为 R_1 的圆的外部。如果变换是有理的,那么 R_1 等于 $F(z)$ 极点中的最大模值,即收敛域位于 z 平面内最外层极点的外边。

(4) 反因果序列的 z 变换若存在,则其收敛域为 $|z|<R_2$,在 z 平面上是以 R_2 为半径的圆的内部。如果变换是有理的,那么 R_2 等于 $F(z)$ 极点中的最小模值,即收敛域位于 z 平面内最内层极点的里边。反因果序列的单边 z 变换均为零,无研究意义。

(5) 双边序列若存在 z 变换,则其双边变换的收敛域是 z 平面内由 $R_1<|z|<R_2$ 所确定的圆环。

(6) 因为单边 z 变换可以看做序列因果部分($n\geq 0$) 的双边 z 变换,故其收敛域与因果序列的情形类同,这个收敛域是唯一的,因此讨论单边 z 变换时可以不注明收敛域。对于双边变换,不同序列的变换可以有相同的表示式,只是收敛域不同(见【例 6-2】和【例 6-3】)。因此双边 z 变换必须标注收敛域,才能唯一确定其对应的时间序列。

为便于对比,将各类序列的双边 z 变换的收敛域列于表 6-1。

表 6-1　序列形式与双边 z 变换收敛域的关系

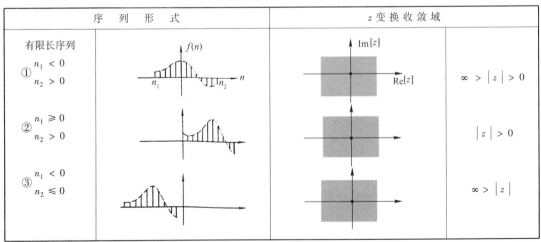

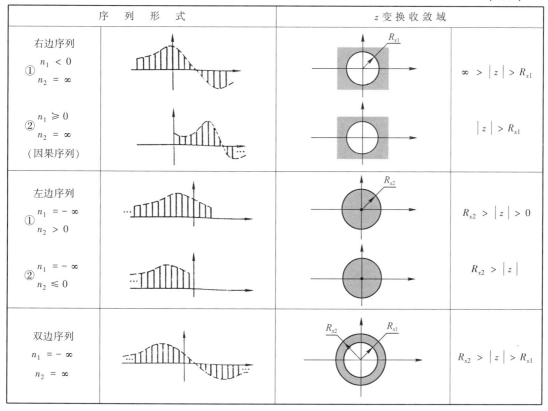

序 列 形 式		z变换收敛域	
右边序列 ① $n_1 < 0$ $n_2 = \infty$			$\infty > |z| > R_{x1}$
② $n_1 \geqslant 0$ $n_2 = \infty$ （因果序列）			$|z| > R_{x1}$
左边序列 ① $n_1 = -\infty$ $n_2 > 0$			$R_{x2} > |z| > 0$
② $n_1 = -\infty$ $n_2 \leqslant 0$			$R_{x2} > |z|$
双边序列 $n_1 = -\infty$ $n_2 = \infty$			$R_{x2} > |z| > R_{x1}$

6.1.3 常用离散序列的单边 z 变换

1. 单位样值序列 $\delta(n)$

由例 6-1 已知

$$\delta(n) \longleftrightarrow 1 \tag{6-13}$$

2. 单位阶跃序列 $U(n)$

将 $U(n)$ 代入式(6-8)，得

$$\mathscr{Z}[U(n)] = \sum_{n=0}^{\infty} U(n) z^{-n} = \sum_{n=0}^{\infty} (z^{-1})^n$$

若 $|z^{-1}| < 1$，即 $|z| > 1$，该级数收敛，此时有

$$\mathscr{Z}[U(n)] = \frac{1}{1 - z^{-1}} = \frac{z}{z-1}$$

故

$$U(n) \longleftrightarrow \frac{z}{z-1} \tag{6-14}$$

3. 单边指数序列 $a^n U(n)$ （a 为任意常数）

在例 6-2 中已求得

$$\mathscr{Z}[a^n U(n)] = \frac{z}{z-a}$$

所以
$$a^n U(n) \longleftrightarrow \frac{z}{z-a}$$
(6-15)

表 6-2 列出了典型序列的单边 z 变换,以供查阅。

表 6-2　典型序列的单边 z 变换

序号	序　　列	单边 z 变换	收敛域	序号	序　　列	单边 z 变换	收敛域
	$f(n)$	$F(z) = \sum\limits_{n=0}^{\infty} f(n) z^{-n}$	$\|z\| > R$	6	$e^{jn\omega_0}$	$\dfrac{z}{z - e^{j\omega_0}}$	$\|z\| > 1$
1	$\delta(n)$	1	$\|z\| \geqslant 0$	7	$\sin(n\omega_0)$	$\dfrac{z\sin\omega_0}{z^2 - 2z\cos\omega_0 + 1}$	$\|z\| > 1$
2	$\delta(n-m)(m>0)$	z^{-m}	$\|z\| > 0$	8	$\cos(n\omega_0)$	$\dfrac{z(z - \cos\omega_0)}{z^2 - 2z\cos\omega_0 + 1}$	$\|z\| > 1$
3	$U(n)$	$\dfrac{z}{z-1}$	$\|z\| > 1$	9	$\beta^n \sin(n\omega_0)$	$\dfrac{\beta z\sin\omega_0}{z^2 - 2\beta z\cos\omega_0 + \beta^2}$	$\|z\| > \|\beta\|$
4	n	$\dfrac{z}{(z-1)^2}$	$\|z\| > 1$	10	$\beta^n \cos(n\omega_0)$	$\dfrac{z(z - \beta\cos\omega_0)}{z^2 - 2\beta z\cos\omega_0 + \beta^2}$	$\|z\| > \|\beta\|$
5	e^{bn}	$\dfrac{z}{z - e^b}$	$\|z\| > \|e^b\|$				

6.1.4　z 平面与 s 平面的映射关系

在 6.1.1 节介绍 z 变换的定义时,已经给出了复变量 z 与 s 有如下关系:
$$z = e^{sT} \quad \text{或} \quad s = \frac{1}{T}\ln z$$
(6-16)

式中,T 是抽样间隔,抽样角频率 $\Omega_s = 2\pi/T$。

为了说明在式(6-16)下 s 复平面与 z 复平面的映射关系,将 s 表示成直角坐标形式,而把 z 表示成极坐标形式,即
$$s = \sigma + j\Omega, \qquad z = re^{j\omega}$$
(6-17)

将式(6-17)代入式(6-16)得
$$re^{j\omega} = e^{(\sigma + j\Omega)T}$$

于是得到
$$r = e^{\sigma T}$$
(6-18)

$$\omega = \Omega T = 2\pi \frac{\Omega}{\Omega_s}$$

式(6-18)表明 s 到 z 平面的映射关系如下:

(1) s 平面上的虚轴($\sigma = 0$,$s = j\Omega$)映射为 z 平面上的单位圆;其右半平面($\sigma > 0$)映射为 z 平面上单位圆的外部;而左半平面($\sigma < 0$)映射为 z 平面上单位圆的内部。

(2) s 平面上的实轴($\Omega = 0$,$s = \sigma$)映射为 z 平面的正实轴($\omega = 0$),而原点($\sigma = 0$,$\Omega = 0$)映射为 z 平面上 $z = 1$ 的点($r = 1$,$\omega = 0$);通过 $j\dfrac{k\Omega_s}{2}(k = \pm 1, \pm 3, \cdots)$ 而平行于实轴的直线映射为 z 平面的负实轴。

(3) 因为 $e^{j\Omega T}$ 是以 $\Omega_s = 2\pi/T$ 为周期的函数,而 $\omega = \Omega T$,因此当在 s 平面上沿着虚轴 Ω 从 $-\pi/T$ 变化到 π/T 时,在 z 平面上沿单位圆 ω 从 $-\pi$ 变化到 π,刚好是一个圆周。Ω 沿虚轴每变化 Ω_s,则 z 平面上 ω 沿单位圆转一圈。

s 到 z 平面的映射关系如表 6-3 所示。

表 6-3　z 平面与 s 平面的映射关系

s 平面($s = \sigma + \mathrm{j}\Omega$)		z 平面($z = r\mathrm{e}^{\mathrm{j}\omega}$)	
虚轴 ($\sigma = 0$ $s - \mathrm{j}\Omega$)			单位圆 ($r = 1$ ω 任意)
左半平面 ($\sigma < 0$)			单位圆内 ($r < 1$ ω 任意)
右半平面 ($\sigma > 0$)			单位圆外 ($r > 1$ ω 任意)
平行于虚轴的直线(σ 为常数)			圆 ($\sigma > 0, r > 1$ $\sigma < 0, r < 1$)
实轴 ($\Omega = 0$ $s = \sigma$)			正 实 轴 ($\omega = 0$ r 任意)
平行于实轴的直线(Ω 为常数)			始于原点的辐射线 (ω 为常数 r 任意)
通过 $\pm\mathrm{j}\dfrac{k\Omega_\mathrm{s}}{2}$ 平行于实轴的直线 ($k = 1, 3, \cdots$)			负实轴 ($\omega = \pi$ r 任意)

6.2　z 变换的基本性质

本节讨论 z 变换（包括单边、双边）的基本性质。绝大多数性质对单边、双边 z 变换是相同的，少数对单边、双边 z 变换有差别的性质，在讨论中将予以说明。

6.2.1 线性特性

设 $f_1(n) \longleftrightarrow F_1(z)$, $R_1 < |z| < R_2, R_1$ 可为零,R_2 可以为 ∞,下同

$\qquad f_2(n) \longleftrightarrow F_2(z)$, $R_3 < |z| < R_4$

则 $\qquad\qquad a_1 f_1(n) + a_2 f_2(n) \longleftrightarrow a_1 F_1(z) + a_2 F_2(z)$ (6-19)

其中 a_1, a_2 为任意常数。相加后的收敛域至少是两个函数 $F_1(z)$、$F_2(z)$ 收敛域的重叠部分,有些情况下收敛域可能会扩大。

【例 6-5】 求序列 $\cos(\omega_0 n) U(n)$ 和 $\sin(\omega_0 n) U(n)$ 的 z 变换。

解: 因为 $\qquad\qquad \cos(\omega_0 n) U(n) = \dfrac{1}{2}(e^{j\omega_0 n} + e^{-j\omega_0 n}) U(n)$

而 $\qquad\qquad e^{j\omega_0 n} U(n) \longleftrightarrow \dfrac{z}{z - e^{j\omega_0}}$, $\qquad |z| > 1$

$\qquad\qquad e^{-j\omega_0 n} U(n) \longleftrightarrow \dfrac{z}{z - e^{-j\omega_0}}$, $\qquad |z| > 1$

由线性性质,即得

$$\cos(\omega_0 n) U(n) \longleftrightarrow \frac{1}{2}\left(\frac{z}{z - e^{j\omega_0}} + \frac{z}{z - e^{-j\omega_0}}\right) = \frac{z(z - \cos\omega_0)}{z^2 - 2z\cos\omega_0 + 1}, \quad |z| > 1 \quad (6\text{-}20)$$

类似地,可得 $\qquad \sin(\omega_0 n) U(n) \longleftrightarrow \dfrac{z\sin\omega_0}{z^2 - 2z\cos\omega_0 + 1}$, $\quad |z| > 1$ (6-21)

6.2.2 移位特性

单边变换与双边变换的移位特性差别很大,下面分别进行讨论。

1. 双边 z 变换

若 $\qquad\qquad f(n) \longleftrightarrow F(z)$, $\qquad R_1 < |z| < R_2$

则 $\qquad\qquad f(n - m) \longleftrightarrow z^{-m} F(z)$, $\qquad R_1 < |z| < R_2$ (6-22)

式中,m 为任意整数。

证明:根据双边 z 变换的定义,可得

$$\mathscr{Z}[f(n - m)] = \sum_{n=-\infty}^{\infty} f(n-m) z^{-n} = z^{-m} \sum_{k=-\infty}^{\infty} f(k) z^{-k} = z^{-m} F(z)$$

一般来说,移位不会改变收敛域,至多是 $z = 0$ 和/或 $z = \infty$ 处的收敛情况发生变化。

2. 单边 z 变换

若 $\qquad\qquad\qquad f(n) \longleftrightarrow F(z)$

则 $\qquad\qquad f(n - m) \longleftrightarrow z^{-m}\left[F(z) + \sum_{k=-m}^{-1} f(k) z^{-k}\right]$ (6-23)

$$f(n + m) \longleftrightarrow z^m\left[F(z) - \sum_{k=0}^{m-1} f(k) z^{-k}\right]$$ (6-24)

证明:根据单边 z 变换的定义

$$\mathscr{Z}[f(n - m)] = \sum_{n=0}^{\infty} f(n-m) z^{-n} = z^{-m} \sum_{n=0}^{\infty} f(n-m) z^{-(n-m)}$$

令 $n - m = k$, 则有
$$\mathscr{Z}\left[f(n - m)\right] = z^{-m} \sum_{k = -m}^{\infty} f(k) z^{-k}$$
$$= z^{-m}\left[\sum_{k = 0}^{\infty} f(k) z^{-k} + \sum_{k = -m}^{-1} f(k) z^{-k}\right]$$
$$= z^{-m}\left[F(z) + \sum_{k = -m}^{-1} f(k) z^{-k}\right]$$

此即式(6-23)。类似地可证明式(6-24)。

上述讨论并未限制 $f(n)$ 为何种序列。如果 $f(n)$ 是因果序列,则式(6-23) 变为
$$f(n - m) \longleftrightarrow z^{-m} F(z) \tag{6-25}$$
而式(6-24) 不变。

【例 6-6】 求矩形序列 $G_N(n)$ 的 z 变换。

解: 因为
$$G_N(n) = U(n) - U(n - N), \qquad U(n) \longleftrightarrow \frac{z}{z - 1}$$
由线性及移位特性,得
$$G_N(n) \longleftrightarrow \frac{z}{z - 1} - z^{-N} \frac{z}{z - 1} = \frac{z}{z - 1}(1 - z^{-N})$$

【例 6-7】 求序列 $f(n) = \sum_{m = 0}^{\infty} \delta(n - mN)$ 的 z 变换。

解: 因为 $\delta(n) \longleftrightarrow 1$,由移位特性 $\delta(n - mN) \longleftrightarrow z^{-mN}$,再由线性特性,得
$$f(n) \longleftrightarrow 1 + z^{-N} + z^{-2N} + \cdots = \sum_{m = 0}^{\infty} (z^{-N})^m = \frac{1}{1 - z^{-N}}$$

6.2.3 尺度变换特性

若
$$f(n) \longleftrightarrow F(z), \qquad R_1 < |z| < R_2$$
则
$$a^n f(n) \longleftrightarrow F\left(\frac{z}{a}\right), \qquad R_1 < \left|\frac{z}{a}\right| < R_2 \tag{6-26}$$
式中,a 为任意常数。

证明:因为
$$\mathscr{Z}\left[a^n f(n)\right] = \sum_{n = -\infty}^{\infty} a^n f(n) z^{-n} = \sum_{n = -\infty}^{\infty} f(n)\left(\frac{z}{a}\right)^{-n}$$
与 z 变换的定义式比较,即有
$$\sum_{n = -\infty}^{\infty} f(n)\left(\frac{z}{a}\right)^{-n} = F\left(\frac{z}{a}\right), \qquad \text{且收敛域变为} \quad R_1 < \left|\frac{z}{a}\right| < R_2$$
所以
$$a^n f(n) \longleftrightarrow F\left(\frac{z}{a}\right)$$

【例 6-8】 用尺度变换特性求 $a^n U(n)$ 的 z 变换。

解: 因为
$$U(n) \longleftrightarrow \frac{z}{z - 1}, \qquad |z| > 1$$
由尺度变换特性
$$a^n U(n) \longleftrightarrow \frac{\dfrac{z}{a}}{\dfrac{z}{a} - 1} = \frac{z}{z - a}, \qquad |z| > |a|$$

6.2.4 时间翻转特性

若 $\qquad\qquad f(n) \longleftrightarrow F(z)$, $\qquad R_1 < |z| < R_2$

则 $\qquad f(-n) \longleftrightarrow F(z^{-1})$, $\qquad R_1 < |z^{-1}| < R_2$ 或 $\dfrac{1}{R_2} < |z| < \dfrac{1}{R_1}$ $\qquad$ (6-27)

证明:因为 $\qquad\qquad F(z) = \displaystyle\sum_{n=-\infty}^{\infty} f(n) z^{-n}$

所以 $\qquad \mathscr{Z}[f(-n)] = \displaystyle\sum_{n=-\infty}^{\infty} f(-n) z^{-n} = \sum_{n=-\infty}^{\infty} f(n) z^{n} = \sum_{n=-\infty}^{\infty} f(n)(z^{-1})^{-n} = F(z^{-1})$

由于单边变换只对 $n \geqslant 0$ 部分求级数和,故不存在时间翻转特性。

6.2.5 z 域微分(时域线性加权)

若 $\qquad\qquad f(n) \longleftrightarrow F(z)$, $\qquad R_1 < |z| < R_2$

则 $\qquad nf(n) \longleftrightarrow -z \dfrac{\mathrm{d}}{\mathrm{d}z} F(z)$, $\qquad R_1 < |z| < R_2$ $\qquad$ (6-28)

证明:因为 $\qquad\qquad F(z) = \displaystyle\sum_{n=-\infty}^{\infty} f(n) z^{-n}$

两边对 z 求导数,得 $\qquad\qquad \dfrac{\mathrm{d}F(z)}{\mathrm{d}z} = \dfrac{\mathrm{d}}{\mathrm{d}z}\Big(\displaystyle\sum_{n=-\infty}^{\infty} f(n) z^{-n}\Big)$

交换求导与求和的次序,上式变为

$$\frac{\mathrm{d}F(z)}{\mathrm{d}z} = \sum_{n=-\infty}^{\infty} f(n) \frac{\mathrm{d}}{\mathrm{d}z}(z^{-n}) = -z^{-1} \sum_{n=-\infty}^{\infty} nf(n) z^{-n} = -z^{-1} \mathscr{Z}[nf(n)]$$

所以 $\qquad\qquad nf(n) \longleftrightarrow -z \dfrac{\mathrm{d}}{\mathrm{d}z} F(z)$

【例 6-9】 求 $nU(n)$ 的 z 变换。

解:因为 $\qquad\qquad U(n) \longleftrightarrow \dfrac{z}{z-1}$

由 z 域微分性质,可得 $\qquad nU(n) \longleftrightarrow -z \dfrac{\mathrm{d}}{\mathrm{d}z}\Big(\dfrac{z}{z-1}\Big) = \dfrac{z}{(z-1)^2}$ $\qquad$ (6-29)

6.2.6 卷积定理

1. 时域卷积定理

若 $\qquad\qquad f_1(n) \longleftrightarrow F_1(z)$, $\qquad R_1 < |z| < R_2$

$\qquad\qquad\qquad f_2(n) \longleftrightarrow F_2(z)$, $\qquad R_3 < |z| < R_4$ $\qquad$ (6-30)

则 $\qquad\qquad f_1(n) * f_2(n) \longleftrightarrow F_1(z) F_2(z)$

收敛域至少为两函数收敛域的重叠部分,有可能会扩大。

证明: $\qquad\qquad f_1(n) * f_2(n) = \displaystyle\sum_{m=-\infty}^{\infty} f_1(m) f_2(n-m)$

代入 z 变换的定义式中,得

$$\mathscr{Z}\left[f_1(n) * f_2(n)\right] = \sum_{n=-\infty}^{\infty}\left[\sum_{m=-\infty}^{\infty} f_1(m) f_2(n-m)\right] z^{-n}$$

$$= \sum_{m=-\infty}^{\infty} f_1(m) \sum_{n=-\infty}^{\infty} f_2(n-m) z^{-n}$$

$$= \left(\sum_{m=-\infty}^{\infty} f_1(m) z^{-m}\right) F_2(z) = F_1(z) F_2(z)$$

所以 $\qquad\qquad f_1(n) * f_2(n) \longleftrightarrow F_1(z) F_2(z)$

以上是双边变换的情形。对于单边变换,应加上限制: $f_1(n)=f_2(n)=0, n<0$ 时,即 $f_1(n)$ 和 $f_2(n)$ 均为因果序列。

【例 6-10】 计算卷积 $U(n) * U(n+1)$。

解: 因为 $\qquad\qquad\qquad U(n) \longleftrightarrow \dfrac{z}{z-1}$

由移位特性 $\qquad\qquad\qquad U(n+1) \longleftrightarrow \dfrac{z^2}{z-1}$

注意,本例中 $U(n+1)$ 为非因果信号,故不能用单边变换求解。则由卷积定理可得

$$U(n) * U(n+1) \longleftrightarrow \frac{z^3}{(z-1)^2} = z\left[\frac{z}{z-1} + \frac{z}{(z-1)^2}\right]$$

从而 $\quad U(n) * U(n+1) = \mathscr{Z}^{-1}\left[z\dfrac{z}{z-1} + z\dfrac{z}{(z-1)^2}\right] = (n+2) U(n+1)$

2. z 域卷积定理(序列相乘)

若 $\qquad\qquad\qquad f_1(n) \longleftrightarrow F_1(z), \qquad R_1 < |z| < R_2$

$$f_2(n) \longleftrightarrow F_2(z), \qquad R_1 < |z| < R_2$$

则 $\qquad\qquad f_1(n) f_2(n) \longleftrightarrow \dfrac{1}{2\pi\mathrm{j}} \oint_C \dfrac{F_1(\lambda) F_2(z/\lambda)}{\lambda}\mathrm{d}\lambda \qquad (6\text{-}31)$

式中, C 是 $F_1(\lambda)$ 与 $F_2\left(\dfrac{z}{\lambda}\right)$ 收敛域公共部分内逆时针方向的围线。这里对收敛域及积分围线的选取限制较严,从而限制了它的应用,不再赘述。

6.2.7 初值定理和终值定理

若 $f(n)$ 的终值 $f(\infty)$ 存在,且 $f(n)$ 的单边 z 变换为 $F(z)$,则

$$f(0) = \lim_{z \to \infty} F(z) \qquad\qquad (6\text{-}32)$$

$$f(\infty) = \lim_{z \to 1}(z-1) F(z) \qquad\qquad (6\text{-}33)$$

证明:因为 $\qquad F(z) = \sum_{n=0}^{\infty} f(n) z^{-n} = f(0) + f(1) z^{-1} + f(2) z^{-2} + \cdots$

当 $z \to \infty$ 时,上式右边除了第一项 $f(0)$ 外,其余各项都趋近于零,所以

$$\lim_{z \to \infty} F(z) = f(0)$$

此即式(6-32)。

下面证明式(6-33)。

由移位特性可知

$$f(n+1) - f(n) \longleftrightarrow zF(z) - zf(0) - F(z) = (z-1)F(z) - zf(0)$$

另一方面,由单边 z 变换的定义,得

$$\mathscr{Z}\left[f(n+1) - f(n)\right] = \sum_{n=0}^{\infty}\left[f(n+1) - f(n)\right]z^{-n}$$

比较上面两式可得

$$(z-1)F(z) = zf(0) + \sum_{n=0}^{\infty}\left[f(n+1) - f(n)\right]z^{-n}$$

两边取 $z \to 1$ 的极限,得

$$\begin{aligned}
\lim_{z\to 1}(z-1)F(z) &= f(0) + \lim_{z\to 1}\sum_{n=0}^{\infty}\left[f(n+1) - f(n)\right]z^{-n} \\
&= f(0) + \left[f(1) - f(0)\right] + \left[f(2) - f(1)\right] + \cdots \\
&= f(0) - f(0) + f(\infty) = f(\infty)
\end{aligned}$$

即式(6-33)得证。

由上述推导可以看出,$(z-1)F(z)$ 的收敛域应包含单位圆,为此,$F(z)$ 的极点至多在单位圆上有 1 个一阶极点 $z=1$,其余极点必须都在单位圆内。

如果对双边 z 变换应用初、终值定理,则需将 $f(n)$ 限制为因果序列。

z 变换的性质归纳列于表6-4,以便查阅。

表6-4 单、双边 z 变换的性质

性质名称	时 域 函 数	单边 z 变换 $F(z)$	双边 z 变换 $F_b(z)$
线性特性	$a_1 f_1(n) + a_2 f_2(n)$	$a_1 F_1(z) + a_2 F_2(z)$	$a_1 F_{b1}(z) + a_2 F_{b2}(z)$
移位特性	$f(n \pm m), m > 0$	—	$z^{\pm m} \cdot F_b(z)$
	$f(n-m)U(n-m), m > 0$	$z^{-m} \cdot F(z)$	$\cdots$
	$f(n-m)U(n), m > 0$	$z^{-m}F(z) + \sum_{n=-m}^{-1} f(n)z^{-n-m}$	$\cdots$
	$f(n+m)U(n), m > 0$	$z^m F(z) - \sum_{n=0}^{m-1} f(n)z^{m-n}$	$\cdots$
z 域尺度变换特性	$(a)^n \cdot f(n)$	$F\left(\dfrac{z}{a}\right)$	$F_b\left(\dfrac{z}{a}\right)$
时域卷积定理	$f_1(n) * f_2(n)$	$F_1(z) \cdot F_2(z)$	$F_{b1}(z) \cdot F_{b2}(z)$
z 域微分	$nf(n)$	$-z\dfrac{\mathrm{d}F(z)}{\mathrm{d}z}$	$-z\dfrac{\mathrm{d}F_b(z)}{\mathrm{d}z}$
z 域积分	$\dfrac{1}{n+m}f(n), n+m > 0$	$z^m \displaystyle\int_z^{\infty} \dfrac{F(\eta)}{\eta^{m+1}}\mathrm{d}\eta$	$z^m \displaystyle\int_z^{\infty} \dfrac{F_b(\eta)}{\eta^{m+1}}\mathrm{d}\eta$
移动累和性	$\displaystyle\sum_{i=-\infty}^{m} f(i)$	$\dfrac{z}{z-1}F(z)$	$\dfrac{z}{z-1}F_b(z)$
初值定理	$f(n)$(因果序列)	$f(0) = \lim\limits_{z\to\infty}F(z)$	$f(0) = \lim\limits_{z\to\infty}F_b(z)$
终值定理	$f(n)$(因果序列,且 $f(\infty)$ 为有界值)	$f(\infty) = \lim\limits_{z\to 1}(z-1)F(z)$	$f(\infty) = \lim\limits_{z\to 1}(z-1)F_b(z)$

【例6-11】 已知因果序列 $f(n) \longleftrightarrow F(z)$, $F(z) = \dfrac{z}{z+1}$,求 $f(0)$ 和 $f(\infty)$。

解:由初值定理
$$f(0)=\lim_{z \to \infty}F(z)=\lim_{z \to \infty}\frac{z}{z+1}=1$$

而 $F(z)$ 在单位圆上 $z=-1$ 处有极点,不满足终值定理的使用条件,故 $f(\infty)$ 不存在。

事实上,由 $f(n)=(-1)^n U(n)$ 可知,$f(0)=1$;而 $n \to \infty$ 时,$f(\infty)$ 的值是 $+1$ 或 -1,无法确定。

6.3　逆 z 变换

与拉氏变换类似,用 z 变换分析离散系统时,往往需要从变换函数 $F(z)$ 确定对应的时间序列,即求 $F(z)$ 的逆 z 变换。求逆 z 变换的方法有留数法、幂级数展开法(长除法)和部分分式展开法。下面我们只讨论用部分分式展开法求有理函数的逆变换。

设
$$F(z)=\frac{N(z)}{D(z)}=\frac{b_M z^M + b_{M-1}z^{M-1} + \cdots + b_1 z + b_0}{z^N + a_{N-1}z^{N-1} + \cdots + a_1 z + a_0} \tag{6-34}$$

因为 z 变换的基本形式是 $\frac{z}{z-z_k}$,在利用部分分式展开的时候,通常先将 $\frac{F(z)}{z}$ 展开,然后每个分式乘以 z,这样,对于一阶极点,$F(z)$ 便可以展开为 $\frac{z}{z-z_k}$ 形式。

另外,对于单边变换(或因果序列),它的收敛域为 $|z| > R$,为保证在 $z = \infty$ 处收敛,其分母多项式的阶次不低于分子多项式的阶次,即满足 $N \geqslant M$。只有双边变换才可能出现 $M > N$。下面以 $N \geqslant M$ 为例说明部分分式展开法,此时 $\frac{F(z)}{z}$ 为真分式。

如果 $\frac{F(z)}{z}$ 只含一阶极点,则可以展开为

$$\frac{F(z)}{z} = \sum_{k=0}^{N} \frac{A_k}{z - z_k} \qquad (其中\ z_0 = 0)$$

即
$$F(z) = \sum_{k=0}^{N} \frac{A_k z}{z - z_k} \tag{6-35}$$

式中
$$A_k = \left[(z - z_k)\frac{F(z)}{z} \right]\Bigg|_{z=z_k} \tag{6-36}$$

展开式中的每一项 $\frac{A_k z}{z-z_k}$ 的逆变换是以下两种情形之一:

$$A_k(z_k)^n U(n) \longleftrightarrow \frac{A_k z}{z-z_k}, \qquad |z| > |z_k| \tag{6-37}$$

或
$$-A_k(z_k)^n U(-n-1) \longleftrightarrow \frac{A_k z}{z-z_k}, \qquad |z| < |z_k| \tag{6-38}$$

根据 $F(z)$ 各极点与收敛域的位置关系选择式(6-37)或式(6-38)。如果极点位于收敛域的内侧,则关于该极点的展开项的逆变换为因果序列,式(6-37)得到;如果极点位于收敛域的外侧,则关于该极点的展开项的逆变换为反因果序列,由式(6-38)得到。逐个考察 $F(z)$ 的各极点,即可得到完整的逆 z 变换。

如果 $\dfrac{F(z)}{z}$ 中含有高阶极点,不妨设 z_1 是 r 阶极点,其余为一阶极点,此时 $F(z)$ 应展开为

$$F(z)=\frac{A_{11}z}{(z-z_1)^r}+\frac{A_{12}z}{(z-z_1)^{r-1}}+\cdots+\frac{A_{1r}z}{z-z_1}+（单极点展开项）\tag{6-39}$$

式中,单极点展开项按式(6-35)展开,而 A_{1k} 由下式计算:

$$A_{1k}=\frac{1}{(k-1)!}\frac{\mathrm{d}^{k-1}}{\mathrm{d}z^{k-1}}\left[(z-z_1)^r\frac{F(z)}{z}\right]\bigg|_{z=z_1}\tag{6-40}$$

【例 6-12】 已知 $F(z)=\dfrac{z^2}{z^2-1.5z+0.5}$,求 $F(z)$ 可能的收敛域及相应的序列 $f(n)$。

解:$F(z)$ 的两个极点是 $z_1=1$ 和 $z_2=0.5$,故其可能的收敛域为 $|z|<0.5,0.5<|z|<1$ 或 $|z|>1$。先将 $F(z)$ 展开为

$$\frac{F(z)}{z}=\frac{z}{z^2-1.5z+0.5}=\frac{A_1}{z-1}+\frac{A_2}{z-0.5}$$

其中

$$A_1=(z-1)\frac{F(z)}{z}\bigg|_{z=1}=\frac{z}{z-0.5}\bigg|_{z=1}=2$$

$$A_2=(z-0.5)\frac{F(z)}{z}\bigg|_{z=0.5}=\frac{z}{z-1}\bigg|_{z=0.5}=-1$$

所以

$$F(z)=\frac{2z}{z-1}+\frac{-z}{z-0.5}$$

(1) 若收敛域为 $|z|<0.5$,则两个极点均在收敛域的外侧,因此这两项的逆变换是反因果序列,由式(6-38)得

$$f(n)=\mathscr{Z}^{-1}[F(z)]=-2U(-n-1)+(0.5)^nU(-n-1)$$

(2) 若收敛域为 $0.5<|z|<1$,则极点 $z_2=0.5$ 在收敛域的内侧,相应的逆变换是因果序列,式(6-37)得

$$\mathscr{Z}^{-1}\left[\frac{-z}{z-0.5}\right]=-(0.5)^nU(n)$$

而极点 $z_1=1$ 在收敛域外侧,因此相应的逆变换是反因果序列。于是

$$f(n)=\mathscr{Z}^{-1}[F(z)]=-2U(-n-1)-(0.5)^nU(n)$$

(3) 若收敛域为 $|z|>1$,则所有极点在收敛域的内侧,因此各展开项的逆变换均为因果序列,所以

$$f(n)=2U(n)-(0.5)^nU(n)=[2-(0.5)^n]U(n)$$

【例 6-13】 已知 $F(z)=\dfrac{z^3+2z^2+1}{z(z-1)(z-0.5)}$,$|z|>1$,求 $f(n)$。

解:因为

$$\frac{F(z)}{z}=\frac{z^3+2z^2+1}{z^2(z-1)(z-0.5)}$$

由式(6-36)和式(6-40)可得展开式

$$\frac{F(z)}{z}=\frac{6}{z}+\frac{2}{z^2}+\frac{8}{z-1}+\frac{-13}{z-0.5}$$

所以
$$F(z) = 6 + \frac{2}{z} + \frac{8z}{z-1} - \frac{13z}{z-0.5}$$

因为 $|z| > 1$，所以 $\quad f(n) = 6\delta(n) + 2\delta(n-1) + 8U(n) - 13(0.5)^n U(n)$

6.4 离散系统的 z 域分析

6.4.1 差分方程的变换解

LTI 离散系统是用常系数线性差分方程描述的，如果系统是因果的，并且输入为因果信号，那么可以用单边 z 变换来求解差分方程。与应用拉氏变换解微分方程相似，此时可以将差分方程变换为 z 变换函数的代数方程，并且利用单边 z 变换的移位特性可以将系统的初始条件包含在代数方程中，从而能够方便地求得系统的零输入响应、零状态响应及全响应。

设因果 LTI 离散系统的差分方程为

$$y(n) + a_{N-1}y(n-1) + \cdots + a_1 y(n-N+1) + a_0 y(n-N)$$
$$= b_M f(n) + b_{M-1} f(n-1) + \cdots + b_0 f(n-M) \tag{6-41}$$

如果 $f(n)$ 为因果信号，对式(6-41)进行单边 z 变换，并设 $f(n) \longleftrightarrow F(z)$，$y(n) \longleftrightarrow Y(z)$，利用单边 z 变换的移位特性，可以得到

$$Y(z) + a_{N-1}[z^{-1}Y(z) + y(-1)] + a_{N-2}[z^{-2}Y(z) + z^{-1}y(-1) + y(-2)] + \cdots$$
$$= (b_M + b_{M-1}z^{-1} + \cdots + b_1 z^{-M+1} + b_0 z^{-M})F(z)$$

对上式进行整理可得到如下形式的方程

$$(1 + a_{N-1}z^{-1} + \cdots + a_0 z^{-N})Y(z) - M(z) = (b_M + b_{M-1}z^{-1} + \cdots + b_0 z^{-M})F(z) \tag{6-42}$$

其中
$$M(z) = -a_{N-1}p_1(z) - a_{N-2}p_2(z) - \cdots - a_0 p_N(z)$$

它是与各初始状态 $y(-1), y(-2), \cdots, y(-N)$ 有关的 z 的多项式。由式(6-42)可解得

$$Y(z) = \frac{M(z)}{D(z)} + \frac{N(z)}{D(z)}F(z) \tag{6-43}$$

式中
$$D(z) = 1 + a_{N-1}z^{-1} + \cdots + a_0 z^{-N} = z^{-N}(z^N + a_{N-1}z^{N-1} + \cdots + a_1 z + a_0) \tag{6-44}$$

$$N(z) = b_M + b_{M-1}z^{-1} + \cdots + b_0 z^{-M} = z^{-M}(b_M z^M + b_{M-1}z^{M-1} + \cdots + b_0) \tag{6-45}$$

$D(z)$ 称为差分方程的特征多项式。

式(6-43)中 $M(z)$ 只与响应在 $n < 0$，即未施加激励 $f(n)$ 时的初始状态有关，因而式中第一项是零输入响应 $y_x(n)$ 的 z 变换 $Y_x(z)$；式中第二项仅与激励 $f(n)$ 的 z 变换 $F(z)$ 以及系统特性(由 $N(z)$，$D(z)$ 表征)有关，因而是零状态响应 $y_f(n)$ 的 z 变换 $Y_f(z)$。于是式(6-43)可以写为

$$Y(z) = Y_x(z) + Y_f(z) \tag{6-46}$$

其中
$$Y_x(z) = \frac{M(z)}{D(z)}, \quad Y_f(z) = \frac{N(z)}{D(z)}F(z) \tag{6-47}$$

这样，求得 $Y_x(z)$ 与 $Y_f(z)$ 后取逆变换即可得到系统的零输入响应、零状态响应以及全响应

$$y(n) = y_x(n) + y_f(n) \tag{6-48}$$

其中
$$y_x(n) = \mathscr{Z}^{-1}\left[Y_x(z)\right] = \mathscr{Z}^{-1}\left[\frac{M(z)}{D(z)}\right] \tag{6-49}$$

$$y_f(n) = \mathscr{Z}^{-1}\left[Y_f(z)\right] = \mathscr{Z}^{-1}\left[\frac{N(z)}{D(z)}F(z)\right] \tag{6-50}$$

6.4.2　系统函数

如上所述,零状态响应 $y_f(n)$ 的 z 变换为

$$Y_f(z) = \frac{N(z)}{D(z)}F(z)$$

式中, $F(z)$ 是激励 $f(n)$ 的 z 变换。

定义系统函数为系统零状态响应的 z 变换与激励的 z 变换之比,用 $H(z)$ 表示,即

$$H(z) = \frac{Y_f(z)}{F(z)} = \frac{N(z)}{D(z)} \tag{6-51}$$

由式(6-44)和式(6-45)可知,由系统的差分方程可直接求得系统函数。由式(6-51),系统的零状态响应之 z 变换为

$$Y_f(z) = H(z)F(z) \tag{6-52}$$

而根据卷积定理　　　　　　　　 $y_f(n) = f(n) * h(n)$

两边取 z 变换,有　　　　　　　 $Y_f(z) = \mathscr{Z}\left[h(n)\right]F(z)$

因此系统函数 $H(z)$ 是系统单位样值响应的 z 变换,即

$$\left.\begin{array}{r} \mathscr{Z}\left[h(n)\right] = H(z) \\ h(n) = \mathscr{Z}^{-1}\left[H(z)\right] \end{array}\right\} \tag{6-53}$$

或　　　　　　　　　　　　　　 $h(n) \longleftrightarrow H(z)$

于是,根据式(6-53),可以利用 z 变换方法方便地求解系统的单位样值响应。进一步地,求出激励的 z 变换,然后由式(6-52)求出 $Y_f(z)$,再对 $Y_f(z)$ 取逆 z 变换即可得到 $y_f(n)$ 。

【例 6-14】　因果离散系统的差分方程为 $y(n) - 2y(n-1) = f(n)$,激励 $f(n) = 3^n U(n)$, $y(0) = 2$,求响应 $y(n)$ 。

解：

方法一　用差分方程变换求解。

对差分方程两边取 z 变换得

$$Y(z) - 2z^{-1}\left[Y(z) + y(-1)z^1\right] = F(z)$$

$$(1 - 2z^{-1})Y(z) = 2y(-1) + F(z)$$

解出
$$Y(z) = \frac{2y(-1)}{1 - 2z^{-1}} + \frac{F(z)}{1 - 2z^{-1}}$$

即
$$Y_x(z) = \frac{2y(-1)}{1 - 2z^{-1}}, \qquad Y_f(z) = \frac{F(z)}{1 - 2z^{-1}}$$

将 $y(0) = 2$ 代入差分方程得

$$y(0) - 2y(-1) = f(0)$$

$$y(-1) = 1/2$$

而
$$F(z)=\mathscr{Z}\left[3^{n}U(n)\right]=\frac{z}{z-3}$$

所以
$$Y_{x}(z)=\frac{1}{1-2z^{-1}}=\frac{z}{z-2}$$

$$Y_{f}(z)=\frac{1}{1-2z^{-1}}\cdot\frac{z}{z-3}=\frac{z}{z-2}\cdot\frac{z}{z-3}=\frac{-2z}{z-2}+\frac{3z}{z-3}$$

将 $Y_{x}(z)$，$Y_{f}(z)$ 进行逆 z 变换，可得

$$y_{x}(n)=\mathscr{Z}^{-1}\left[\frac{z}{z-2}\right]=2^{n}U(n)$$

$$y_{f}(n)=\mathscr{Z}^{-1}\left[\frac{-2z}{z-2}+\frac{3z}{z-3}\right]=\left[-2(2)^{n}+3(3)^{n}\right]U(n)$$

得出
$$y(n)=y_{x}(n)+y_{f}(n)=\left[3(3)^{n}-2^{n}\right]U(n)$$

方法二　先求出零输入响应 $y_{x}(n)$，再利用系统函数求出 $y_{f}(n)$。

（1）求 $y_{x}(n)$。求 $y_{x}(n)$ 可以用以下两种方法。

① z 变换法。将差分方程写为齐次差分方程，即

$$y(n)-2y(n-1)=0$$

两边取 z 变换得
$$Y_{x}(z)-2z^{-1}\left[Y_{x}(z)+y_{x}(-1)z\right]=0$$

整理得
$$Y_{x}(z)=\frac{2y_{x}(-1)}{1-2z^{-1}}$$

而由前面讨论知
$$y_{x}(-1)=y(-1)=1/2$$

所以
$$Y_{x}(z)=\frac{1}{1-2z^{-1}}=\frac{z}{z-2}$$

则
$$y_{x}(n)=\mathscr{Z}^{-1}\left[Y_{x}(z)\right]=2^{n}U(n)$$

② 时域法。由差分方程知，特征根 $\lambda=2$，则
$$y_{x}(n)=C2^{n},\quad n\geqslant0$$

将 $y_{x}(-1)=1/2$ 代入上式得 $C=1$，所以
$$y_{x}(n)=2^{n},\quad n\geqslant0$$

（2）求 $y_{f}(n)$。由差分方程 $y(n)-2y(n-1)=f(n)$ 可得

$$h(n)-2h(n-1)=\delta(n)$$

两边取 z 变换得
$$H(z)-2z^{-1}H(z)=1$$

$$H(z)=\frac{1}{1-2z^{-1}}=\frac{z}{z-2}$$

由式（6-52）得
$$Y_{f}(z)=H(z)F(z)=\frac{z}{z-2}\cdot\frac{z}{z-3}$$

$$=\frac{z^{2}}{(z-2)(z-3)}=\frac{-2z}{z-2}+\frac{3z}{z-3}$$

得出
$$y_{f}(n)=\left[-2(2)^{n}+3(3)^{n}\right]U(n)$$

综上可得
$$y(n)=y_{x}(n)+y_{f}(n)=\left[3(3)^{n}-2^{n}\right]U(n)$$

6.4.3　离散系统因果性、稳定性与 $H(z)$ 的关系

在第 5 章已经知道,一个离散 LTI 系统为因果系统的充分必要条件是

$$h(n)=0, \qquad n < 0$$

或

$$h(n)=h(n)U(n)$$

即 $h(n)$ 为因果序列。

由于因果序列 z 变换的收敛域是 $|z| > R$,因此,如果系统函数的收敛域具有 $|z| > R$ 的形式,则该系统是因果的;否则,系统是非因果的。这样系统因果性的充分必要条件可以用 $H(z)$ 表示,即系统函数 $H(z)$ 的收敛域为

$$|z| > R, \qquad R \text{ 为某非负实数}$$

类似地,可以用系统函数来研究稳定性问题。已知离散系统为稳定系统的充分必要条件是

$$\sum_{n=-\infty}^{\infty} |h(n)| < M, \qquad M \text{ 为有界正值}$$

上式表明,$\sum_{n=-\infty}^{\infty} |h(n)z^{-n}|$ 在单位圆 $|z| = 1$ 上是收敛的,根据收敛域的定义,单位圆在 $H(z)=\sum_{n=-\infty}^{\infty} h(n)z^{-n}$ 的收敛域内。因此,系统为稳定的充要条件可以表示为:系统函数 $H(z)$ 的收敛域包含单位圆。

如果系统是因果的,那么稳定性的条件是 $H(z)$ 的收敛域为包含单位圆在内的某个圆的外部,由于收敛域中不能含有极点,故 $H(z)$ 的所有极点均应在单位圆内。因此,因果系统稳定的充要条件是:$H(z)$ 的所有极点均在单位圆内。

6.4.4　应用双边 z 变换分析离散系统举例

应用单边 z 变换,只能分析因果系统在因果信号作用下的响应。如果涉及非因果系统或/和非因果信号,则需使用双边 z 变换进行分析。

事实上,离散系统的差分方程本身并不包含系统因果性、稳定性等信息,由差分方程仅能确定 $H(z)$ 的表达式,并不能够确定其收敛域,除非事先已经知道系统的某些特性(如因果性)。下面举例说明利用双边 z 变换分析离散系统。

【例 6-15】　某 LTI 离散系统的差分方程为 $y(n) - 2y(n-1)=f(n)$。

(1) 求系统函数 $H(z)$ 并确定可能的单位样值响应,说明系统的因果性与稳定性。

(2) 求由该差分方程描述的因果系统在 $f(n)= U(n+1)$ 作用下的零状态响应。

解:(1) 由差分方程易得

$$H(z)= \frac{1}{1 - 2z^{-1}} = \frac{z}{z-2}$$

极点为 $z = 2$。因此,可能的收敛域为

① $|z| < 2$,此时单位样值响应 $h(n)=-2^n U(-n-1)$,由因果性及稳定性的充要条件,系统是非因果稳定的。

② $|z| > 2$,此时单位样值响应 $h(n)= 2^n U(n)$,系统是因果的、非稳定的。

（2）方法一　时域法。

由（1）的结果知，满足题设条件的系统单位样值响应为

$$h(n) = 2^n U(n)$$

因此

$$y_f(n) = f(n) * h(n) = U(n+1) * 2^n U(n)$$

$$= \left[\sum_{m=-1}^{n} 2^{n-m} \right] U(n+1) = (2 \times 2^{n+1} - 1) U(n+1)$$

方法二　对差分方程取双边 z 变换，得

$$(1 - 2z^{-1}) Y_f(z) = F(z)$$

所以

$$Y_f(z) = \frac{1}{1 - 2z^{-1}} F(z) = z \left[\frac{1}{(1 - z^{-1})(1 - 2z^{-1})} \right] = z \left[\frac{2}{1 - 2z^{-1}} - \frac{1}{1 - z^{-1}} \right]$$

$$y_f(n) = \mathscr{Z}^{-1} [Y_f(z)] = 2 \times 2^{n+1} U(n+1) - U(n+1) = (2 \times 2^{n+1} - 1) U(n+1)$$

【例 6-16】　已知某反因果系统的差分方程为 $y(n) - 5y(n-1) + 6y(n-2) = f(n)$，若 $f(n) = U(n)$，求响应 $y(n)$。

解：因为系统是反因果的，故采用双边 z 变换。方程两边取双边 z 变换，得

$$Y(z)(1 - 5z^{-1} + 6z^{-2}) = F(z)$$

所以

$$Y(z) = \frac{1}{1 - 5z^{-1} + 6z^{-2}} F(z) = \frac{z^3}{(z^2 - 5z + 6)(z - 1)}$$

因为系统是反因果的，其系统函数 $H(z) = \dfrac{Y(z)}{F(z)} = \dfrac{z^2}{z^2 - 5z + 6}$ 的收敛域为 $|z| < 2$，而 $F(z)$ 的收敛域是 $|z| > 1$，因此 $Y(z)$ 的收敛域为 $1 < |z| < 2$。将 $Y(z)$ 做部分分式展开，可得

$$Y(z) = \frac{\frac{1}{2} z}{z - 1} - \frac{4z}{z - 2} + \frac{\frac{9}{4} z}{z - 3}$$

$Y(z)$ 的收敛域在极点 $z = 1$ 的外侧，故

$$\mathscr{Z}^{-1} \left[\frac{\frac{1}{2} z}{z - 1} \right] = \frac{1}{2} U(n)$$

$Y(z)$ 的收敛域在 $z = 2, z = 3$ 这两个极点的内侧，故

$$\mathscr{Z}^{-1} \left[-\frac{4z}{z - 2} + \frac{\frac{9}{4} z}{z - 3} \right] = \left(4 \times 2^n - \frac{9}{4} \times 3^n \right) U(-n-1)$$

从而所求响应为

$$y(n) = \left(4 \times 2^n - \frac{9}{4} 3^n \right) U(-n-1) + \frac{1}{2} U(n)$$

6.5　离散系统的频率响应

与连续系统中的频率响应类似，在离散系统中，也经常需要研究系统在不同频率正弦信号作用下的特性。因此，有必要研究离散系统的频率响应特性及稳态响应。为了讨论这些问题，我们先定义序列的傅里叶变换。

6.5.1 序列的傅里叶变换

序列的傅里叶变换又称离散时间傅里叶变换(Discrete Time Fourier Transform,DTFT)。

序列 $f(n)$ 的 z 变换为
$$F(z)= \sum_{n=-\infty}^{\infty} f(n) z^{-n}$$

$$f(n)= \frac{1}{2\pi j} \oint_C F(z) z^{n-1} \mathrm{d}z$$

由 s 到 z 平面的映射关系可知,s 平面上的虚轴($s=j\omega$)对应于 z 平面上的单位圆($|z|=1$ 或 $z=e^{j\omega}$)。这样,定义单位圆上的 z 变换为序列的傅里叶变换,用 $F(e^{j\omega})$ 表示,即

$$F(e^{j\omega})= F(z) \Big|_{z=e^{j\omega}} = \sum_{n=-\infty}^{\infty} f(n) e^{-jn\omega} \tag{6-54}$$

而逆变换为
$$\begin{aligned} f(n) &= \frac{1}{2\pi j} \oint_{|z|=1} F(z) z^{n-1} \mathrm{d}z \\ &= \frac{1}{2\pi j} \oint_{|z|=1} F(e^{j\omega}) e^{jn\omega} \cdot e^{-j\omega} \mathrm{d}(e^{j\omega}) \\ &= \frac{1}{2\pi j} \int_{-\pi}^{\pi} F(e^{j\omega}) e^{jn\omega} \cdot e^{-j\omega} \cdot j e^{j\omega} \mathrm{d}\omega \\ &= \frac{1}{2\pi} \int_{-\pi}^{\pi} F(e^{j\omega}) e^{jn\omega} \mathrm{d}\omega \end{aligned} \tag{6-55}$$

$F(e^{j\omega})$ 是 ω 的复函数,可以表示为

$$F(e^{j\omega})= |F(e^{j\omega})| e^{j\varphi(\omega)} = \mathrm{Re}[F(e^{j\omega})] + j\mathrm{Im}[F(e^{j\omega})] \tag{6-56}$$

$F(e^{j\omega})$ 表示 $f(n)$ 的频域特性,也称为 $f(n)$ 的频谱,$|F(e^{j\omega})|$ 为 $f(n)$ 的幅度谱,$\varphi(\omega)$ 为 $f(n)$ 的相位谱,二者都是 ω 的连续函数。

6.5.2 离散系统的频率响应

1. 定义

离散系统的单位样值响应 $h(n)$ 的傅里叶变换,称离散系统的频率响应,用 $H(e^{j\omega})$ 表示。

这样,离散系统的单位样值响应 $h(n)$ 与频率响应 $H(e^{j\omega})$ 是一对傅里叶变换,即

$$H(e^{j\omega})= H(z) \Big|_{z=e^{j\omega}} = \sum_{n=-\infty}^{\infty} h(n) e^{-jn\omega} \tag{6-57}$$

$H(e^{j\omega})$ 通常是复数,所以一般可写成

$$H(e^{j\omega})= |H(e^{j\omega})| e^{j\varphi(\omega)} \tag{6-58}$$

式中,$|H(e^{j\omega})|$ 是离散系统的幅频响应,$\varphi(\omega)$ 是离散系统的相频响应。

2. 频率响应的几何确定法

频率响应除了可以按定义求出外,还可以用几何方法简便而直观地求出。

对离散系统,若已知

$$H(z) = b_m \frac{\displaystyle\prod_{j=1}^{M}(z - z_j)}{\displaystyle\prod_{i=1}^{N}(z - p_i)} \qquad (不妨设\ b_m > 0)$$

则 $H(e^{j\omega}) = b_m \dfrac{\displaystyle\prod_{j=1}^{M}(e^{j\omega} - z_j)}{\displaystyle\prod_{i=1}^{N}(e^{j\omega} - p_i)} = |H(e^{j\omega})| e^{j\varphi(\omega)}$

令 $\quad e^{j\omega} - z_j = A_j e^{j\varphi_j}, \quad e^{j\omega} - p_i = B_i e^{j\theta_i}$

则幅频响应 $\quad |H(e^{j\omega})| = b_m \dfrac{\displaystyle\prod_{j=1}^{M} A_j}{\displaystyle\prod_{i=1}^{N} B_i}$ (6-59)

相频响应 $\quad \varphi(\omega) = \displaystyle\sum_{j=1}^{M}\varphi_j - \sum_{i=1}^{N}\theta_i$ (6-60)

显然,式中 A_j,φ_j 分别表示 z 平面上零点 z_j 到单位圆上某点 $e^{j\omega}$ 的矢量 $(e^{j\omega} - z_j)$ 的长度和夹角,B_i,θ_i 表示极点 p_i 到 $e^{j\omega}$ 的矢量 $(e^{j\omega} - p_i)$ 的长度和夹角,如图 6-2 所示。

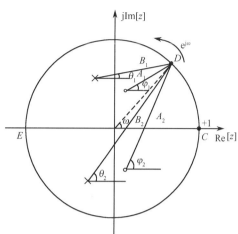

图 6-2 频率响应 $H(e^{j\omega})$ 的几何确定法

如果单位圆上的 D 点随 ω 的取值不同而不断移动,就可以得到全部的频率响应。利用这种方法,找出不同 ω 取值的相应的 D 点,就可以用描点的方法近似描绘出系统的幅度响应和相位响应。

6.5.3 离散系统的稳态响应

1. 单边指数信号作用下的稳态响应

设因果稳定系统的输入为 $f(n) = e^{jn\omega_0}U(n)$,系统函数为 $H(z)$,则

$$\mathscr{Z}[f(n)] = F(z) = \frac{z}{z - e^{j\omega_0}}$$

根据 z 域分析的思路,系统响应的 z 变换为

$$\mathscr{Z}[y(n)] = Y(z) = H(z) \cdot F(z)$$

即

$$Y(z) = \frac{z}{z - e^{j\omega_0}} \cdot H(z) = \frac{Az}{z - e^{j\omega_0}} + \sum_{i=1}^{N}\frac{A_i z}{z - z_i}$$

其中

$$A = (z - e^{j\omega_0})\frac{Y(z)}{z} = H(z)\Big|_{z = e^{j\omega_0}} = H(e^{j\omega_0})$$

z_i 是 $H(z)/z$ 的极点。

因为系统是稳定的,$H(z)$ 的极点都位于单位圆内。当 $n \longrightarrow \infty$ 时,求和项所对应的各指数衰减序列都趋于零。

若此系统的稳态响应用 $y_{ss}(n)$ 表示,则

$$\mathscr{Z}[y_{ss}(n)] = Y_{ss}(z) = \frac{Az}{z - e^{j\omega_0}} = \frac{H(e^{j\omega_0})z}{z - e^{j\omega_0}}$$

将上式取逆变换得

$$y_{ss}(n) = H(e^{j\omega_0}) e^{jn\omega_0} U(n) \tag{6-61}$$

2. 正弦信号作用下的稳态响应

设因果稳定系统的输入为

$$f(n) = \sin n\omega_0 \cdot U(n)$$

其 z 变换为 $\quad F(z) = \mathscr{Z}[f(n)] = \dfrac{z\sin\omega_0}{z^2 - 2z\cos\omega_0 + 1} = \dfrac{z\sin\omega_0}{(z - e^{j\omega_0})(z - e^{-j\omega_0})}$

于是系统响应的 z 变换为

$$Y(z) = F(z)H(z) = \dfrac{z\sin\omega_0}{(z - e^{j\omega_0})(z - e^{-j\omega_0})} H(z)$$

因为系统是稳定的，$H(z)$ 的极点均位于单位圆内，它不会与 $F(z)$ 的极点重合。所以

$$Y(z) = \dfrac{az}{z - e^{j\omega_0}} + \dfrac{bz}{z - e^{-j\omega_0}} + \sum_{i=1}^{N} \dfrac{A_i z}{z - z_i} \tag{6-62}$$

式中 $\quad a = (z - e^{j\omega_0})\dfrac{Y(z)}{z}\bigg|_{z = e^{j\omega_0}} = \dfrac{H(e^{j\omega_0})}{2j}, \quad b = -\dfrac{H(e^{-j\omega_0})}{2j}$

z_i 是 $\dfrac{H(z)}{z}$ 的极点。

注意到 $H(e^{j\omega_0})$ 与 $H(e^{-j\omega_0})$ 是复数共轭的，令

$$H(e^{j\omega_0}) = |H(e^{j\omega_0})| e^{j\varphi}, \quad H(e^{-j\omega_0}) = |H(e^{j\omega_0})| e^{-j\varphi}$$

代入式(6-62) 得 $\quad Y(z) = \dfrac{|H(e^{j\omega_0})|}{2j}\left(\dfrac{ze^{j\varphi}}{z - e^{j\omega_0}} - \dfrac{ze^{-j\varphi}}{z - e^{-j\omega_0}}\right) + \sum_{i=1}^{N} \dfrac{A_i z}{z - z_i}$

显然，$Y(z)$ 的逆变换为

$$y(n) = \dfrac{|H(e^{j\omega_0})|}{2j}\left(e^{j(n\omega_0+\varphi)} - e^{-j(n\omega_0+\varphi)}\right) U(n) + \left(\sum_{i=1}^{N} A_i z_i^n\right) U(n)$$

当 $n \longrightarrow \infty$ 时，后一项趋于零，故稳态响应为

$$y_{ss}(n) = |H(e^{j\omega_0})|\sin(n\omega_0 + \varphi) U(n) \tag{6-63}$$

如果输入为双边序列，则输出也是双边的，结果与式(6-63) 相似。

【例 6-17】 已知某 LTI 因果系统的差分方程为

$$y(n) - y(n-1) + \dfrac{1}{2}y(n-2) = f(n-1)$$

试求：(1) 系统函数 $H(z)$ 及频率响应 $H(e^{j\omega})$；(2) 单位样值响应 $h(n)$；(3) 若激励 $f(n) = 5\cos(n\pi)$，求稳态响应 $y_{ss}(n)$。

解：(1) 由差分方程得

$$H(z) = \dfrac{z^{-1}}{1 - z^{-1} + 0.5z^{-2}} = \dfrac{z}{z^2 - z + 0.5}$$

其频率响应 $\quad H(e^{j\omega}) = H(z)\bigg|_{z = e^{j\omega}} = \dfrac{e^{j\omega}}{e^{2j\omega} - e^{j\omega} + 0.5}$

根据 $H(z)$ 的零、极点分布，通过几何方法可以大致估计出频率响应的形状，如图 6-3 所示。

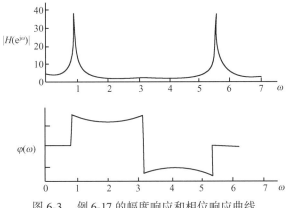

图 6-3　例 6-17 的幅度响应和相位响应曲线

（2）由前面讨论可得

$$H(z) = \frac{z}{z^2 - z + 0.5} = \frac{-\mathrm{j}z}{\left(z - \frac{\sqrt{2}}{2}\mathrm{e}^{\frac{\pi}{4}\mathrm{j}}\right)} + \frac{\mathrm{j}z}{\left(z - \frac{\sqrt{2}}{2}\mathrm{e}^{-\frac{\pi}{4}\mathrm{j}}\right)}$$

对上式逆变换得

$$h(n) = \mathscr{Z}^{-1}[H(z)] = -\mathrm{j}\left(\frac{\sqrt{2}}{2}\mathrm{e}^{\frac{\pi}{4}\mathrm{j}}\right)^n U(n) + \mathrm{j}\left(\frac{\sqrt{2}}{2}\mathrm{e}^{-\frac{\pi}{4}\mathrm{j}}\right)^n U(n)$$

$$= 2\left(\frac{1}{\sqrt{2}}\right)^n \sin\left(\frac{n\pi}{4}\right) U(n)$$

（3）因为

$$H(\mathrm{e}^{\mathrm{j}\omega}) = \frac{\mathrm{e}^{\mathrm{j}\omega}}{\mathrm{e}^{2\mathrm{j}\omega} - \mathrm{e}^{\mathrm{j}\omega} + 0.5}$$

故当激励 $f(n) = 5\cos(n\pi)$ 时，$\omega = \pi$，则

$$H(\mathrm{e}^{\mathrm{j}\pi}) = \frac{\mathrm{e}^{\mathrm{j}\pi}}{\mathrm{e}^{2\mathrm{j}\pi} - \mathrm{e}^{\mathrm{j}\pi} + 0.5} = -0.4 = 0.4\mathrm{e}^{\mathrm{j}\pi}$$

仿照式（6-63），稳态响应为

$$y_{\mathrm{ss}}(n) = 5|H(\mathrm{e}^{\mathrm{j}\pi})|\cos(n\pi + \pi) = -2\cos n\pi$$

6.6　MATLAB 应用举例

6.6.1　利用 MATLAB 计算 z 变换和逆 z 变换

MATLAB 中，可以利用函数 ztrans 和 iztrans 分别计算符号函数的 z 变换和逆 z 变换，所得结果也是符号函数，而非数值结果。其一般调用格式如下

```
F=ztrans(f), F=iztrans(F)
```

其中，f 和 F 分别是时间序列和 z 变换的数学表达式。

【例 6-18】　用 MATLAB 编程：（1）求序列 $a^n U(n)$ 的 z 变换；（2）求 $F(z) = \dfrac{z}{(z+1)(z+2)}$ 的逆 z 变换。

解：程序如下：

```
% Program ch6_1
format rat
syms a n z pi
f=a.^n;
Fz=ztrans(f,n,z);
Fz=simple(Fz)
F=z./(z+1)/(z+2);
fn=iztrans(F)
```
程序运行结果为

```
Fz=-z/(-z+a)
fn=(-1)^n-(-2)^n
```

6.6.2 部分分式展开的 MATLAB 实现

如果 z 变换可以用如下的有理分式表示

$$F(z) = \frac{b_0 + b_1 z^{-1} + \cdots + b_M z^{-M}}{1 + a_1 z^{-1} + \cdots + a_N z^{-N}}$$

则在求 $F(z)$ 的逆变换时,可以将 $F(z)$ 展开为部分分式之和,再取其逆变换。用函数 residuez 可以实现部分分式展开。其一般调用格式为

```
[r,p,k]=residuez(num,den)
```

其中,r 是由各部分分式分子系数组成的向量,p 为极点向量,k 则表示 $F(z)$ 的分子多项式除以分母多项式所得的商多项式。若 $F(z)$ 为 z^{-1} 的真分式,则 k 为零。

【例 6-19】 用 MATLAB 编程求 $F(z) = \dfrac{2z^4 + 3z^3}{(z+1)^2(z+2)(z+3)}$ 的部分分式展开式。

解:程序如下。

```
% Program ch6_2
a=poly([-1 -1 -2 -3]);
b=[2 3];
[r,p,k]=residuez(b,a)
```

程序运行结果为

```
r=6.7500   -4.0000   -0.2500   -0.5000
p=-3.0000   -2.0000   -1.0000   -1.0000
k=[]
```

于是 $F(z)$ 的部分分式展开式为

$$F(z) = \frac{6.75z}{z+3} + \frac{-4z}{z+2} + \frac{-0.25z}{(z+1)} + \frac{-0.5z^2}{(z+1)^2}$$

6.6.3 利用 MATLAB 求解离散系统的频率响应

MATLAB 函数 freqz 用于求解离散系统的频率响应,其一般调用形式为

```
H=freqz(b,a,w)
```

其中,a,b 为差分方程左、右端的系数向量,w 是欲求响应的频率抽样点构成的向量。

【例 6-20】 已知离散系统的差分方程为

$$y(n)-0.3y(n-1)-0.54y(n-2)=f(n)+0.7f(n-1)+0.12f(n-2)$$

用 MATLAB 求解该系统的频率响应,画出 $-\pi \sim \pi$ 区间的幅度响应和相位响应。

解: 程序如下:

```
% Program ch6_3
b=[1 0.7 0.12];
a=[1 -0.3 -0.54];
fs=0.01*pi;
w=-pi:fs:pi;
H=freqz(b,a,w);
subplot(2,1,1);
plot(w/pi,abs(H));
title('Magnitude response');
xlabel(' \omega(unit: \pi)');
box off;
subplot(2,1,2);
plot(w/pi,angle(H));
title('Phase response');
xlabel(' \omega(unit: \pi)');
box off;
```

结果如图 6-4 所示。

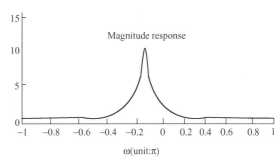

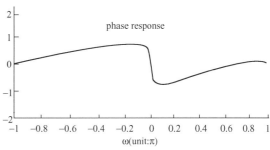

图 6-4 例 6-20 的图

6.6.4 系统函数的零极点

系统函数的零点和极点可以通过 MATLAB 函数 roots 求得,也可以借助函数 tf2zp 得到。它们的调用格式为

```
p=roots(A)
[z,p,k]=tf2zp(b,a);
```

其中,A 为多项式系数向量,p 为极点向量,z 为零点向量,k 的含义同 6.6.2 节,b 和 a 分别为系统函数分子、分母多项式系数向量。

系统函数的零极点图则可以用函数 zplane 画出。其调用格式为

```
zplane(b,a)
```

b 和 a 的含义同上。

【例 6-21】 已知某因果系统的系统函数为

$$H(z)=\frac{z^2-1}{z^3-0.5z^2+0.5z+0.2},$$

(1) 画出系统函数的零极点图,判断系统是否稳定;

(2) 求系统的单位样值响应,画出前 30 个样本;

(3) 求系统的频率响应,画出 $0 \sim 2\pi$ 区间的幅度响应和相位响应曲线。

解: 程序如下。

```
% program ch6_4
b=[0 1 0 -1];
```

```
a = [1 -0.5 0.5 0.2];
subplot(2,2,1);
zplane(b,a);
box off;
N = 30;
[h,n] = impz(b,a,N);
subplot(2,2,2);
stem(n,h,'MarkerSize',4,'MarkerFace','k');
title('Impulse response');
xlabel('n');
box off;
w = 0:0.01*pi:pi;
H = freqz(b,a,w);
subplot(2,2,3);
plot(w/pi,abs(H));
title('Magnitude response');
xlabel('Frequency \omega(unit:\pi)');
box off;
subplot(2,2,4);
plot(w/pi,unwrap(angle(H)));
title('Phase response');
xlabel('Frequency \omega(unit:\pi)');
box off;
```

程序运行后,所得各部分图形如图 6-5 所示。根据极点位置可知,系统是稳定的。

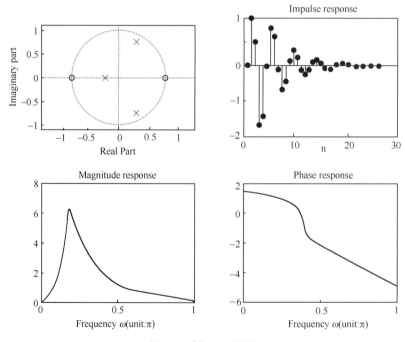

图 6-5　例 6-21 的图

本章学习指导

一、主要内容

1. 单边 z 变换与基本变换对

（1）定义

正变换：$F(z) = \sum\limits_{n=0}^{\infty} f(n) z^{-n}$　　　逆变换：$f(n) = \left[\dfrac{1}{2\pi j} \oint_C F(z) z^{n-1} \mathrm{d}z \right] U(n)$

变换关系记为：$f(n) \leftrightarrow F(z)$，$F(z)$ 称为"象函数"，$f(n)$ 称为"原函数"。

（2）基本变换对

$\delta(n) \leftrightarrow 1$，$U(n) \leftrightarrow \dfrac{z}{z-1}$，$a^n U(n) \leftrightarrow \dfrac{z}{z-a}$　（a 为任意常数），$nU(n) \leftrightarrow \dfrac{z}{(z-1)^2}$

（3）拉氏变换与 z 变换之间的映射关系

两个要点：① s 平面的左半平面、虚轴和右半平面分别映射为 z 平面的单位圆内部、单位圆和单位圆外部；② s 平面到 z 平面是多对一映射。

2. 性质

z 变换的性质对于离散系统的 z 域分析非常重要，详见表 6-4。

3. 系统函数

离散系统函数定义为零状态响应的象函数与激励的象函数之比，用 $H(z)$ 表示，即 $H(z) = Y_f(z)/F(z)$，与单位样值响应的关系：$h(n) \leftrightarrow H(z)$。

若系统由以下差分方程描述

$$y(n) + a_1 y(n-1) + \cdots + a_N y(n-N) = b_0 f(n) + b_1 f(n-1) + \cdots + b_M f(n-M)$$

则其系统函数为　　　　　　　　$H(z) = \dfrac{b_0 + b_1 z^{-1} + \cdots + b_M z^{-M}}{1 + a_1 z^{-1} + \cdots + a_N z^{-N}}$

因果系统稳定的条件为：$H(z)$ 的极点全部位于 z 平面单位圆内。

4. 部分分式展开求逆变换

求 z 逆变换是 z 域分析中的一个重要环节。如果象函数是有理分式，则用部分分式展开法求逆变换。

设 $F(z) = \dfrac{b_M z^M + b_{M-1} z^{M-1} + \cdots + b_0}{z^N + a_{N-1} z^{N-1} + \cdots + a_0}$，其极点为 $p_1, p_2, \cdots, p_N$

（1）$\dfrac{F(z)}{z}$ 为单极点情形（$p_0, p_1, p_2, \cdots, p_N$，各不相同，其中 $p_0 = 0$），$\dfrac{F(z)}{z}$ 展开为：

$$\frac{F(z)}{z} = \frac{A_0}{z - p_0} + \frac{A_1}{z - p_1} + \cdots + \frac{A_N}{z - p_N} = \sum_{k=0}^{N} \frac{A_k}{z - p_k}$$

其中
$$A_k = (z-p_k)\frac{F(z)}{z}\bigg|_{z=p_k}$$

则
$$F(z) = \frac{A_0 z}{z-p_0} + \frac{A_1 z}{z-p_1} + \cdots + \frac{A_N z}{z-p_N} = \sum_{k=0}^{N}\frac{A_k z}{z-p_k}$$

（2）含重极点情形，不妨设 p_1 是 r 重极点，则

$$F(z) = \frac{A_{11}z}{(z-p_1)^r} + \frac{A_{12}z}{(z-p_1)^{r-1}} + \cdots + \frac{A_{1r}z}{z-p_1} + (\text{单极点展开项})$$

其中
$$A_{1k} = \frac{1}{(k-1)!}\frac{\mathrm{d}^{k-1}}{\mathrm{d}z^{k-1}}\left[(z-p_1)^r\frac{F(z)}{z}\right]\bigg|_{z=p_1}$$

展开后根据基本变换对和 z 变换的性质即可求出原函数。

5. z 域分析

利用 z 域分析求离散系统全响应的过程如下：先确定系统的差分方程，然后对差分方程取单边 z 变换，整理后可得全响应的象函数，求逆变换即可得全响应。全响应的象函数可以表示为

$$Y(z) = Y_x(z) + Y_f(z) = Y_x(z) + F(z)H(z)$$

二、例题分析

【例 6-22】 已知某因果系统的模拟框图如图 6-6 所示。求：（1）系统的单位样值响应；（2）系统的差分方程；（3）系统的阶跃响应。

分析：关键在于求系统函数 $H(z)$。因为 $H(z)$ 的逆变换即单位样值响应；根据 $H(z)$ 可写出差分方程，而阶跃响应是激励为 $U(n)$ 时的零状态响应。$H(z)$ 可以根据定义求出，基本思路是写出两个加法器的输出方程，然后利用 z 变换即可求出 $H(z)$。

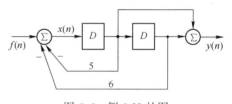

图 6-6　例 6-22 的图

解：（1）设 $x(n)$ 如图中所示，两个加法器的方程为

$$\begin{cases} x(n) = f(n) - 5x(n-1) - 6x(n-2) \\ y(n) = x(n-1) + x(n-2) \end{cases}$$

设 $y(n) \leftrightarrow Y(z)$，$f(n) \leftrightarrow F(z)$，$x(n) \leftrightarrow X(z)$，在零初始状态下，对方程两边取 z 变换，有

$$\begin{cases} X(z) = F(z) - 5z^{-1}X(z) - 6z^{-2}X(z) \\ Y(z) = z^{-1}X(z) + z^{-2}X(z) \end{cases}$$

解得系统函数为 $H(z) = \dfrac{Y(z)}{F(z)} = \dfrac{z^{-1}+z^{-2}}{1+5z^{-1}+6z^{-2}} = \dfrac{z+1}{z^2+5z+6} = \dfrac{-1}{z+2} + \dfrac{2}{z+3} = \left(\dfrac{-z}{z+2} + \dfrac{2z}{z+3}\right)z^{-1}$

其逆变换为单位样值响应 $h(n)$，即

$$h(n) = \left[-(-2)^{n-1} + 2(-3)^{n-1}\right]U(n-1)（此处利用了移位性质）$$

（2）因为
$$H(z) = \frac{z+1}{z^2+5z+6} = \frac{z^{-1}+z^{-2}}{1+5z^{-1}+6z^{-2}}$$

所以差分方程为
$$y(n) + 5y(n-1) + 6y(n-2) = f(n-1) + f(n-2)$$

（3）求阶跃响应，此时输入信号为 $U(n)$。

设 $U(n) \leftrightarrow F(z)$，$g(n) \leftrightarrow G(z)$，则 $F(z) = \dfrac{z}{z-1}$

$$G(z)=F(z)H(z)=\frac{z+1}{z^2+5z+6}\frac{z}{z-1}=\frac{\frac{1}{6}z}{z-1}+\frac{\frac{1}{3}z}{z+2}-\frac{\frac{1}{2}z}{z+3}$$

所以阶跃响应为
$$g(n)=\left[\frac{1}{6}+\frac{1}{2}(-2)^n-\frac{1}{2}(-3)^n\right]U(n)$$

【例6-23】 已知因果离散系统的系统函数为 $H(z)=\dfrac{2z}{z^2-4z+3}$，$f(n)=2^n U(n)$，$y(-1)=2$，$y(-2)=4/3$。求全响应 $y(n)$。

分析：两种思路，一种是先求出差分方程，然后对方程取 z 变换求全响应；一种是分别求零输入响应 $y_x(n)$ 和零状态响应 $y_f(n)$，$y_x(n)$ 用时域法，$y_f(n)$ 用变换法。

解：（1）用时域法求 $y_x(n)$。$H(z)$ 的两个极点即为系统的特征根，易知为 1 和 3。故
$$y_x(n)=C_1+C_2 3^n,\ n\geqslant 0$$
代入初始条件 $y(-1)=2$，$y(-2)=4/3$，得
$$\begin{cases}C_1+\dfrac{C_2}{3}=2\\[2mm]C_1+\dfrac{C_2}{3^2}=4/3\end{cases}\Rightarrow\begin{cases}C_1=1\\C_2=3\end{cases}$$

所以 $y_x(n)=3^{n+1}+1,\ n\geqslant 0$

（2）求 $y_f(n)$，用变换法。

设 $y_f(n)\leftrightarrow Y_f(z)$，$f(n)\leftrightarrow F(z)$，由已知，$F(z)=\dfrac{z}{z-2}$，则
$$Y_f(z)=F(z)H(z)=\frac{2z^2}{(z^2-4z+3)(z-2)}=\frac{z}{z-1}+\frac{-4z}{z-2}+\frac{3z}{z-3}$$

其逆变换即为 $y_f(n)$
$$y_f(n)=(1-2^{n+2}+3^{n+1})U(n)$$

（3）$y(n)=y_x(n)+y_f(n)=(2-2^{n+2}+6\cdot 3^n)U(n)$

基本练习题

6.1　根据定义求下列单边序列的 z 变换，画出其零、极点图，并注明收敛域。

（1）$f(n)=(-1)^n U(n)$　　　　　　　　（2）$f(n)=\cos\left(\dfrac{n\pi}{4}\right)U(n)$

（3）$f(n)=U(n)-U(n-2)$　　　　　　　（4）$f(n)=(0.5^n+4^n)U(n)$

6.2　试利用 z 变换的性质求下列信号的 z 变换。

（1）$f(n)=[1+(-1)^n]U(n)$　　　　　　（2）$f(n)=0.5^n U(n)+\delta(n-2)$

（3）$f(n)=\sin\omega n U(n)$　　　　　　　　（4）$f(n)=U(n)-U(n-2)+U(n-4)$

（5）$f(n)=0.5^n\cos\left(\dfrac{n\pi}{2}\right)U(n)$　　　　（6）$f(n)=2^n e^{-3n}U(n)$

（7）$f(n)=3^n e^{-2n}\sin\omega n U(n)$　　　　（8）$f(n)=\cos\left(\dfrac{n\pi}{2}+\dfrac{\pi}{4}\right)U(n)$

6.3　已知信号 $f(n)$ 的单边 z 变换 $F(z)$ 如下，试求 $f(n)$ 的初值 $f(0)$ 和终值 $f(\infty)$。

（1）$F(z)=\dfrac{z^2}{z^2+0.5^2}$　　　（2）$F(z)=\dfrac{z^2+z+1}{z^2-z-2}$　　　（3）$F(z)=\dfrac{2z^2+2z+2}{2z^2-z-1}$

（4）$F(z)=\dfrac{2z^2}{2z^2-3z+1}$　　（5）$F(z)=\dfrac{z^{N+1}}{(z-1)(z-0.5)^N}$　　（6）$F(z)=\dfrac{z^2+z+1}{z^2-3z+2}$

（7）$F(z)=\dfrac{z}{6z^2-z-1}$　　（8）$F(z)=\dfrac{2z-1}{z^2-z-6}$

6.4　求下列单边 z 变换所对应的序列 $f(n)$。

（1）$F(z)=\dfrac{z^2}{z^2-z-2}$　　　（2）$F(z)=\dfrac{-5z}{(4z-1)(3z-2)}$　　　（3）$F(z)=\dfrac{2z^2-3z+1}{z^2-4z-5}$

（4）$F(z)=\dfrac{4z}{(z-1)^2(z+1)}$　　（5）$F(z)=\dfrac{2z^3+4z^2+2}{2z^3-3z^2+z}$　　　（6）$F(z)=\dfrac{z^{-1}}{(1-6z^{-1})^2}$

6.5　已知因果序列的 z 变换如下，求所对应的序列 $f(n)$。

（1）$F(z)=\dfrac{4z^2-2z}{4z^2-1}$　　　（2）$F(z)=\dfrac{4z^3+7z^2+3z+1}{2z^3+2z^2+2z}$　　　（3）$F(z)=\dfrac{z^3+6}{z^3+z^2+4z+4}$

（4）$F(z)=\dfrac{z^2+2z}{(z-2)^3}$　　　（5）$F(z)=z^{-1}+2z^{-3}+4z^{-5}$　　　（6）$F(z)=\dfrac{z^3}{(z-0.5)^2(z-1)}$

6.6　求下列系统的全响应并指出零输入和零状态响应。

（1）$y(n+2)-3y(n+1)+2y(n)=U(n+1)-2U(n)$，　$y_x(0)=y_x(1)=1$

（2）$y(n+2)+y(n+1)-6y(n)=4^{n+1}U(n+1)$，　$y_x(0)=0$，　$y_x(1)=1$

（3）$y(n)+2y(n-1)=(3n+4)U(n)$，　$y(-1)=-1$

（4）$y(n+2)-5y(n+1)+6y(n)=U(n)$，　$y_x(0)=1$，　$y_x(1)=5$

6.7　已知某离散时间 LTI 系统的单位序列响应为 $h(n)=(0.5)^n U(n)$，求下列信号输入时系统的响应 $y(n)$。

（1）$f(n)=\left(\dfrac{3}{4}\right)^n U(n)$　　（2）$f(n)=(n+1)\left(\dfrac{1}{4}\right)^n U(n)$　　（3）$f(n)=(-1)^n U(n)$

6.8　已知系统函数 $H(z)$ 及激励信号 $f(n)$ 如下，求系统的零状态响应。

（1）$H(z)=\dfrac{1}{z^2+3z+2}$，　$f(n)=3^n U(n)$；　　（2）$H(z)=\dfrac{2}{2+z^{-1}-z^{-2}}$，　$f(n)=9(2)^n U(n)$

（3）$H(z)=\dfrac{z}{z^2+z+1}$，　$f(n)=3U(n)$；　　（4）$H(z)=\dfrac{1+2z^{-2}}{1-z^{-1}-2z^{-2}}$，　$f(n)=U(n)$

6.9　离散时间 LTI 因果系统的框图如习图 6-1 所示，求：

（1）系统函数 $H(z)$；　　（2）系统单位样值响应 $h(n)$；

（3）系统单位阶跃响应 $g(n)$。

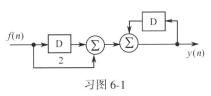

习图 6-1

6.10　已知离散时间 LTI 系统的单位阶跃响应为 $g(n)=\left[2-\left(\dfrac{1}{2}\right)^n+\left(-\dfrac{3}{2}\right)^n\right]U(n)$，求该系统的系统函数 $H(z)$ 和单位样值响应 $h(n)$。

6.11　若一离散时间 LTI 系统对输入信号 $f(n)=\left(\dfrac{1}{2}\right)^n U(n)-\dfrac{1}{4}\left(\dfrac{1}{2}\right)^{n-1}U(n-1)$，所产生的响应为 $y(n)=\left(\dfrac{1}{3}\right)^n U(n)$，求该系统的差分方程及单位样值响应 $h(n)$。

6.12　若一离散时间 LTI 系统对输入信号 $f(n)=(n+2)\left(\dfrac{1}{2}\right)^n U(n)$，所产生的响应为 $y(n)=\left(\dfrac{1}{4}\right)^n U(n)$，求为使系统的输出为 $y(n)=\delta(n)-\left(-\dfrac{1}{2}\right)^n U(n)$，系统的输入 $f(n)$。

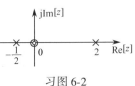

习图 6-2

6.13　已知某离散时间 LTI 因果系统的零、极点图如习图 6-2 所示，且系统

198

的 $H(\infty)=2$,求:

  (1) 系统函数 $H(z)$； (2) 系统的单位样值响应 $h(n)$； (3) 系统的差分方程；

  (4) 若已知激励为 $f(n)$ 时,系统的零状态响应为 $y(n)=2^{n}U(n)$,求 $f(n)$。

  6.14 某 LTI 因果离散系统框图如习图 6-3 所示,问当 K 为何值时系统稳定?

  6.15 一离散因果 LTI 系统的系统框图如习图 6-4 所示,问当 K 为何值时系统稳定?

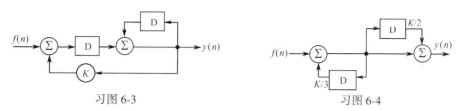

习图 6-3   习图 6-4

  6.16 已知某离散因果 LTI 系统的差分方程为

$$2y(n)-(K-1)y(n-1)+y(n-2)=f(n)+3f(n-1)+2f(n-2)$$

求系统的稳定条件。

综合练习题

  6.17 已知离散时间信号 $f(n)$ 的 z 变换为 $F(z)$,且

  (1) $f(n)$ 是实的因果序列；   (2) $F(z)$ 只有两个极点,其中之一为 $z=0.5\mathrm{e}^{\mathrm{j}\frac{\pi}{3}}$；

  (3) $F(z)$ 在原点有二阶零点； (4) $F(1)=8/3$；

试求 $F(z)$ 并指出其收敛域。

  6.18 离散时间 LTI 系统的框图如习图 6-5 所示,求:

  (1) 系统函数 $H(z)$； (2) 系统单位样值响应 $h(n)$； (3) 系统单位阶跃响应 $g(n)$。

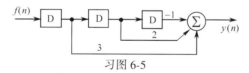

习图 6-5

  6.19 已知描述 LTI 因果离散系统的差分方程为

$$y_1(n)=f(n)+y_2(n)，\quad y_2(n)=-5y_1(n-1)-6y_1(n-2)，\quad y(n)=y_1(n)+y_1(n-1)$$

  (1) 求系统函数 $H(z)$； (2) 求系统的差分方程； (3) 求系统的单位样值响应 $h(n)$；

  (4) 求当激励为 $f(n)=(0.5^{n}+0.25^{n})U(n)$ 时,系统的零状态响应 $y_f(n)$。

  6.20 一 LTI 因果离散系统的系统框图如习图 6-6 所示,求

  (1) 系统函数 $H(z)$； (2) 系统的差分方程；

  (3) 系统的单位样值响应 $h(n)$；

  (4) 若已知激励为 $f(n)=\delta(n)+0.5^{n}U(n)$ 时,求系统的零状态

响应 $y_f(n)$。

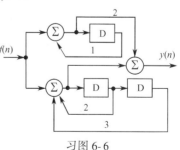

  6.21 已知某离散时间 LTI 因果系统的零、极点图如习图 6-7 所示,且系统的 $H(\infty)=4$。

  (1) 求系统函数 $H(z)$； (2) 求系统的单位样值响应 $h(n)$；

  (3) 求系统的差分方程；

习图 6-6

  (4) 若已知激励为 $f(n)$ 时,系统的零状态响应为 $y(n)=0.5^{n}U(n)$,求 $f(n)$。

  6.22 已知某因果离散 LTI 反馈系统框图如习图 6-8 所示,其中 $H_1(z)=\dfrac{2}{2-z^{-1}}$, $H_2(z)=1-Kz^{-1}$,求使系统

稳定的 K 的取值范围。

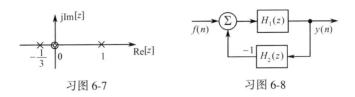

习图 6-7   习图 6-8

6.23 已知 LTI 因果离散系统的差分方程为

$$y(n)-\frac{\sqrt{2}}{2}y(n-1)+\frac{1}{4}y(n-2)=f(n)-f(n-1)$$

（1）求系统的频率响应 $H(e^{j\omega})$；

（2）若输入为 $f(n)=(-1)^n$，$(-\infty<n<\infty)$，求系统输出 $y(n)$；

（3）若输入为 $f(n)=(-1)^n U(n)$，求系统输出 $y(n)$。

6.24 已知 LTI 离散系统的差分方程为

$$y(n)+0.5y(n-1)=f(n)+2f(n-1)$$

求当激励为 $f(n)=\cos\left(\frac{n\pi}{2}\right)$ 时，系统的稳态响应 $y_{ss}(n)$。

6.25 已知 LTI 因果离散系统的系统函数 $H(z)=\dfrac{2z(z-2)}{8z^2+2z-1}$，求当激励为 $f(n)=16\sin\left(\dfrac{n\pi}{6}\right)$ 时，系统的稳态响应 $y_{ss}(n)$。

6.26 已知一阶因果离散系统的系统框图如习图 6-9 所示，求：

（1）系统的差分方程； （2）若系统激励为 $f(n)=U(n)+\cos\left(\dfrac{n\pi}{6}\right)+\cos(n\pi)$，求稳态响应。

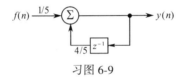

习图 6-9

上机练习

6.1 利用 residuez 函数，求 $F(z)=\dfrac{2z^4+16z^3+44z^2+56z+32}{3z^4+3z^3-15z^2+18z-12}$ 的逆变换。

6.2 已知离散系统的系统函数为 $H(z)=\dfrac{z(2z+1)}{2z^2+z-3}$，系统输入为 $f(n)=0.5^n U(n)$，$y(-1)=1$，$y(-2)=2$，试用 filter 函数求系统的零输入响应、零状态响应和全响应。

6.3 分别用 impz 函数和 filter 函数，求系统 $H(z)=\dfrac{z^2}{z^2+2z+2}$ 的单位样值响应，比较两种方法所得的结果，求系统的频率响应，画出 $0\sim 2\pi$ 之间的幅频响应。

6.4 一个离散系统的 5 个零点为 $z=-0.7\pm j0.5$，$z=-0.8\pm j0.15$ 和 $z=-0.85$，其 6 个极点为 $z=0.8$，$z=0.7$，$z=0.75\pm j0.2$ 和 $z=0.85\pm j0.4$。系统的直流增益为 0.9。

（1）求系统的系统函数；

（2）画出系统函数的零、极点图，判断系统是否稳定；

（3）画出系统的幅频响应和相频响应。

第7章　系统的状态变量分析

【内容提要】　本章首先介绍系统的信号流图,讨论用信号流图描述系统,以及用信号流图模拟系统的方法。之后介绍系统的另一分析方法——状态变量分析法,主要讨论状态变量方程和输出方程的建立和求解。

【思政小课堂】　见二维码7。

二维码7

7.1　系统的信号流图

7.1.1　信号流图

对于系统的描述方法,在第1章中已经讨论过了。连续系统和离散系统都可以用模拟框图来描述,即由一些模拟器件组成,如加法器、乘法器、积分器、延迟单元等。在研究了系统的复频域和z域分析之后,系统的模拟框图除了时域形式之外,还有复频域框图(连续系统)和z域框图(离散系统)。图7-1所示为s域和z域中的模拟器件模型,图7-2是s域和z域系统模拟框图的例子。由模拟框图可以写出这两个系统的系统函数来。对图7-2(a)所示连续系统,设中间变量为$X(s)$,则有

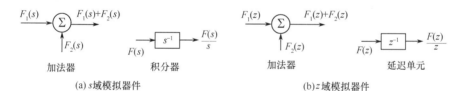

加法器　　　积分器　　　　　加法器　　　延迟单元

(a)s域模拟器件　　　　　　　　　　(b)z域模拟器件

图7-1　s域和z域模拟器件模型

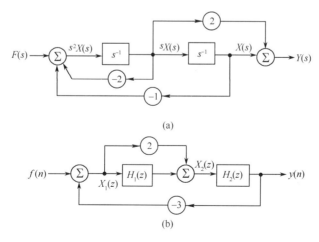

(a)

(b)

图7-2　s域和z域的模拟框图举例

$$s^2 X(s) = F(s) - 2sX(s) - X(s)$$
$$Y(s) = 2sX(s) + X(s)$$

联立以上两式可得
$$H(s) = \frac{Y(s)}{F(s)} = \frac{2s+1}{s^2+2s+1}$$

对图 7-2(b)所示离散系统,设中间变量为 $X_1(z)$ 和 $X_2(z)$,则有
$$X_1(z) = F(z) - 3Y(z)$$
$$X_2(z) = 2X_1(z) + X_1(z) \cdot H_1(z) = [2 + H_1(z)] X_1(z)$$
$$Y(z) = X_2(z) \cdot H_2(z)$$

联立以上三式可得
$$H(z) = \frac{Y(z)}{F(z)} = \frac{[2+H_1(z)] \cdot H_2(z)}{1+3[2+H_1(z)] \cdot H_2(z)}$$

可见,s 域或 z 域的模拟框图完全可以描述一个系统的系统函数,即可描述一个系统。这里也可看出,s 域和 z 域有很对偶的关系。

不过当一个系统比较复杂,如含多个子系统(如图 7-2(b)所示)并包含多个加法器时,模拟框图及由模拟框图写出系统函数就会变得很复杂。为了简化模拟框图,出现了线性系统的信号流图(signal flow graphs)表示与分析方法。信号流图是由美国麻省理工学院的梅森(Mason)于 20 世纪 50 年代提出的,它在系统的分析与设计中得到广泛应用。与模拟框图相比,信号流图方法更加简明清楚,系统函数的计算过程明显简化。此外,借助信号流图研究系统的状态变量分析也显示出许多优点,这将在本章的后续部分介绍。

系统的信号流图实际上是对 s 域或 z 域模拟框图的简化,用有方向的线段表示信号的传输路径,有向线段的起始点表示系统中变量或信号,将起点信号与终点信号之间的转移关系标注在有向线段箭头的上方。加法器省略掉并用一个节点表示。我们将图 7-2 所示的连续系统和离散系统的模拟框图转化为对应的信号流图,如图 7-3 所示。

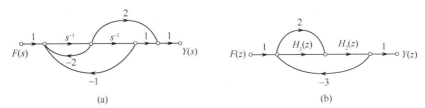

图 7-3　系统的信号流图

为了更好地研究信号流图,先给出以下一些术语以方便使用。

节点:表示信号或变量的点,同时具有加法器的功能。

源点:只有信号输出的节点,对应输入信号。

阱点:只有信号输入的节点,对应输出信号。

混合节点:既有信号输入,又有信号输出的节点。

支路:节点之间的有向线段,支路上的标注称为支路增益或转移函数。

通路:沿支路箭头方向通过各相连支路的途径,不允许逆箭头方向。

开通路:与任一节点相交不多于一次的通路。

前向通路:从源点到阱点方向的开通路。

环路:通路的终点就是起点,并且与任何其他节点相交不多于一次的闭合通路。

不接触环路:两环路之间没有任何公共节点。

前向通路增益:在前向通路中,各支路增益的乘积。

环路增益:在环路中各支路增益的乘积。

由图 7-3 可以总结几点信号流图的特性:

(1) 节点有加法器功能,并把和信号传送到所有输出支路。

(2) 支路表示了一个信号与另一个信号的函数关系,信号只能沿箭头方向流过。

(3) 给定一个系统,其信号流图形式不唯一。

(4) 连续系统的信号流图表示与分析方法同离散系统的完全一致,只是连续系统在 s 域中,积分器的增益用 s^{-1} 表示,系统函数用 $H(s)$ 表示;而离散系统在 z 域中,延迟单元的增益用 z^{-1} 表示,系统函数用 $H(z)$ 表示。所以下面所叙述的信号流图的相关内容均适用于连续和离散两种系统。

我们知道,有了模拟框图,就可以求出系统的系统函数。那么有了信号流图,同样可以求出系统的系统函数,这个过程可以用前面所用到的方法(称为方程法),但当系统复杂时,这种方法比较麻烦。下面介绍用梅森公式求系统函数的方法。

梅森公式的形式为
$$H = \frac{1}{\Delta} \sum_k g_k \Delta_k \tag{7-1}$$

式中:

(1) H 可以是 $H(s)$,也可以是 $H(z)$,所以只用 H 表示;

(2) Δ 称为信号流图的特征行列式,其定义为

$\Delta = 1 - ($所有不同环路的增益之和$) + ($每两个互不接触环路增益乘积之和$) - $
　　　　$($每三个互不接触环路增益乘积之和$) + \cdots$

$$= 1 - \sum_a L_a + \sum_{b,c} L_b L_c - \sum_{d,e,f} L_d L_e L_f + \cdots \tag{7-2}$$

(3) k 表示第 k 条前向通路的标号;

(4) g_k 为第 k 条前向通路增益;

(5) Δ_k 为第 k 条前向通路特征行列式的余子式。它是除去与第 k 条前向通路相接触的环路外,余下信号流图的特征行列式。

这里不对梅森公式进行证明,仅举出应用实例。

【例 7-1】　求图 7-4 所示系统的系统函数。

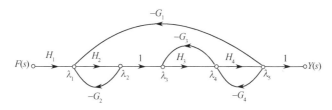

图 7-4　例 7-1 的信号流图

解:设信号流图中各个节点为 $\lambda_1 \sim \lambda_5$,如图 7-4 中所标注。

(1) 求流图的特征行列式。

环路　　　　　　　　$L_1: \lambda_1 \longrightarrow \lambda_2 \longrightarrow \lambda_1$,增益 $L_1 = -H_2 G_2$

　　　　　　　　　　$L_2: \lambda_3 \longrightarrow \lambda_4 \longrightarrow \lambda_3$,增益 $L_2 = -H_3 G_3$

　　　　　　　　　　$L_3: \lambda_4 \longrightarrow \lambda_5 \longrightarrow \lambda_4$,增益 $L_3 = -H_4 G_4$

$$L_4: \lambda_1 \longrightarrow \lambda_2 \longrightarrow \lambda_3 \longrightarrow \lambda_4 \longrightarrow \lambda_5 \longrightarrow \lambda_1, \text{ 增益 } L_4 = -H_2 H_3 H_4 G_1$$

其中 L_1 和 L_2，L_1 和 L_3 是不接触环路，所以

$$\Delta = 1 + (H_2 G_2 + H_3 G_3 + H_4 G_4 + H_2 H_3 H_4 G_1) + (H_2 G_2 H_3 G_3 + H_2 G_2 H_4 G_4)$$

（2）前向通路及增益。前向通路只有一条，其增益为 $g_1 = H_1 H_2 H_3 H_4$，相应的余子式为 $\Delta_1 = 1$。

（3）按梅森公式即得系统函数

$$H(s) = \frac{Y(s)}{F(s)} = \frac{H_1 H_2 H_3 H_4}{\Delta}$$

【例 7-2】 求图 7-5 信号流图的系统函数。

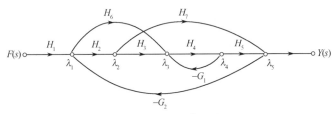

图 7-5 例 7-2 的信号流图

解：为了利用梅森公式求系统函数，先求出有关参数。

（1）求 Δ。求所有环路增益。从信流图中可以看出，共有以下 4 条环路

$$L_1: \lambda_3 \longrightarrow \lambda_4 \longrightarrow \lambda_3, \text{ 增益 } L_1 = -H_4 G_1$$

$$L_2: \lambda_2 \longrightarrow \lambda_5 \longrightarrow \lambda_1 \longrightarrow \lambda_2, \text{ 增益 } L_2 = -H_7 G_2 H_2$$

$$L_3: \lambda_1 \longrightarrow \lambda_3 \longrightarrow \lambda_4 \longrightarrow \lambda_5 \longrightarrow \lambda_1, \text{ 增益 } L_3 = -H_6 H_4 H_5 G_2$$

$$L_4: \lambda_1 \longrightarrow \lambda_2 \longrightarrow \lambda_3 \longrightarrow \lambda_4 \longrightarrow \lambda_5 \longrightarrow \lambda_1, \text{ 增益 } L_4 = -H_2 H_3 H_4 H_5 G_2$$

求两两不接触环路增益的乘积，只有 L_1 和 L_2 是不接触的环路，即 $L_1 L_2 = H_2 H_4 H_7 G_1 G_2$，由此得

$$\Delta = 1 + (H_4 G_1 + H_2 H_7 G_2 + H_4 H_5 H_6 G_2 + H_2 H_3 H_4 H_5 G_2) + H_2 H_4 H_7 G_1 G_2$$

（2）前向通路共 3 条：

第一条： $\lambda \longrightarrow \lambda_1 \longrightarrow \lambda_2 \longrightarrow \lambda_3 \longrightarrow \lambda_4 \longrightarrow \lambda_5$

$$g_1 = H_1 H_2 H_3 H_4 H_5$$

没有与第一条通路不接触的环路，所以 $\Delta_1 = 1$。

第二条： $\lambda \longrightarrow \lambda_1 \longrightarrow \lambda_3 \longrightarrow \lambda_4 \longrightarrow \lambda_5$

$$g_2 = H_1 H_6 H_4 H_5$$

没有与第二条通路不接触的环路，所以 $\Delta_2 = 1$。

第三条： $\lambda \longrightarrow \lambda_1 \longrightarrow \lambda_2 \longrightarrow \lambda_5$

$$g_3 = H_1 H_2 H_7$$

与第三条通路不接触的环路为 L_1，所以 $\Delta_3 = 1 + H_4 G_1$。

最后得到系统函数为

$$H(s) = \frac{Y(s)}{F(s)} = \frac{1}{\Delta} \sum_3 g_k \Delta_k$$

$$= \frac{H_1 H_2 H_3 H_4 H_5 + H_1 H_6 H_4 H_5 + H_1 H_2 H_7 (1 + H_4 G_1)}{1 + H_4 G_1 + H_2 H_7 G_2 + H_4 H_5 H_6 G_2 + H_2 H_3 H_4 H_5 G_2 + H_2 H_4 H_7 G_1 G_2}$$

7.1.2 系统的信号流图模拟

为了研究一个系统的特性,我们需要采用模拟手段,改变各种参数以观察系统特性的变化情况。这里的模拟是在数学意义上的,并非实验室的仿真系统,只是用一些积分器、加法器、标量乘法器、延迟单元等模拟器件组成模拟系统,与相应的物理系统没有什么直接关系,只是具有相同的系统数学模型和系统函数。在此,以梅森公式为基础,介绍系统的三种模拟形式。

1. 直接形式(卡尔曼形式)

若系统函数
$$H(s) = \frac{Y(s)}{F(s)} = \frac{s+b_0}{s^2+a_1s+a_0}$$

则可以表示为
$$H(s) = \frac{s^{-1}+b_0s^{-2}}{1+a_1s^{-1}+a_0s^{-2}}$$

根据梅森规则,从 $H(s)$ 的分母可得,系统有两个环路,增益分别是 $-a_1s^{-1}$ 和 $-a_0s^{-2}$,且是接触环路,也即系统的特征行列式 $\Delta = 1+a_1s^{-1}+a_0s^{-2}$;若从源点 $F(s)$ 到阱点 $Y(s)$ 有两条均与环路接触的前向通路,增益为 $g_1 = s^{-1}$,$g_2 = b_0s^{-2}$,那么该系统的系统函数正是 $H(s)$。按照这样的思路就可以画出该系统的直接形式模拟图,如图 7-6(a) 或图 7-6(b) 所示。

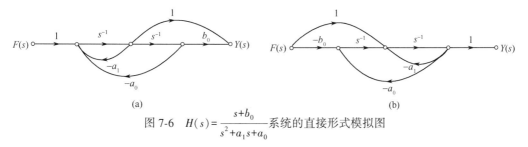

(a) (b)

图 7-6 $H(s) = \dfrac{s+b_0}{s^2+a_1s+a_0}$ 系统的直接形式模拟图

2. 串联形式(级联形式)

设
$$H(s) = \frac{s+2}{s^2+4s+3} = \frac{s+2}{s+3} \cdot \frac{1}{s+1} = \frac{1+2s^{-1}}{1+3s^{-1}} \cdot \frac{s^{-1}}{1+s^{-1}}$$

分别画出 $\dfrac{1+2s^{-1}}{1+3s^{-1}}$ 和 $\dfrac{s^{-1}}{1+s^{-1}}$ 的模拟图,再将二者串联起来,就得到系统的串联形式模拟图,如图 7-7(a),(b) 和 (c) 所示。

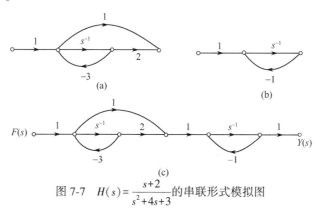

图 7-7 $H(s) = \dfrac{s+2}{s^2+4s+3}$ 的串联形式模拟图

可见,串联形式是将 $H(s)$ 表示为 $H(s)=H_1(s)H_2(s)\cdots H_n(s)$,分别画出各子系统的直接模拟图,再串联起来就是串联形式模拟图。

3. 并联形式

设
$$H(s)=\frac{s+2}{s^2+4s+3}$$

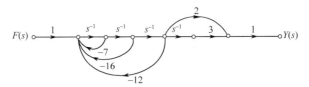

因为
$$H(s)=\frac{s+2}{s^2+4s+3}=\frac{\frac{1}{2}}{s+3}+\frac{\frac{1}{2}}{s+1}=\frac{\frac{1}{2}s^{-1}}{1+3s^{-1}}+\frac{\frac{1}{2}s^{-1}}{1+s^{-1}}$$

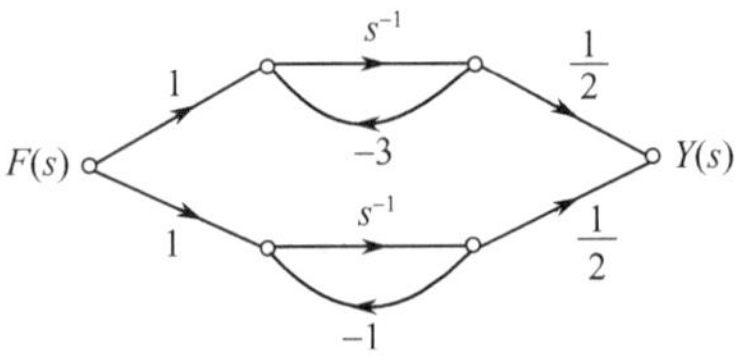

图 7-8　$H(s)=\dfrac{s+2}{s^2+4s+3}$

分别画两个子系统 $\dfrac{\frac{1}{2}s^{-1}}{1+3s^{-1}}$ 和 $\dfrac{\frac{1}{2}s^{-1}}{1+s^{-1}}$ 的信号流图,然后再并联

的并联形式模拟图

起来就得到 $H(s)$ 的并联形式模拟图,如图 7-8 所示。

可见,将 $H(s)$ 用部分分式展开为 $H(s)=H_1(s)+H_2(s)+\cdots+H_n(s)$,分别画各子系统的信号流图。然后再并联起来就得到 $H(s)$ 的并联形式模拟图。

【例 7-3】　已知某系统的 $H(s)=\dfrac{2s+3}{s(s+3)(s+2)^2}$,试画出系统的信号流图。

解:(1)直接形式。
$$H(s)=\frac{2s+3}{s^4+7s^3+16s^2+12s}=\frac{2s^{-3}+3s^{-4}}{1+7s^{-1}+16s^{-2}+12s^{-3}}$$

根据梅森公式,可令
$$\Delta=1-(-7s^{-1}-16s^{-2}-12s^{-3})$$
$$g_1=2s^{-3},\quad \Delta_1=1$$
$$g_2=3s^{-4},\quad \Delta_2=1$$

由此得信号流图如图 7-9 所示。

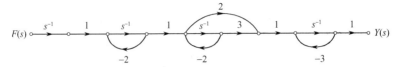

图 7-9　例 7-3 的直接形式信号流图

(2)串联形式。将 $H(s)$ 改写为如下形式
$$H(s)=\frac{2s+3}{s(s+3)(s+2)^2}=\frac{1}{s}\cdot\frac{1}{s+2}\cdot\frac{2s+3}{s+2}\cdot\frac{1}{s+3}$$
$$=H_1(s)H_2(s)H_3(s)H_4(s)$$

故串联形式信号流图如图 7-10 所示。

图 7-10　例 7-3 的串联形式信号流图

（3）并联形式。将 $H(s)$ 展开为部分分式，得

$$H(s)=\frac{1/4}{s}+\frac{1}{s+3}+\frac{1/2}{(s+2)^2}+\frac{-5/4}{s+2}=H_1(s)+H_2(s)+H_3(s)$$

故并联形式信号流图如图 7-11 所示。

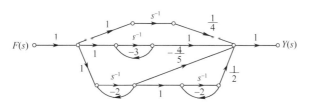

图 7-11　例 7-3 的并联形式信号流图

这里需要特别指出的是：在以上信号流图及系统模拟的讨论中，都是用复变量 s 讨论的。实际上，对于 z 域，以上讨论均是成立的。也就是说，若将复变量 s 换成 z，那么逐字逐句地重复以上讨论，就是对离散系统 $H(z)$ 的模拟，这里就不再重复了。

7.2　系统的状态变量分析

前几章系统地介绍了系统的时域分析法和变换域分析法，关心的是输入与输出的关系，是系统的整体性和外部特性，而系统用数学模型来描述，这种分析方法叫输入–输出法。但在一些情况下，我们研究的不仅是系统输出的变化，还要研究其内部一些变量的情况，例如研究系统内部某一特定元件所产生的瞬态响应，或想要对系统内部某些变量进行控制。除此之外，系统的输入和输出有时不仅限于单输入和单输出，会有多输入多输出的情况，这时用输入–输出法就难以解决问题。在这些情况下，我们就需要另外一种系统分析方法，即状态变量分析法。

状态变量分析法比输入–输出法具有明显优越性，它不仅可以描述系统的外部特性，也可以描述系统的内部特性；不仅适用于线性系统、时不变系统，也适用于非线性系统、时变系统；对多输入多输出系统的分析有效；其数学模型特别适宜于计算机进行数值计算。状态变量分析法内容丰富，涉及问题广泛，限于篇幅，本章只对这种分析方法的基本概念进行介绍，深入的研究有待后续其他课程中进行。

7.2.1　状态和状态变量

系统的状态是一个普通的概念，可以是一切自然系统和物理系统中的状态概念。在分析电路中，我们已经建立了状态这个概念。如一个串联 RC 电路，如图 7-12 所示。若以电容电压为变量，可以得到该系统的微分方程为

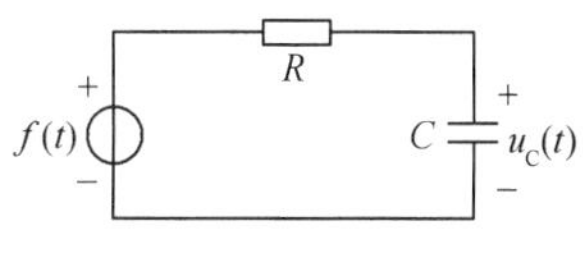

$$u_C'(t)+\frac{1}{RC}u_C(t)=\frac{1}{RC}f(t)$$

图 7-12　串联 RC 电路

在已知 $f(t)$ 时，要求出响应 $u_C(t)$，还要有另一个条件就是电路的初始状态 $u_C(0^-)$。因为电路中存在记忆元件，在 $t\geqslant t_0$ 时的输出不仅由输入决定，而且与电路的历史情况有

关。我们把表征系统状态的变量称为状态变量,电容电压和电感电流都可作为状态变量,因为二者都是记忆元件,即系统在某一瞬时 t_0 的状态,包括了关于该系统过去历史的所有内容。

所以,系统的状态是表示系统的一组最少数据。在 $t \geqslant t_0$ 时,当输入和 $t = t_0$ 这组数据已知时,就完全确定了 $t \geqslant t_0$ 时系统的状态。而将能够表示系统状态的那些变量称为状态变量,如电容的电压和电感的电流。对一个复杂系统,如果在 t_0 瞬间有几个初始状态,那么我们就说它有几个状态变量。

7.2.2 连续系统的状态方程和输出方程

设有一个多输入多输出的 LTI 连续系统如图 7-13 所示。若系统的状态变量为 $\lambda_1(t)$,
$\lambda_2(t),\cdots,\lambda_n(t)$,则系统在 t_0 瞬间的输出可以通过该时刻的输入和状态变量来决定。要求出状态变量变化的情况和响应的情况,需要建立两种方程组。第一种方程组说明状态变量和输入之间的关系,第二种方程组说明输出与状态变量以及输入的关系。前者称为状态(变量)方程,后者称为输出方程。该连续系统的状态方程的一般形式为

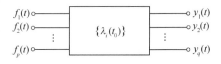

图 7-13 一个多输入多输出连续系统

$$
\left.
\begin{aligned}
\frac{\mathrm{d}\lambda_1(t)}{\mathrm{d}t} &= a_{11}\lambda_1(t) + a_{12}\lambda_2(t) + \cdots + a_{1n}\lambda_n(t) + b_{1}f_1(t) + b_{12}f_2(t) + \cdots + b_{1p}f_p(t) \\
\frac{\mathrm{d}\lambda_2(t)}{\mathrm{d}t} &= a_{21}\lambda_1(t) + a_{22}\lambda_2(t) + \cdots + a_{2n}\lambda_n(t) + b_{2}f_1(t) + b_{22}f_2(t) + \cdots + b_{2p}f_p(t) \\
&\qquad\qquad\qquad\qquad \vdots \\
\frac{\mathrm{d}\lambda_n(t)}{\mathrm{d}t} &= a_{n1}\lambda_1(t) + a_{n2}\lambda_2(t) + \cdots + a_{nn}\lambda_n(t) + b_{n}f_1(t) + b_{n2}f_2(t) + \cdots + b_{np}f_p(t)
\end{aligned}
\right\}
\tag{7-3}
$$

式中 a,b 是由系统参数组成的系数,对于 LTI 系统它们是常数;否则,它们是时间的函数。

将式(7-3)写成矩阵形式为(记 $\dot\lambda_i(t) = \dfrac{\mathrm{d}\lambda_i(t)}{\mathrm{d}t}$)

$$
\begin{bmatrix} \dot\lambda_1(t) \\ \dot\lambda_2(t) \\ \vdots \\ \dot\lambda_n(t) \end{bmatrix}
=
\begin{bmatrix}
a_{11} & a_{12} & \cdots & a_{1n} \\
a_{21} & a_{22} & \cdots & a_{2n} \\
\vdots & \vdots & \vdots & \vdots \\
a_{n1} & a_{n2} & \cdots & a_{nn}
\end{bmatrix}
\begin{bmatrix} \lambda_1(t) \\ \lambda_2(t) \\ \vdots \\ \lambda_n(t) \end{bmatrix}
+
\begin{bmatrix}
b_{11} & b_{12} & \cdots & b_{1p} \\
b_{21} & b_{22} & \cdots & b_{2p} \\
\vdots & \vdots & \vdots & \vdots \\
b_{n1} & b_{n2} & \cdots & b_{np}
\end{bmatrix}
\begin{bmatrix} f_1(t) \\ f_2(t) \\ \vdots \\ f_p(t) \end{bmatrix}
\tag{7-4}
$$

式(7-4)可简记为
$$\dot{\boldsymbol{\lambda}}(t) = \boldsymbol{A}\boldsymbol{\lambda}(t) + \boldsymbol{B}\boldsymbol{f}(t) \tag{7-5}$$

式中
$$\boldsymbol{\lambda}(t) \triangleq [\lambda_1(t) \quad \lambda_2(t) \quad \cdots \quad \lambda_n(t)]^{\mathrm{T}}$$

$$\dot{\boldsymbol{\lambda}}(t) \triangleq [\dot\lambda_1(t) \quad \dot\lambda_2(t) \quad \cdots \quad \dot\lambda_n(t)]^{\mathrm{T}}$$

$$\boldsymbol{f}(t) \triangleq [f_1(t) \quad f_2(t) \quad \cdots \quad f_p(t)]^{\mathrm{T}}$$

矩阵 $\boldsymbol{A}_{n \times n}$ 和 $\boldsymbol{B}_{n \times p}$ 是系数矩阵,对 LTI 系统,它们都是常数矩阵,其中 $\boldsymbol{A}$ 称为系统矩阵,$\boldsymbol{B}$ 称为控制矩阵。

同样,该系统的输出方程可写为

$$\begin{bmatrix} y_1(t) \\ y_2(t) \\ \vdots \\ y_q(t) \end{bmatrix} = \begin{bmatrix} c_{11} & c_{12} & \cdots & c_{1n} \\ c_{21} & c_{22} & \cdots & c_{2n} \\ \vdots & \vdots & \vdots & \vdots \\ c_{q1} & c_{q2} & \cdots & c_{qn} \end{bmatrix} \begin{bmatrix} \lambda_1(t) \\ \lambda_2(t) \\ \vdots \\ \lambda_n(t) \end{bmatrix} + \begin{bmatrix} d_{11} & d_{12} & \cdots & d_{1p} \\ d_{21} & d_{22} & \cdots & d_{2p} \\ \vdots & \vdots & \vdots & \vdots \\ d_{q1} & d_{q2} & \cdots & d_{qp} \end{bmatrix} \begin{bmatrix} f_1(t) \\ f_2(t) \\ \vdots \\ f_p(t) \end{bmatrix} \tag{7-6}$$

式(7-6)可简写为 $\qquad\qquad y(t) = C\lambda(t) + Df(t)$ （7-7）

式中 $\qquad\qquad y(t) \overset{\triangle}{=} \begin{bmatrix} y_1(t) & y_2(t) & \cdots & y_q(t) \end{bmatrix}^{\mathrm{T}}$

矩阵 $C_{q\times n}$ 和 $D_{q\times p}$ 是系数矩阵,其中 C 称为输出矩阵。

可见,连续系统的状态方程是一个以矢量为变量的一阶微分方程。我们知道,若系统具有 n 个状态变量,该系统就是 n 阶系统,而 n 阶系统的数学模型是 n 阶微分方程式。现在以状态矢量来描述,就是把求解 n 阶微分方程的问题转化为求联立的几个一阶微分方程的问题。而连续系统的输出方程通过状态变量矢量和输入矢量来表示,只要知道状态变量的变化规律,系统的输出就不难确定了。

7.2.3　连续系统状态方程和输出方程的建立

对于一个已知的系统,如何才能建立式(7-5)和式(7-7)形式的状态方程和输出方程呢? 下面就介绍几种方法。

1. 由电路图直接建立

为建立状态方程和输出方程,首先必须选定状态变量。给定系统电路图时,通常选电容两端电压和电感电流为状态变量。必须指出,这里所选定的每个状态变量都应当是独立的变量,即状态变量之间是线性无关的。具体来讲,就是选择独立的电容电压和独立的电感电流做为状态变量。如图 7-14 所示电路中,图(a)中只能选一个电容电压为状态变量,即只有一个独立的电容电压;图(b)中只能选两个电容电压为状态变量,即只有两个独立的电容电压。同理,如图 7-15 所示电路中,图(a)中只能选一个电感电流为状态变量,图(b)中只能选两个电感电流为状态变量。

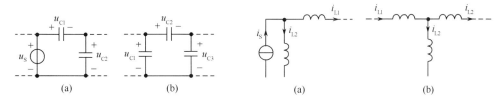

图 7-14　电容与电压源互连以及电容互连的回路　图 7-15　电感与电流源互连以及电感互连的节点

在选定关键的状态变量后,对电容列写 KCL 方程,对电感列写 KVL 方程,经过化简消去除状态变量之外的变量,整理成一般形式的状态方程和输出方程。

【例 7-4】　试列出图 7-16 所示系统的状态方程。

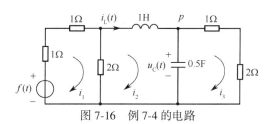

图 7-16　例 7-4 的电路

解：按照列写状态方程的步骤有：

（1）在网络中选取独立电容电压 $u_C(t)$ 和电感电流 $i_L(t)$ 为状态变量，如图 7-16 中所示（这里，状态变量就用 $u_C(t)$ 和 $i_L(t)$ 表示，不需要变成 $\lambda_1(t)$ 和 $\lambda_2(t)$）。

（2）列出 KCL 和 KVL 方程。设 3 个网孔电流分别为 i_1, i_2, i_3，如图 7-16 所示。列出 KVL（沿网孔 2）和 KCL（节点 p）为

$$L\frac{\mathrm{d}i_L(t)}{\mathrm{d}t} = -u_C(t) - 2(i_2 - i_1) = -u_C(t) - 2i_L(t) + 2i_1 \qquad ①$$

$$C\frac{\mathrm{d}u_C(t)}{\mathrm{d}t} = i_L(t) - i_3 \qquad ②$$

将 L, C 的值代入式①和式②，则有

$$\dot{i}_L(t) = -u_C(t) - 2i_L(t) + 2i_1 \qquad ③$$

$$\frac{1}{2}\dot{u}_C(t) = i_L(t) - i_3 \qquad ④$$

式中

$$\dot{i}_L(t) = \frac{\mathrm{d}i_L(t)}{\mathrm{d}t}, \qquad \dot{u}_C(t) = \frac{\mathrm{d}u_C(t)}{\mathrm{d}t}$$

（3）消去非状态变量 i_1 和 i_3，并整理。因为

$$f(t) = 4i_1 - 2i_L(t), \qquad u_C(t) = 3i_3$$

得出

$$i_1 = \frac{1}{2}i_L(t) + \frac{1}{4}f(t), \qquad i_3 = \frac{1}{3}u_C(t)$$

将 i_1, i_3 代入式③和式④，并整理得状态方程为

$$\begin{cases} \dot{i}_L(t) = -i_L(t) - u_C(t) + \dfrac{1}{2}f(t) \\ \dot{u}_C(t) = 2i_L(t) - \dfrac{2}{3}u_C(t) \end{cases}$$

或记为矩阵形式

$$\begin{bmatrix} \dot{i}_L(t) \\ \dot{u}_C(t) \end{bmatrix} = \begin{bmatrix} -1 & -1 \\ 2 & -\dfrac{2}{3} \end{bmatrix} \begin{bmatrix} i_L(t) \\ u_C(t) \end{bmatrix} + \begin{bmatrix} \dfrac{1}{2} \\ 0 \end{bmatrix} f(t)$$

【例 7-5】 写出图 7-17 所示网络的状态方程。

解：由网络可以分析，$u_s(t)$ 与 C_1, C_3 组成回路，故电容电压 $u_1(t), u_3(t)$ 中只能选取一个作为独立状态变量；图中也有只连接电流源 i_s 和 L_2, L_4 的节点，故电感电流 $i_2(t), i_4(t)$ 中只能选一个作为独立状态变量，所以图 7-17 中只有两个独立的状态变量。

选 $u_1(t)$ 和 $i_2(t)$ 为状态变量，并令

$$\left.\begin{array}{l} \lambda_1(t) = u_1(t) \\ \lambda_2(t) = i_2(t) \end{array}\right\} \qquad ①$$

为简便起见，经常略写变量中的 t。则 C_3 上的电压和 L_4 中的电流可写为

$$\left.\begin{array}{l} u_3(t) = u_3 = u_s - \lambda_1 \\ i_4(t) = i_4 = i_s + \lambda_2 \end{array}\right\} \qquad ②$$

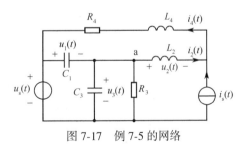

图 7-17 例 7-5 的网络

对于节点 a 和由 C_1, L_2, L_4, R_4 组成的回路,可列出方程为

$$\left.\begin{array}{c} C_1 \dfrac{\mathrm{d}\lambda_1}{\mathrm{d}t} = C_3 \dfrac{\mathrm{d}u_3}{\mathrm{d}t} + \dfrac{u_3}{R_3} + \lambda_2 \\[3mm] \lambda_1 + L_2 \dfrac{\mathrm{d}\lambda_2}{\mathrm{d}t} + L_4 \dfrac{\mathrm{d}i_4}{\mathrm{d}t} + R_4 i_4 = 0 \end{array}\right\} \qquad ③$$

将式②代入式③得

$$\left.\begin{array}{c} C_1 \dfrac{\mathrm{d}\lambda_1}{\mathrm{d}t} = C_3 \dfrac{\mathrm{d}u_s}{\mathrm{d}t} - C_3 \dfrac{\mathrm{d}\lambda_1}{\mathrm{d}t} + \dfrac{u_s}{R_3} - \dfrac{\lambda_1}{R_3} + \lambda_2 \\[3mm] \lambda_1 + L_2 \dfrac{\mathrm{d}\lambda_2}{\mathrm{d}t} + L_4 \dfrac{\mathrm{d}i_s}{\mathrm{d}t} + L_4 \dfrac{\mathrm{d}\lambda_2}{\mathrm{d}t} + R_4 i_s + R_4 \lambda_2 = 0 \end{array}\right\} \qquad ④$$

将式④加以整理,就可写成标准的状态方程为

$$\begin{bmatrix} \dot{\lambda}_1 \\ \dot{\lambda}_2 \end{bmatrix} = \begin{bmatrix} \dfrac{-1}{R_3(C_1+C_3)} & \dfrac{1}{(C_1+C_3)} \\[3mm] \dfrac{-1}{L_2+L_4} & \dfrac{-R_4}{L_2+L_4} \end{bmatrix} \begin{bmatrix} \lambda_1 \\ \lambda_2 \end{bmatrix} + \begin{bmatrix} \dfrac{1}{R_3(C_1+C_3)} & 0 \\[3mm] 0 & \dfrac{-R_4}{L_2+L_4} \end{bmatrix} \begin{bmatrix} u_s \\ i_s \end{bmatrix} + \begin{bmatrix} \dfrac{C_3}{C_1+C_3} & 0 \\[3mm] 0 & \dfrac{-L_4}{L_2+L_4} \end{bmatrix} \begin{bmatrix} \dfrac{\mathrm{d}u_s}{\mathrm{d}t} \\[3mm] \dfrac{\mathrm{d}i_s}{\mathrm{d}t} \end{bmatrix}$$

由于 u_s 和 i_s 是已知的,所以 $\dfrac{\mathrm{d}u_s}{\mathrm{d}t}$ 和 $\dfrac{\mathrm{d}i_s}{\mathrm{d}t}$ 也是已知函数。

2. 由系统模拟框图或信号流图建立

要建立状态方程和输出方程,首先要选定状态变量。给定系统的模拟框图或信号流图时,通常选取积分器的输出为状态变量,则系统中有几个积分器,就有几个状态变量。然后根据信号之间的关系列写出状态方程和输出方程。

【例 7-6】 列写图 7-18 所示系统的状态方程和输出方程。

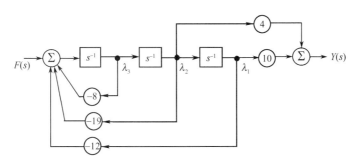

图 7-18 例 7-6 的图

解:选取各积分器的输出为状态变量 $\lambda_1(t), \lambda_2(t), \lambda_3(t)$,如图 7-18 中所示(以下省略变量中的 t),则有

$$\dot{\lambda}_1 = \lambda_2$$
$$\dot{\lambda}_2 = \lambda_3$$
$$\dot{\lambda}_3 = -12\lambda_1 - 19\lambda_2 - 8\lambda_3 + f(t)$$
$$y(t) = 10\lambda_1 + 4\lambda_2$$

写成标准形式的状态方程和输出方程为

$$\begin{bmatrix} \dot{\lambda}_1 \\ \dot{\lambda}_2 \\ \dot{\lambda}_3 \end{bmatrix} = \begin{bmatrix} 0 & 1 & 0 \\ 0 & 0 & 1 \\ -12 & -19 & -8 \end{bmatrix} \begin{bmatrix} \lambda_1 \\ \lambda_2 \\ \lambda_3 \end{bmatrix} + \begin{bmatrix} 0 \\ 0 \\ 1 \end{bmatrix} f(t)$$

$$y(t) = \begin{bmatrix} 10 & 4 & 0 \end{bmatrix} \begin{bmatrix} \lambda_1 \\ \lambda_2 \\ \lambda_3 \end{bmatrix}$$

【例 7-7】 已知某系统的系统函数 $H(s) = \dfrac{s+4}{s^3+6s^2+11s+6}$，编写出该系统的状态方程和输出方程。

解：首先由系统函数 $H(s)$ 画出它的信号流图。我们知道，信号流图一般有三种形式：直接形式、串联形式和并联形式。采取不同的形式，写出来的状态方程形式也不同。下面分别用这三种形式的信号流图编写它们相应的状态方程。

（1）直接形式。由 $H(s)$ 画出直接形式的信号流图如图 7-19 所示。

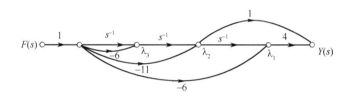

图 7-19　例 7-7 中 $H(s)$ 的直接形式信号流图

选取积分器输出作为状态变量 $\lambda_1(t)$，$\lambda_2(t)$，$\lambda_3(t)$，如图 7-19 所示。以下仍省略变量中的 t，则有

$$\dot{\lambda}_1 = \lambda_2$$

$$\dot{\lambda}_2 = \lambda_3$$

$$\dot{\lambda}_3 = -6\lambda_1 - 11\lambda_2 - 6\lambda_3 + f(t)$$

$$y(t) = 4\lambda_1 + \lambda_2$$

写成状态方程、输出方程的标准形式为

$$\begin{bmatrix} \dot{\lambda}_1 \\ \dot{\lambda}_2 \\ \dot{\lambda}_3 \end{bmatrix} = \begin{bmatrix} 0 & 1 & 0 \\ 0 & 0 & 1 \\ -6 & -11 & -6 \end{bmatrix} \begin{bmatrix} \lambda_1 \\ \lambda_2 \\ \lambda_3 \end{bmatrix} + \begin{bmatrix} 0 \\ 0 \\ 1 \end{bmatrix} f(t)$$

$$y(t) = \begin{bmatrix} 4 & 1 & 0 \end{bmatrix} \begin{bmatrix} \lambda_1 \\ \lambda_2 \\ \lambda_3 \end{bmatrix}$$

（2）串联形式。系统函数 $H(s)$ 可以变形为

$$H(s) = \frac{s+4}{(s+1)(s+2)(s+3)} = \frac{1}{s+1} \cdot \frac{s+4}{s+2} \cdot \frac{1}{s+3}$$

画出 $H(s)$ 的串联形式的信号流图如图 7-20 所示。

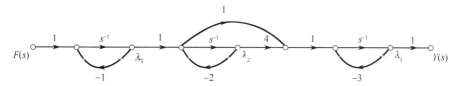

图 7-20　例 7-7 中 $H(s)$ 的串联形式信号流图

选取积分器输出为状态变量 $\lambda_1, \lambda_2, \lambda_3$，则有

$$\dot{\lambda}_1 = -3\lambda_1 + 4\lambda_2 + (\lambda_3 - 2\lambda_2) = -3\lambda_1 + 2\lambda_2 + \lambda_3$$

$$\dot{\lambda}_2 = -2\lambda_2 + \lambda_3$$

$$\dot{\lambda}_3 = -\lambda_3 + f(t)$$

$$y(t) = \lambda_1$$

写成状态方程和输出方程的标准形式为

$$\begin{bmatrix} \dot{\lambda}_1 \\ \dot{\lambda}_2 \\ \dot{\lambda}_3 \end{bmatrix} = \begin{bmatrix} -3 & 2 & 1 \\ 0 & -2 & 1 \\ 0 & 0 & -1 \end{bmatrix} \begin{bmatrix} \lambda_1 \\ \lambda_2 \\ \lambda_3 \end{bmatrix} + \begin{bmatrix} 0 \\ 0 \\ 1 \end{bmatrix} f(t)$$

$$y(t) = \begin{bmatrix} 1 & 0 & 0 \end{bmatrix} \begin{bmatrix} \lambda_1 \\ \lambda_2 \\ \lambda_3 \end{bmatrix}$$

（3）并联方式。将 $H(s)$ 改写为

$$H(s) = \frac{s+4}{(s+1)(s+2)(s+3)} = \frac{3/2}{s+1} + \frac{-2}{s+2} + \frac{1/2}{s+3}$$

画出 $H(s)$ 的并联形式信号流图如图 7-21 所示。

选取积分器的输出端为状态变量 $\lambda_1, \lambda_2, \lambda_3$，如图 7-21 中所示。则有

$$\dot{\lambda}_1 = -\lambda_1 + f(t)$$

$$\dot{\lambda}_2 = -2\lambda_2 + f(t)$$

$$\dot{\lambda}_3 = -3\lambda_3 + f(t)$$

$$y(t) = \frac{3}{2}\lambda_1 - 2\lambda_2 + \frac{1}{2}\lambda_3$$

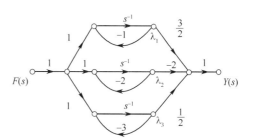

图 7-21　例 7-7 中 $H(s)$ 的并联形式信号流图

写成状态方程和输出方程的标准形式为

$$\begin{bmatrix} \dot{\lambda}_1 \\ \dot{\lambda}_2 \\ \dot{\lambda}_3 \end{bmatrix} = \begin{bmatrix} -1 & 0 & 0 \\ 0 & -2 & 0 \\ 0 & 0 & -3 \end{bmatrix} \begin{bmatrix} \lambda_1 \\ \lambda_2 \\ \lambda_3 \end{bmatrix} + \begin{bmatrix} 1 \\ 1 \\ 1 \end{bmatrix} f(t)$$

$$y(t) = \begin{bmatrix} \dfrac{3}{2} & -2 & \dfrac{1}{2} \end{bmatrix} \begin{bmatrix} \lambda_1 \\ \lambda_2 \\ \lambda_3 \end{bmatrix}$$

由上例可知,系统的信号流图不唯一,系统的状态方程也不唯一。

7.2.4 连续系统状态方程和输出方程的求解

状态方程和输出方程的求解,可以在时域进行,也可以在复频域进行。由于复频域的解法比较简便,所以下面只讨论复频域解法,关于时域解法读者可参阅相关文献。

1. 连续系统状态方程的复频域解法

若给定 n 阶系统的状态方程为

$$\dot{\boldsymbol{\lambda}}(t) = \boldsymbol{A}\boldsymbol{\lambda}(t) + \boldsymbol{B}f(t)$$

式中,$\dot{\boldsymbol{\lambda}}(t)$,$\boldsymbol{\lambda}(t)$,$f(t)$ 都是矢量。并设 $\boldsymbol{\lambda}(t) \leftrightarrow \boldsymbol{\Lambda}(s)$,$f(t) \leftrightarrow F(s)$,起始条件 $\boldsymbol{\lambda}(0^-) = [\lambda_1(0^-) \ \lambda_2(0^-) \ \cdots \ \lambda_n(0^-)]^{\mathrm{T}}$,对状态方程两边取拉氏变换有

$$s\boldsymbol{\Lambda}(s) - \boldsymbol{\lambda}(0^-) = \boldsymbol{A}\boldsymbol{\Lambda}(s) + \boldsymbol{B}F(s) \tag{7-8}$$

整理得
$$\boldsymbol{\Lambda}(s) = (s\boldsymbol{I} - \boldsymbol{A})^{-1}\boldsymbol{\lambda}(0^-) + (s\boldsymbol{I} - \boldsymbol{A})^{-1}\boldsymbol{B}F(s) \tag{7-9}$$
式中,$\boldsymbol{I}$ 为单位矩阵。

若令 $\boldsymbol{\Phi}(s) = (s\boldsymbol{I} - \boldsymbol{A})^{-1}$,称为系统的特征矩阵,则式(7-9)为
$$\boldsymbol{\Lambda}(s) = \boldsymbol{\Phi}(s)\boldsymbol{\lambda}(0^-) + \boldsymbol{\Phi}(s)\boldsymbol{B}F(s) \tag{7-10}$$
将式(7-10)取拉氏逆变换就得到状态变量的时域表达式为
$$\boldsymbol{\lambda}(t) = \mathscr{L}^{-1}[\boldsymbol{\Phi}(s)\boldsymbol{\lambda}(0^-)] + \mathscr{L}^{-1}[\boldsymbol{\Phi}(s)\boldsymbol{B}F(s)] \tag{7-11}$$

【例7-8】 设某系统的状态方程为

$$\begin{bmatrix} \dot{\lambda}_1(t) \\ \dot{\lambda}_2(t) \end{bmatrix} = \begin{bmatrix} -12 & \dfrac{2}{3} \\ -36 & -1 \end{bmatrix} \begin{bmatrix} \lambda_1(t) \\ \lambda_2(t) \end{bmatrix} + \begin{bmatrix} \dfrac{1}{3} \\ 1 \end{bmatrix} U(t)$$

初始条件为 $\lambda_1(0^-) = 2$,$\lambda_2(0^-) = 1$,试求解该系统的状态方程。

解:由于 $\quad s\boldsymbol{I} - \boldsymbol{A} = s\begin{bmatrix} 1 & 0 \\ 0 & 1 \end{bmatrix} - \begin{bmatrix} -12 & 2/3 \\ -36 & -1 \end{bmatrix} = \begin{bmatrix} s+12 & -2/3 \\ 36 & s+1 \end{bmatrix}$

得系统的特征矩阵为

$$\boldsymbol{\Phi}(s) = (s\boldsymbol{I} - \boldsymbol{A})^{-1} = \begin{bmatrix} \dfrac{s+1}{(s+4)(s+9)} & \dfrac{2/3}{(s+4)(s+9)} \\ \dfrac{-36}{(s+4)(s+9)} & \dfrac{s+12}{(s+4)(s+9)} \end{bmatrix}$$

初始条件为 $\quad\quad\quad\quad\quad\quad \boldsymbol{\lambda}(0^-) = \begin{bmatrix} 2 \\ 1 \end{bmatrix}$

又 $F(s) = 1/s$,所以有

$$\boldsymbol{B}F(s) = \begin{bmatrix} 1/3 \\ 1 \end{bmatrix}\dfrac{1}{s} = \begin{bmatrix} 1/(3s) \\ 1/s \end{bmatrix}$$

$$\boldsymbol{\lambda}(0^-)+\boldsymbol{B}\boldsymbol{F}(s)=\begin{bmatrix}\dfrac{6s+1}{3s}\\[2mm]\dfrac{s+1}{s}\end{bmatrix}$$

将上面计算结果代入式(7-9)中得

$$\boldsymbol{\Lambda}(s)=\boldsymbol{\Phi}(s)\big[\boldsymbol{\lambda}(0^-)+\boldsymbol{B}\boldsymbol{F}(s)\big]=\begin{bmatrix}\dfrac{2s^2+3s+1}{s(s+4)(s+9)}\\[3mm]\dfrac{s-59}{(s+4)(s+9)}\end{bmatrix}$$

经拉氏逆变换,可得状态变量的时域表达式为

$$\begin{bmatrix}\lambda_1(t)\\[2mm]\lambda_2(t)\end{bmatrix}=\begin{bmatrix}\left(\dfrac{1}{36}-\dfrac{21}{20}e^{-4t}+\dfrac{136}{45}e^{-9t}\right)U(t)\\[3mm]\left(-\dfrac{63}{5}e^{-4t}+\dfrac{68}{5}e^{-9t}\right)U(t)\end{bmatrix}$$

2. 连续系统输出方程的复频域解法

与状态方程复频域解法相类似,将式(7-7)的 n 阶系统的输出方程两边取拉氏变换得

$$\boldsymbol{Y}(s)=\boldsymbol{C}\boldsymbol{\Lambda}(s)+\boldsymbol{D}\boldsymbol{F}(s) \tag{7-12}$$

式中, $\boldsymbol{y}(t)\leftrightarrow\boldsymbol{Y}(s)$, $\boldsymbol{\lambda}(t)\leftrightarrow\boldsymbol{\Lambda}(s)$, $\boldsymbol{f}(t)\leftrightarrow\boldsymbol{F}(s)$ 。将式(7-10)代入上式得

$$\boldsymbol{Y}(s)=\boldsymbol{C}\boldsymbol{\Phi}(s)\boldsymbol{\lambda}(0^-)+\big[\boldsymbol{C}\boldsymbol{\Phi}(s)\boldsymbol{B}+\boldsymbol{D}\big]\boldsymbol{F}(s) \tag{7-13}$$

对上式取拉氏逆变换可得响应的时域表达式为

$$y(t)=\boldsymbol{C}\,\mathscr{L}^{-1}\big[\boldsymbol{\Phi}(s)\boldsymbol{\lambda}(0^-)\big]+\big\{\boldsymbol{C}\mathscr{L}^{-1}\big[\boldsymbol{\Phi}(s)\boldsymbol{B}\big]+\boldsymbol{D}\boldsymbol{\delta}(t)\big\}*\mathscr{L}^{-1}\big[\boldsymbol{F}(s)\big] \tag{7-14}$$

式中, $\boldsymbol{\delta}(t)$ 为单位冲激函数矩阵,其定义为

$$\boldsymbol{\delta}(t)=\begin{bmatrix}\delta(t)&0&\cdots&0\\0&\delta(t)&\cdots&0\\0&0&\cdots&\delta(t)\end{bmatrix} \tag{7-15}$$

由式(7-14)可见,系统的响应由两部分组成,第一部分是零输入响应,第二部分是零状态响应。

【例7-9】 某系统的状态方程和输出方程为

$$\begin{bmatrix}\dot{\lambda}_1(t)\\[1mm]\dot{\lambda}_2(t)\end{bmatrix}=\begin{bmatrix}1&0\\1&-3\end{bmatrix}\begin{bmatrix}\lambda_1(t)\\[1mm]\lambda_2(t)\end{bmatrix}+\begin{bmatrix}1\\0\end{bmatrix}U(t)$$

$$y(t)=\begin{bmatrix}-\dfrac{1}{4}&1\end{bmatrix}\begin{bmatrix}\lambda_1(t)\\[1mm]\lambda_2(t)\end{bmatrix}$$

起始条件为 $\lambda_1(0^-)=1$, $\lambda_2(0^-)=2$,求该系统的响应 $y(t)$ 。

解: 因为 $s\boldsymbol{I}-\boldsymbol{A}=s\begin{bmatrix}1&0\\0&1\end{bmatrix}-\begin{bmatrix}1&0\\1&-3\end{bmatrix}=\begin{bmatrix}s-1&0\\-1&s+3\end{bmatrix}$

则 $\boldsymbol{\Phi}(s)=(s\boldsymbol{I}-\boldsymbol{A})^{-1}\begin{bmatrix}\dfrac{1}{s-1}&0\\[3mm]\dfrac{1}{(s-1)(s+3)}&\dfrac{1}{s+3}\end{bmatrix}$

将 $\boldsymbol{\Phi}(s)$ 和已知条件代入式(7-13)得

$$Y(s) = \begin{bmatrix} -\dfrac{1}{4} & 1 \end{bmatrix} \begin{bmatrix} \dfrac{1}{s-1} & 0 \\ \dfrac{1}{(s-1)(s+3)} & \dfrac{1}{s+3} \end{bmatrix} \begin{bmatrix} 1 \\ 2 \end{bmatrix} + \begin{bmatrix} -\dfrac{1}{4} & 1 \end{bmatrix} \begin{bmatrix} \dfrac{1}{s-1} & 0 \\ \dfrac{1}{(s-1)(s+3)} & \dfrac{1}{s+3} \end{bmatrix} \begin{bmatrix} 1 \\ 0 \end{bmatrix} \cdot \dfrac{1}{s}$$

$$= \dfrac{7}{4} \cdot \dfrac{1}{s+3} + \dfrac{1}{12}\left(\dfrac{1}{s+3} - \dfrac{1}{s} \right)$$

对 $Y(s)$ 进行拉氏逆变换得

$$y(t) = \left[\dfrac{7}{4}e^{-3t} + \dfrac{1}{12}(e^{-3t} - 1) \right] U(t) = \left(\dfrac{11}{6}e^{-3t} - \dfrac{1}{12} \right) U(t)$$

7.2.5 离散系统的状态方程和输出方程的建立

由连续系统的状态方程和输出方程的理论,可以推广到离散系统。对于图 7-22 所示的离散系统,其状态方程和输出方程的一般形式为

$$\boldsymbol{\lambda}(n+1) = \boldsymbol{A}\boldsymbol{\lambda}(n) + \boldsymbol{B}f(n) \tag{7-16}$$

$$\boldsymbol{y}(n) = \boldsymbol{C}\boldsymbol{\lambda}(n) + \boldsymbol{D}f(n) \tag{7-17}$$

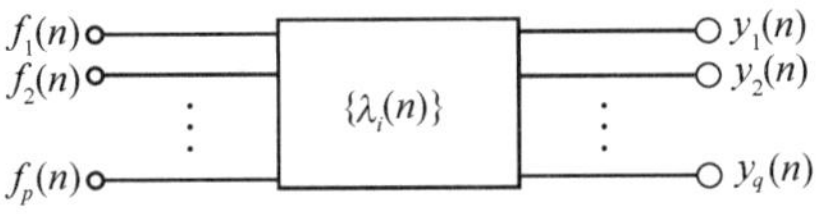

图 7-22　一个多输入—多输出离散系统

式中　　$\boldsymbol{\lambda}(n) \overset{\triangle}{=} \begin{bmatrix} \lambda_1(n) & \lambda_2(n) & \cdots & \lambda_N(n) \end{bmatrix}^{\mathrm{T}}$

　　　　$\boldsymbol{f}(n) \overset{\triangle}{=} \begin{bmatrix} f_1(n) & f_2(n) & \cdots & f_p(n) \end{bmatrix}^{\mathrm{T}}$

　　　　$\boldsymbol{y}(n) \overset{\triangle}{=} \begin{bmatrix} y_1(n) & y_2(n) & \cdots & y_q(n) \end{bmatrix}^{\mathrm{T}}$

矩阵 $\boldsymbol{A}, \boldsymbol{B}, \boldsymbol{C}, \boldsymbol{D}$ 为系数矩阵,形式同连续系统动态方程中的系数矩阵。

与连续系统相比,离散系统的状态方程是用前一时刻的状态和输入来表示某一已知时刻的状态的。

离散系统的实际结构只是用模拟框图或信号流图给出,建立其状态方程和输出方程时通常取延迟单元的输出为状态变量。其余都与连续系统完全一样。

【例 7-10】　描述离散系统的差分方程为

$$y(n) + a_2 y(n-1) + a_1 y(n-2) + a_0 y(n-3) = f(n)$$

试列出其状态方程和输出方程。

解:根据差分方程理论,如果 $y(-3), y(-2), y(-1)$ 和 $n \geqslant 0$ 时的 $f(n)$ 为已知,就能完全确定系统的未来状态。因此选取 $y(n-3), y(n-2), y(n-1)$ 作为状态变量。令

$$\lambda_1(n) = y(n-3), \quad \lambda_2(n) = y(n-2), \quad \lambda_3(n) = y(n-1)$$

则有　　$\lambda_1(n+1) = y(n-2) = \lambda_2(n)$

　　　　$\lambda_2(n+1) = y(n-1) = \lambda_3(n)$

　　　　$\lambda_3(n+1) = y(n) = -a_0 y(n-3) - a_1 y(n-2) - a_2 y(n-1) + f(n)$

　　　　　　　　　　$= -a_0 \lambda_1(n) - a_1 \lambda_2(n) - a_2 \lambda_3(n) + f(n)$

所以该系统的状态方程为

$$\begin{bmatrix} \lambda_1(n+1) \\ \lambda_2(n+1) \\ \lambda_3(n+1) \end{bmatrix} = \begin{bmatrix} 0 & 1 & 0 \\ 0 & 0 & 1 \\ -a_0 & -a_1 & -a_2 \end{bmatrix} \begin{bmatrix} \lambda_1(n) \\ \lambda_2(n) \\ \lambda_3(n) \end{bmatrix} + \begin{bmatrix} 0 \\ 0 \\ 1 \end{bmatrix} f(n)$$

其输出方程为　　　　$y(n) = -a_0 \lambda_1(n) - a_1 \lambda_2(n) - a_2 \lambda_3(n) + f(n)$

写成矩阵形式为
$$y(n) = \begin{bmatrix} -a_0 & -a_1 & -a_2 \end{bmatrix} \begin{bmatrix} \lambda_1(n) \\ \lambda_2(n) \\ \lambda_3(n) \end{bmatrix} + f(n)$$

【例 7-11】 给定系统的模拟框图或信号流图如图 7-23 所示,列出系统的状态方程和输出方程。

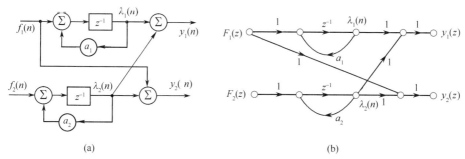

图 7-23　例 7-11 的系统框图和信号流图

解: 选取两个延迟单元的输出作为状态变量 $\lambda_1(n)$ 和 $\lambda_2(n)$,如图 7-23 所示,则有

$$\begin{cases} \lambda_1(n+1) = a_1\lambda_1(n) + f_1(n) \\ \lambda_2(n+1) = a_2\lambda_2(n) + f_2(n) \end{cases}$$

$$\begin{cases} y_1(n) = \lambda_1(n) + \lambda_2(n) \\ y_2(n) = \lambda_2(n) + f_1(n) \end{cases}$$

表示成矩阵形式为
$$\begin{bmatrix} \lambda_1(n+1) \\ \lambda_2(n+1) \end{bmatrix} = \begin{bmatrix} a_1 & 0 \\ 0 & a_2 \end{bmatrix} \begin{bmatrix} \lambda_1(n) \\ \lambda_2(n) \end{bmatrix} + \begin{bmatrix} 1 & 0 \\ 0 & 1 \end{bmatrix} \begin{bmatrix} f_1(n) \\ f_2(n) \end{bmatrix}$$

$$\begin{bmatrix} y_1(n) \\ y_2(n) \end{bmatrix} = \begin{bmatrix} 1 & 1 \\ 0 & 1 \end{bmatrix} \begin{bmatrix} \lambda_1(n) \\ \lambda_2(n) \end{bmatrix} + \begin{bmatrix} 0 \\ 1 \end{bmatrix} \begin{bmatrix} f_1(n) \\ f_2(n) \end{bmatrix}$$

7.2.6　离散系统的状态方程和输出方程的求解

和连续系统的复频域解法类似,离散系统的 z 域解法也较时域解法简便,所以在此也只介绍 z 域解法,时域解法请参考相关文献。

由状态方程和输出方程:

$$\boldsymbol{\lambda}(n+1) = \boldsymbol{A}\boldsymbol{\lambda}(n) + \boldsymbol{B}f(n)$$
$$\boldsymbol{y}(n) = \boldsymbol{C}\boldsymbol{\lambda}(n) + \boldsymbol{D}f(n)$$

设　　　　$\boldsymbol{\lambda}(n) \longleftrightarrow \boldsymbol{\Lambda}(z),\quad f(n) \longleftrightarrow \boldsymbol{F}(z),\quad \boldsymbol{\lambda}(0) = \begin{bmatrix} \lambda_1(0) & \lambda_2(0) & \cdots & \lambda_n(0) \end{bmatrix}^{\mathrm{T}}$

两边取 z 变换
$$\begin{cases} z\boldsymbol{\Lambda}(z) - z\boldsymbol{\lambda}(0) = \boldsymbol{A}\boldsymbol{\Lambda}(z) + \boldsymbol{B}\boldsymbol{F}(z) \\ \boldsymbol{Y}(z) = \boldsymbol{C}\boldsymbol{\Lambda}(z) + \boldsymbol{D}\boldsymbol{F}(z) \end{cases} \tag{7-18}$$

整理得到
$$\begin{cases} \boldsymbol{\Lambda}(z) = (z\boldsymbol{I} - \boldsymbol{A})^{-1}z\boldsymbol{\lambda}(0) + (z\boldsymbol{I} - \boldsymbol{A})^{-1}\boldsymbol{B}\boldsymbol{F}(z) \\ \boldsymbol{Y}(z) = \boldsymbol{C}(z\boldsymbol{I} - \boldsymbol{A})^{-1}z\boldsymbol{\lambda}(0) + \boldsymbol{C}(z\boldsymbol{I} - \boldsymbol{A})^{-1}\boldsymbol{B}\boldsymbol{F}(z) + \boldsymbol{D}\boldsymbol{F}(z) \end{cases} \tag{7-19}$$

取其逆变换即得时域表达式为

$$\left.\begin{aligned} \boldsymbol{\lambda}(n) &= \mathscr{Z}^{-1}\big[(z\boldsymbol{I} - \boldsymbol{A})^{-1}z\big]\boldsymbol{\lambda}(0) + \mathscr{Z}^{-1}\big[(z\boldsymbol{I} - \boldsymbol{A})^{-1}\boldsymbol{B}\big] * \mathscr{Z}^{-1}\big[\boldsymbol{F}(z)\big] \\ \boldsymbol{y}(n) &= \mathscr{Z}^{-1}\big[\boldsymbol{C}(z\boldsymbol{I} - \boldsymbol{A})^{-1}z\big]\boldsymbol{\lambda}(0) + \mathscr{Z}^{-1}\big[\boldsymbol{C}(z\boldsymbol{I} - \boldsymbol{A})^{-1}\boldsymbol{B} + \boldsymbol{D}\big] * \mathscr{Z}^{-1}\big[\boldsymbol{F}(z)\big] \end{aligned}\right\} \tag{7-20}$$

【例 7-12】 某离散系统的状态方程和输出方程为

$$\begin{cases} \lambda_1(n+1) = -\lambda_1(n) + 3\lambda_2(n) + 11f_1(n) \\ \lambda_2(n+1) = -2\lambda_1(n) + 4\lambda_2(n) + 6f_2(n) \end{cases}$$

$$y(n) = \lambda_1(n) - \lambda_2(n) + f_2(n)$$

已知系统的激励 $f_1(n) = \delta(n)$，$f_2(n) = U(n)$，系统起始是静止的。求该系统的响应。

解： 由系统方程知

$$A = \begin{bmatrix} -1 & 3 \\ -2 & 4 \end{bmatrix}, \qquad B = \begin{bmatrix} 11 & 0 \\ 0 & 6 \end{bmatrix}, \qquad C = \begin{bmatrix} 1 & -1 \end{bmatrix}, \qquad D = \begin{bmatrix} 0 & 1 \end{bmatrix}$$

由式（7-19）知

$$\Lambda(z) = (zI - A)^{-1}BF(z)$$

$$= \frac{1}{(z+1)(z-4)+6} \begin{bmatrix} z-4 & 3 \\ -z & z+1 \end{bmatrix} \begin{bmatrix} 11 & 0 \\ 0 & 6 \end{bmatrix} \begin{bmatrix} 1 \\ \dfrac{z}{z-1} \end{bmatrix}$$

$$= \begin{bmatrix} \dfrac{33}{z-1} - \dfrac{22}{z-2} + \dfrac{36}{z-2} - \dfrac{18}{(z-1)^2} - \dfrac{36}{z-1} \\[4mm] \dfrac{22}{z-1} - \dfrac{22}{z-2} + \dfrac{26}{z-2} - \dfrac{12}{(z-1)^2} - \dfrac{30}{z-1} \end{bmatrix}$$

经逆变换得

$$\lambda(n) = \begin{bmatrix} 15U(n-1) + 7 \times 2^n U(n-1) - 18nU(n-1) \\ 4U(n-1) + 2 \times 2^n U(n-1) - 12nU(n-1) \end{bmatrix}$$

由式（7-19）得到 $Y(z)$ 并求其逆变换为

$$y(n) = \delta(n) + (12 - 6n)U(n-1)$$

7.3　MATLAB 应用举例

7.3.1　系统状态方程和输出方程的建立

根据系统的差分、微分方程或系统函数可以，利用 MATLAB 中的 tf2ss 函数，来建立系统的状态方程和输出方程，从而可以得到系统的状态变量模型。其调用格式为

```
[A,B,C,D]=tf2ss(num,den)
```

其中，num 和 den 分别为系统函数 $H(s)$（或 $H(z)$）的分子和分母多项式的系数向量，或者分别为系统微分（差分）方程右边、左边的系数向量。A，B，C，D 为系统状态方程的系数矩阵，由上述调用得到的状态方程是以直接型的流图为基础的，且状态变量的选取，在流图上自左至右依次为 λ_1，λ_2，λ_3，…

【例 7-13】 用 MATLAB 编程：

（1）求 $H(s) = \dfrac{s^2 + 2s + 2}{s^2 4s + 3}$ 表示的系统的状态方程和输出方程。

（2）求 $H(z) = \dfrac{2z + 3}{z^2 + 4z + 3}$ 表示的系统的状态方程和输出方程。

解：（1）编程如下。

```
% Program ch7_1
b=[1 2 2];
a=[1 4 3];
[A,B,C,D]=tf2ss(b,a);
```

运行结果为

$$A = \begin{bmatrix} -4 & -3 \\ 1 & 0 \end{bmatrix}, \quad B = \begin{bmatrix} 1 \\ 0 \end{bmatrix}, \quad C = \begin{bmatrix} -2 & -1 \end{bmatrix}, \quad D = 1$$

所以,系统的状态方程和输出方程为

$$\begin{bmatrix} \dot{\lambda}_1 \\ \dot{\lambda}_2 \end{bmatrix} = \begin{bmatrix} -4 & -3 \\ 1 & 0 \end{bmatrix} \begin{bmatrix} \dot{\lambda}_1 \\ \dot{\lambda}_2 \end{bmatrix} + \begin{bmatrix} 1 \\ 0 \end{bmatrix} f(t)$$

$$y(t) = \begin{bmatrix} -2 & -1 \end{bmatrix} \begin{bmatrix} \dot{\lambda}_1 \\ \dot{\lambda}_2 \end{bmatrix} + f(t)$$

(2)编程如下。

```
% Program ch7_2
b=[0 2 3];
a=[1 4 3];
[A,B,C,D]=tf2ss(b,a);
```

运行结果如下

$$A = \begin{bmatrix} -4 & -3 \\ 1 & 0 \end{bmatrix}, \quad B = \begin{bmatrix} 1 \\ 0 \end{bmatrix}, \quad C = \begin{bmatrix} 2 & 3 \end{bmatrix}, \quad D = 0$$

所以,系统的状态方程和输出方程为

$$\begin{bmatrix} \lambda_1(n+1) \\ \lambda_2(n+1) \end{bmatrix} = \begin{bmatrix} -4 & -3 \\ 1 & 0 \end{bmatrix} \begin{bmatrix} \lambda_1(n) \\ \lambda_2(n) \end{bmatrix} + \begin{bmatrix} 1 \\ 0 \end{bmatrix} f(n)$$

$$y(n) = \begin{bmatrix} 2 & 3 \end{bmatrix} \begin{bmatrix} \lambda_1(n) \\ \lambda_2(n) \end{bmatrix}$$

反过来,如果已知系统的状态方程描述,则可以由函数 ss2tf 求出系统函数阵 $\boldsymbol{H}(s)$,其调用形式为

```
[num,den]=ss2tf(A,B,C,D,k)
```

其中,A,B,C,D 是状态方程的系数矩阵,k 表示计算与第 k 个输入相关的系统函数,是 $H(s)$ 的 k 列。num 是第 k 个系统函数分子多项式系数,den 是系统函数阵公共的分母多项式系数。

【例 7-14】 已知连续系统的状态方程和输出方程分别为

$$\begin{bmatrix} \dot{\lambda}_1 \\ \dot{\lambda}_2 \\ \dot{\lambda}_3 \end{bmatrix} = \begin{bmatrix} -6 & -11 & -6 \\ 1 & 0 & 0 \\ 0 & 1 & 0 \end{bmatrix} \begin{bmatrix} \dot{\lambda}_1 \\ \dot{\lambda}_2 \\ \dot{\lambda}_3 \end{bmatrix} + \begin{bmatrix} 1 \\ 0 \\ 0 \end{bmatrix} f(t); \quad y(t) = \begin{bmatrix} 0 & 2 & 3 \end{bmatrix} \begin{bmatrix} \dot{\lambda}_1 \\ \dot{\lambda}_2 \\ \dot{\lambda}_3 \end{bmatrix}$$

求系统函数 $H(s)$。

解:程序如下。

```
% Program ch7_3
A = [-6 -11 -6;1 0 0;0 1 0];
B = [1;0;0];
C = [0 2 3];
D = 0;
[num,den] = ss2tf(A,B,C,D);
```

运行结果为

```
num = [0 0 2 3],den = [1 6 11 6]
```

即
$$H(s) = \frac{2s+3}{s^3+6s^2+11s+6}$$

除此以外 MATLAB 还提供了若干函数,用于不同模型间的转换,这些函数有:

ss2zp 状态模型转化为零、极模型(即系统函数的分子、分母均为因式分解形式)

zp2ss 零、极模型转化为状态模型

tf2zp 有理函数形式的系统函数转化为零、极模型

zp2tf 零、极模型转化为有理函数形式

各函数的具体用法参见 MATLAB 帮助信息。

7.3.2 系统状态方程的求解

1. 连续系统状态方程的求解

在 MATLAB 中,先用函数 ss 获得状态方程的表示模型,再由函数 lsim 计算状态方程的数值解。它们的调用格式为

```
sys = ss(A,B,C,D)
[y,t,x] = lsim(sys,f,t,x0)
```

其中,A,B,C,D 为状态方程的系数矩阵,sys 是产生的模型。而 lsim 中各参数的含义如下。

sys 为由函数 ss 构造的状态模型

t 为需计算的时间样本点向量

f 为输入信号矩阵,其第 k 列是第 k 个输入信号在 t 上的抽样值

x0 为系统的初始状态,默认值为零

y 为输出信号矩阵,第 k 列为第 k 个输入的响应

x 为系统的状态

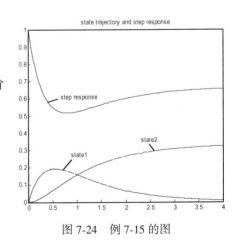

图 7-24 例 7-15 的图

【例 7-15】 计算 $H(s) = \dfrac{s^2+2s+2}{s^2+4s+3}$ 所表示系统的阶跃响应。

解:编程如下。结果如图 7-24 所示。

```
% Program ch7_4,continuous-time system
b = [1 2 2];
a = [1 4 3];
[A,B,C,D] = tf2ss(b,a);
t = 0:0.01:4;
```

```
f=ones(1,length(t));
sys=ss(A,B,C,D);
[y,t,x]=lsim(sys,f,t);
plot(t,y,t,x);
title('state trajectory and step response');
box off;
legend('step response','state1','state2')
```

2. 离散系统状态方程的求解

MATLAB 函数 dlsim 用于求解离散系统的状态方程,其调用格式为

```
y=dlsim(A,B,C,D,f,x0)
```

其中,A,B,C,D 为状态方程的系数矩阵,f 为输入序列,x0 为初始状态,默认值是零。y 为响应序列。

【例 7-16】 离散系统的状态方程和输出方程为

$$\begin{bmatrix} \lambda_1(n+1) \\ \lambda_2(n+1) \end{bmatrix} = \begin{bmatrix} 1 & -0.24 \\ 1 & 0 \end{bmatrix} \begin{bmatrix} \lambda_1(n) \\ \lambda_2(n) \end{bmatrix} + \begin{bmatrix} 1 \\ 0 \end{bmatrix} f(n), \quad y(n) = \begin{bmatrix} 0.3 & 0 \end{bmatrix} \begin{bmatrix} \lambda_1(n) \\ \lambda_2(n) \end{bmatrix}$$

求系统的阶跃响应。

解:程序如下。运行结果如图 7-25 所示。

```
% Program ch7 _ 5, discrete -
time system
A=[1 -0.24;1 0];
B=[1;0];
C=[0.3 0];
D=0;
N=20;
f=ones(1,N);
n=0:N-1;
[y,x]=dlsim(A,B,C,D,f);
stem(n,y,'Markersize',4,'Markerface','k');
title('Step response');
box off;
```

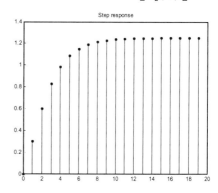

图 7-25　例 7-16 的图

本章学习指导

一、主要内容

1. 信号流图

系统的信号流图实际上是框图的简化形式。在流图中,将延迟单元、积分器和倍乘器统一用有向线段表示,它们的系统函数作为支路增益标于有向线段上方;加法器用节点表示。这样

就得到一种描述系统结构和信号流向的线图,称为系统的信号流图。借助信号流图,连续系统和离散系统就有了一种统一的描述方式。

2. 梅森公式

对给定的信号流图,可以利用梅森公式求出系统函数 $H(s)$ 或 $H(z)$:

$$H = \frac{1}{\Delta} \sum_k g_k \Delta_k$$

其中,Δ 称为系统的特征行列式;g_k 是第 k 条前向通路的增益;Δ_k 为第 k 条前向通路特征行列式的余子式。

3. 系统的流图模拟

对于给定的系统,可以画出其信号流图。基本形式有直接型、级联型和并联型。其中直接型是基础,可以根据梅森公式构造出直接型流图;级联型是将系统分解为若干个系统的级联,每个级联的子系统通过对系统函数的分子和分母进行因式分解后获得,这些子系统都用直接型流图来实现;并联型是将系统分解为若干个子系统的并联,每个并联的子系统通过对系统函数进行部分分式展开后获得,这些子系统都用直接型流图来实现。

4. 系统的状态变量分析

系统的状态变量分析是描述系统的另一种方法,相应的数学模型由状态方程和输出方程组成,涉及输入信号、输出信号和状态变量三个参数,特别适合用来分析多输入-多输出系统。

(1) 连续系统:状态方程是一阶线性微分方程组,基本格式为:

状态变量的一阶导数=状态变量的线性组合+输入信号的线性组合

系统输出=状态变量的线性组合+输入信号的线性组合

(2) 离散系统:状态方程是一阶线性差分方程组,基本格式为:

状态变量的单位左移=状态变量的线性组合+输入信号的线性组合

系统输出=状态变量的线性组合+输入信号的线性组合

二、例题分析

【例 7-17】 已知系统微分方程为 $y''(t)+7'y(t)+10y(t)=3f'(t)+9f(t)$,画出系统直接型、级联型和并联型的信号流图。

分析:先求出系统函数 $H(s)$,然后根据梅森公式画直接型;将 $H(s)$ 的分子和分母进行因式分解,据此画级联型,其中每个子系统都用直接型画出;将 $H(s)$ 做部分分式展开,据此可以画并联型,每个子系统也用直接型画出。

解:根据微分方程,易知系统函数为 $H(s) = \dfrac{3s+9}{s^2+7s+10}$。

(1) 直接型:将 $H(s)$ 变形为以下形式

$$H(s) = \frac{3s+9}{s^2+7s+10} = \frac{3s^{-1}+9s^{-2}}{1+7s^{-1}+10s^{-2}} = \frac{3s^{-1}+9s^{-2}}{1-(-7s^{-1}-10s^{-2})}$$

结合梅森公式,可以这样构造流图:有两个回路,增益分别为 $-7s^{-1}$ 和 $-10s^{-2}$,且两个回路有接触;有 2 条前向通路,增益分别为 $3s^{-1}$ 和 $9s^{-2}$,且它们相应的余子式都为 1(为了使各余子式

都为 1,这 2 条前向通路应该与所有回路都有接触)。这样可得流图如图 7-26(a)所示:

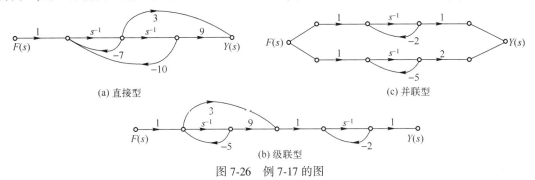

(a) 直接型   (c) 并联型

(b) 级联型

图 7-26　例 7-17 的图

（2）级联型:现将 $H(s)$ 的分子和分母进行因式分解,得到

$$H(s)=\frac{3s+9}{s^2+7s+10}=\frac{3s+9}{(s+2)(s+5)}=\frac{3s+9}{s+5}\cdot\frac{1}{s+2}$$

令 $H_1(s)=\dfrac{3s+9}{s+5},H_2(s)=\dfrac{1}{s+2}$,则 $H(s)=H_1(s)H_2(s)$,用直接型画出 $H_1(s)$ 和 $H_2(s)$ 的流图,然后将两个流图级联起来即可。结果如图 7-26(b)所示:

（3）并联型:将 $H(s)$ 进行部分分式展开,得

$$H(s)=\frac{3s+9}{s^2+7s+10}=\frac{1}{s+2}+\frac{2}{s+5}$$

令 $H_1(s)=\dfrac{1}{s+2},H_2(s)=\dfrac{2}{s+5}$,则 $H(s)=H_1(s)+H_2(s)$。用直接型画出 $H_1(s)$ 和 $H_2(s)$ 的流图,然后将两个流图并联起来即可。结果如图 7-26(c)所示:

基本练习题

7.1　已知连续时间 LTI 系统的系统框图如习图 7-1 所示,试画出其信号流图,求系统函数 $H(s)$。

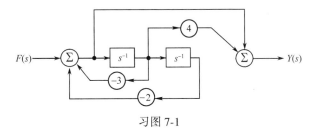

习图 7-1

7.2　已知连续时间 LTI 系统的系统框图如习图 7-2 所示,试画出其信号流图,求系统函数 $H(s)$。

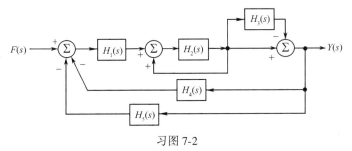

习图 7-2

7.3 已知连续时间 LTI 系统的信号流图如习图 7-3 所示,求其系统函数 $H(s)$。

7.4 已知连续时间 LTI 系统的信号流图如习图 7-4 所示,求其系统函数 $H(s)$。

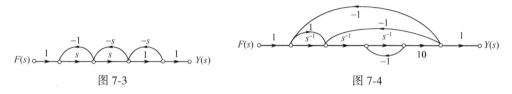

图 7-3　　　　　　　　　　　　　图 7-4

7.5 已知离散时间 LTI 系统的信号流图如习图 7-5 所示,求其系统函数 $H(z)$。

7.6 已知离散时间 LTI 系统的信号流图如习图 7-6 所示,求其系统函数 $H(z)$。

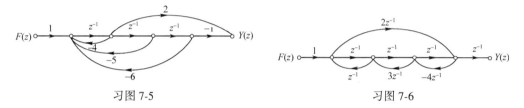

习图 7-5　　　　　　　　　　　　习图 7-6

7.7 已知连续时间 LTI 系统的系统函数为 $H(s)=\dfrac{6s+15}{s^3+9s^2+18s}$,试分别画出其直接形式、串联形式及并联形式的信号流图。

7.8 已知离散时间 LTI 系统的差分方程为
$$y(n)-2y(n-1)-5y(n-2)+6y(n-3)=f(n)+f(n-1)$$
根据梅森公式画出其直接形式、串联形式及并联形式的信号流图。

7.9 已知离散时间 LTI 系统的系统框图如习图 7-7 所示。

(1) 求系统函数 $H(z)$; (2) 分别画出其直接形式、串联形式及并联形式的信号流图。

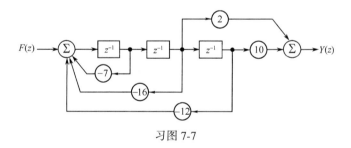

习图 7-7

7.10 列写习图 7-8 所示电路的状态方程。

7.11 列写习图 7-9 所示电路的状态方程。

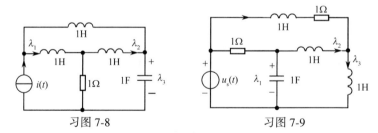

习图 7-8　　　　　　　　　　　习图 7-9

7.12 列写习图 7-10 所示电路的状态方程和输出方程。

7.13 列写习图 7-11 所示电路的状态方程和输出方程。

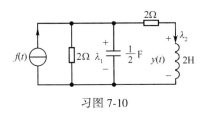
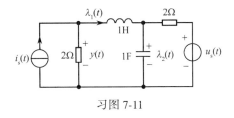

习图 7-10　　　　　　　　　　　　　　习图 7-11

7.14　已知系统框图如习图 7-12 所示,试求其状态方程和输出方程。

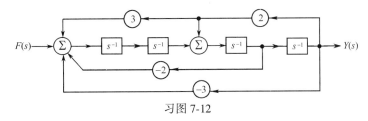

习图 7-12

7.15　已知系统的信号流图如习图 7-13 所示,试以积分器的输出作为状态变量,列写其状态方程和输出方程。

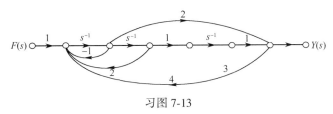

习图 7-13

7.16　已知系统的信号流图如习图 7-14 所示,试以积分器的输出作为状态变量,列写其状态方程和输出方程。

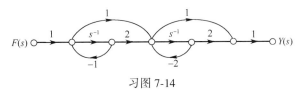

习图 7-14

7.17　已知系统框图如习图 7-15 所示。
(1) 求其系统函数 $H(s)$;
(2) 分别画出其直接形式、并联形式和串联形式的信号流图;
(3) 以积分器的输出作为状态变量,分别列写对应信号流图的状态方程和输出方程。

7.18　已知离散系统的信号流图如习图 7-16 所示,试以延迟单元的输出作为状态变量,列写其状态方程和输出方程。

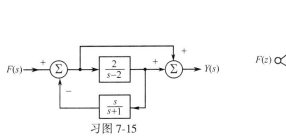

习图 7-15

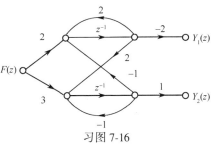

习图 7-16

7.19 已知离散系统的信号流图如习图 7-17 所示,试以延迟单元的输出作为状态变量,列写其状态方程和输出方程。

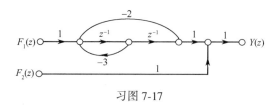

习图 7-17

上机练习

7.1 已知一连续系统的微分方程为 $y''(t)+3y'(t)+2y(t)=f(t)$,由 MATLAB 求出状态方程,并求出 $f(t)=\cos\left(\dfrac{\pi}{3}t\right)U(t)$ 作用下系统的零状态响应。

7.2 已知一离散系统的系统函数为 $H(z)=\dfrac{2z^2+3}{z^2-1.96z+0.8}$,用 MATLAB 写出状态方程,并由状态方程求出系统的单位样值响应。

7.3 已知某离散系统的状态方程为

$$
\begin{bmatrix} \lambda_1(n+1) \\ \lambda_2(n+1) \end{bmatrix} = \begin{bmatrix} \dfrac{1}{2} & -\dfrac{1}{2} \\ \dfrac{1}{3} & 0 \end{bmatrix} \begin{bmatrix} \lambda_1(n) \\ \lambda_2(n) \end{bmatrix} + \begin{bmatrix} 1 \\ 2 \end{bmatrix} f(n), \quad y(n) = \begin{bmatrix} 1 & -1 \end{bmatrix} \begin{bmatrix} \lambda_1(n) \\ \lambda_2(n) \end{bmatrix}
$$

(1) 若 $\boldsymbol{\lambda}(0^-)=\begin{bmatrix} 1 & 2 \end{bmatrix}^{\mathrm{T}}$,求系统在 $f(n)=U(n)$ 作用下的全响应。

(2) 定义新状态变量 $q_1(n)=\lambda_1(n)+\lambda_2(n)$,$q_2(n)=2\lambda_1(n)-\lambda_2(n)$。对变换后的系统,重做(1)。(提示:利用 ss2ss 函数)

部分习题答案

第 1 章

1.8 （1）线性 时变 因果　　　　　　　（2）非线性 时不变 因果

　　（3）线性 时不变 因果　　　　　　（4）线性 时变 非因果

　　（5）线性 时变 因果　　　　　　　（6）线性 时变 因果

　　（7）非线性 时变 因果　　　　　　（8）线性 时变 非因果

　　（9）非线性 时不变 因果　　　　　（10）线性 时变 非因果

第 2 章

2.3 （1）$3\delta(t)$　（2）3　（3）$3U(t)$　（4）$U(t)$　（5）$U(t-2)$　（6）$U(t)$　（7）0　（8）-1

　　（9）-4　（10）$4[\delta(t-2)-U(t-2)]$　（11）$2\delta(t)$　（12）$\delta(t)-2U(t-1)-2\delta(t-1)$

2.4 （1）$2\cos3t+\dfrac{1}{3}\sin3t$，$t\geqslant0$　（2）$2e^{-2t}-2e^{-3t}$，$t\geqslant0$　（3）$2e^{-t}\cos2t$，$t\geqslant0$　（4）$(2t+1)e^{-t}$，$t\geqslant0$

2.5 $y''(t)+y'(t)=f(t)$　　　　$h(t)=(1-e^{-t})U(t)$

2.6 （1）$y'''(t)+4y''(t)+6y'(t)+4y(t)=3f'(t)$

　　（2）$h(t)=3[e^{-t}\cos t-e^{-2t}]U(t)$

2.7 $\delta'(t)+2e^{-2t}U(t)-\delta(t)$

2.8 （1）$0.25(2t-1+e^{-2t})U(t)$　　　　　　　（2）$0.5t^2U(t)$

　　（3）$0.5t^2[U(t)-U(t-2)]+2(t-1)U(t-2)$　（4）$(0.5t^2-3t+4)U(t-4)$

　　（5）$(e^{-2t}-e^{-3t})U(t)$　　　　　　　　　（6）$0.5(\sin t-t\cos t)U(t)$

2.9 （略）

2.10 （1）$\dfrac{1}{\pi}(1-\cos\pi t)[U(t)-U(t-4)]$　　　　（2）$\cos[\pi(t-1)+45°]$

　　（3）$0.5(t^2-1)[U(t-1)-U(t-2)]+(-0.5t^2+t+1.5)[U(t-2)-U(t-3)]$

　　（4）$(t-1)[U(t-1)-U(t-3)]$

2.11 $t[U(t)-U(t-1)]+U(t)$

2.12 （1）$g(t)=(t-1)U(t)+e^{-t}U(t)$

　　（2）$y(t)=[t-2+e^{-(t-1)}]U(t-1)-[t-3+e^{-(t-2)}]U(t-2)$

2.13 （1）$y(t)=(1.5e^{-t}-3e^{-2t}+1.5e^{-3t})U(t)$　（2）$y(t)=[3e^{-t}-(2t+3)e^{-2t}]U(t)$

　　（3）$y(t)=(1-t)e^{-2t}U(t)$　　　　　　　（4）$y(t)=\left[t-\dfrac{1}{8}+\dfrac{\sqrt{10}}{8}e^{-2t}\cos(2t+71.5°)\right]U(t)$

2.14 全响应

　　（1）$6e^{-t}-5e^{-2t}-2te^{-t}$，$t\geqslant0$　　（2）$e^{-2t}+0.25\sin2t-0.25\cos2t+0.25e^{-2t}$，$t\geqslant0$

　　（3）$te^{-t}+2e^{-t}-e^{-2t}$，$t\geqslant0$

2.15 （1）4Ω，4Ω，$0.25F$　（2）$0.5(1-e^{-2t})+2.5e^{-2t}+2(1-e^{-2t})V$，$t\geqslant0$

2.16 （1）$3e^{-3t}U(t)+[-e^{-3(t-1)}+\sin2(t-1)]U(t-1)$　（2）$2(2e^{-3t}+\sin2t)U(t)$

2.17 （1）$y_f(t)=(e^{-t}-e^{-2t})U(t)-[e^{-t}-e^{-2(t-1)}-\beta e^{-2(t-2)}]U(t-2)$，$\beta=e^{-4}-e^{-2}$

　　（2）$\beta=-e^{-4}\displaystyle\int_0^2 e^{2\tau}f_1(\tau)\mathrm{d}\tau$

2.18 $i_{3x}(t)=1\text{A}$, $t\geqslant 0$; $i_{3f}(t)=\left(\dfrac{1}{3}-e^{-t}+e^{-2t}-\dfrac{1}{3}e^{-3t}\right)U(t)\text{A}$

2.19 （1） $e^{-(t-2)}U(t-2)$ 　　（2） $\left[1-e^{-(t-1)}\right]U(t-1)+\left[e^{-(t-4)}-1\right]U(t-4)$

第3章

3.1 $f(t)=\dfrac{1}{2}+\sum_{n=1}^{\infty}\dfrac{2}{n\pi}\sin n\pi t$，$n$ 为奇数

3.2 $\varOmega_0=\dfrac{\pi}{3}$，$F_0=2$，$F_2=F_{-2}=\dfrac{1}{2}$，$F_5=F_{-5}^*=-2\text{j}$

　　$f(t)=2+\dfrac{1}{2}(e^{\text{j}\frac{2}{3}\pi t}+e^{-\text{j}\frac{2}{3}\pi t})-2\text{j}(e^{\text{j}\frac{5}{3}\pi t}-e^{-\text{j}\frac{5}{3}\pi t})$

3.3 $f(t)=4\cos\dfrac{\pi}{4}t+8\cos\left(\dfrac{3}{4}\pi t+\dfrac{\pi}{2}\right)$

3.4 （1） $F(\text{j}\varOmega)=\dfrac{1}{3+\text{j}\varOmega}(e^{6+\text{j}2\varOmega}-e^{-9-\text{j}3\varOmega})$ 　　（2） $F(\text{j}\varOmega)=\pi\delta(\varOmega)+\dfrac{1}{\text{j}\varOmega}e^{-\text{j}2\varOmega}$

　　（3） $F(\text{j}\varOmega)=\dfrac{e^{3-\text{j}\varOmega}}{1-\text{j}\varOmega}$ 　　（4） $F(\text{j}\varOmega)=e^{-\text{j}2(\varOmega+1)}$

3.5 （1） $\dfrac{1}{3}F\left(\text{j}\dfrac{\varOmega}{3}\right)e^{-\text{j}\frac{5}{3}\varOmega}$ 　（2） $F(-\text{j}\varOmega)e^{-\text{j}\varOmega}$ 　（3） $\dfrac{\text{j}}{3}F'\left(\text{j}\dfrac{\varOmega}{3}\right)$ 　（4） $\dfrac{1}{2}F\left(\text{j}\dfrac{-1+\varOmega}{2}\right)e^{-\text{j}\frac{3(\varOmega-1)}{2}}$

　　（5） $-\text{j}F'(-\text{j}\varOmega)e^{-\text{j}\varOmega}$ 　（6） $2[\text{j}F'(\text{j}\varOmega)-F(\text{j}\varOmega)]$ 　（7） $-F(\text{j}\varOmega)-\varOmega F'(\text{j}\varOmega)$ 　（8） $\text{j}(\varOmega+\varOmega_0)F[\text{j}(\varOmega+\varOmega_0)]$

　　（9） $\pi F(0)\delta(\varOmega)+\dfrac{F(\text{j}\varOmega)}{\text{j}\varOmega}e^{\text{j}5\varOmega}$ 　（10） $\pi F(0)\delta(\varOmega)-\dfrac{1}{\text{j}\varOmega}F(-\text{j}2\varOmega)e^{-\text{j}2\varOmega}$ 　（11） $|\varOmega|F(\text{j}\varOmega)$

　　（12） $\left[-\varOmega F(-\text{j}\varOmega)e^{-\text{j}\varOmega}\right]'$ 　（13） $\text{j}e^{-\text{j}6}\{F[\text{j}(\varOmega-2)]\}'-2e^{-\text{j}6}F[\text{j}(\varOmega-2)]$

　　（14） $\dfrac{1}{2\pi}F(\text{j}\varOmega)*\left[\dfrac{1}{\text{j}\varOmega}+\pi\delta(\varOmega)\right]$ 　（15） $\dfrac{1}{2}\{F[\text{j}(\varOmega+2)]+F[\text{j}(\varOmega-2)]\}$ 　（16） $\dfrac{\pi}{2}F(\text{j}\varOmega)g_4(\varOmega)$

3.6 （1） $te^{-2t}U(t)$ 　　（2） $t\text{sgn}t$ 　　（3） $3-e^{2t}U(-t)-e^{-3t}U(t)$ 　　（4） $\dfrac{1}{2}e^{\text{j}2\pi t}g_6(t)$ 　　（5） $-\delta''(t)$

　　（6） $\dfrac{1}{2\pi}e^{\text{j}3t}$ 　　（7） $\dfrac{1}{\pi}\text{Sa}(t-2)e^{\text{j}(t-2)}$ 　　（8） $\dfrac{1}{2}\sum_{k=0}^{n}g_2(t-2k)$ 　　（9） $\dfrac{1}{2\pi(2+\text{j}t)}$

3.7 （a） $2+\dfrac{\varOmega_0 E}{\pi}\text{Sa}[\varOmega_0(t-t_0)]$ 　　（b） $-\dfrac{2E}{\pi t}\sin^2\left(\dfrac{\varOmega_0 t}{2}\right)$

3.8 $f(t)=\dfrac{1}{4}+\sum_{n=-\infty}^{\infty}F_n e^{\text{j}n\pi t}$，$n\neq 0$；$F_0=\dfrac{1}{4}$，　$F_n=\dfrac{1}{2\pi^2 n^2}[(-1)^n-1+\text{j}n\pi(-1)^n]$，$n\neq 0$

3.9 （1） $H(\text{j}\varOmega)=\dfrac{1}{(\text{j}\varOmega+3)(\text{j}\varOmega+1)}$，　$h(t)=\dfrac{1}{2}(e^{-t}-e^{-3t})U(t)$

　　（2） $y_f(t)=\left(\dfrac{1}{2}e^{-t}-e^{-2t}+\dfrac{1}{2}e^{-3t}\right)U(t)$

3.10 （1） $\dfrac{1}{4}\cos 2\pi t$ 　　　（2） $4\cos 2\pi t+3\sin 6\pi t$

3.11 $1+2\sin t-2\cos 2t$

3.12 （1） $y(t)=(4e^{-t}-3e^{-2t})U(t)+2(e^{-t}-te^{-t}-e^{-2t})U(t)$

　　（2） $y(t)=\dfrac{1}{4}(e^{-2t}-\cos 2t+\sin 2t)U(t)+e^{-2t}U(t)$

　　（3） $y(t)=(3e^{-t}-2e^{-2t})U(t)+(-e^{-t}+te^{-t}+e^{-2t})U(t)$

3.13 $F_n=\dfrac{(-1)^n(e^2-1)}{2e(1+\text{j}n\pi)}$

3.14 （1）1000kHz， 2000kHz， $\dfrac{1000}{3}$kHz， $\dfrac{2000}{3}$kHz （2）1:3 （3）3

3.15 （1）$1+\dfrac{4}{\pi}\cos\dfrac{3}{2}\pi t$ （2）$6\pi<B<\dfrac{15}{2}\pi$

3.16 $H(j\Omega)=\dfrac{1+R_1 R_2+j\left(R_2\Omega-\dfrac{R_1}{\Omega}\right)}{R_1+R_2+j\left(\Omega-\dfrac{1}{\Omega}\right)}$，　$R_1=R_2=1\Omega$

3.17 $R_1=R_2$，$L_1=L_2$

3.18 （1）$\dfrac{\pi}{\Omega_1+\Omega_2}$ （2）$\dfrac{\pi}{\max(\Omega_1,\Omega_2)}$ （3）$\dfrac{\pi}{\min(\Omega_1,\Omega_2)}$ （4）$\dfrac{\pi}{2\Omega_1}$ （5）$\dfrac{\pi}{3\Omega_1}$ （6）$\dfrac{\pi}{2\Omega_1}$

3.19 （1）$f_s(t)=\displaystyle\sum_{n=-\infty}^{\infty}f(nT)\delta(t-nT)$，$F_s(j\Omega)=\dfrac{1}{T}\displaystyle\sum_{n=-\infty}^{\infty}F\left[j\left(\Omega-\dfrac{2n\pi}{T}\right)\right]$

　　　（2）$f_{s1}(t)=\displaystyle\sum_{n=-\infty}^{\infty}f(nT)\{U(t-nT)-U[t-(n+1)T]\}$，$F_{s1}(j\Omega)=\displaystyle\sum_{n=-\infty}^{\infty}F\left[j\left(\Omega-\dfrac{2n\pi}{T}\right)\right]Sa\left(\dfrac{\Omega T}{2}\right)e^{-j\frac{\Omega T}{2}}$

　　　（3）$H(j\Omega)=\dfrac{1}{Sa\left(\dfrac{\Omega T}{2}\right)e^{-j\frac{\Omega T}{2}}}\cdot g_{\frac{\pi}{T}}(\Omega)$

3.20 $h(t)=2\delta(t-5)-4Sa[2\pi(t-5)]$

3.21 $y(t)=j2Sa(2t)\sin 4t$

3.22 $y(t)=1+2\cos\left(t-\dfrac{\pi}{3}\right)$

3.23 $y(t)=\dfrac{2}{\pi}Sa(t)\cos 5t$

3.24 （1）$0.8\cos(2t+36.9°)$ （2）$3+\sin 2t$

3.25 $L\geqslant 7.64H$

第4章

4.1 （1）$-\dfrac{1}{s+1}$,ROC:$\mathrm{Re}[s]<-1$

　　（2）$-\dfrac{4e^{-3s}}{s}-\dfrac{e^{-3s}}{s^2}+\dfrac{3e^{-2s}}{s}+\dfrac{e^{-2s}}{s^2}$,ROC:$\mathrm{Re}[s]>0$

　　（3）$1-\dfrac{1}{s+2}$,ROC:$\mathrm{Re}[s]>-2$

　　（4）$-\dfrac{1}{s}+\dfrac{1}{s+3}$,ROC:$-3<\mathrm{Re}[s]<0$

　　（5）$\dfrac{e^{-2s}}{s+1}$,ROC:$\mathrm{Re}[s]>-1$

　　（6）$\dfrac{e^2}{s+1}$,ROC:$\mathrm{Re}[s]>-1$

4.2 （1）$\dfrac{(s+1)e^{-\alpha}}{(s+1)^2+\Omega^2}$ （2）$\dfrac{2s+11}{s+7}$ （3）$\dfrac{2s+1}{s^2+1}$ （4）$\dfrac{1-e^{-2s}}{s+1}$

　　（5）$\dfrac{\pi(1-e^{-s})}{s^2+\pi^2}$ （6）$\dfrac{1}{s(s+1)}$ （7）$\dfrac{1-e^{-2(s+1)}}{s+1}$ （8）$\dfrac{(1-e^{-s})^2}{s}$

　　（9）$2e^{-st_0}+3$ （10）$\dfrac{e^{-s}}{s^2}$ （11）$\dfrac{2}{(s+1)^2+4}$ （12）$\dfrac{1}{s+\beta}-\dfrac{s+\beta}{(s+\beta)^2+\alpha^2}$

　　（13）$\dfrac{(s+\alpha)\cos\theta-\Omega\sin\theta}{(s+\alpha)^2+\Omega^2}$ （14）$\dfrac{1}{s+2}+\dfrac{1}{s+8}$

4.3 （1）$\delta(t)+3(t-1)e^{-2t}U(t)$　　（2）$\delta'(t)-2\delta(t)+(e^{-t}+3e^{-2t})U(t)$　　（3）$(\cos t+\sin t)e^{-t}U(t)$

　　（4）$\dfrac{1}{5}tU(t)-\dfrac{1}{5}(t-4)U(t-4)$　　（5）$\dfrac{1}{2}[\sin t-t\cos t]U(t)$　　（6）$(2e^{-4t}-e^{-2t})U(t)$

　　（7）$2[1-(1-t)e^{t}]U(t)$　　（8）$U(t)-e^{-t}\cos 2tU(t)$　　（9）$[7e^{-3t}-3e^{-2t}]U(t)$

　　（10）$[e^{-t}(t^2-t+1)-e^{-2t}]U(t)$

4.4 （1）$\left[\dfrac{3}{2}+2e^{-t}-\dfrac{5}{2}e^{-2t}\right]U(t)$　　（2）$[5e^{-t}-4e^{-2t}]U(t)$

4.5 （1）$y_x(t)=e^{-t}U(t)$　　（2）$y(t)=U(t)$

4.6 $u_{Lf}(t)=-4\delta(t)-(16e^{-2t}-36e^{-3t})U(t)$

4.7 $u_C(t)=\left(1+\dfrac{1}{3}e^{-t}\cos t+\dfrac{5}{3}e^{-t}\sin t\right)U(t)$

4.8 $u_C(t)=[(1-t)e^{-t}-e^{2t}]U(t)$

4.9 （a）$\dfrac{s^2}{s^2+3s+1}$　　（b）$\dfrac{s}{10s^2+s+10}$　　（c）$\dfrac{1}{(4s^2+1)^2+(4s^2+1)-1}$　　（d）$\dfrac{s}{10s+10}$

4.10 $H(s)=\dfrac{s+2}{2s+3}$　　$g(t)=\left(\dfrac{2}{3}-\dfrac{1}{6}e^{-\frac{3}{2}t}\right)U(t)$

4.11 $h(t)=3\delta(t)+(2e^{-2t}+16e^{3t})U(t)$

4.12 （1）$y_f(t)=(e^{-t}-2e^{-2t}+e^{-3t})U(t)$　　（2）$y_f(t)=(2t+1-e^{-2t})U(t)$

　　（3）$y_f(t)=(e^{-3t}-e^{-2t}+e^{-t})U(t)$

4.13 $y_f(t)=[1+e^{-(t-2)}]U(t-2)$

4.14 $f(t)=e^{-10t}U(t)$

4.15 （1）$H(j\varOmega)=\dfrac{1}{1-\varOmega^2}+j\dfrac{\pi}{2}[\delta(\varOmega+1)-\delta(\varOmega-1)]$　　（2）$H(s)=\dfrac{1}{s^2+1}$　　（3）$h(t)=\sin tU(t)$

4.16 $R=2\Omega,L=2\mathrm{H},C=0.25\mathrm{F}$

4.17 （a）（1）$\dfrac{-3(s+2)}{(s-1)(s+6)}$　　（2）$\left(1-\dfrac{9}{7}e^{t}+\dfrac{2}{7}e^{-6t}\right)U(t)$

　　（b）（1）$\dfrac{-10(s-1)}{(s+5)(s+1)(s+2)}$　　（2）$(1-5e^{-t}+5e^{-2t}-e^{-5t})U(t)$

4.18 （1）$H(s)=\dfrac{1}{s^2+3s+2}$　　（2）稳定　　$H(j\varOmega)=\dfrac{1}{j3\varOmega+2-\varOmega^2}$

　　（3）$h(t)=[-e^{-2t}+e^{-t}]U(t)$，$g(t)=\left[\dfrac{1}{2}+\dfrac{1}{2}e^{-2t}-e^{-t}\right]U(t)$

　　（4）$y_f(t)=[e^{-2t}+te^{-t}-e^{-t}]U(t)$　　（5）$f(t)=\delta'(t)+e^{-2t}U(t)$

4.19 （1）$h(t)=te^{-t}U(t)$　　（2）$u_C(0^-)=0,i_L(0^-)=1\mathrm{A}$　　（3）$u_C(0^-)=1\mathrm{V},i_L(0^-)=0$

4.20 （1）$H(s)=\dfrac{1-s}{s+1}$　　（2）$h(t)=-\delta(t)+2e^{-t}U(t)$，$g(t)=(1-2e^{-t})U(t)$

　　（3）$u_{of}(t)=(e^{-t}-\cos t)U(t)$

4.21 （1）$H(s)=\dfrac{s^2+\dfrac{1}{LC}}{s^2+\dfrac{1}{C}s+\dfrac{1}{LC}}$　　（2）$LC=\dfrac{1}{4}$　　（3）$u_o(t)=(1-2t)e^{-2t}U(t)$

4.22 （1）$H(s)=\dfrac{2s+1}{(s+1)(s+2)}$，$h(t)=(3e^{-2t}-e^{-t})U(t)$

　　（2）$y''(t)+3y'(t)+2y(t)=2f'(t)+f(t)$

　　（3）$y_f(t)=(-5e^{-3t}+6e^{-2t}-e^{-t})U(t)$

4.23 $H(s)=\dfrac{2s}{s^2+2s+2}$

4.24 （1）$H(s) = \dfrac{s^2+(K+4)s+3K+3}{s^2+3s+2-K}$　　　　（2）$K<2$

4.25 （1）$H(s) = \dfrac{s}{s^2+(4-K)s+4}$　　（2）$K<4$　　（3）$H(j\Omega) = \dfrac{j\Omega}{(j\Omega+2)^2}$

　　　（4）$k=4$,　$H(j\Omega) = \dfrac{\pi}{2}\left[\delta(\Omega+2)+\delta(\Omega-2)\right]+\dfrac{j\Omega}{4-\Omega^2}$

　　　（5）$h_1(t) = (e^{-2t}-2te^{-2t})U(t)$,　$h_2(t) = \cos 2t U(t)$

4.26 （1）$\left|H(j\Omega)\right| = \dfrac{1}{\sqrt{(1-2\Omega^2)^2+(2\Omega-\Omega^2)^2}}$,　$\varphi(\Omega) = -\arctan\dfrac{2\Omega-\Omega^3}{1-2\Omega^2}$

　　　（2）$\Omega=0$ 时,　$\left|H(j\Omega)\right| = 1 = \max$,　$\varphi(\Omega)=0$

　　　（3）三阶低通滤波器,　$\Omega_c = 1\,\text{rad/s}$

第 5 章

5.1 （1）$f(n) = (n^2-2)U(n)$　（2）$f(n) = (-1)^{n+1}U(n)$　（3）$f(n) = \left[\left(\dfrac{1}{2}\right)^n+1\right]U(n)$　（4）$f(n) = n\cdot 2^n U(n)$

5.2 　略

5.3 （1）$-\left(-\dfrac{1}{3}\right)^{n+1}U(n)$　　　（2）$\left[2(-1)^n-4(-2)^n\right]U(n)$　　　（3）$3^n-(n+1)2^n U(n)$

5.4 （1）$\dfrac{1}{2}\left[\left(\dfrac{1}{3}\right)^n+\left(-\dfrac{1}{3}\right)^n\right]U(n)$　（2）$\left[\dfrac{2}{3}\left(-\dfrac{1}{2}\right)^n+\dfrac{1}{3}\left(\dfrac{1}{4}\right)^n\right]U(n)$　（3）$4(n-1)\left(\dfrac{1}{2}\right)^n U(n-1)$

　　　（4）$(-1)^{n-1}U(n-1)$　　（5）$\left[0.8^{n-1}-(-0.2)^{n-1}\right]U(n-1)$　　（6）$2^n(\sqrt{2})^{n+1}\cos\left(\dfrac{n\pi}{4}-\dfrac{\pi}{4}\right)U(n)$

5.5 （a）$h(n) = (-1)^{n-1}U(n-1)+\delta(n-1)$　　　　（b）$h(n) = 3^{n-1}U(n-1)$

　　　（c）$h(n) = \left[-1+4(3)^n\right]U(n)$　　　　　　（d）$h(n) = \left[2^n-2\right]U(n)$

5.6 （1）$\{5,3.5,6.5,10.5,7.5,9,6.5,2.5,0.5,0.5\}_0$　　（2）$\{2,9,11,16,18,20,8\}_0$

　　　（3）$\{12,32,14,-8,-26,6\}_{-2}$　　（4）$\{2,6,6,2\}_0$　　（5）$\delta(n)$　　（6）$\{1,3,6,6,5,3\}_0$

5.7 （a）$\{0,1,3,6,6,5,3\}_0$　　（b）$\{1,2,3,2,1\}_0$　　（c）$\{1,2,2,1,-2\}$

5.8 （1）$h(n) = (-0.5)^n U(n)$　　（2）（a）$y_f(n) = (n+1)(-0.5)^n U(n)$,　（b）$y_f(n) = \delta(n)$

5.9 （2）$h(n) = \dfrac{1}{2}\delta(n)+\left[\dfrac{1}{2}(-2)^n-(-1)^n\right]U(n)$　（3）$y(n) = \left[\dfrac{9}{2}(-1)^n-\dfrac{11}{3}(-2)^n+\dfrac{1}{6}\right]U(n)$

5.10 （2）$h(n) = (-2)^n U(n)$　　　$g(n) = \dfrac{2}{3}(-2)^n U(n)+\dfrac{1}{3}U(n)$

　　　（3）$y(n) = \left[\dfrac{13}{9}(-2)^n+\dfrac{1}{3}n-\dfrac{4}{9}\right]U(n)$

5.11 （1）$\left[\dfrac{e^{-2(n+1)}-e^{-3(n+1)}}{e^{-2}-e^{-3}}\right]U(n)$　　　（2）$(n+1)2^n U(n)$　　　（3）$2\left[1-\left(\dfrac{1}{2}\right)^{n+1}\right]U(n)$

　　　（4）$(n+1)U(n)-2(n-3)U(n-4)+(n-7)U(n-8)$

　　　（5）$\dfrac{n}{3!}(n+1)(n-1)U(n)$　　（6）0　　（7）$-\dfrac{1}{2}n\cos\dfrac{n\pi}{2}U(n)$　　（8）$2^n\sum\limits_{m=0}^{n}\sin\dfrac{m\pi}{2}/2^m$

5.12 （2）$h(n) = (n+1)(-1)^n U(n)$　　（3）$y(n) = \left[-\dfrac{9}{16}(-1)^n+\dfrac{9}{4}n(-1)^n+\dfrac{9}{16}(3)^n\right]U(n)$

5.13 　$h(n) = \left[3-4\left(\dfrac{1}{2}\right)^n\right]U(n)+2\delta(n)$

第 6 章

6.1 （1）$\dfrac{z}{z+1}$,　$|z|>1$　　　　　　　　（2）$\dfrac{z^2-\dfrac{1}{\sqrt{2}}z}{z^2-\sqrt{2}z+1}$,　$|z|>1$

(3) $\dfrac{z+1}{z}$， $|z|>0$ 或 $z\neq0$ (4) $\dfrac{z}{z-0.5}+\dfrac{z}{z-4}$， $|z|>4$

6.2 (1) $\dfrac{2z^2}{z^2-1}$ (2) $\dfrac{z^3+z-0.5}{z^2(z-0.5)}$ (3) $\dfrac{z\sin\omega}{z^2-2z\cos\omega+1}$ (4) $\dfrac{z^4-z^2+1}{z^4-z^3}$

  (5) $\dfrac{4z^2}{4z^2+1}$ (6) $\dfrac{z}{z-2e^{-3}}$ (7) $\dfrac{3e^{-2}z\sin\omega}{z^2-6e^{-2}z\cos\omega+9e^{-4}}$ (8) $\dfrac{z^2-z}{\sqrt{2}\,(z^2+1)}$

6.3 (1) $f(0)=1$， $f(\infty)=0$ (2) $f(0)=1$， $f(\infty)$ 不存在
    (3) $f(0)=1$， $f(\infty)=2$ (4) $f(0)=1$， $f(\infty)=2$
    (5) $f(0)=1$， $f(\infty)=2^N$ (6) $f(0)=1$， $f(\infty)$ 不存在
    (7) $f(0)=0$， $f(\infty)=0$ (8) $f(0)=0$， $f(\infty)$ 不存在

6.4 (1) $\left[\dfrac{1}{3}(-1)^n+\dfrac{2}{3}(2)^n\right]U(n)$ (2) $\left[\left(\dfrac{1}{4}\right)^n-\left(\dfrac{2}{3}\right)^n\right]U(n)$

  (3) $2\delta(n)-\left[(-1)^{n-1}-6(5)^{n-1}\right]U(n-1)$ (4) $\left[(-1)^n+2n-1\right]U(n)$

  (5) $2\delta(n-1)+6\delta(n)+\left[8-13(0.5)^n\right]U(n)$ (6) $\dfrac{1}{6}n\cdot6^nU(n)$

6.5 (1) $\left(-\dfrac{1}{2}\right)^nU(n)$ (2) $\delta(n)+\dfrac{1}{2}\delta(n-1)+2\cos\left(\dfrac{2}{3}\pi n-\dfrac{\pi}{3}\right)U(n)$

  (3) $\left[\dfrac{3}{2}\delta(n)-(-1)^n+\dfrac{\sqrt{5}}{2}(2)^n\cos\left(\dfrac{n\pi}{2}+63.4°\right)\right]U(n)$ (4) $n^2\cdot2^{n-1}U(n)$

  (5) $\delta(n-1)+2\delta(n-3)+4\delta(n-5)$ (6) $\left[4-(n+3)\left(\dfrac{1}{2}\right)^n\right]U(n)$

6.6 (1) $y_x(n)=U(n)$，$y_f(n)=nU(n)$

  (2) $y_x(n)=\left[-\dfrac{1}{5}(-3)^n+\dfrac{1}{5}(2)^n\right]U(n)$，$y_f(n)=\left[-\dfrac{1}{5}(2)^n-\dfrac{3}{35}(-3)^n+\dfrac{2}{7}(4)^n\right]U(n)$

  (3) $y_x(n)=2(-2)^nU(n)$，$y_f(n)=\left[2(-2)^n+n+2\right]U(n)$

  (4) $y_x(n)=\left[-(2)^{n+1}+(3)^{n+1}\right]U(n)$，$y_f(n)=\left[\dfrac{1}{2}-(2)^n+\dfrac{1}{2}(3)^n\right]U(n)$

6.7 (1) $y(n)=\left[-2\left(\dfrac{1}{2}\right)^n+3\left(\dfrac{3}{4}\right)^n\right]U(n)$ (2) $y(n)=\left[4\left(\dfrac{1}{2}\right)^n-3\left(\dfrac{1}{4}\right)^n-n\left(\dfrac{1}{4}\right)^n\right]U(n)$

  (3) $y(n)=\left[\dfrac{1}{3}\left(\dfrac{1}{2}\right)^n+\dfrac{2}{3}(-1)^n\right]U(n)$

6.8 (1) $\dfrac{1}{20}\left[3^n-5(-1)^n+4(-2)^n\right]U(n)$ (2) $\left[2(-1)^n-\left(\dfrac{1}{2}\right)^n+8(2)^n\right]U(n)$

  (3) $\left(1-\cos\dfrac{2\pi}{3}n+\sqrt{3}\sin\dfrac{2}{3}\pi n\right)U(n)$ (4) $\left[2^{n+1}+\dfrac{1}{2}(-1)^n-\dfrac{3}{2}\right]U(n)$

6.9 (1) $H(z)=\dfrac{2z+1}{z-1}$ (2) $h(n)=2\delta(n)+3U(n-1)$ 或 $-\delta(n)+3U(n)$

  (3) $g(n)=(2+3n)U(n)$

6.10 $H(z)=2-\dfrac{z-1}{z-0.5}+\dfrac{z-1}{z+1.5}$ $h(n)=-\dfrac{2}{3}\delta(n)+\left[\left(\dfrac{1}{2}\right)^n+\dfrac{5}{3}\left(-\dfrac{3}{2}\right)^n\right]U(n)$

6.11 $y(n)-\dfrac{7}{12}y(n-1)+\dfrac{1}{12}y(n-2)=f(n)-\dfrac{1}{2}f(n-1)$ $h(n)=\left[-2\left(\dfrac{1}{3}\right)^n+3\left(\dfrac{1}{4}\right)^n\right]U(n)$

6.12 $f(n)=\left[\dfrac{1}{2}\delta(n)-\dfrac{9}{8}\left(-\dfrac{1}{2}\right)^n+\dfrac{5}{8}\left(\dfrac{1}{2}\right)^n+\dfrac{n}{4}\left(\dfrac{1}{2}\right)^n\right]U(n)$

6.13 (1) $H(z)=\dfrac{2z^2}{\left(z+\dfrac{1}{2}\right)(z-2)}$ (2) $h(n)=\left[\dfrac{2}{5}\left(-\dfrac{1}{2}\right)^n+\dfrac{8}{5}(2)^n\right]U(n)$

$$（3）y(n)-\frac{3}{2}y(n-1)-y(n-2)=2f(n)\qquad（4）f(n)=\frac{1}{2}\delta(n)+\frac{1}{4}\delta(n-1)$$

6.14　$-2<K<0$

6.15　$-3<K<3$

6.16　$-2<K<4$

6.17　$F(z)=\dfrac{2z^2}{z^2-0.5z+0.25}，\qquad|z|>0.5$

6.18　（1）$H(z)=\dfrac{3z^2+2z-1}{z^3}$　　　　（2）$h(n)=3\delta(n-1)+2\delta(n-2)-\delta(n-3)$

　　　（3）$g(n)=3U(n-1)+2U(n-2)-U(n-3)$

6.19　（1）$H(z)=\dfrac{z^2+z}{z^2+5z+6}$　　　（2）$y(n+2)+5y(n+1)+6y(n)=f(n+2)+f(n+1)$

　　　（3）$h(n)=\left[2(-3)^n-(-2)^n\right]U(n)$

6.20　（1）$H(z)=\dfrac{3z^3-5z^2-6z}{(z^2-1)(z-3)}$　（2）$y(n)-3y(n-1)-y(n-2)+3y(n-3)=3f(n)-5f(n-1)-6f(n-2)$

　　　（3）$h(n)=\left[2+\dfrac{3}{4}(3)^n+\dfrac{1}{4}(-1)^n\right]U(n)$　　（4）$\left[\dfrac{5}{12}(-1)^n+6+\dfrac{33}{20}(3)^n-\dfrac{31}{15}\left(\dfrac{1}{2}\right)^n\right]U(n)$

6.21　（1）$H(z)=\dfrac{12z^2}{(z-1)(3z+1)}$　　　　　　（2）$h(n)=\left[3+\left(-\dfrac{1}{3}\right)^n\right]U(n)$

　　　（3）$3y(n)-2y(n-1)-y(n-2)=12f(n)$　（4）$\dfrac{2}{3}\delta(n)+\dfrac{1}{6}\delta(n-1)-\dfrac{5}{12}\left(\dfrac{1}{2}\right)^n U(n)$

6.22　$-\dfrac{5}{2}<K<\dfrac{3}{2}$

6.23　（1）$H(e^{j\omega})=\dfrac{1-e^{-j\omega}}{1-\dfrac{\sqrt{2}}{2}e^{-j\omega}+\dfrac{1}{4}e^{-j2\omega}}$　　　　　　（2）$y(n)=\dfrac{8}{17}(5-2\sqrt{2})(-1)^n$

6.24　$y_{ss}(n)=2\cos\left(\dfrac{n\pi}{2}-36.9°\right)$

6.25　$y_{ss}(n)=4.3\sin\left(\dfrac{n\pi}{6}+127°\right)$

6.26　（1）$y(n)-\dfrac{4}{5}y(n-1)=\dfrac{1}{5}f(n)$　　（2）$y_{ss}(n)=U(n)+\dfrac{1}{9}\cos n\pi+0.4\cos\left(\dfrac{n\pi}{6}-52.5°\right)$

第7章

7.1　$H(s)=\dfrac{s^2+4s}{s^2+3s+2}$

7.2　$H(s)=\dfrac{H_1(s)H_2(s)\left[1-H_3(s)\right]}{1-H_2(s)+H_1(s)H_2(s)\left[1-H_3(s)\right]\left[H_4(s)+H_5(s)\right]}$

7.3　$H(s)=\dfrac{s^2}{1+2s^2+2s}$

7.4　$H(s)=\dfrac{10(s+1)}{s^3+s^2+20s+10}$

7.5　$H(z)=\dfrac{2z^2-1}{z^3+4z^2+5z+6}$

7.6　$H(z)=\dfrac{2z^2-5}{z^4+20}$

7.7　略

7.8 略

7.9 $H(z) = \dfrac{2z^2 - 3}{z(z+2)^2(z+3)}$

7.10 $\begin{bmatrix} \dot{\lambda}_1 \\ \dot{\lambda}_2 \\ \dot{\lambda}_3 \end{bmatrix} = \begin{bmatrix} -\dfrac{1}{2} & \dfrac{1}{2} & \dfrac{1}{2} \\ 1 & -1 & -1 \\ -1 & 1 & 0 \end{bmatrix} \begin{bmatrix} \lambda_1 \\ \lambda_2 \\ \lambda_3 \end{bmatrix} + \begin{bmatrix} 0 & \dfrac{1}{2} \\ 0 & 0 \\ 1 & 0 \end{bmatrix} \begin{bmatrix} i(t) \\ \\ i'(t) \end{bmatrix}$

7.11 $\begin{bmatrix} \dot{\lambda}_1 \\ \dot{\lambda}_2 \\ \dot{\lambda}_3 \end{bmatrix} = \begin{bmatrix} -1 & -1 & 0 \\ \dfrac{2}{3} & -\dfrac{1}{3} & \dfrac{1}{3} \\ \dfrac{1}{3} & \dfrac{1}{3} & -\dfrac{1}{3} \end{bmatrix} \begin{bmatrix} \lambda_1 \\ \lambda_2 \\ \lambda_3 \end{bmatrix} + \begin{bmatrix} 1 \\ -\dfrac{1}{3} \\ \dfrac{1}{3} \end{bmatrix} u_s(t)$

7.12 $\begin{bmatrix} \dot{\lambda}_1 \\ \dot{\lambda}_2 \end{bmatrix} = \begin{bmatrix} -1 & -2 \\ \dfrac{1}{2} & -1 \end{bmatrix} \begin{bmatrix} \lambda_1 \\ \lambda_2 \end{bmatrix} + \begin{bmatrix} 2 \\ 0 \end{bmatrix} f(t) \qquad y(t) = \begin{bmatrix} 1 & -2 \end{bmatrix} \begin{bmatrix} \lambda_1 \\ \lambda_2 \end{bmatrix}$

7.13 $\begin{bmatrix} \dot{\lambda}_1 \\ \dot{\lambda}_2 \end{bmatrix} = \begin{bmatrix} -2 & -1 \\ 1 & -\dfrac{1}{2} \end{bmatrix} \begin{bmatrix} \lambda_1 \\ \lambda_2 \end{bmatrix} + \begin{bmatrix} 2 & 0 \\ 0 & \dfrac{1}{2} \end{bmatrix} \begin{bmatrix} i_s(t) \\ \\ u_s(t) \end{bmatrix} \qquad y(t) = \begin{bmatrix} -2 & 0 \end{bmatrix} \begin{bmatrix} \lambda_1 \\ \lambda_2 \end{bmatrix} + \begin{bmatrix} 2 & 0 \end{bmatrix} \begin{bmatrix} i_s(t) \\ u_s(t) \end{bmatrix}$

7.14 $\begin{bmatrix} \dot{\lambda}_1 \\ \dot{\lambda}_2 \\ \dot{\lambda}_3 \\ \dot{\lambda}_4 \end{bmatrix} = \begin{bmatrix} 0 & 0 & -2 & 3 \\ 1 & 0 & 0 & 0 \\ 0 & 1 & 0 & 2 \\ 0 & 0 & 1 & 0 \end{bmatrix} \begin{bmatrix} \lambda_1 \\ \lambda_2 \\ \lambda_3 \\ \lambda_4 \end{bmatrix} + \begin{bmatrix} 1 \\ 0 \\ 0 \\ 0 \end{bmatrix} f(t) \qquad y(t) = \lambda_4$

7.15 $\begin{bmatrix} \dot{\lambda}_1 \\ \dot{\lambda}_2 \\ \dot{\lambda}_3 \end{bmatrix} = \begin{bmatrix} -1 & 2 & 4 \\ 1 & 0 & 0 \\ 0 & 1 & 3 \end{bmatrix} \begin{bmatrix} \lambda_1 \\ \lambda_2 \\ \lambda_3 \end{bmatrix} + \begin{bmatrix} 1 \\ 0 \\ 0 \end{bmatrix} f(t) \qquad y(t) = \begin{bmatrix} 2 & 0 & 1 \end{bmatrix} \begin{bmatrix} \lambda_1 \\ \lambda_2 \\ \lambda_3 \end{bmatrix}$

7.16 $\begin{bmatrix} \dot{\lambda}_1 \\ \dot{\lambda}_2 \end{bmatrix} = \begin{bmatrix} -1 & 0 \\ 1 & -2 \end{bmatrix} \begin{bmatrix} \lambda_1 \\ \lambda_2 \end{bmatrix} + \begin{bmatrix} 1 \\ 1 \end{bmatrix} f(t) \qquad y(t) = \begin{bmatrix} 1 & 0 \end{bmatrix} \begin{bmatrix} \lambda_1 \\ \lambda_2 \end{bmatrix} + f(t)$

7.17 $H(s) = \dfrac{s(s+1)}{s^2 + s - 2}$

7.18 $\begin{bmatrix} \lambda_1(n+1) \\ \lambda_2(n+1) \end{bmatrix} = \begin{bmatrix} 2 & -1 \\ 2 & -1 \end{bmatrix} \begin{bmatrix} \lambda_1 \\ \lambda_2 \end{bmatrix} + \begin{bmatrix} 2 \\ 3 \end{bmatrix} f(n) \qquad \begin{bmatrix} y_1(n) \\ y_2(n) \end{bmatrix} = \begin{bmatrix} -2 & 0 \\ 0 & 1 \end{bmatrix} \begin{bmatrix} \lambda_1 \\ \lambda_2 \end{bmatrix}$

7.19 $\begin{bmatrix} \lambda_1(n+1) \\ \lambda_2(n+1) \end{bmatrix} = \begin{bmatrix} -3 & -2 \\ 1 & 0 \end{bmatrix} \begin{bmatrix} \lambda_1 \\ \lambda_2 \end{bmatrix} + \begin{bmatrix} 1 & 0 \\ 0 & 0 \end{bmatrix} \begin{bmatrix} f_1(n) \\ f_2(n) \end{bmatrix}, \qquad y(n) = \begin{bmatrix} 0 & 1 \end{bmatrix} \begin{bmatrix} \lambda_1 \\ \lambda_2 \end{bmatrix} + \begin{bmatrix} 0 & 1 \end{bmatrix} \begin{bmatrix} f_1(n) \\ f_2(n) \end{bmatrix}$

附录 A 部分分式展开

在信号与系统的分析中,经常碰到以 $p, j\omega, s, z$ 为变量的有理分式的展开问题,例如

$$F(s) = \frac{N(s)}{D(s)} = \frac{b_m s^m + b_{m-1} s^{m-1} + \cdots + b_1 s + b_0}{s^n + a_{n-1} s^{n-1} + \cdots + a_1 s + a_0} \tag{A-1}$$

式中,当 $m \geq n$ 时,函数 $F(s)$ 叫假分式;当 $m < n$ 时,$F(s)$ 叫真分式。

任何一个有理分式,总可以分解为自变量 s(或 $j\omega, z$,等)的正整幂多项式与一个真分式之和,后者又能进一步展开成部分分式。例如

$$F(s) = \frac{2s^4 + 4s^3 + 5s^2 + 5s}{s^2 + 4s + 3} = \underbrace{2s^2 - 4s + 15}_{\text{多项式}} - \underbrace{\frac{43s + 45}{s^2 + 4s + 3}}_{\text{真分式}} \tag{A-2}$$

部分分式展开,就是讨论把有理真分式展开成一些形式上相同的简单项的线性组合时,如何确定各项系数的方法。下面分三种情况举例说明 $F(s) = \dfrac{N(s)}{D(s)}$ 为真分式的部分分式展开。

A.1 $F(s)$ 的 $D(s)$ 中都是单实根

先将 $D(s)$ 因式分解成一阶因子,即

$$F(s) = \frac{N(s)}{(s-\lambda_1)(s-\lambda_2)\cdots(s-\lambda_n)} \tag{A-3}$$

再展开成

$$F(s) = \frac{K_1}{s-\lambda_1} + \frac{K_2}{s-\lambda_2} + \cdots + \frac{K_j}{s-\lambda_j} + \cdots + \frac{K_n}{s-\lambda_n} \tag{A-4}$$

式中,系数,$K_1, K_2, \cdots, K_j, \cdots, K_n$ 用下列办法确定。因为

$$(s-\lambda_j)F(s) = \frac{K_1(s-\lambda_j)}{s-\lambda_1} + \frac{K_2(s-\lambda_j)}{s-\lambda_2} + \cdots + K_j + \cdots + \frac{K_n(s-\lambda_j)}{s-\lambda_n}$$

令 $s = \lambda_j$,或者 $s - \lambda_j = 0$,于是由

$$(s-\lambda_j)F(s)\big|_{s=\lambda_j} = K_j \tag{A-5}$$

即可分别算出 $K_1, K_2, \cdots, K_j, \cdots, K_n$ 的值。例如

$$F(s) = \frac{4s+9}{s^2+5s+6} = \frac{4s+9}{(s+2)(s+3)} = \frac{K_1}{s+2} + \frac{K_2}{s+3}$$

其中

$$K_1 = \frac{4s+9}{s+3}\bigg|_{s=-2} = \frac{-8+9}{-2+3} + 1, K_2 = \frac{4s+9}{s+2}\bigg|_{s=-3} = \frac{-12+9}{-3+2} + 3$$

于是

$$\frac{4s+9}{(s+2)(s+3)} = \frac{1}{s+2} + \frac{3}{s+3}$$

A.2 $F(s)$ 的 $D(s)$ 中有重根

设

$$F(s) = \frac{N(s)}{(s-\lambda_1)^r(s-\lambda_{r+1})\cdots(s-\lambda_n)} \tag{A-6}$$

容易证明,这种情况的部分分式展开式为

$$F(s) = \frac{K_1}{(s-\lambda_1)^r} + \frac{K_2}{(s-\lambda_1)^{r-1}} + \cdots + \frac{K_r}{s-\lambda_1} + \frac{K_{r+1}}{s-\lambda_{r+1}} + \cdots + \frac{K_n}{s-\lambda_n} \qquad (A\text{-}7)$$

其中,单根 $\lambda_{r+1},\cdots,\lambda_n$ 所对应项的系数 $K_{r+1},\cdots,K_n$ 用式(A-5)计算,重根 λ_1 对应项的系数 K_1, $K_2,\cdots,K_r$ 按如下公式计算

$$K_1 = (s-\lambda_1)^r \cdot F(s) \mid_{s=\lambda_1}$$

$$K_2 = \frac{\mathrm{d}}{\mathrm{d}s}\{(s-\lambda_1)^r \cdot F(s)\} \mid_{s=\lambda_1}$$

其一般项系数
$$K_j = \frac{1}{(j-1)!}\frac{\mathrm{d}^{j-1}}{\mathrm{d}s^{j-1}}\{(s-\lambda_1)^r \cdot F(s)\} \mid_{s=\lambda_1} \qquad (A\text{-}8)$$

式(A-8)的证明不难,因为由式(A-7)已知

$$(s-\lambda_1)^r \cdot F(s) = K_1 + K_2(s-\lambda_1) + K_3(s-\lambda_1)^2 + \cdots + K_r(s-\lambda_1)^{r-1} +$$

$$\frac{K_{r+1}(s-\lambda_1)^r}{s-\lambda_{r+1}} + \cdots + K_n\frac{(s-\lambda_1)^r}{s-\lambda_n} \qquad (A\text{-}9)$$

因此,分别对式(A-9)求零至 $(r-1)$ 阶导数并令 $s=\lambda_1$,即可证明式(A-8)。

例如
$$F(s) = \frac{4s^3 + 16s^2 + 23s + 13}{(s+1)^3(s+2)}$$

$$= \frac{K_1}{(s+1)^3} + \frac{K_2}{(s+1)^2} + \frac{K_3}{s+1} + \frac{K_4}{s+2}$$

其中
$$K_1 = \frac{4s^3 + 16s^2 + 23s + 13}{s+2}\bigg|_{s=-1} = 2$$

$$K_4 = \frac{4s^3 + 16s^2 + 23s + 13}{(s+1)^3}\bigg|_{s=-2} = 1$$

$$K_2 = \frac{\mathrm{d}}{\mathrm{d}s}\left[\frac{4s^3 + 16s^2 + 23s + 13}{s+2}\right]_{s=-1}$$

$$= \left\{\frac{(s+2)[2s^2 + 32s + 23] - 4s^3 - 16s^2 - 23s - 13}{(s+2)^2}\right\}_{s=-1} = 1$$

$$K_3 = \frac{1}{2!}\frac{\mathrm{d}^2}{\mathrm{d}s^2}\left[\frac{4s^3 + 16s^2 + 23s + 13}{s+2}\right]_{s=-1} = 3$$

即
$$F(s) = \frac{4s^3 + 16s^2 + 23s + 13}{(s+1)^3(s+2)} = \frac{2}{(s+1)^3} + \frac{1}{(s+1)^2} + \frac{3}{s+1} + \frac{1}{s+2}$$

A.3 $F(s)$ 的 $D(s)$ 中有共轭复根

由于 $F(s)$ 是有理分式,所以如果 $F(s)$ 中有复数极点,则必定共轭成对出现。这种情况的展开, 可仿照式(A-4)、式(A-5)进行,只不过复数根对应项的系数也必然为复数且共轭成对出现(否则 $F(s)$ 不会是有理分式)。也可以用如下办法展开成具有二次项作为分母的组合。例如

$$F(s) = \frac{s^2 + s + 1}{(s^2 + 2s + 2)(s+1)} = \frac{K_1}{s+1} + \frac{K_2 s + K_3}{s^2 + 2s + 2} \qquad (A\text{-}10)$$

其中
$$K_1 = \frac{s^2 + s + 1}{s^2 + 2s + 2}\bigg|_{s=-1} = 1$$

将 $K_1 = 1$ 代入式(A-10)并通分相加得

$$\frac{s^2+s+1}{(s^2+2+2)(s+1)}=\frac{(s^2+2s+2)+K_2s^2+(K_2+K_3)s+K_3}{(s^2+2s+2)(s+1)}$$

$$=\frac{(1+K_2)s^2+(2+K_2+K_3)s+(2+K_3)}{(s^2+2s+2)(s+1)}$$

比较等式两端分子的对应项,即可确定 $K_3=-1,K_2=0$。于是

$$F(s)=\frac{1}{s+1}+\frac{-1}{(s+1)^2+1}$$

这种展开办法在求解逆拉氏变换中十分简便。容易看出,如果

$$F(s)=\frac{s^2+s+1}{(s^2+2s+2)(s+1)},\quad \sigma:(-1,\infty)$$

则

$$F(s)=\frac{1}{s+1}-\frac{1}{(s+1)^2+1},\quad \sigma:(-1,\infty)$$

于是

$$f(t)=e^{-t}U(t)-e^{-t}\sin tU(t)$$

必须注意,上述三种展开式求系数的公式,仅仅对 $F(s)$ 是真分式时才适用。如果给定的 $F(s)$ 是假分式,必须先将 $F(s)$ 转换成 s 的正整幂多项式和一个真分式之后再进行展开。

附录 B 卷积积分表

序号	$f_1(t)$	$f_2(t)$	$f_1(t)*f_2(t)$
1	$f(t)$	$\delta'(t)$	$f'(t)$
2	$f(t)$	$\delta(t)$	$f(t)$
3	$f(t)$	$U(t)$	$\int_{-\infty}^{t}f(\lambda)\,\mathrm{d}\lambda$
4	$U(t)$	$U(t)$	$tU(t)$
5	$tU(t)$	$U(t)$	$\frac{1}{2}t^2U(t)$
6	$e^{-at}U(t)$	$U(t)$	$\frac{1}{\alpha}(1-e^{-\alpha t})U(t)$
7	$e^{-\alpha_1 t}U(t)$	$e^{-\alpha_2 t}U(t)$	$\frac{1}{\alpha_2-\alpha_1}(e^{-\alpha_1 t}-e^{-\alpha_2 t})U(t),\quad \alpha_1\neq\alpha_2$
8	$e^{-\alpha t}U(t)$	$e^{-\alpha t}U(t)$	$te^{-\alpha t}U(t)$
9	$tU(t)$	$e^{-\alpha t}U(t)$	$\left(\frac{\alpha t-1}{\alpha^2}+\frac{1}{\alpha^2}e^{-\alpha t}\right)U(t)$
10	$te^{-\alpha_1 t}U(t)$	$e^{-\alpha_2 t}U(t)$	$\left[\frac{(\alpha_2-\alpha_1)t-1}{(\alpha_2-\alpha_1)^2}e^{-\alpha_1 t}+\frac{1}{(\alpha_2-\alpha_1)^2}e^{-\alpha_2 t}\right]U(t)$ $\alpha_1\neq\alpha_2$
11	$te^{-\alpha t}U(t)$	$e^{-\alpha t}U(t)$	$\frac{1}{2}t^2e^{-\alpha t}U(t)$

附录 C 常用周期信号的傅里叶系数表

名　　称	信　号　波　形	傅里叶系数 $\left(\Omega_0 = \dfrac{2\pi}{T}\right)$
矩形脉冲		$\dfrac{a_0}{2} = \dfrac{\tau}{T}$ $a_n = \dfrac{2\sin\left(\dfrac{n\Omega_0\tau}{2}\right)}{n\pi}, \quad n = 1,2,3,\cdots$ $b_n = 0$
方　　波		$a_n = 0,$ $b_n = \begin{cases} 0, & n = 2,4,6,\cdots \\ \dfrac{4}{n\pi}, & n = 1,3,5,\cdots \end{cases}$ 或 $b_n = \dfrac{4}{n\pi}\sin^2\left(\dfrac{n\pi}{2}\right)$
锯齿波		$\dfrac{a_0}{2} = \dfrac{1}{2}$ $a_n = 0$ $b_n = \dfrac{1}{n\pi}, \quad n = 1,2,3\cdots$
		$a_n = 0$ $b_n = (-1)^{n+1}\dfrac{2}{n\pi}, \quad n = 1,2,3\cdots$
三角脉冲		$\dfrac{a_0}{2} = \dfrac{\tau}{2T}$ $a_n = \dfrac{4T}{\tau}\cdot\dfrac{1}{(n\pi)^2}\sin^2\left(\dfrac{n\Omega_0\tau}{4}\right)$
三角波		$a_n = 0$ $b_n = \dfrac{8}{(n\pi)^2}\sin\left(\dfrac{n\pi}{2}\right)$
半波余弦		$\dfrac{a_0}{2} = \dfrac{1}{\pi}$ $a_n = \dfrac{-2}{\pi(n^2-1)}\cos\left(\dfrac{n\pi}{2}\right)$ $b_n = 0$
全波余弦		$\dfrac{a_0}{2} = \dfrac{2}{\pi}$ $a_n = -\dfrac{4}{\pi(n^2-1)}\cos\left(\dfrac{n\pi}{2}\right)$ $b_n = 0$

附录 D 常用序列单、双边 z 变换对

序号	$f(n)$	单边 z 变换			双边 z 变换	
		象函数 $F(z)$	收敛域	象函数 $F_h(z)$	收敛域	
1	$\delta(n)$	1	全平面	1	全平面
2	$U(n)$	$\dfrac{z}{z-1}$	$|z|>1$	$\dfrac{z}{z-1}$	$|z|>1$
3	$(a)^n U(n)$	$\dfrac{z}{z-a}$	$|z|>|a|$	$\dfrac{z}{z-a}$	$|z|>|a|$
4	$nU(n)$	$\dfrac{z}{(z-1)^2}$	$|z|>1$	$\dfrac{z}{(z-1)^2}$	$|a|>1$
5	$n(a)^{n-1}U(n)$	$\dfrac{z}{(z-a)^2}$	$|z|>|a|$	$\dfrac{z}{(z-a)^2}$	$|z|>|a|$
6	$\dfrac{n(n-1)\cdots(n-m+1)}{m!}(a)^{n-m}U(n),m\geq 1$	$\dfrac{z}{(z-a)^{m+1}}$	$|z|>|a|$	$\dfrac{z}{(z-a)^{m+1}}$	$|z|>|a|$
7	$\delta(n-m)$，$m>0$	z^{-m}	$|z|>0$	z^{-m}	$|z|>0$
8	$-U(-n-1)$	—	—	$\dfrac{z}{z-1}$	$|z|<1$
9	$-(a)^n U(-n-1)$	—	—	$\dfrac{z}{z-a}$	$|z|<|a|$
10	$-nU(-n-1)$	—	—	$\dfrac{z}{(z-1)^2}$	$|z|<1$
11	$-n(a)^{n-1}U(-n-1)$	—	—	$\dfrac{z}{(z-a)^2}$	$|z|<|a|$
12	$\dfrac{-n(n-1)\cdots(n-m+1)}{m!}(a)^{n-m}U(-n-1),m\geq 1$	—	—	$\dfrac{z}{(z-a)^{m+1}}$	$|z|<|a|$
13	$\delta(n+m)$，$m>0$	—	—	z^m	$|z|<\infty$
14	$(a)^n U(n)-(b)^n U(-n-1),|b|>|a|$	$\dfrac{z}{z-a}$	$|z|>|a|$	$\dfrac{2z^2-(a+b)z}{(z-a)(z-b)}$	$|a|<|z|<|b|$

附录 E 常用信号的傅里叶变换及其频谱图

序号	信号名称	时间函数	波 形	频谱函数 $F(j\Omega)$	幅度 $|F(j\Omega)|$	相位谱 $\varphi(\Omega)$
1	单位冲激	$\delta(t)$		1		$\varphi(\Omega)=0$
2	单位阶跃	$U(t)$		$\pi\delta(\Omega)+\dfrac{1}{j\Omega}$		
3	单边指数	$e^{-\alpha t}U(t)$ ($a>0$)		$\dfrac{1}{\alpha+j\Omega}$		
4	双边指数	$e^{-\alpha|t|}$ ($a>0$)		$\dfrac{2\alpha}{\alpha^2+\Omega^2}$		$\varphi(\Omega)=0$

序号	信号名称	时间函数	波形	频谱函数 $F(j\Omega)$	幅度谱 $|F(j\Omega)|$	相位谱 $\varphi(\Omega)$
5	矩形脉冲	$G_\tau(t)=\begin{cases}1, & |t|<\dfrac{\tau}{2}\\ 0, & |t|>\dfrac{\tau}{2}\end{cases}$		$\tau\,\mathrm{Sa}\left(\dfrac{\Omega\tau}{2}\right)$		
6	单位直流	1		$2\pi\delta(\Omega)$		$\varphi(\Omega)=0$
7	符号函数	$\operatorname{sgn}(t)=\begin{cases}1, & t>0\\ -1, & t<0\end{cases}$		$\dfrac{2}{j\Omega}$		
8	周期余弦	$\cos\Omega_0 t$		$\pi\left[\delta(\Omega+\Omega_0)+\delta(\Omega-\Omega_0)\right]$		$\varphi(\Omega)=0$
9	周期正弦	$\sin\Omega_0 t$		$j\pi\left[\delta(\Omega+\Omega_0)-\delta(\Omega-\Omega_0)\right]$		

（续表）

序号	信号名称	时间函数	波　形	频谱函数 $F(j\Omega)$	幅度谱 $|F(j\Omega)|$	相位谱 $\varphi(\Omega)$
10	周期复指数函数	$e^{j\Omega_0 t}$	…	$2\pi\delta(\Omega-\Omega_0)$		$\varphi(\Omega)=0$
11	冲激偶	$\delta'(t)$		$j\Omega$		
12	周期冲激序列	$\delta_T(t)=\sum\limits_{n=-\infty}^{\infty}\delta(t-nT)$		$\Omega_0\sum\limits_{n=-\infty}^{\infty}\delta(\Omega-n\Omega_0)$ $\Omega_0=\dfrac{2\pi}{T}$		$\varphi(\Omega)=0$
13	周期信号（满足狄氏条件）	$\sum\limits_{n=-\infty}^{\infty}F_n\mathrm{e}^{jn\Omega_0 t}$ $F_n=\dfrac{1}{T}\displaystyle\int_{-T/2}^{T/2}f(t)\mathrm{e}^{-jn\Omega_0 t}\,\mathrm{d}t$ $\Omega_0=\dfrac{2\pi}{T}$, T 为周期	…	$2\pi\sum\limits_{n=-\infty}^{\infty}F_n\delta(\Omega-n\Omega_0)$	…	…

说明：为便于读者记忆，本表列出了最常用函数的傅里叶变换对。还有一些函数，如 $\mathrm{Sa}(bt)$，$|t|$，t，$\dfrac{1}{t}$，等，可由表中给出的变换对，结合傅里叶变换的性质求得。

附录 F　自我检测题及其参考解答

F.1　自我检测题一

一、单项选择题(每小题 3 分,共 30 分)

1. 已知一连续时间系统的输入–输出关系为 $y(t)=f(3t)$,则该系统为_____系统。
   A. 非线性、非因果　　　B. 线性、非因果　　　C. 非线性、因果　　　D. 线性、因果

2. 积分 $\int_{-\infty}^{\infty}(t+2)\delta(t-1)\mathrm{d}t=$_____。
   A. 0　　　　　　　　B. 1　　　　　　　　C. 2　　　　　　　　D. 3

3. 下面哪个式子是成立的:_____。
   A. $f(t)\delta(t)=f(t)$　　B. $f(t)U(t)=f(t)$　　C. $f(t)*U(t)=f(t)$　　D. $f(t)*\delta(t)=f(t)$

4. 设实信号 $f(t)$ 的频谱为 $F(\mathrm{j}\Omega)$,下面哪个说法正确?_____。
   A. 幅度谱是偶函数,相位谱是奇函数;　　B. 幅度谱和相位谱都是偶函数;
   C. 幅度谱是奇函数,相位谱是偶函数;　　D. 幅度谱和相位谱都是奇函数。

5. 带限信号 $f(t)$ 的最高频率为 100Hz,则 $f\left(\dfrac{1}{2}t\right)$ 的奈奎斯特取样频率为_____Hz。
   A. 25　　　　　　　　B. 100　　　　　　　C. 200　　　　　　　D. 400

6. 单边拉氏变换 $F(s)=\dfrac{1-\mathrm{e}^{-s}}{s}$ 的原函数等于_____。
   A. $\delta(t)+\delta(t+1)$　　B. $\delta(t)+U(t-1)$　　C. $\delta(t-1)+U(t)$　　D. $U(t)-U(t-1)$

7. $t\mathrm{e}^{-t}U(t)$ 的象函数为_____。
   A. $\dfrac{1}{(s-1)^2}$　　　　B. $\dfrac{s}{(s+1)^2}$　　　　C. $\dfrac{1}{(s+1)^2}$　　　　D. $\dfrac{s}{(s-1)^2}$

8. 信号 $f_1(n)=\{1,0,2\}$,$n=0,1,2$;$f_2(n)=\{1,2,1,3\}$,$n=0,1,2,3$;设 $f(n)=f_1(n)*f_2(n)$,则 $f(0)=$_____。
   A. 1　　　　　　　　B. 2　　　　　　　　C. 3　　　　　　　　D. 6

9. 因果序列 $f(n)$ 的 z 变换为 $F(z)=\dfrac{(z+1)(z^2+z+1)}{z^3}$,则 $f(3)$ 等于_____。
   A. 0　　　　　　　B. $\delta(n-3)$　　　　　C. 1　　　　　　　D. -1

10. 序列 $\sum_{k=0}^{\infty}(-2)^k\delta(n-k)$ 的单边 z 变换 $X(z)$ 等于_____。
   A. $\dfrac{z}{z-2}$　　B. $\dfrac{z}{z+2}$　　C. $\dfrac{z}{(z-1)(z-2)}$　　D. $\dfrac{2z}{z^2-2}$

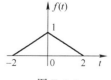

图 F. 1-1

二、填空题(每小题 4 分,共 20 分)

1. 信号 $f(t)$ 的波形如图 F.1-1 所示,请画出 $f(1+2t)U(1+2t)$

的波形。

2. 已知周期信号 $f(t) = 1 + 2\cos(t + 45°)$，请画出其单边幅度谱和单边相位谱。

3. 已知 $f(t)$ 的单边拉氏变换是 $F(s) = \dfrac{2s+1}{s^2 - s - 2}$，则 $f(t)$ 的初值 $f(0^+) = $ _____，终值 $f(\infty)$ _____。

4. 已知 $f_1(n) = \{1, 2, 1\}_{-1}$，$f_2(n) = \{1, 1, 1\}_1$，则 $f_1(n) * f_2(n) = $ _____。

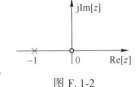
图 F.1-2

5. LTI 因果离散系统的零极点图如图 F.1-2 所示，且 $H(\infty) = 1$，则其系统函数 $H(z) = $ _____。

三、（本题 12 分）如图 F.1-3 所示系统，已知输入信号 $f(t)$ 的频谱为 $F(j\Omega)$，$H_2(j\Omega) = g_6(\Omega)$。
（1）若 $\Omega_0 = 2$，试画出 $x(t)$，$y(t)$ 的频谱；（2）欲使 $y(t) = f(t)$，求此时 $s_2(t)$ 的表达式。

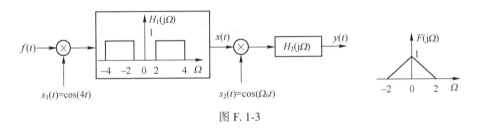

图 F.1-3

四、（本题 14 分）连续时间 LTI 因果系统框图如图 F.1-4 所示，试求：

（1）系统的传输函数 $H(s)$ 和单位冲激响应；

（2）描述系统输入输出关系的微分方程；

（3）当 $f(t) = 2e^{-3t}U(t)$，$y(0^-) = 0$，$y'(0^-) = 2$ 时，系统的全响应。

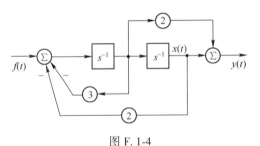
图 F.1-4

五、（本题 12 分）已知离散时间 LTI 因果系统函数为 $H(z) = \dfrac{z^2}{2z^2 - 5z + 2}$。

（1）画出其零、极点图；

（2）是否存在激励 $f(n)$，使得该系统的零状态响应为 $\delta(n)$？若存在，求 $f(n)$。

（3）判断系统是否稳定。

六、（本题 12 分）

已知连续 LTI 系统的微分方程如下：

$$\frac{d^3 y(t)}{dt^3} + 8 \frac{d^2 y(t)}{dt^2} + 19 \frac{dy(t)}{dt} + 12y(t) = 4 \frac{df(t)}{dt} + 10f(t).$$

（1）求系统函数；

（2）画系统直接型和级联型信号流图。

F.2　自我检测题二

一、单项选择题(每小题 3 分,共 30 分)

1. 已知一连续时间系统的输入–输出关系为 $y(t)=t^2 f(t)+\dfrac{\mathrm{d}f(t)}{\mathrm{d}t}$,则该系统为_____
系统。

    A. 非线性、时变   B. 线性、时变   C. 线性、时不变   D. 非线性、时不变

2. 积分 $\displaystyle\int_{-2}^{2}(2t-2)\left[\delta(t)+\delta(t-4)\right]\mathrm{d}t=$_____。

    A. -2 B. 2 C. 4 D. -4

3. 信号 $f_1(t)$ 和 $f_2(t)$ 如图 F.2-1 所示,设 $f(t)=f_1(t)*f_2(t)$,则 $f(4)$ 等于_____。

    A. 0 B. 1 C. 2 D. 3

4. 如图 F.2-2 所示周期信号 $f(t)$,其傅里叶系数中 F_0 等于_____。

    A. 6 B. 4 C. 2 D. 0

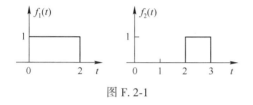
　　图 F.2-1

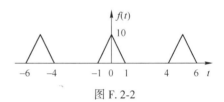
　　图 F.2-2

5. 信号 $f(t)=\mathrm{e}^{-\mathrm{j}2t}U(t)$ 的傅里叶变换为_____。

    A. $\dfrac{1}{\mathrm{j}(2+\Omega)}$ B. $\pi\delta(\Omega-2)+\dfrac{1}{\mathrm{j}(\Omega-2)}$ C. $\dfrac{1}{\mathrm{j}(\Omega-2)}$ D. $\pi\delta(\Omega+2)+\dfrac{1}{\mathrm{j}(\Omega+2)}$

6. 单边拉普拉斯变换 $F(s)=\dfrac{3s+1}{s^2}\mathrm{e}^{-s}$ 的原函数为_____。

    A. $tU(t-1)$ B. $(t+4)U(t+1)$ C. $(t+2)U(t-1)$ D. $(2-t)U(t+1)$

7. 函数 $f(t)=\displaystyle\int_{-\infty}^{t-2}\delta(x)\mathrm{d}x$ 的单边拉普拉斯变换 $F(s)$ 等于_____。

    A. 1 B. $\dfrac{1}{s}$ C. $\dfrac{1}{s}\mathrm{e}^{-2s}$ D. e^{-2s}

8. 已知 $y(n)=\mathrm{e}^{-2n}U(n)*\mathrm{e}^{-3n}U(n)$,则 $y(0)=$_____。

    A. 0 B. 1 C. e^2 D. $\mathrm{e}^{-6}6$

9. 序列 $f(n)=\dfrac{2^n-(-2)^n}{4}U(n)$ 的 z 变换 $F(z)$ 等于_____。

    A. $\dfrac{z}{(z-2)^2}$ B. $\dfrac{z}{z^2-4}$ C. $\dfrac{z^2}{(z-2)^2}$ D. $\dfrac{z^2}{z^2-4}$

10. $\displaystyle\sum_{m=-\infty}^{n}2^m\delta(m-1)$ 的 z 变换为_____。

    A. $\dfrac{2}{z-1}$ B. $\dfrac{2z}{z-1}$ C. $\dfrac{1}{z-2}$ D. $\dfrac{z}{z-2}$

二、填空题(每小题 4 分,共 20 分)

1. 已知 LTI 系统输入 $f(t) = U(t) - U(t-1)$,冲激响应 $h(t) = U(t) - U(t-1)$,画出系统零状态响应 $y_f(t)$ 的波形。_____

2. 已知信号 $f(t) = 2 + 3\sin\left(t + \dfrac{\pi}{4}\right)$,试画出其双边幅度谱和相位谱。

_____、_____

3. 如图 F.2-3 所示连续系统的系统函数 $H(s) =$ _____。

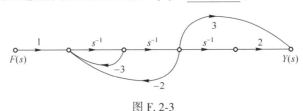

图 F.2-3

4. 卷积和 $U(n) * U(n) =$ _____ , $U(n+3) * U(n-5) =$ _____。

5. 已知信号 $f(n)$ 的单边 z 变换 $F(z) = \dfrac{2z-1}{z^2-z-6}$,则初值 $f(0) =$ _____ ,终值 $f(\infty)$

_____。

三、(本题 12 分)图 F.2-4(a)所示系统,带通滤波器频率响应 $H(j\Omega)$ 如图(b)所示,其相频特性 $\phi(\Omega) = 0$,若输入 $f(t) = \dfrac{\sin(2t)}{\pi t}$,$s(t) = \cos(1000t)$。求输出信号 $y(t)$ 并画出其频谱 $Y(j\Omega)$。

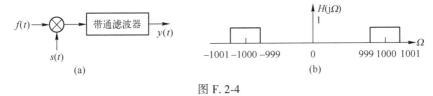

图 F.2-4

四、(本题 12 分)已知某 LTI 因果系统的微分方程为
$$y''(t) + 5y'(t) + 6y(t) = f''(t) + 5f'(t) + 4f(t)$$
初始条件为 $y(0^-) = 1$,$y'(0^-) = 1$,激励 $f(t) = U(t)$,求系统的全响应 $y(t)$。

五、(本题 14 分)图 F.2-5 所示系统由三个子系统组成,已知子系统的系统函数分别为:$H_1(z) = \dfrac{1}{z}$,

$H_2(z) = \dfrac{z}{z-1}$,$H_3(z) = \dfrac{1}{z+3}$。求:

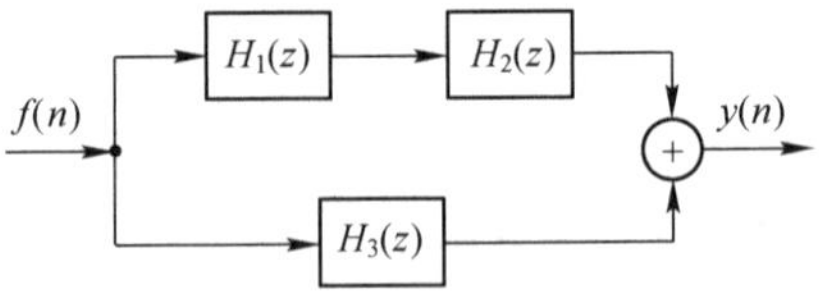

图 F.2-5

(1)系统函数 $H(z)$;

(2)激励为 $f(n) = 2^n U(n)$ 时的零状态响应 $y_f(n)$。

六、(本题 12 分)已知离散系统的差分方程为:
$$y(n) - 7y(n-1) + 12y(n-2) = 2f(n) - 7f(n-1)$$
(1)求系统函数 $H(z)$;

（2）画出系统直接型和并联型的信号流图。

F. 3　自我检测题三

一、单项选择题（每小题 3 分，共 30 分）

1. 一连续时间系统的输入–输出关系为：$y(t) = \dfrac{1}{T}\displaystyle\int_{t-\frac{T}{2}}^{t+\frac{T}{2}} f(\tau)\,\mathrm{d}\tau$，$T$ 为常数，则该系统为
_____ 系统。
　　A. 线性、稳定　　　B. 线性、不稳定　　　C. 非线性、稳定　　　D. 非线性、不稳定

2. 积分 $\displaystyle\int_{-\infty}^{t} \mathrm{e}^{-2\tau}\delta(\tau)\,\mathrm{d}\tau$ 等于 _____。
　　A. $\delta(t)$　　　　B. $U(t)$　　　　C. $\mathrm{e}^{-2t}U(t)$　　　　D. 1

3. 某 LTI 连续系统的阶跃响应为 $g(t) = \mathrm{e}^{-t}U(t)$，则其单位冲激响应 $h(t)$ 为 _____。
　　A. $-\mathrm{e}^{-t}U(t)$　　B. $(1-\mathrm{e}^{-t})U(t)$　　C. $\delta(t)$　　D. $\delta(t) - \mathrm{e}^{-t}U(t)$

4. 信号 $f(t) = \mathrm{e}^{-t}U(t-1)$ 的傅里叶变换为 _____。
　　A. $\dfrac{1}{1+\mathrm{j}\Omega}\mathrm{e}^{-1}$　　B. $\dfrac{1}{1-\mathrm{j}\Omega}\mathrm{e}^{-\mathrm{j}\Omega+1}$　　C. $\dfrac{1}{1+\mathrm{j}\Omega}\mathrm{e}^{-\mathrm{j}\Omega-1}$　　D. $\dfrac{1}{1+\mathrm{j}\Omega}\mathrm{e}^{-\mathrm{j}\Omega+1}$

5. 低通滤波器的频率响应为 $H(\mathrm{j}\Omega) = g_{100\pi}(\Omega)$，冲激响应为 $h(t)$，若 $h_1(t) = h(t)\cos(1000\pi t)$，那么 $h_1(t)$ 是 _____。
　　A. 低通滤波器　　B. 高通滤波器　　C. 带通滤波器　　D. 带阻滤波器

6. $F(s) = \dfrac{s(1+\mathrm{e}^{-s})}{s^2+\pi^2}$ 的单边拉普拉斯反变换为 _____。
　　A. $\cos(\pi t)\left[U(t)+U(t-1)\right]$　　　　　B. $\cos(\pi t)\left[U(t)-U(t-1)\right]$
　　C. $\sin(\pi t)\left[U(t)+U(t-1)\right]$　　　　　D. $\sin(\pi t)\left[U(t)-U(t-1)\right]$

7. 信号 $h(t)$ 的拉氏变换为 $H(s)$，则信号 $f(t) = \displaystyle\int_0^t h(t-\tau)\,\mathrm{d}\tau$ 的拉普拉斯变换为 _____。
　　A. $sH(s)$　　　　B. $\dfrac{1}{s}H(s)$　　　　C. $\dfrac{1}{s^2}H(s)$　　　　D. $\dfrac{1}{s^3}H(s)$

8. $\displaystyle\sum_{m=0}^{\infty} 2^m\delta(m-1)$ 的值为 _____。
　　A. $2U(n-1)$　　　B. $2U(n)$　　　C. 2　　　　D $U(n)$

9. 信号 $f(n) = n2^{n-1}U(n)$ 的 z 变换 $F(z)$ 为 _____。
　　A. $\dfrac{z}{(z-2)^2}$　　　B. $\dfrac{2z}{(z-2)^2}$　　　C. $\dfrac{-z}{(z-2)^2}$　　　D. $\dfrac{z}{(z+2)^2}$

10. 序列 $f(n) = \displaystyle\sum_{m=0}^{n} 2^m 3^{n-m}$，$n\geqslant 0$，其 z 变换 $F(z)$ 为 _____。
　　A. $\dfrac{z}{(z-2)(z-3)}$　　B. $\dfrac{z}{(z-2)}+\dfrac{z}{(z-3)}$　　C. $\dfrac{z}{(z-2)}-\dfrac{z}{(z-3)}$　　D. $\dfrac{z^2}{(z-2)(z-3)}$

二、填空题（每小题 4 分，共 20 分）

1. 已知 $f(t)$ 的波形如图 F.3-1 所示，试画出 $f(1-t/2)$ 的波形。

图 F. 3-1

2. 频谱函数 $F(j\Omega) = U(\Omega+2) - U(\Omega-2)$ 的傅里叶逆变换 $f(t) = $ _____。

3. 如图 F. 3-2 所示，已知 $H_1(s) = \dfrac{1}{s+1}$，

$H_2(s) = \dfrac{1}{s+2}$，$H_3(t) = U(t)$，则复合系统的系统函数为 _____。

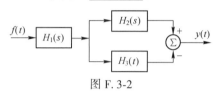

图 F. 3-2

4. 已知 $f(n) = U(n-1) - U(n-8)$，$h(n) = \dfrac{1}{2}\left[U(n) - U(n-3)\right]$，$y(n) = f(n) * h(n)$，则 $y(1) = $ _____。

5. 已知因果离散系统 $H(z) = \dfrac{z^2+3}{z^2-z+K}$，为使系统稳定，$K$ 的取值范围为：_____。

三、(本题 12 分) 图 F. 3-3(a) 所示 LTI 系统，其频率响应 $H(j\Omega)$ 如图 (b) 所示。若系统的激励 $f(t) = \displaystyle\sum_{n=-\infty}^{\infty} \dfrac{1}{2}e^{jn\frac{\pi}{2}}e^{jn\Omega_0 t}$，其中，$\Omega_0 = 2\text{rad/s}$，求系统的响应 $y(t)$。

四、(本题 12 分) LTI 因果系统 $H(s)$ 的零极点分布如图 F. 3-4 所示，且 $H(0) = -1$，求：
(1) 系统函数 $H(s)$ 的表达式；
(2) 系统的阶跃响应。

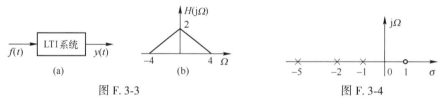

图 F. 3-3   图 F. 3-4

五、(本题 14 分) 已知某因果 LTI 离散系统如图 F. 3-5 所示。
(1) 求系统的单位样值响应 $h(n)$；
(2) 写出系统的差分方程；
(3) 若 $y(-1) = 0$，$y(-2) = 1$，$f(n) = U(n)$，求系统的全响应 $y(n)$。

六、(本题 12 分) 已知某连续系统的信号流图如图 F. 3-6 所示。
(1) 求系统函数 $H(s)$；
(2) 画出系统直接型与级联型信号流图。

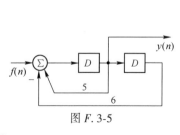

图 F. 3-5

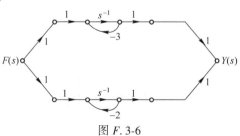

图 F. 3-6

F.4　参考解答

自我检测题一

一、1~5：$BDDAB$　　6~10：$DCACB$

二、1. 令 $y(t) = f(t)U(t)$，等价于要画 $y(1+2t)$ 的波形，波形如下：

2. 可知基波频率 $\Omega_0 = 1$，于是 $A_0 = 1$，$\varphi_0 = 0$，$A_1 = 2$，$\varphi_1 = \pi/4$，波形如下：

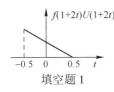
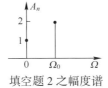
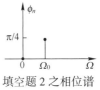

填空题 1　　　　　　填空题 2 之幅度谱　　　　　填空题 2 之相位谱

3. 2，不存在

4. $\{1, 3, 4, 3, 1\}_0$，　5. $\dfrac{z}{z+1}$

三、解：（1）设左边乘法器输出为 $y_1(t)$，则
$$y_1(t) = f(t)s_1(t) = f(t)\cos 4t$$
$$Y_1(j\Omega) = \frac{1}{2\pi}F(j\Omega) * S_1(j\Omega) = \frac{1}{2}F[j(\Omega+4)] + \frac{1}{2}F[j(\Omega-4)]$$
$$X(j\Omega) = Y_1(j\Omega)H_1(j\Omega)$$

设右边乘法器输出为 $y_2(t)$
$$y_2(t) = x(t)s_2(t) = x(t)\cos 2t$$
$$Y_2(j\Omega) = \frac{1}{2}X[j(\Omega+2)] + \frac{1}{2}X[j(\Omega-2)]$$
$$Y(j\Omega) = X(j\Omega)H_2(j\Omega) = X(j\Omega)g_6(\Omega)$$

最后画出 $X(j\Omega)$ 和 $Y(j\Omega)$ 的波形如下：

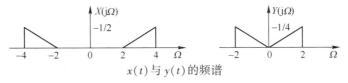

$x(t)$ 与 $y(t)$ 的频谱

（2）$s_2(t) = 4\cos(4t)$

四、解：（1）由图可得
$$x''(t) = f(t) - 3x'(t) - 2x(t), \quad y(t) = 2x'(t) + x(t)$$
对这两个方程在零状态下取单边拉氏变换，即可求得
$$H(s) = \frac{2s+1}{s^2+3s+2} = \frac{-1}{s+1} + \frac{3}{s+2}$$
所以
$$h(t) = (-e^{-t} + 3e^{-2t})U(t)$$

（2）微分方程为
$$y''(t) + 3y'(t) + 2y(t) = 2f'(t) + f(t)$$

（3）可以分别求零输入和零状态响应，也可以一起求。

根据系统函数可以知道两个特征根为 -1 和 -2，所以
$$y_x(t) = c_1 e^{-t} + c_2 e^{-2t}, \quad t \geq 0$$

代入初始条件得
$$y_x(t)=2e^{-t}-2e^{-2t}, t\geq 0$$

$$Y_f(s)=F(s)H(s)=\frac{2(2s+1)}{(s^2+3s+2)(s+3)}=\frac{-1}{s+1}+\frac{6}{s+2}+\frac{-5}{s+3}$$

所以
$$y_f(t)=(-e^{-t}+6e^{-2t}-5e^{-3t})U(t)$$

全响应为
$$y(t)=y_x(t)+y_f(t)=(e^{-t}+4e^{-2t}-5e^{-3t})U(t)$$

五、解：（1）零点为 $z=0$（二阶），极点为 $p_1=0.5, p_2=2$。零极点图略。

（2）$Y_f(z)=F(z)H(z)$，所以
$$F(z)=\frac{Y_f(z)}{H(z)}=\frac{2z^2-5z+2}{z^2}=2-5z^{-1}+2z^{-2}$$

根据 z 变换的定义可得 $f(n)=2\delta(n)-5\delta(n-1)+2\delta(n-2)$

（3）系统有一个极点在单位圆外。根据离散因果系统的稳定条件，系统是不稳定的。

六、解：（1）
$$H(s)=\frac{4s+10}{s^3+8s^2+19s+12}$$

（2）直接型信号流图：

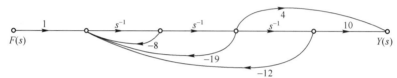

级联型信号流图：$H(s)=\dfrac{4s+10}{s^3+8s^2+19s+12}=\dfrac{4s+10}{s+4}\times\dfrac{1}{s+3}\times\dfrac{1}{s+1}$

自我检测题二

一、1~5：BABCD 6~10：CCBBA

二、1.

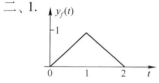

2. $f(t)=2+3\sin\left(t+\dfrac{\pi}{4}\right)=2+3\cos\left(t-\dfrac{\pi}{4}\right)$

可知基波频率 $\Omega_0=1$，于是 $A_0=2, \varphi_0=0, A_1=3, \varphi_1=-\pi/4$，根据单双边谱的关系，可得波形如下：

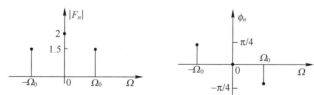

3. $\dfrac{3s+2}{s^3+3s^2+2s}$

4. $(n+1)U(n),(n-1)U(n-2)$

5. 0,不存在。

三、解:设乘法器输出为 $x(t)$,则 $x(t)=f(t)s(t)$,其中

$$f(t)=\frac{\sin 2t}{\pi t}\leftrightarrow F(j\Omega)=g_4(\Omega),$$

$$s(t)\leftrightarrow S(j\Omega)=\pi[\delta(\Omega+1000)+\delta(\Omega-1000)]$$

$$X(j\Omega)=\frac{1}{2\pi}F(j\Omega)*S(j\Omega)=\frac{1}{2}g_4(\Omega+1000)+\frac{1}{2}g_4(\Omega-1000)$$

$$Y(j\Omega)=X(j\Omega)H(j\Omega)=\frac{1}{2}g_2(\Omega+1000)+\frac{1}{2}g_2(\Omega-1000)\ (画图辅助)$$

$y(t)=\dfrac{\sin t}{\pi t}\cos 1000t$,$Y(j\Omega)$ 波形如下:

四、解:(1)由已知可得 $H(s)=\dfrac{s^2+5s+4}{s^2+5s+6}$,易知特征根为 -2 和 -3,故

$$y_x(t)=c_1e^{-2t}+c_2e^{-3t},t\geq 0$$

代入初始条件得 $\qquad y_x(t)=4e^{-2t}-3e^{-3t},t\geq 0$

(2)设 $y_f(t)\leftrightarrow Y_f(s)$,$f(t)\leftrightarrow F(s)$,则 $F(s)=1/s$。

$$Y_f(s)=F(s)H(s)=\frac{s^2+5s+4}{(s^2+5s+6)s}=\frac{2/3}{s}+\frac{1}{s+2}+\frac{-2/3}{s+3}$$

所以 $\qquad y_f(t)=\left(\dfrac{2}{3}+e^{-2t}-\dfrac{2}{3}e^{-3t}\right)U(t)$

全响应为 $\qquad y(t)=y_x(t)+y_f(t)=\left(\dfrac{2}{3}+5e^{-2t}-\dfrac{11}{3}e^{-3t}\right)U(t)$

五、解:(1)$H(z)=H_1(z)H_2(z)+H_3(z)=\dfrac{1}{z-1}+\dfrac{1}{z+3}$

(2)设 $y_f(n)\leftrightarrow Y_f(z)$,$f(n)\leftrightarrow F(z)$,则 $F(z)=\dfrac{z}{z-2}$

所以,$Y_f(z)=F(z)H(z)=\left(\dfrac{1}{z-1}+\dfrac{1}{z+3}\right)\dfrac{z}{z-2}=\dfrac{-z}{z-1}+\dfrac{\dfrac{6}{5}z}{z-2}+\dfrac{-\dfrac{1}{5}z}{z+3}$

所以 $\qquad y_f(n)=\left[\dfrac{6}{5}2^n-\dfrac{1}{5}(-3)^n-1\right]U(n)$

六、解:(1)$H(z)=\dfrac{2-7z^{-1}}{1-7z^{-1}+12z^{-2}}=\dfrac{2z^2-7z}{z^2-7z+12}$

(2)直接型:

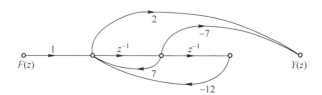

并联型:$H(z) = \dfrac{2z^2 - 7z}{z^2 - 7z + 12} = \dfrac{z}{z-3} + \dfrac{z}{z-4}$

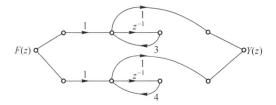

自我检测题三

一、1~5:ABDCC   6~10:BBCAD

二、1. $f(t) = f_1(t) + 2\delta\left(t - \dfrac{3}{2}\right)$,所以

$$f(1 - t/2) = f_1(1 - t/2) + 2\delta\left(1 - t/2 - \dfrac{3}{2}\right) = f_1(1 - t/2) + 4\delta(t+1)$$

画出 $f_1(1 - t/2)$,将 $4\delta(t+1)$ 添加上去即可。结果如下:

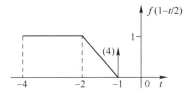

2. $f(t) = \dfrac{\sin 2t}{\pi t}$

3. $H(s) = \dfrac{-2}{s(s+1)(s+2)}$

4. $1/2$

5. $0 < K < 1$

三、解:$f(t) = \displaystyle\sum_{n=-\infty}^{\infty} F_n \mathrm{e}^{\mathrm{j}n\Omega_0 t}$,其中 $F_n = \dfrac{1}{2}\mathrm{e}^{\mathrm{j}\frac{n\pi}{2}}$,即 $f(t)$ 是基波频率为 2 的周期信号。根据 $H(\mathrm{j}\Omega)$ 的滤波特性可知,输入 $f(t)$ 中只有 $n = 0, \pm 1$ 三个分量产生的响应不为零,输出 $y(t)$ 即这三个分量产生的响应之和。

因为 $\mathrm{e}^{\mathrm{j}\Omega_0 t} \to H(\mathrm{j}\Omega_0)\mathrm{e}^{\mathrm{j}\Omega_0 t}$,所以,$f(t)$ 中 $n = 0, \pm 1$ 三个分量产生的响应分别为

$$F_{-1}\mathrm{e}^{-\mathrm{j}\Omega_0 t} \to y_1(t) = F_{-1}H(-\mathrm{j}2)\mathrm{e}^{-\mathrm{j}2t} = -\dfrac{\mathrm{j}}{2}\mathrm{e}^{-\mathrm{j}2t}$$

$$F_0\mathrm{e}^{\mathrm{j}0t} \to y_2(t) = F_0 H(\mathrm{j}0)\mathrm{e}^{\mathrm{j}0t} = 1,\quad F_1\mathrm{e}^{\mathrm{j}\Omega_0 t} \to y_3(t) = F_1 H(\mathrm{j}2)\mathrm{e}^{\mathrm{j}2t} = \dfrac{\mathrm{j}}{2}\mathrm{e}^{\mathrm{j}2t}$$

所以 $\qquad y(t) = y_1(t) + y_2(t) + y_3(t) = 1 - \dfrac{\mathrm{j}}{2}\mathrm{e}^{-\mathrm{j}2t} + \dfrac{\mathrm{j}}{2}\mathrm{e}^{\mathrm{j}2t} = 1 - \sin 2t$

四、解:(1) 根据零极点图可设 $H(s) = \dfrac{A(s-1)}{(s+5)(s+2)(s+1)}$,由 $H(0) = -1 \Rightarrow A = 10$,

所以 $\qquad H(s) = \dfrac{10(s-1)}{(s+5)(s+2)(s+1)}$

（2）设 $g(t) \leftrightarrow G(s)$，$g(t)$ 是输入 $f(t) = U(t)$ 时的零状态响应，因为 $U(t) \leftrightarrow 1/s$

所以
$$G(s) = H(s)\frac{1}{s} = \frac{10(s-1)}{s(s+5)(s+2)(s+1)} = \frac{-1}{s} + \frac{1}{s+5} + \frac{-5}{s+2} + \frac{5}{s+1}$$

故
$$g(t) = (e^{-5t} - 5e^{-2t} + 5e^{-t} - 1)U(t)$$

五、解：（1）
$$H(z) = \frac{z^{-1}}{1 - 5z^{-1} + 6z^{-2}} = \frac{z}{z^2 - 5z + 6} = \frac{-z}{z-2} + \frac{z}{z-3}$$

所以
$$h(n) = (3^n - 2^n)U(n)$$

（2）根据系统函数，差分方程为
$$y(n) - 5y(n-1) + 6y(n-2) = f(n-1)$$

（3）将零输入和零状态响应分开来求。由系统函数可知特征根为 2 和 3，故
$$y_x(n) = c_1 2^n + c_2 3^n, n \geq 0$$

代入初始条件后得
$$y_x(n) = 12 \cdot 2^n - 18 \cdot 3^n, n \geq 0$$

设 $y_f(n) \leftrightarrow Y_f(z)$，则

$$Y_f(z) = F(z)H(z) = \frac{z^2}{(z^2 - 5z + 6)(z-1)} = \frac{\frac{1}{2}z}{z-1} + \frac{-2z}{z-2} + \frac{\frac{3}{2}z}{z-3}$$

故
$$y_f(n) = \left(\frac{1}{2} - 2 \cdot 2^n + \frac{3}{2} \cdot 3^n\right)U(n)$$

全响应
$$y(n) = y_x(n) + y_f(n) = \left(\frac{1}{2} + 10 \cdot 2^n - \frac{33}{2} \cdot 3^n\right)U(n)$$

六、解：（1） $H(s) = \frac{1}{s+3} + \frac{1}{s+2} = \frac{2s+5}{s^2+5s+6}$

（2）直接型

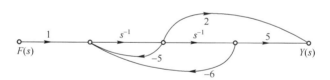

级联型：$H(s) = \frac{2s+5}{s^2+5s+6} = \frac{2s+5}{s+3} \times \frac{1}{s+2}$

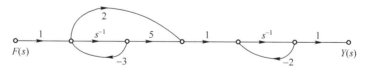

参 考 文 献

[1] 郑君里,应启珩,杨为理. 信号与系统(第二版). 北京：高等教育出版社,2000

[2] 吴大正,杨林耀,张永瑞. 信号与线性系统分析(第三版). 北京：高等教育出版社,1998

[3] 陈后金,胡健,薛健. 信号与系统. 北京：清华大学出版社,2003

[4] 胡光锐. 信号与系统. 上海：上海交通大学出版社,1999

[5] Alan V.Oppenheim 等.刘树棠译. 信号与系统(第二版). 西安：西安交通大学出版社,1998

[6] Gordon E.Carlson.曾朝阳等译. 信号与线性系统(第二版). 北京：机械工业出版社,2004

[7] Simon Haykin, Barry Van Veen. 林秩盛等译. 信号与系统(第二版). 北京：电子工业出版社,2004

[8] 张谨,赫兹辉. 信号与系统. 北京：人民邮电出版社,1985

[9] 闵大镒,朱学勇. 信号与系统. 成都：电子科技大学出版社,1998

[10] Edward W.Kamen, Bonnie S.Heck.Fundamentals of Sigals and Systems Using the Web and MATLAB.北京：科学出版社,2002

[11] Vinay K.Ingle, John G.Proakis.陈怀琛,王朝英等译.数字信号处理及其 MATLAB 实现.北京：电子工业出版社,1998

[12] 董长虹,余海啸,高威等. MATLAB 信号处理与应用. 北京：国防工业出版社,2005

[13] 陈亚勇等. MATLAB 信号处理详解. 北京：人民邮电出版社,2001

[14] 罗军辉,罗勇江,白义臣等. MATLAB 7.0 在数字信号处理中的应用. 北京：机械工业出版社,2005

[15] 陈怀琛. MATLAB 及其在理工课程中的应用指南. 西安：西安电子科技大学出版社,2000

[16] 邹鲲,袁俊泉,龚享铱. MATLAB 6.x 信号处理. 北京：清华大学出版社,2002

[17] 阮沈勇,王永利,桑群芳. MATLAB 程序设计. 北京：科学出版社,2004

[18] 张永瑞. 电路、信号与系统辅导. 西安：西安电子科技大学出版社,2001

[19] 范世贵等. 信号与系统常见题型解释及模拟题. 西安：西北工业大学出版社,2000

[20] 陈后金,胡健,薛健等.信号与系统学习指导及习题精解.北京：清华大学出版社,2003